Autodesk® Revit®炼金术

——Dynamo 基础实战教程

罗嘉祥　宋　姗　田宏钧　著

同济大学出版社
TONGJI UNIVERSITY PRESS

图书在版编目(CIP)数据

Autodesk Revit 炼金术：Dynamo 基础实战教程 / 罗嘉祥，宋姗，田宏钧著. --上海：同济大学出版社，2017.8（2021.1 重印）

ISBN 978-7-5608-7174-5

Ⅰ.①A… Ⅱ.①罗… ②宋… ③田… Ⅲ.①建筑设计—计算机辅助设计—应用软件—教材 Ⅳ.①TU201.4

中国版本图书馆 CIP 数据核字(2017)第 167546 号

Autodesk® Revit® 炼金术——Dynamo 基础实战教程

罗嘉祥 宋 姗 田宏钧 著

责任编辑 赵泽毓 **助理编辑** 翁 晗 **责任校对** 徐春莲 **封面设计** 陈益平

出版发行 同济大学出版社 www.tongjipress.com.cn

（上海市四平路 1239 号 邮编：200092 电话：021-65985622）

经 销 全国各地新华书店

印 刷 江苏句容排印厂

开 本 787 mm×1 092 mm 1/16

印 张 15.25

字 数 381 000

版 次 2017 年 8 月第 1 版 2021 年 1 月第 4 次印刷

书 号 ISBN 978-7-5608-7174-5

定 价 78.00 元

序　一

BIM(Building Information Modeling)技术与应用经过了这些年的发展，不仅趋势已成，且还持续强劲成长，已无逆转的疑虑。在建筑领域的应用上，技术与工具也达初步成熟阶段，虽仍有许多可进步空间，也还持续推陈出新，但已能在实务应用上，为建筑工程全生命周期的众多参与者创造出效益与价值。

目前商用BIM应用软件的功能已涵盖甚广，大多能满足使用者初期应用BIM技术所需。然而，应用软件多以提供通用的功能为主，在面对实务应用上千变万化的需求时，总有捉襟见肘之处，且现代的工程又越来越庞大且复杂，必须处理大量的资料与复杂的空间几何，这时就会需要这些应用软件能提供让使用者自行扩充及定制化应用功能的界面与工具，来满足进阶使用者的需求。

为了满足使用者对定制化功能的需求，许多应用软件都提供了API(Application Programming Interface)界面来让使用者通过编写电脑程序的方式来开发扩充的功能，以满足工程实务上的特殊需求，或进行一些自动化与智能化的资料处理作业。然而，API程序的编写需要对特定的程序语言有一定的程序设计与实作基础，对于一些没有程序语言基础的BIM技术使用者而言，是一条漫长而缓不济急的路。尤其是过去十多年来，程序语言课程在许多建筑与土木工程的科系里越来越不受重视，让这样的困境更为严重。

Dynamo的视觉化程序设计便是为了降低程序开发门槛而诞生的，它以脚本的形式，提供使用者一个图形化的界面，组织连结预先设计好的节点(Node)来表达数据处理的逻辑，形成一个可执行的程序，降低传统程序实作的复杂度，让开发者能多专注于功能开发本身。由于Dynamo程序与Revit®的BIM模型能即时联动，无需输出，对复杂几何、参数式造型设计、资料连结、工作流程自动化等工作都能有很好的支援，因此，自从Dynamo推出以来，就有越来越多的使用者想要学习，可是苦无完整的教材，多只能从网络上寻求一些片段的教材、知识，及同好们的讨论分享，再加上自己的摸索来学习应用。现在有了这本Dynamo基础实战教学书籍的出版，应可算是天降甘霖，嘉惠众生，相信会为Dynamo带来更多的使用者，也会让BIM的应用更快地进入新的阶段。

因为看到了Dynamo在BIM进阶应用上的潜力，本着协助本土土木营建产业提升竞争力的使命，台湾大学土木系BIM研究中心所推动的台湾地区BIM联盟便于2016年9月开始通过BIM知识沙龙的活动来邀请产官学研对Dynamo有经验或有兴趣的专家，一起进行知识与经验分享与交流。2017 年 3 月更开始形成知识社群，希望能为更多的校园学子与使用者（包括台湾地区 BIM 联盟的会员）提供长期稳定的知识服务。此书的出版来得正是时候，相信在大家的共同努力下，BIM 应用一定可以带动整个产业的升级，并顺利地与世界接轨。

谢尚贤

台湾大学土木工程学系教授兼系主任

台湾地区 BIM 联盟推动办公室主任

序　二

时下，工程建设行业最热的话题莫过于 BIM(Building Information Modeling)。越来越多的工程行业从业者及在校师生陆续投身到这波 BIM 的浪潮中，并视其为新一轮的工程行业革新。Autodesk® 作为 BIM 工具和解决方案的提供者，扮演着不可或缺的角色。

Autodesk® Revit® 作为欧特克(Autodesk)软件有限公司针对工程建设行业 BIM 解决方案中的核心产品，目前已经成为 BIM 实施过程中的重要平台之一，为国内外广大的工程行业从业者所称道。Autodesk® Revit® 不仅非常适用于建筑物的三维信息模型搭建和多专业设计协同，如今也逐步应用于桥梁设计、隧道设计、管廊设计等基础设施设计领域。本书所介绍的 Autodesk® Dynamo，作为内嵌于 Revit®(2017 版及以上版本)的可视化编程平台，逐渐被广大的 Revit® 用户群体知晓，以其简单易行的可视化编程的工作方式，提高了 Revit® 的使用效率、拓展了 Revit® 的可操作性。作为 Autodesk® 原厂，我们对于 Dynamo 的定位是：提供一个强大且易学易用的编程平台，为包括 Revit® 在内的一系列 Autodesk® 系列产品(例如：Advance Steel，FormIt，React Structure 等)实现功能拓展，帮助用户进行更智能的三维模型创建，以及更便捷地管理模型信息。

在与用户沟通的过程中，我们欣喜地看到用户对 BIM 的认识不再局限于三维模型的展示层面，而是希望将这种新的技术，亦可将其称作一种管理手段，更全面地应用在工程项目的方方面面来创造价值。因此软件平台的工作效率、二次开发潜力、模型的复用性等都是用户关注的焦点。Dynamo 自面世以来，受到了 BIM 用户的广泛关注，工程行业从业者即使从未学习过编程语言，也可以轻松掌握这种图形化的编程方式，拓展 BIM 模型在创建、模拟、应用等方面的效能。

Autodesk® 作为全球最大的二维、三维设计和工程软件公司，为工程建设行业、基础设施行业、制造业以及传媒娱乐行业提供卓越的数字化设计、工程软件服务和解决方案。在全球设计软件公司中，Autodesk 拥有最长产品线和最广阔的行业覆盖，其使命旨在帮助用户想象、设计和创造更美好的世界。2017 年，欧特克公司提出新的概念——“Connected BIM”，即“互联的 BIM”，旨在通过更好的信息交互性能，打破专业与时间上的屏障，实现项目全生命周期的数据互通互联。Dynamo 不仅在模型信息管理上具备不可替代的优势，还提供用户强大的参数化功能，并且在概念设计阶段提供完整的解决方案，为未来的“衍生式设计”新模式打下基础。

我相信本书的出版一定能为广大的 BIM 用户带来新的灵感与思路，帮助他们拓展 BIM 的应用价值，提高生产效率。同时，感谢同济大学出版社精心策划的建筑信息模型 BIM 丛书之《Autodesk® Revit® 炼金术——Dynamo 基础实战教程》，急广大行业用户之所急，能够及时地响应市场。也在此感谢为此书的编写和出版付出辛勤劳动的各位作者，感谢他们为 BIM 事业的发展做出的重要贡献！

希望 Autodesk 作为新技术的研发与推广者，能持续为中国工程建设行业注入新的能量，提供更优质的服务。

李邵建

Autodesk 大中华区总经理

前　言

本书是面向 BIM 工程师的 Autodesk® Dynamo 基础与进阶教程，Dynamo 是以 Autodesk® Revit® 为基础的可视化编程平台，用户可以更快地解决三维设计作业流程，驱动模型几何参数和数据库。Autodesk® Revit® 与 Dynamo 的结合，除了让设计人员在创建视觉逻辑、挑战参数化异形造型概念设计上的奇思妙想得以呈现，在 BIM 信息交换与分析上也突破既有限制，取代机械化的重复作业，工作效率显著提升！

本书内容是编著者近年研发 Dynamo 投入实际工作过程中的经验累积与成果，分为功能介绍、基础入门与实战运用三大主要章节，由浅至深地介绍了该软件的基础运用与实例步骤详解，帮助用户一步步理解与掌握 Dynamo 的用法。

【软件介绍】

Autodesk® Revit® 是一款通用的 BIM（建筑信息模型）建模与三维设计平台，可帮助设计师在项目的设计、建造和运营维护阶段不断优化设计、管理项目信息、提升建筑能效。

Dynamo 是一个基于 Revit® 的可视化编程平台，让设计师通过定义程序流程，探索参数化的方案设计和自动化建模与模型检查工作流。通过 Dynamo 帮助用户实现互操作性的工作流程文档管理，自动的模型创建、协调、模拟和分析。

【本书特点】

本书参考 Dynamo 官方网站及国内外知名案例，针对工程建设行业运用 Autodesk® Revit® 进行设计与施工的自动化建模需求，由浅入深撰写出业界最迫切需要的应用案例。对于从未接触过 Dynamo 的 Autodesk® Revit® 用户，也能依照各章节按部就班学习至能自行解决大部份 Revit® 自动化工作的需求。本书具备以下特点。

易读性：基于初学者角度，从软件基础与环境开始，循序渐进到解决实际项目问题的方法与步骤。

实用性：本书除了有大量范例外，各章节也针对编程方法提出编者的想法，以及分享应用技巧，使读者在学习时可少走冤枉路。

创造性：从基础入门篇的节点群组运用到实战运用篇的各种工程范例，用户可由此举一反三开发出自己的 Dynamo 程序。

其实 BIM 工程师的主要工作并非简单的操作软件，而是要借由软件的功能解决工程项目的实际问题，提高设计工作效率与减少错误。作为一本基础功能入门的教程，本书并没有针对软件中所有功能作一一介绍，而是针对用户常用的功能作为介绍重点，另在实战篇补充一些较复杂的节点运用，望能帮助读者快速掌握本软件的功能并用于解决各位工作中的实际需求。

【目标读者】

本书面向所有使用 BIM 软件或相关行业对此有兴趣的工程师，有使用 Revit®经验者尤佳，而有编程基础的读者在 Dynamo 开发的道路上更是具备优势。

【软件版本】

本书以 Autodesk® Revit® 2016 版和 2017 版，以及 Dynamo 0.9 版至 1.2 版作为基础，但书中介绍的功能并不限于上述版本。Autodesk® Revit® 2018 版或者 Dynamo 1.3 等版本都可顺利运行，此外有部分章节的运用需指定特定的 Dynamo 版本，请读者留意练习时是否正确对应，否则会运行失败。

【内容提要】

本书依据读者学习的阶段分为五大章节。第一章为 Dynamo 学习与使用角度的介绍。第二章为入门功能篇，从 Dynamo 界面环境与节点构成等方面进行初步介绍。第三章为基础入门篇，介绍一些常用节点的用法与各类图元创建与编辑方式等。第四章为实战运用篇，从几何建模、排序编码、翻模与信息管理等方面进行介绍，提供读者工程中常见运用点的范例详解。第五章为 Dynamo 学习资源介绍。

【特别感谢】

本书的编写得到了欧特克的各位领导，尤其是大中华区总经理李邵建、中国区工程建设行业技术总监罗海涛、台湾欧特克土木建筑资深业务经理陈育聪的大力支持和宝贵建议，以及欧特克工程建设行业资深技术经理任耀帮助协调出版社出版事宜。正是有了他们的支持与帮助，本书才得以顺利问世。

最后感谢本书的编辑与各位作者的家人朋友等，作为各位作者在此书撰写期间的最佳后援。

罗嘉祥　宋 姗　田宏钧

（作者排名不分先后）

目　录

第 1 章
你不可不知的 Dynamo

这几年来，BIM 被称作取代 CAD 的新利器，或者被称作继甩图板后的第二次建筑业革命。BIM 作为一个热门的话题，在各地技术研讨会、创新科研等领域得到了广泛的宣传和推广。但是经过这几年的实践，工程行业从业者也可以发现一个现象，最终成果大多还是回到了二维图纸上作业。究其原因，一方面是工程交付依然是使用二维图纸的方式，需要在图面上放置标识与批注图例表达设计意图；另一方面则是 CAD 软件经过数十年累积，已经有丰富的标注与图例库，以及提高制图效率的插件和本地化工具。很多工程师会认为与其在 BIM 软件上另起炉灶，不如使用熟练的绘图工具来的便利，更何况 Revit® 真正取代 CAD 也非一朝一夕的事情，BIM 要真的成为生产力，一方面得从基础数据的转移与累积开始，另一方面便是从工作流程上进行变革。

在 Dynamo 问世之前，Revit® 作业大多还是要靠人力手工一笔一画来创建。当然有很多插件可以使用，但插件只能解决一些固定的问题，或提高某一类型构件的建模效率，无法针对个人需求提出解决方案。再者插件的开发时间很长，成本很高，无法应付短时间项目的需要。

使用 Dynamo 之后，很多大批量与机械化的工作可以交付给软件自动创建，而设计师们可以有更多的时间关注于设计本身，即设计质量和效率的提升，也就是技术革命引起了从手工绘图向程序自动设计的重大飞跃。

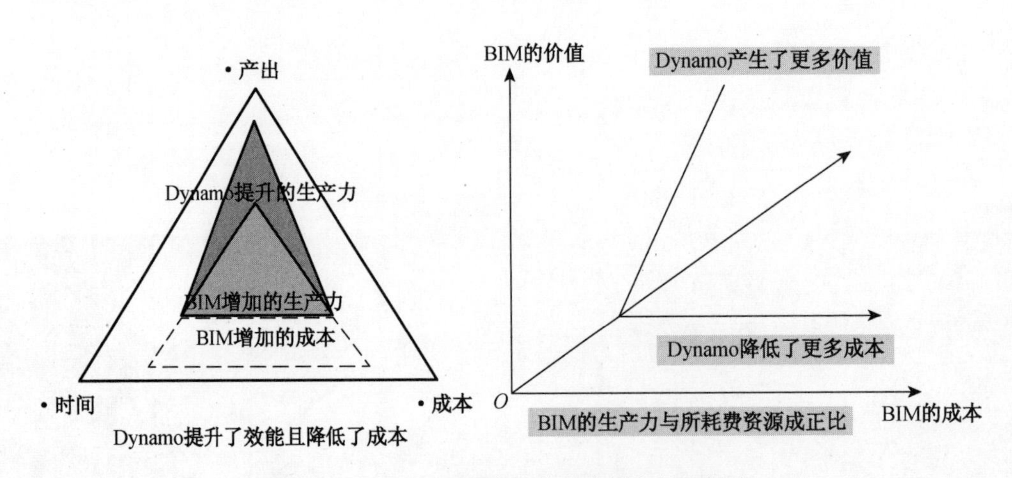

图 1-1 Dynamo 可提高效能且降低成本示意图

如在项目三角上看 Dynamo 的价值，前面提及的 BIM 作业若真正要产生价值，要投入的时间与成本相当可观。但是合理地运用 Dynamo，一方面可补充 Revit® 的功能，例如异形复杂形体的创建；另外一方面对于流程中很多机械化的工作，可以通过 Dynamo 程序提升作业效率。这就打破了 BIM 产生的价值与花费成本间的正比例关系，一方面可以降低建模与出图的人力和时间的投入；另一方面又可以更深入地应用模型中的信息，提供更加务实的 BIM 拓展应用点，这便是 Dynamo 的价值所在，也是 BIM 革命的核心所在(图 1-1)。

BIM 引领行业变革，Dynamo 便是那火车头

2015 年，在上海举办的 Autodesk®用户大会期间，新加坡 Dynamo 研发经理 Ben 做了一个用户体验课程，后又在台湾开了 Dynamo 培训课。从那以后，不少人开始关注 Dynamo 的相关问题与情报，其中的问题不外乎是以下两类：

- Dynamo 可以做什么？
- Dynamo 容易学吗？

为了解答大家的疑惑，在此我们把过去学习时发现的一些问题，以及使用心得及想法作个简单的分享。

第一次接触 Dynamo 的朋友，可以参考“建筑极客”博客中《Dynamo：远不止是 Grasshopper 简化版》这篇文章。原文相当浅显，翻译也贴近中文的理解，对于想初步了解 Dynamo 的读者来说是一篇极具参考价值的文章，其内容针对 Dynamo 与 Grasshopper 的优缺点进行了比较说明，特别是对于已经对 Grasshopper 有初步认识与理解的读者来说，此文能帮助你们学习与了解 Dynamo 的原理和使用。

在百度搜索引擎中输入关键词“Dynamo”与“Revit”，可以得到这样的图片，如图 1-2 所示。

图 1-2　Dynamo Revit 相关图片(来自百度搜索)

可以发现，一些图片中，除了形体复杂的 Revit®模型，还有很多小方块和连接线段。我们把这些小方块称为“节点”。像这类使用节点相互连接来取代程序代码编程的做法，在许多软件中都能见到，叫做“可视化编程”，主要的目的就是降低编程的门坎，让使用者不需要具备难度较高的程序语言编写能力，也能够使用这种可视化编程的方式实现某些功能。

在真正开始说明 Dynamo 之前，先请大家在 Autodesk 官方网站上浏览一下这段视频。网站的地址是：http://www.autodesk.com/products/dynamo-studio/overview。

如图 1-3 所示，视频截图展示了 Dynamo 的几何参数设计和数据联动这两大运用点，这也是最常被拿来跟 Grasshopper 比较的功能。

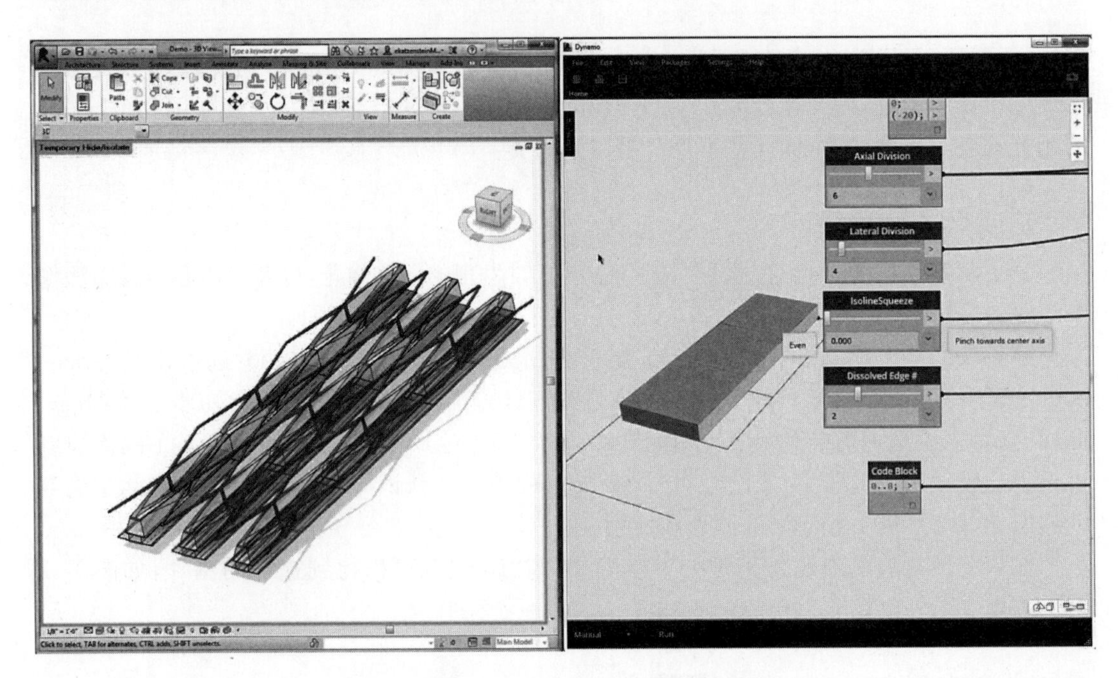

图 1-3　Dynamo Studio 官方介绍视频截图

Revit®的点、线、面、体都是围绕着一个参考面或是参考点来进行各种变化，调整参数使对象的位置与角度产生变化，如图 1-4 所示。

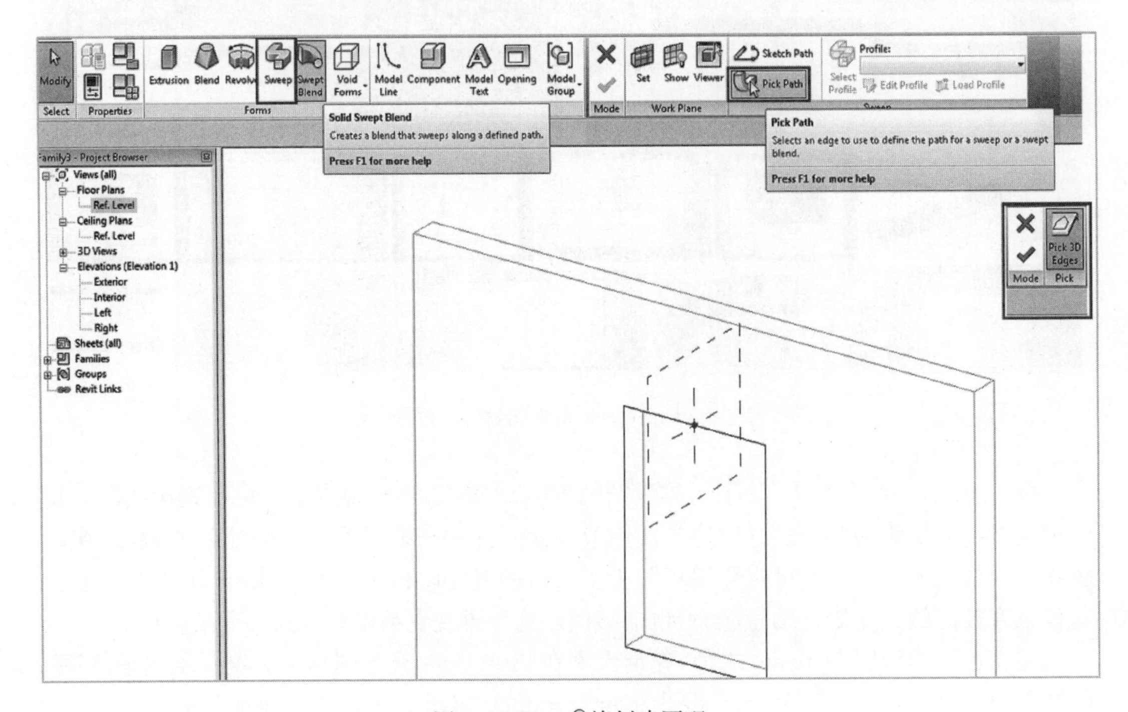

图 1-4　Revit®族创建原理

虽然 Revit®本质上是建模平台，其强项不在于创建复杂的形体，而是在于建筑信息的获取与管理。但相较于 3ds Max 或是 Rhino 而言，Revit®提供的建模方式较为严谨且提供的方法也比较少，仅有拉伸、融合、旋转、放样、放样融合和空心形状等。所以如果在 Revit®中处理复杂曲面的造型问题，不仅需要花费大量时间通过繁复的程序逐步造型，有时还需要导入其他软件的实体模型作为参考来创建复杂形体。

遇到上述情况时，大家都会思考，如果能有一套软件或是插件能够利用其内部参数调整控制曲面的形成，或者能够对参数进行调整，必然能够提升作业效率及生产力，同时也能激发更多的创意。Dynamo 的功能，确实实现了我们的期望。

话题再回到 Dynamo，究竟这软件采用的是何种原理呢？我们利用软件自带的基础范例 2(图 1-5)来做个简单的说明。

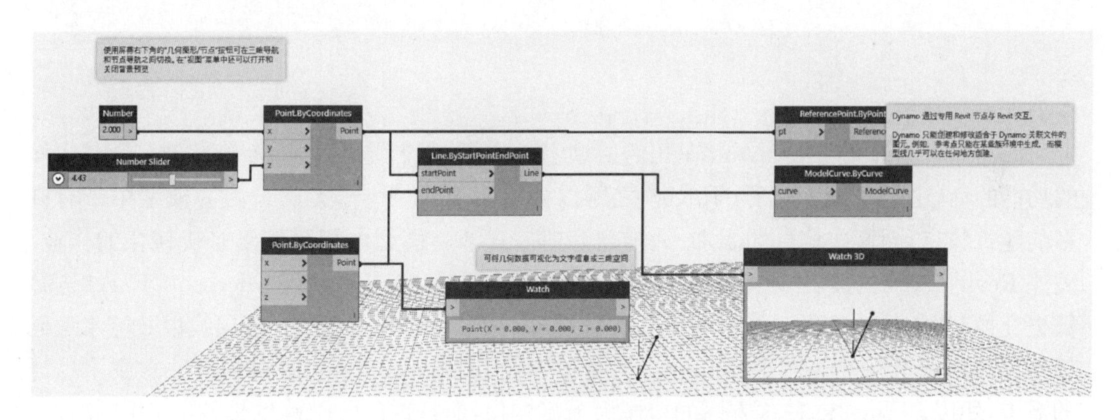

图 1-5　Dynamo 自带基础范例 2

这是一个简单的 Dynamo 说明范例，整个执行过程的核心是“Point.ByCoordinates”和“Line.ByStartPointEndPoint”这两个节点，前端的部分有“Number”与“Number Slider”作为控制参数输入的节点，利用参数的控制，将起始点的坐标控制在(2, 0, 4.2)的空间位置上，而终点并未给定任何参数，故终点的空间位置始终保持在默认值(0, 0, 0)上，即原点。

这样的模型空间位置定义方式，对 Revit®来说是不正确的。在 Revit®环境中通常需要给定一个参考平面，例如以世界坐标“X”,“Y”生成平面，平面高度为“Z=4.2”，然后再将点放置到此参考平面上坐标为“XY=(2, 0)”的位置才能设定上述的起始点。

也因此 Dynamo 中的一些节点，并不是 100% 对应 Revit®的功能，这个特性就与 Grasshopper 的发展理念有所不同。对于 Grasshopper 来说，只要 Rhino 中有的指令，必定会有对应的 Grasshopper 指令，但在 Dynamo 中则非必然。

在此总结两个 Dynamo 的限制：一是，提供的可用于三维模型造型的方式太少；另一个限制是，在 Dynamo 中创建的对象不能全部直接在 Revit®中使用。因为在 Revit®中的对象有严谨的族群定义，这是面向对象而非图层导向的软件必须要遵守的原则，所以在 Dynamo 环境下创建出来的模型，虽然外型是符合使用者的设计概念或是需求，但是仍然需要使用者定义族群类型，告诉软件所建立的模型究竟是幕墙、屋顶、柱或只是复杂的几何曲线等，比如尝试在 Revit®中利用幕墙的竖梃来创建格栅吊顶时(图 1-6)，虽然外观符合需求，也确实和现实中吊顶外型一样，进行面积算量也不是问题，但其终归是幕墙族类而不是天花板族类，

图 1-6　Revit®利用幕墙竖梃创建格栅吊顶

在分类及参数信息上就是不一样。

前面简单地介绍了 Dynamo 在几何造型上的应用，但若是因此认为 Dynamo 只有这样的功能的话，也是太小看它了。Revit®之所以被称为 BIM 平台，无非是因为模型中带有许多的建筑信息，而这些信息的添加、编辑与管理一直都是模型中相当繁复且机械化的作业。关注 Revit® API 的读者应该都能发现，数据的导入及导出，或是利用 Microsoft Excel 进行数据交换，都备受关注。此外自动化的参数设定，例如，自动设定网格、楼层线以及流水编码等也是 API 开发中相当看重的部分。当然官方在 Dynamo 开发的过程中也注意到了这样的需求，所以，Dynamo 在这方面的应用极为多样化，而且这部分刚好也是各类 BIM 软件本身所缺乏的功能。

例如把 Revit®的图纸数据利用 Dynamo 获取并转到 Excel 后，将 Excel 导入 CAD 中，最后再将完成的 CAD 图纸数据插入作为图纸目录，虽然目前利用 Revit®软件内提供的功能，也能达到这样的目的，但是在进行标号排序或是版次修订时，仍有部分差强人意的地方。通过 Dynamo 可以将 Revit®内部的数据取出重新整理后再次导入项目。

另一种应用则是减少繁复的机械化作业，例如通过手动测量进行墙面面层算量，若建立的模型仅有十间房间，那可以很快完成，但当模型越来越庞大，模型内的房间变成数十间甚至数百间时，这样的工作虽不困难，却相当耗费时间，且还有可能因人为疏忽造成数据错误。使用 Dynamo 可以解析房间实体并减去开口面积，不仅大量减少人力作业的工作量还能够避免产生人为输入数据错误的问题(范例详见 4.6.1)。

就像互联网上很热门的文章《建筑师应该要学编程的五大理由》所言，不论是程序编写或是 Dynamo 的应用无非都是希望能够利用这些辅助工具来提高生产力，减少大量机械化的重复性作业。

长久以来，制造业的生产效率一直是大幅超越工程建设行业的，其中的原因有许多。例如制造业工厂环境单纯、可变因素少、产品批量生产、产品模数化高，接口环境单一等。但工程建设业产品独特，一套设计只使用一次，且各方需求多样化、接口复杂度高、相关规范众多等问题，这些都是影响生产效率的因素，再加上设计变更与版本的修改调整在工程项目中本是家常便饭，都考验着从业人员的执行力。

如能把项目执行中繁复且机械化的部分交由程序来执行，便能影响产业的发展与作业流程。现今 Revit®的运用使建筑绘图从 2D 平面的绘图时代进步到 3D 信息导向的模型创建时代，通过模型产生项目设计与施工图纸等，也能够利用模型管理项目信息。BIM 的出现既然已经引领了工程建设行业的变革，我们为何不再更进一步学习 Dynamo，往未来更进一步呢？

第 2 章

入门功能篇

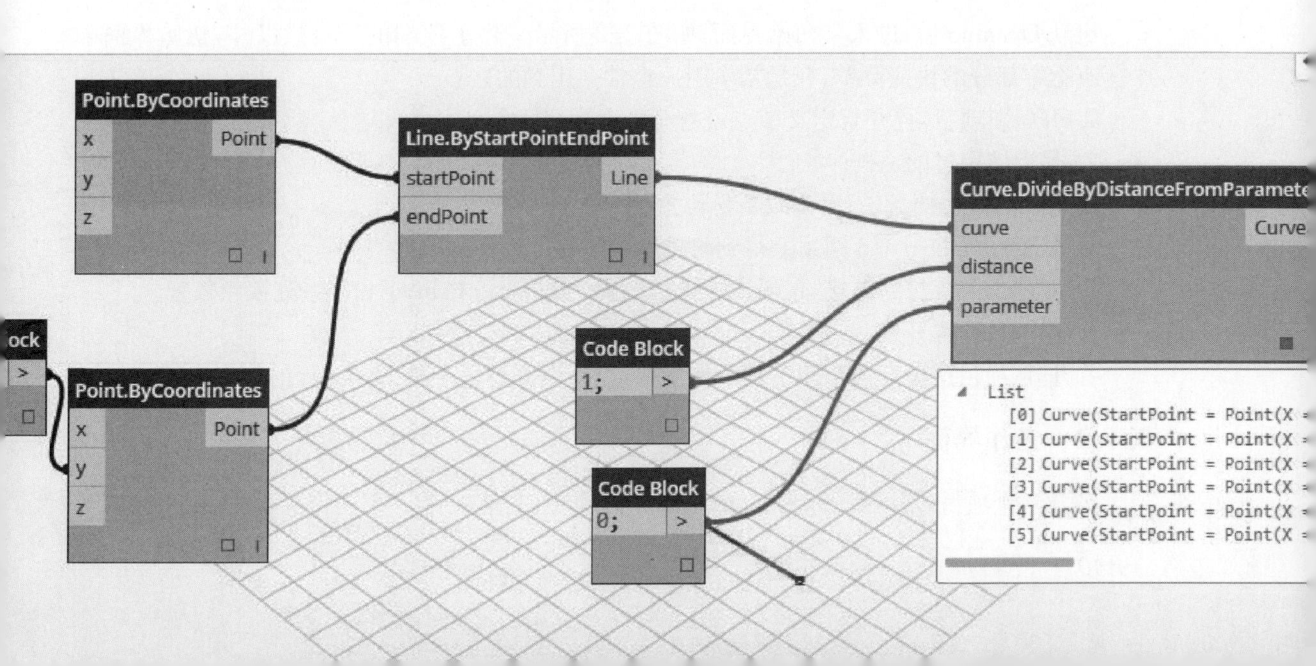
Point.ByCoordinates
x
y
z
Point
Line.ByStartPointEndPoint
startPoint
endPoint
Line
Curve.DivideByDistanceFromParamete
curve
distance
parameter
Curve
Code Block
1;
Code Block
0;
Point.ByCoordinates
x
y
z
Point
List
[0] Curve(StartPoint = Point(X =
[1] Curve(StartPoint = Point(X =
[2] Curve(StartPoint = Point(X =
[3] Curve(StartPoint = Point(X =
[4] Curve(StartPoint = Point(X =
[5] Curve(StartPoint = Point(X =

2.1 Dynamo 界面介绍

Dynamo 的工作界面与 Revit®是独立开来的，却又可以并行工作。其界面和 Revit®也非常类似，熟练的 Revit®用户要掌握 Dynamo 并不是一件难事。从此章节开始一一大家介绍 Dynamo 的常用功能和工作习惯，及一些小技巧，帮助用户在学习过程中少走弯路。

2017 及以上的 Revit®版本中，Dynamo 已经成为默认安装的插件，在 Revit®的安装过程中自动安装了。如图 2-1 所示，用户可在 Revit®"管理"面板下的"可视化编程"栏里找到 Dynamo 的按钮，启动 Dynamo。

图 2-1　Dynamo 的启动方法

对于 2015 和 2016 版本的 Revit®来说，用户需要从 http://dynamobim.org/网站上下载 Dynamo 的安装程序，安装完成后，可在 Revit®"附加模块"面板中找到 Dynamo 的按钮，启动 Dynamo。

2.1.1 初始界面

启动 Dynamo 后，进入其初始界面，如图 2-2 所示。除了顶端的工具栏以外，初始界面中还有七个部分的快捷菜单，都是初学用户常常会用到的。

1. 开始新项目，打开自定义节点或打开已有项目。
2. 最近使用过的文档。
3. Dynamo 文档备份，可修改备份位置。
4. 从论坛或 Dynamo 网站上得到常见问题解答。
5. 其他学习资源的链接，包括快速入门教程、Dynamo Primer 和一系列视频教程。
6. 参与数据源开发，基于 dynamo 开发更多功能的平台。
7. 样例项目这里有多个新手教学例子，可以让大家迅速了解 Dynamo 的工作流程。

2.1.2 工作界面

新建一个项目，进入到 Dynamo 的工作界面，如图 2-3 所示。在工作界面中，用户可以

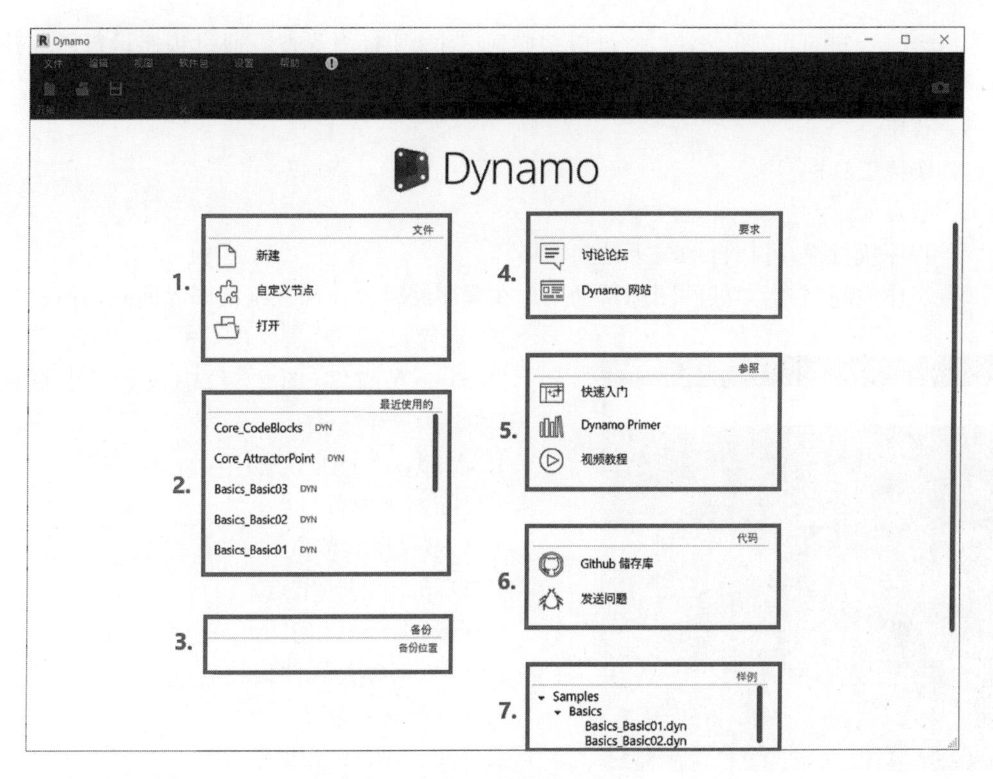

图 2-2　Dynamo 的初始界面

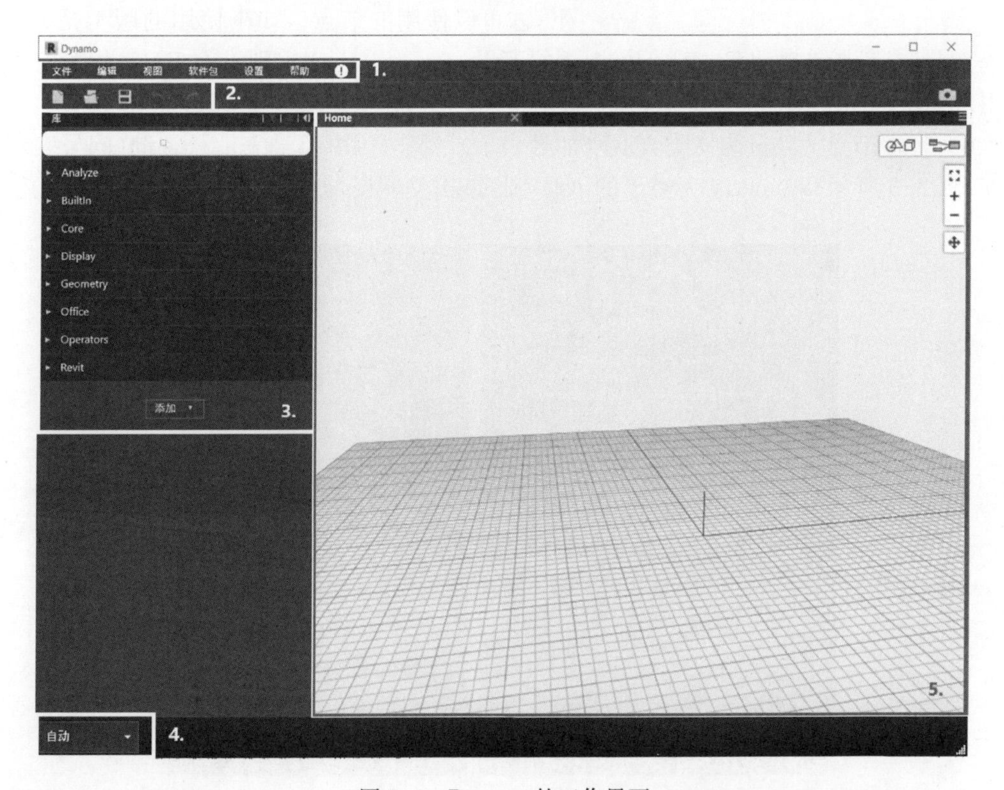

图 2-3　Dynamo 的工作界面

放置功能节点，进行可视化编程，也可以切换到三维视图，浏览查看通过程序运行所创建的几何形体等三维模型内容。

1. 菜单。
2. 快捷工具栏。
3. 节点库。
4. 程序执行栏，可在自动与手动间切换。
5. 工作空间(右上角处的图标帮助用户在程序编辑界面和三维视图界面间切换)。

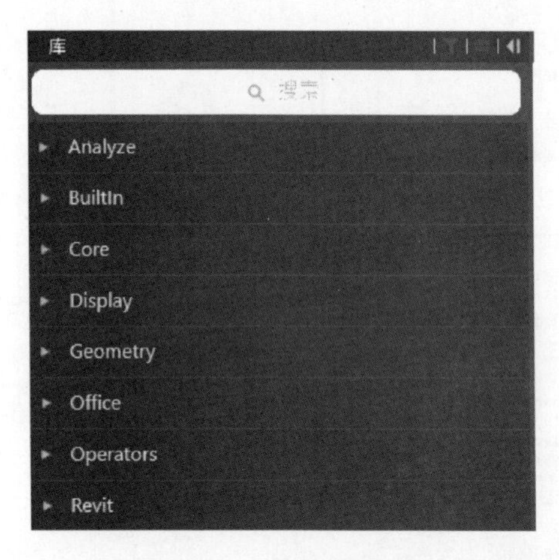

图 2-4　Dynamo 节点库

【节点库】

Dynamo 节点库(图 2-4)中包含了上百种节点，基本分为 8 个大类：

1. Analyze(分析节点)。
2. BuiltIn(内置节点)。
3. Core (核心节点)。
4. Display(显示节点)。
5. Geometry(几何图形节点)。
6. Office(办公软件相关节点)。
7. Operator(运算节点)。
8. Revit(Revit 相关节点)。

其中 Revit 节点是在 Revit® 项目激活的情况下，才可以使用的节点。如果使用的版本是 Dynamo Studio 或者在未启动 Revit® 的情况下打开 Dynamo，节点库中则没有 Revit 相关节点可供用户使用。

Dynamo 节点大致分为三类：创建(加号表示)、操作(闪电符号表示)、查询(问号表示)。例如，图 2-5 所示 Geometry 大类下的 Arc(圆弧)相关节点，创建栏包括通过不同方式生成

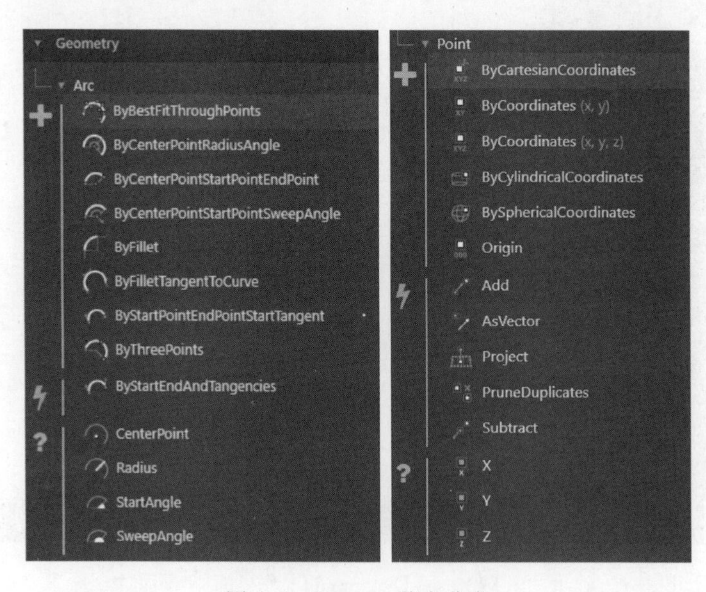

图 2-5　Dynamo 节点分类

圆弧的节点，操作栏包括对已有圆弧进行编辑的节点，查询栏包括获取已有圆弧相关信息的节点。

【创建节点】 例如“Rectangle.ByWidthLength”节点（图 2-6），通过输入长和宽创建矩形。此类节点命令的语法结构是：“创建的内容”加上分隔符“.”加上“创建所需的方法”。

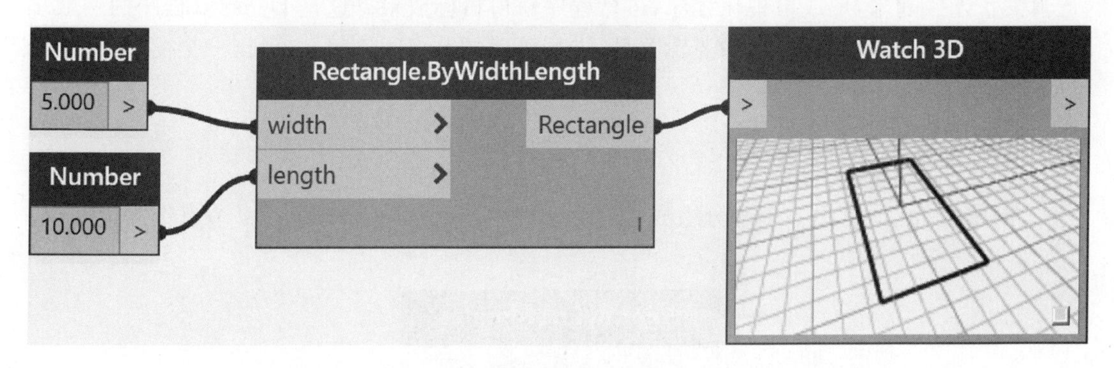

图 2-6　创建节点示例

【操作节点】 例如“Curve.Patch”节点（图 2-7），将平面内的封闭曲线进行填充，生成平面。接上述例子，创建的矩形可看作封闭曲线，对该曲线进行填充操作，生成矩形平面。此类节点命令的语法结构是：“操作的内容”加上分隔符“.”加上“执行的操作”。

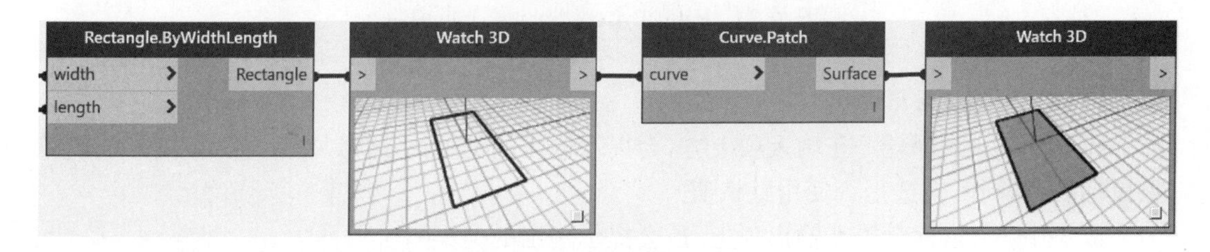

图 2-7　操作节点示例

【查询节点】 例如“Surface.Area”“Surface.Perimeter”节点（图 2-8），查询面的面积和周长。此类节点命令的语法结构是：“查询的目标”加上分隔符“.”加上“查询的内容”。

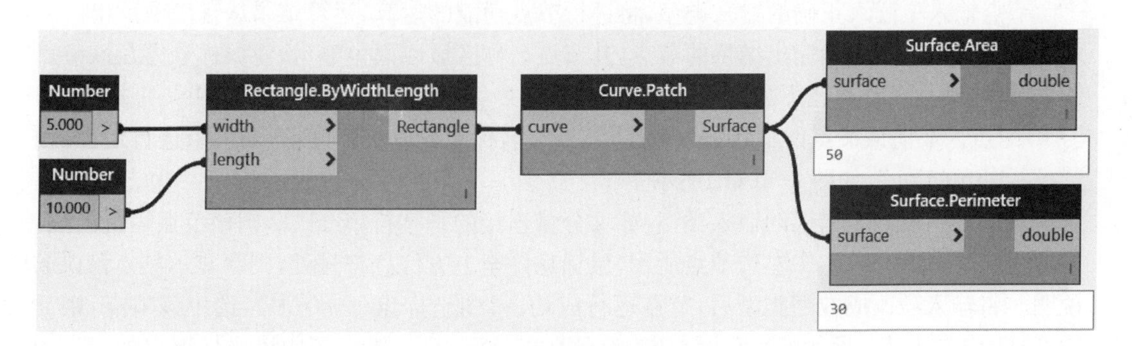

图 2-8　查询节点示例

2.2 Dynamo 节点介绍

从节点库中选取适当的节点，每一个节点都有其功能，通过导线将多个节点按照一定的逻辑关系连接起来，形成可视化程序，运行程序获得目标成果。这是 Dynamo 程序的一般工作流程。了解节点的功能，理清逻辑关系，进行正确的节点间连接，是做出一个简明、有效的 Dynamo 程序的关键。

2.2.1 节点构成

常用的节点通常由 5 个部分组成，以图 2-9 中“Point.ByCoordinates”节点作为说明。

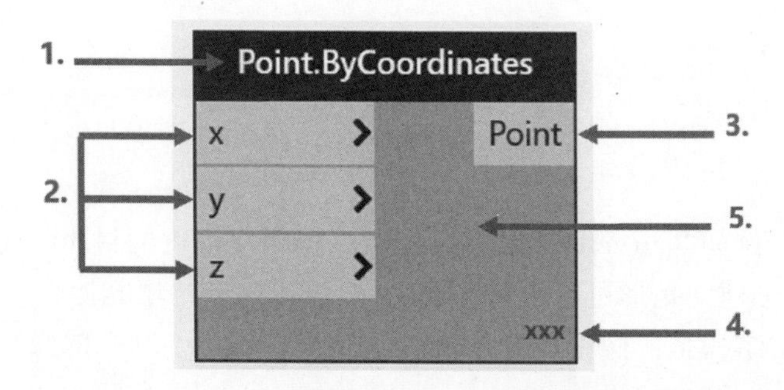

图 2-9 “Point.ByCoordinates”节点说明

1. 节点名称(可重命名)。

2. 输入项(鼠标悬停在输入项上方，会提示输入的类型以及默认输入值，在输入项区域点鼠标右键，则可勾选是否使用默认值)。

3. 输出项(鼠标悬停在输出项上方，会提示输出的类型)。

4. 连缀图标(表示当前节点的连缀状态，会影响节点运算结果，在接下来的章节会以具体例子详细说明)。

5. 节点面板(鼠标右键面板区域，弹出右键菜单，包含设置连缀状态、是否显示预览、重命名节点、显示节点帮助等操作)。

节点输入项读入正确的输入类型，将进行节点功能的运算，运算结果从输出项读出。完成了运算并生成了正确输出结果的节点，其节点名称区域以黑色显示，将鼠标悬停在该节点任意区域，则会在节点正下方预览运行结果，如图 2-10(a)所示，节点运算结果是坐标为(0, 0, 0)的点。取消该节点的默认输入值后，该节点名称区域以灰色显示，表明未进行运算，预览显示“Function”，如图 2-10(b)所示。

若输入项读入了错误的输入类型，如 x 分量连接的是字符串“abc”，则该节点运行失败，以黄色显示，如图 2-11 中左边节点所示，鼠标悬停至上方信息符号处，则会显示具体错误的说明。将输入项改成数字类型后，节点运行成功，得到坐标点(5, 0, 0)，选中该节点，则如图 2-11 中右边节点所示，节点边框变为蓝色高亮显示，且三维视图中该坐标点也处于选中状态。

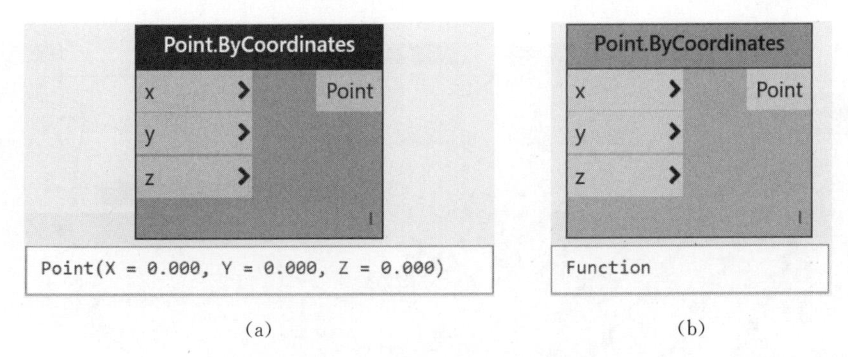

(a)　　(b)

图 2-10　节点的不同显示状态(1)

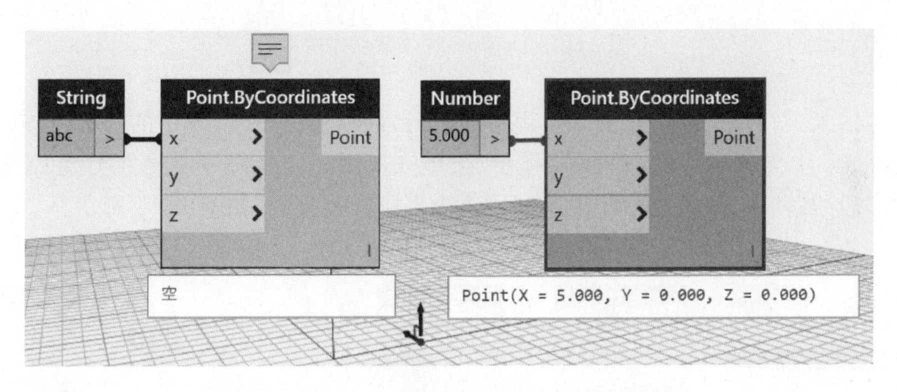

图 2-11　节点的不同显示状态(2)(见彩图一)

在节点右键菜单中勾选“冻结”,节点则以图 2-12 中左边节点所示,呈半透明状,其节点功能暂时处于不运行的状态。在节点右键菜单中取消勾选“预览”,节点则以图 2-12 中右边节点所示,呈灰显状态,其节点运行生成的几何形体则不会在工作空间的三维视图界面中显示。

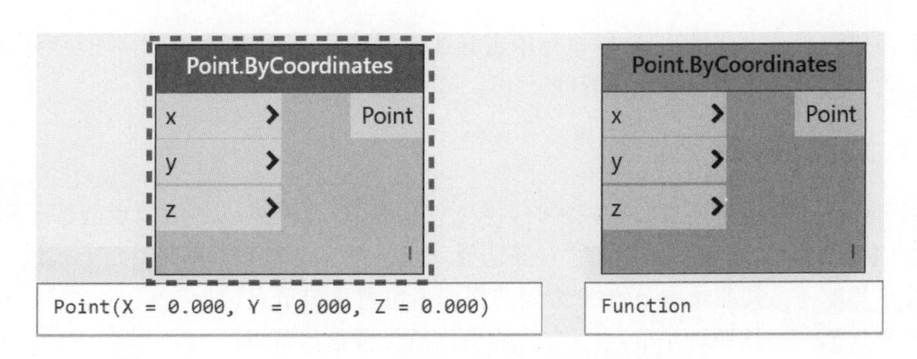

图 2-12　节点的不同显示状态(3)

2.2.2　节点连接

节点之间通过导线相连,图 2-13 中的例子示意了一个完整的 Dynamo 程序的节点连接。由最左边的定义数字的节点连接到下游节点的输入项,经过运算,输出结果连接到更下

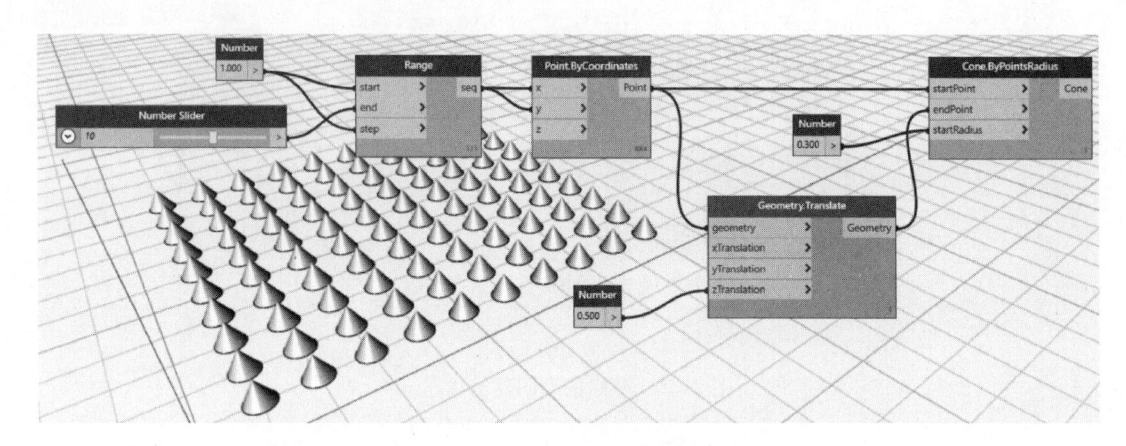

图 2-13　Dynamo 程序节点连接示意

游节点的输入项，以此类推，完成整个程序的运行，最终输出图 2-13 中的圆锥方阵。

Dynamo 中导线的形式有两种，可在“菜单—视图—连接件—连接件类型”中选择“曲线”或“多段线”两种显示方式，将上述例子改为多段线连接线，如图 2-14 所示。

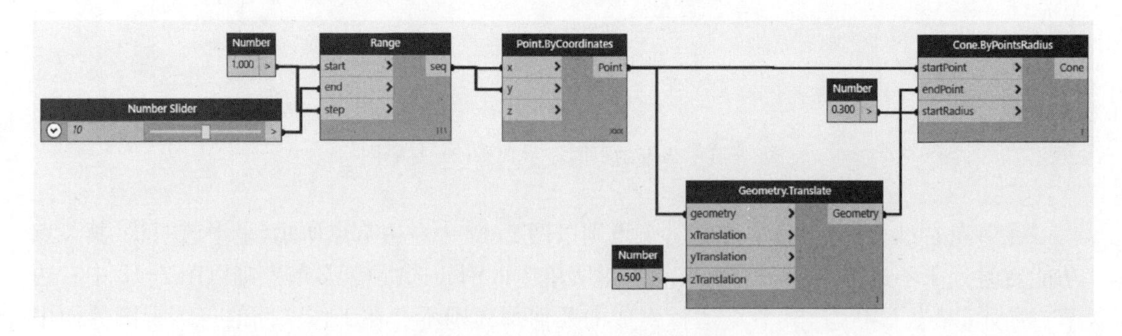

图 2-14　“多段线”导线形式

若需要取消节点间的连接，则鼠标单击导线末端的输入项，再将鼠标移动至空白的工作空间位置，单击鼠标，则可删除该导线。

2.2.3　成组与对齐

当 Dynamo 程序中节点数量较多时，容易引起混淆，或是难以理清节点间的逻辑关系。通常我们可以使用“编辑”菜单下的“对齐选择”功能，将一系列节点按照给定方式进行对齐。

X 平均值——按照选中节点 X 方向的平均值位置重排节点。

Y 平均值——按照选中节点 Y 方向的平均值位置重排节点。

左侧——向选中节点中最左侧的节点对齐。

右侧——向选中节点中最右侧的节点对齐。

顶部——向选中节点中最顶部的节点对齐。

底部——向选中节点中最底部的节点对齐。

X 分发——将选中节点在 X 方向上等间距重排。

Y 分发——将选中节点在 Y 方向上等间距重排。

节点对齐的功能可以让 Dynamo 程序更加整齐、美观，而节点成组的功能则是让用户更容易理解 Dynamo 程序的逻辑。

选中一个或多个节点，打开鼠标右键菜单，选中“创建组”，可键入文字，为该节点组命名并选择背景颜色，如图 2-15 所示。节点组的作用是帮助用户更好地了解程序的结构和逻辑过程。

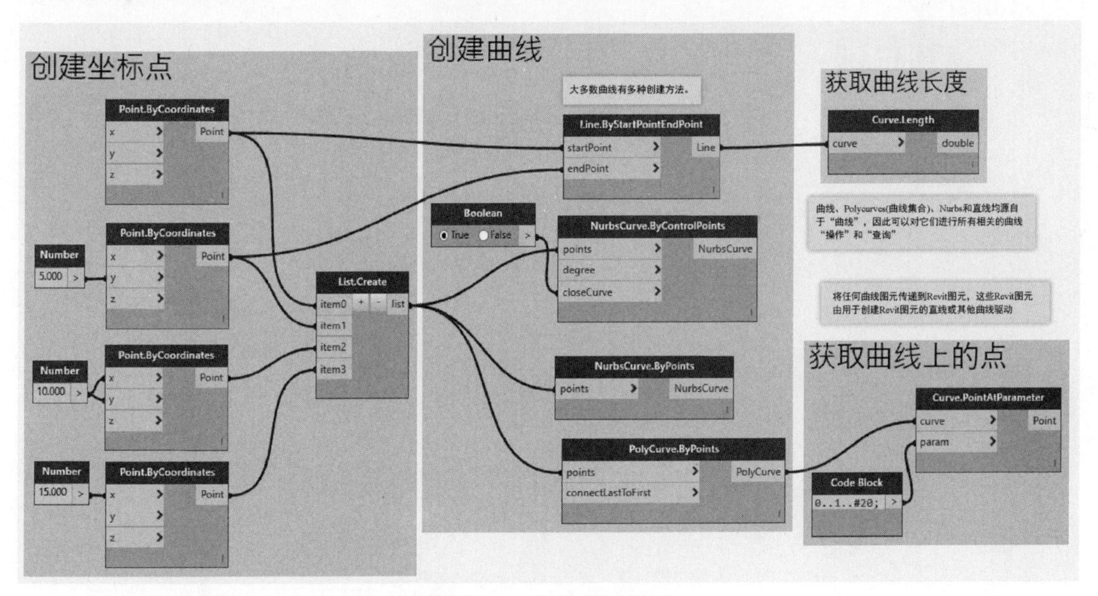

图 2-15　节点成组功能

2.2.4　预览上游

在节点右键菜单中取消勾选“预览上游”时，仅作用于“Watch 3D”节点内显示的内容。如需在工作空间中隐藏先前各节点所生成的几何形体，则需在各节点取消勾选“预览”。如图 2-16 所示。

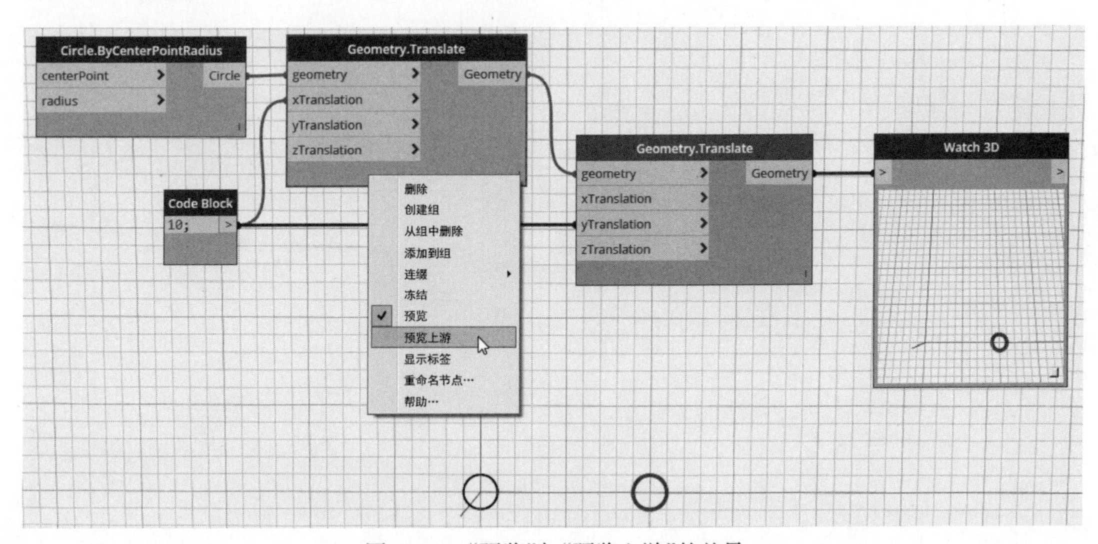

图 2-16　“预览”与“预览上游”的差异

第 3 章
基础入门篇

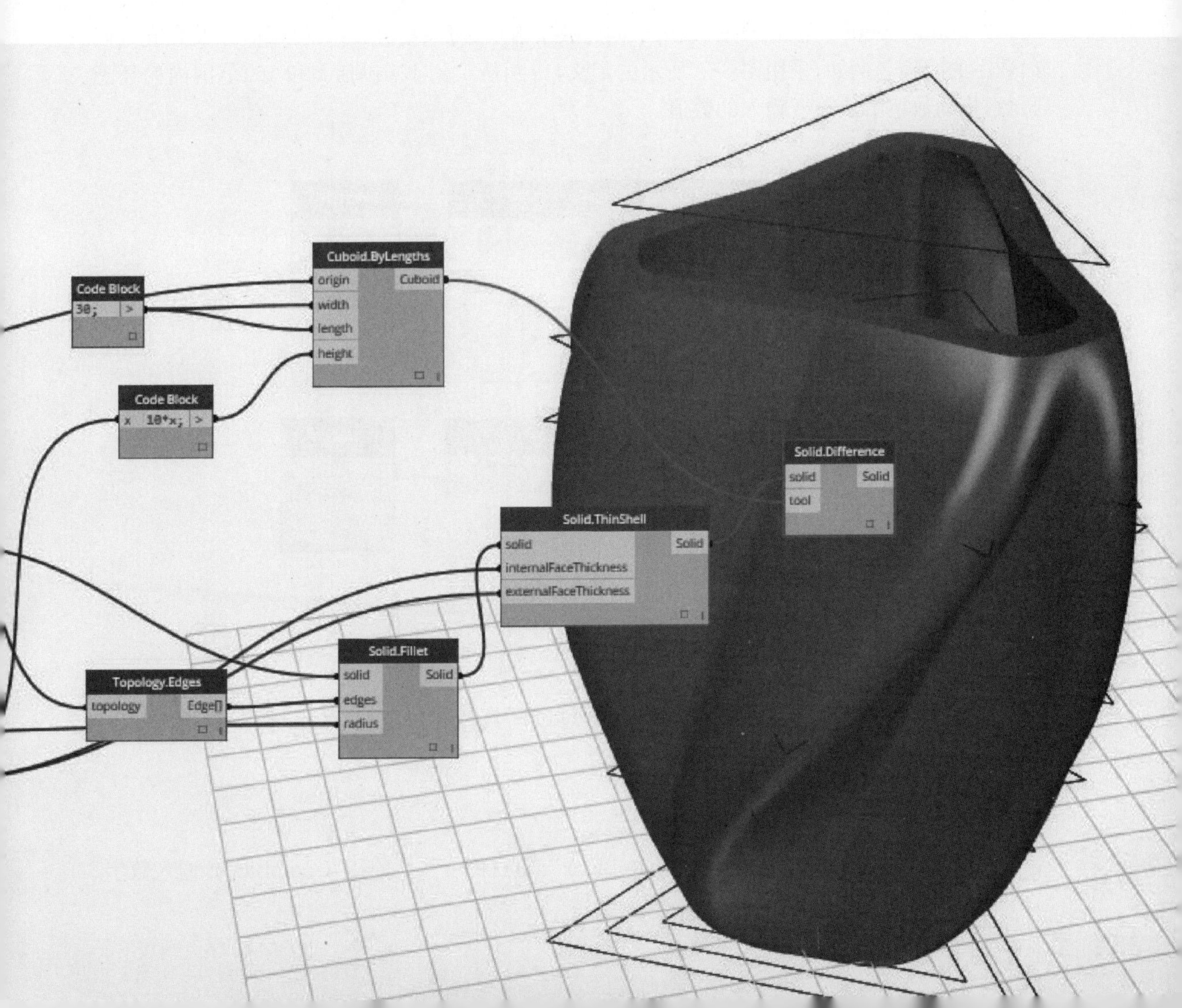
Code Block
30;
Code Block
x 10*x;
Cuboid.ByLengths
origin
width
length
height
Cuboid
Solid.Difference
solid
tool
Solid
Solid.ThinShell
solid
internalFaceThickness
externalFaceThickness
Solid
Topology.Edges
topology
Edge[]
Solid.Fillet
solid
edges
radius
Solid

3.1 输入节点

Dynamo 中用于输入的节点有多种类型，可用于输入数字、字符串、“True”和“False”之间的选择，以及文件路径，等等。节点库中，Input 下拉列表前的加号，代表这一类节点属于“创建”的功能，可以向 Dynamo 程序中输入新的数字、字符串等内容。

3.1.1 Number

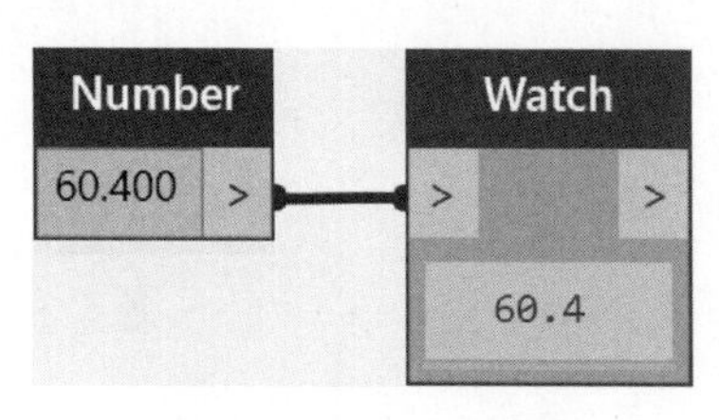

图 3-1　Number 节点

“Number”节点(图 3-1)用于创建数字，可向其输入任意数字，将其作为输入项供其他功能节点使用。此例中的“Watch”节点的功能是对上游节点的运算结果进行预览，前面章节出现过的“Watch 3D”节点则是对几何图形的动态预览。

3.1.2 Number Slider

“Number Slider”节点(图 3-2)用于创建数字滑块，可以定义数字的区间，以及在此区间内数字的间隔。例如，采用图 3-2 所示的定义，得到从 1 到 10(包括 1 和 10)范围内的任意整数，拖动数字滑块改变输入的数值。

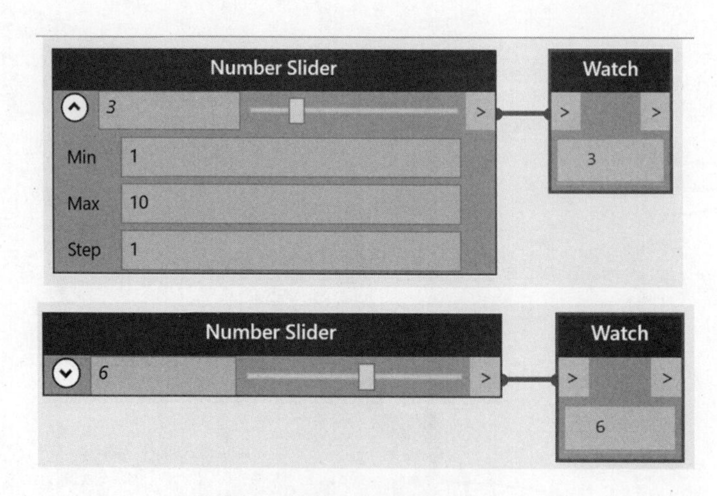

图 3-2　Number Slider 节点

3.1.3 String

“String”节点(图 3-3)用于创建字符串，可以向其输入任意数字、字母、汉字等，将其作为输入项连接到读取字符串的功能节点。

3.1.4 Code Block

鼠标双击工作空间，可以调用“Code Block”节点(图 3-4)，使用“Code Block”输入数字、

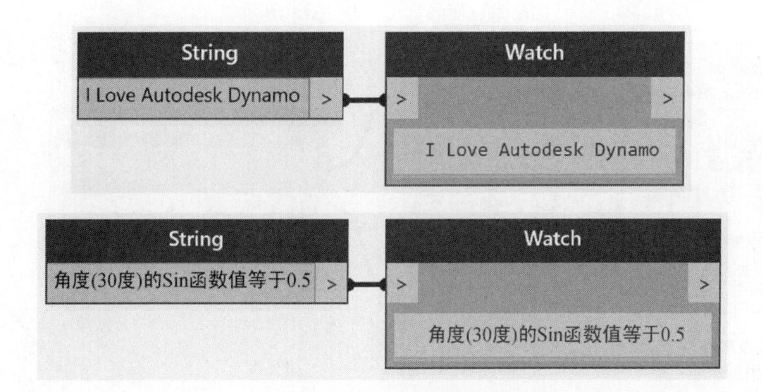

图 3-3　String 节点

字符串、列表、函数命令等。“Code Block”的用法很多，将在后续章节单独讲解。

请注意图 3-4 中第三个“Code Block”中，使用语句“0..10..5”创建一个由三个数字组成的列表。列表(List)是 Dynamo 中一个非常重要的概念，可以由数字组成，如：“0，1，2，3，4，5”；可以由字符串组成，如“A，B，C，Dynamo，E”；还可以由几何形体组成，如：“Point(X=0,000，Y=0,000)，Point(X=1,000，Y=1,000)，Point(X=2,000，Y=2,000)”。列表的灵活运用可以实现数据和几何形体的批量生成、编辑和运算，后面章节中将详细介绍列表的生成和运算。

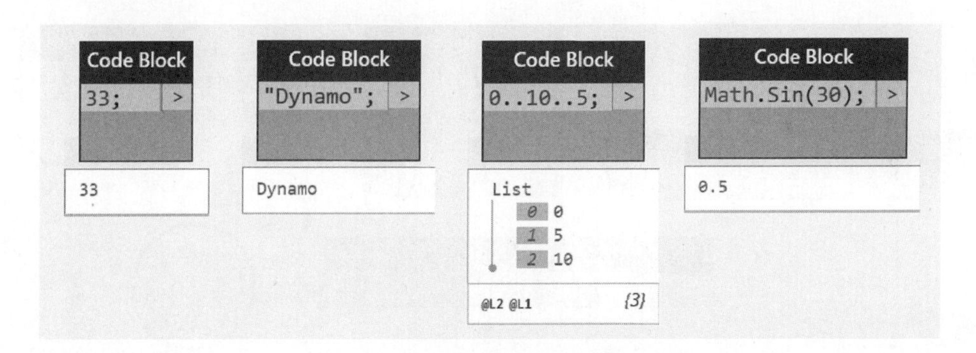

图 3-4　Code Block 的用法

3.2　常用几何形体的创建与编辑

在第 2 章中了解了坐标点的创建方法后，下面将介绍如何创建各类基本的几何形体，例如，直线、圆形、多边形、立方体、长方体和球体等。在节点库 Geometry(几何形体)分类下，调用相关节点，在输入端连接匹配的输入项，完成形体的创建。

3.2.1　直线

【Line.ByStartPointAndEndPoint】　通过连接两个坐标点创建直线。图 3-5 所示例子中，通过输入起始点(2，2，0)和终点(5，6，0)，得到一条连接两点的直线。

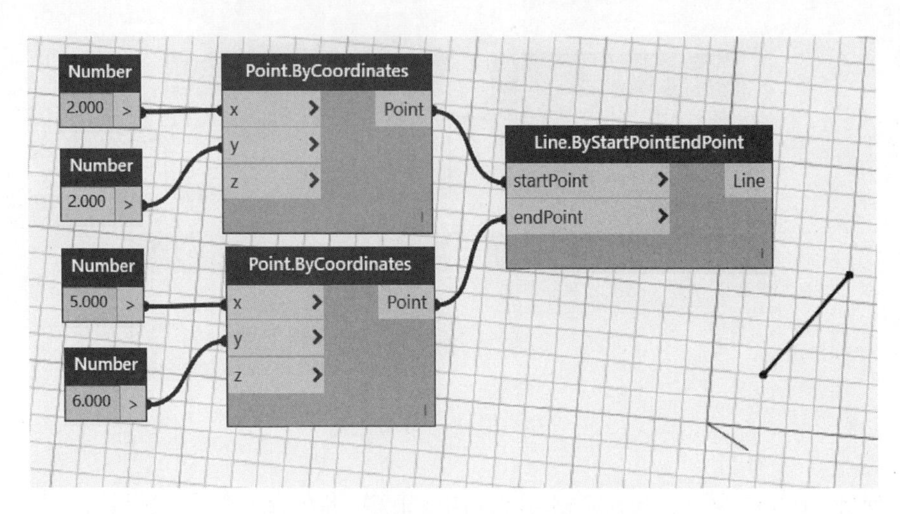

图 3-5　Line.ByStartPointEndPoint 创建直线

3.2.2　圆形

【Circle.ByCenterPointRadius】　通过输入坐标点(2，5，0)和半径“radius”的数值 3，创建一个圆心坐标为(2，5，0)，半径为 3 的圆，如图 3-6 所示。需要注意的是此例中创建的圆形和上例中的直线，在 Dynamo 中都属于曲线 Curve 范畴。

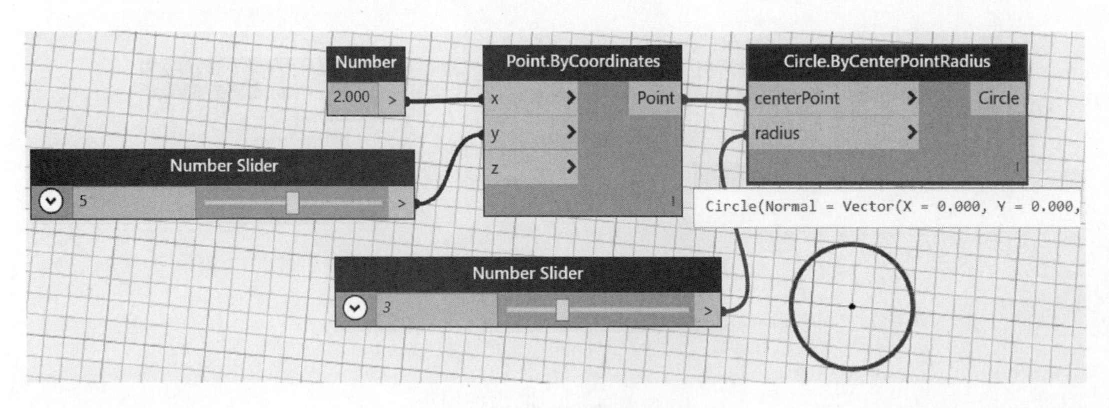

图 3-6　创建圆

3.2.3　多边形

【Polygon.ByPoints 和 Polygon.RegularPolygon】　输入多边形的各个顶点的坐标，并使用“List.Create”节点，将多个坐标点放置在一个列表集合里。将这个列表作为输入项，连接到“Polygon.ByPoints”节点，则可按顶点在列表中的顺序一一连接，生成多边形。例如图 3-7 所示，按顺序输入三角形的三个顶点坐标，依次连接，生成三角形。若要生成四边形或多边形，可增加一个或多个坐标点。

若要生成圆内接等边三角形、正方形、五边形、六边形等边长相等的多边形，则可使用“Polygon.RegularPolygon”节点。如图 3-8 所示的两个例子，当输入端的“numberSides”为 3 和 5 时，分别得到等边三角形和五边形。

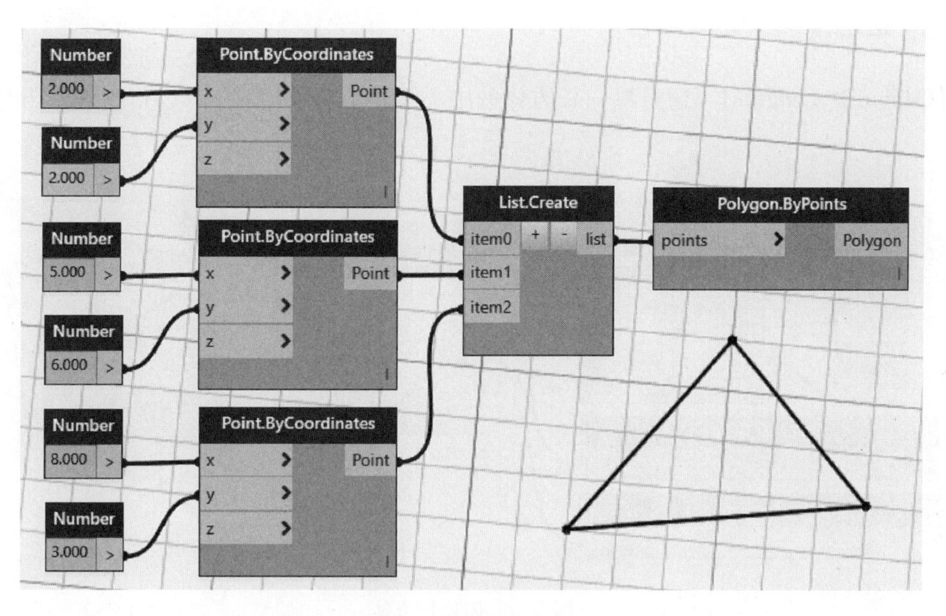

图 3-7　创建多边形

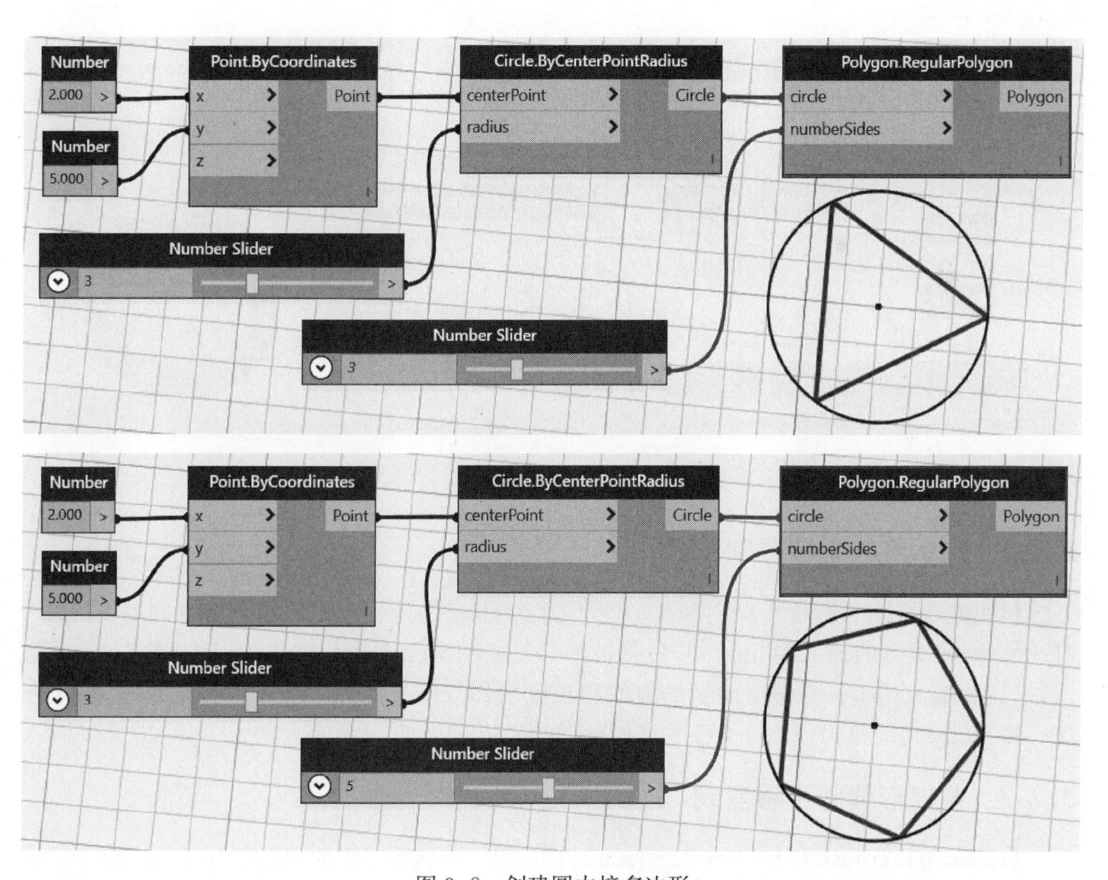

图 3-8　创建圆内接多边形

3.2.4 长方体

【Cuboid.ByLengths】 通过输入长方体的中心坐标点和长宽高的数值，创建长方体(图 3-9)。

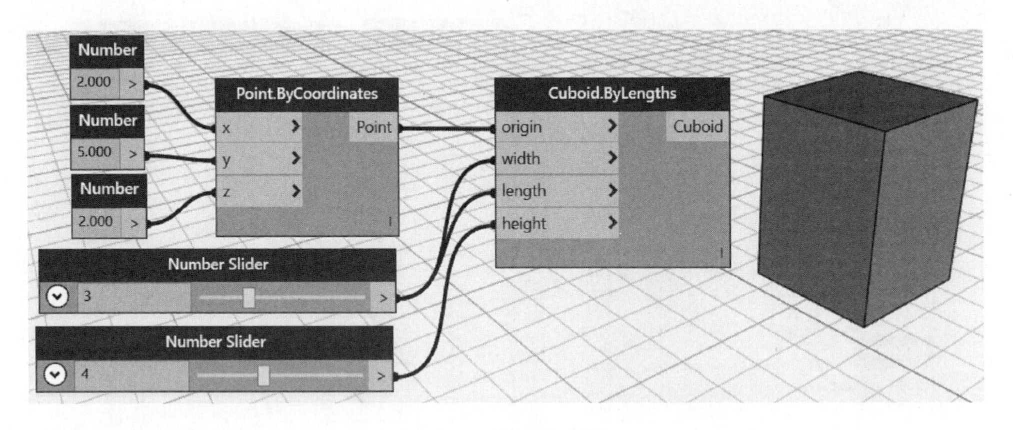

图 3-9 创建长方体

3.2.5 球体

【Sphere.ByCenterPointRadius】 通过输入球心坐标点和半径值，生成球体(图 3-10)。

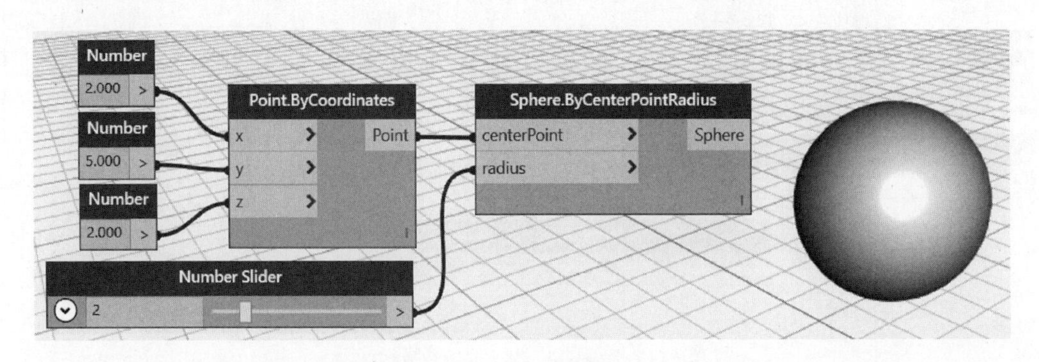

图 3-10 创建球体

3.2.6 坐标点的平移复制

【Point.Add】 使用节点"Vector.ByCoordinates"生成一个向量，将该向量连接到"Point.Add"节点的输入端"point"，另将被平移复制的坐标点作为输入项，连接到"point"输入端，则将输入的坐标点按照向量的方向和长度平移复制。如图 3-11 所示，输入坐标点为(2，5，0)，输入向量为(3，5，0)，平移复制后的坐标点为(5，10，0)。

3.2.7 几何形体的平移复制

【Geometry.Translate】 在 Dynamo 中，另一个常用的平移复制的节点是"Geometry.Translate"，适用于所有的几何形体，上例中坐标点的平移复制同样可以使用该节点实现。如图 3-12 所示，输入项分别输入 X，Y，Z 三个方向上平移的坐标分量，即 0，

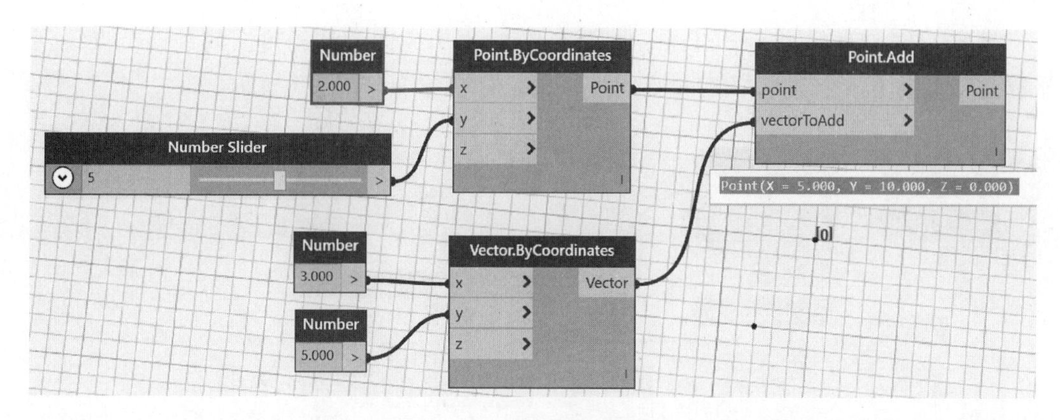

图 3-11　平移复制坐标点

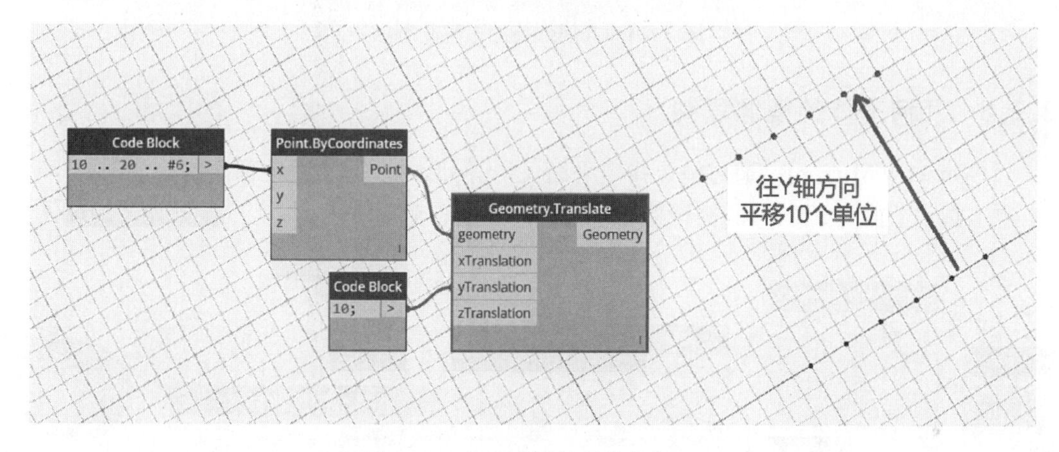

图 3-12　几何形体的平移复制(1)

10 和 0,将坐标点向 Y 轴方向平移 10 个单位长度。此节点同样适用于曲线、曲面、实体等几何形体的平移复制。

如图 3-13 所示,同样使用"Geometry.Translate"节点,但节点的输入项有所区别,输入端为向量。创建一个(5, 5, 0)的向量,将坐标点按向量的方向及长度平移复制。

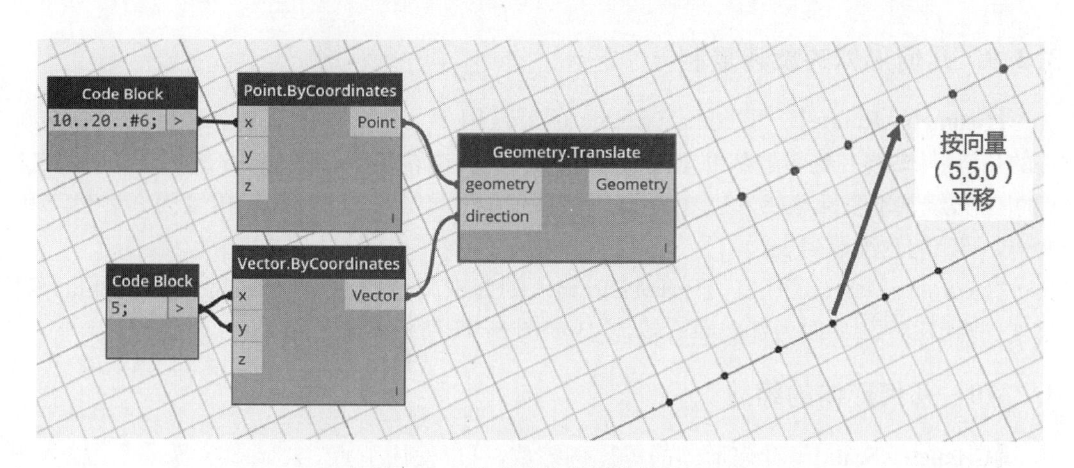

图 3-13　几何形体的平移复制(2)

另外还有一种“Geometry.Translate”节点，输入项为向量和长度。使用该节点得到的平移复制结果是，将坐标点按向量方向平移给定的距离，如图 3-14 所示。

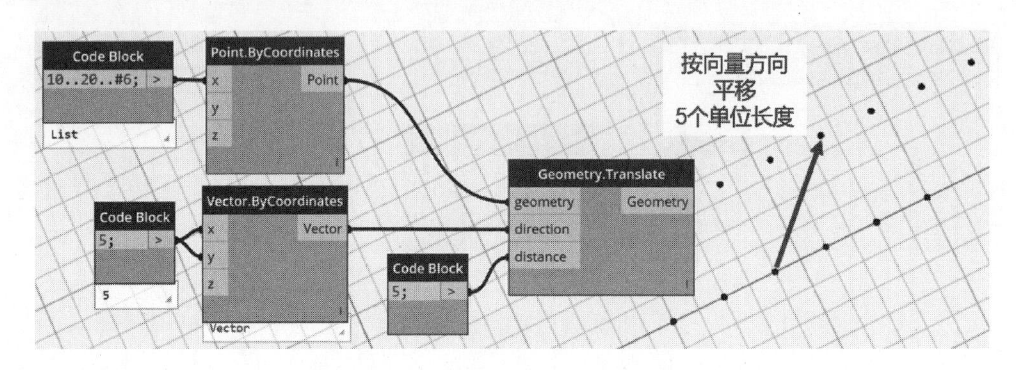

图 3-14　几何形体的平移复制(3)

3.2.8　几何形体的镜像复制

【Geometry.Mirror】　通过输入指定平面，将几何形体根据平面镜像复制。如图 3-15 的例子中，指定平面为 XY 平面，被镜像的几何形体是球心坐标为(0，0，5)，半径为 2 的球体。

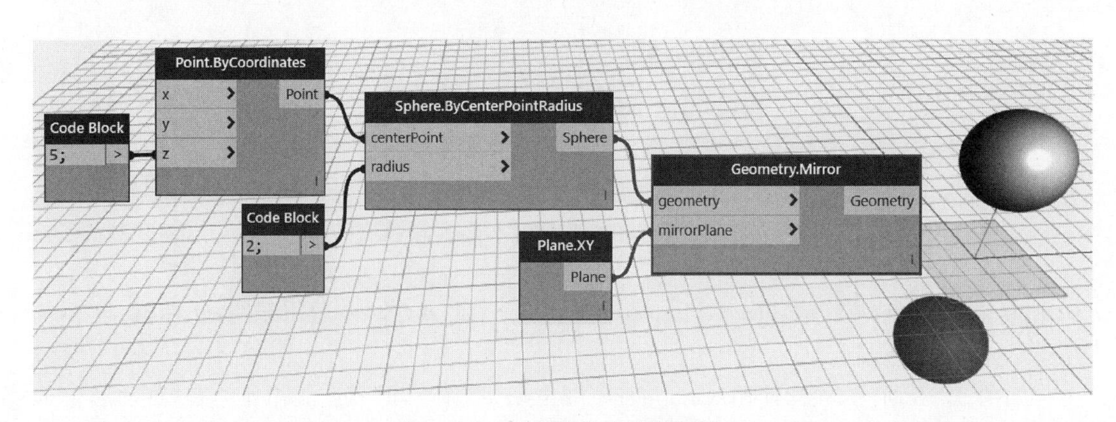

图 3-15　几何形体的镜像复制

3.2.9　几何形体的旋转复制

【Geometry.Rotate】　“Geometry.Rotate”节点用于几何形体的旋转。输入项包括被旋转的几何形体、绕其旋转的基准坐标点、旋转轴向量、旋转角度。图 3-16 的例子中，半径为 1 的圆形，绕基准坐标点(2，2，0)旋转，旋转轴为(0，0，1)向量，旋转角度为“0，30，60，90…，360”的角度数列表。

“Geometry.Rotate”还有另一种形式，输入端为被旋转的几何形体、旋转基准面和旋转角度。圆形以 XZ 平面为基准面旋转，生成如图 3-17 所示的旋转结果。

3.2.10　几何形体的缩放

【Geometry.Scale】　几何形体的等比例缩放，可以使用节点“Geometry.Scale”。输入项

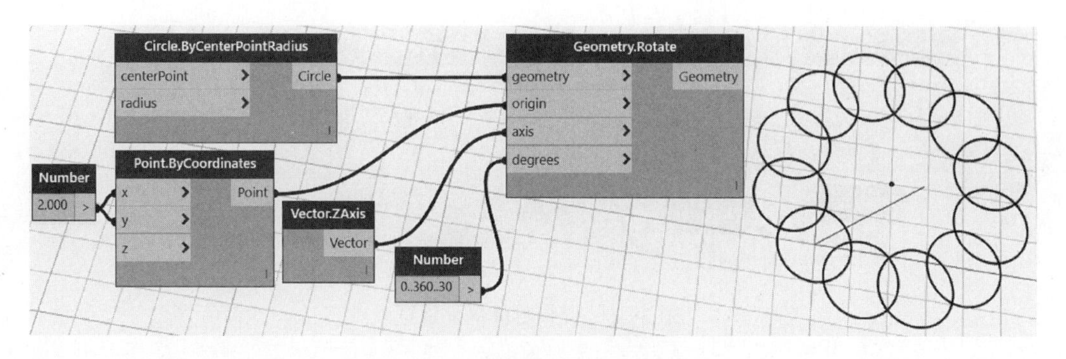

图 3-16　几何形体的旋转复制(1)

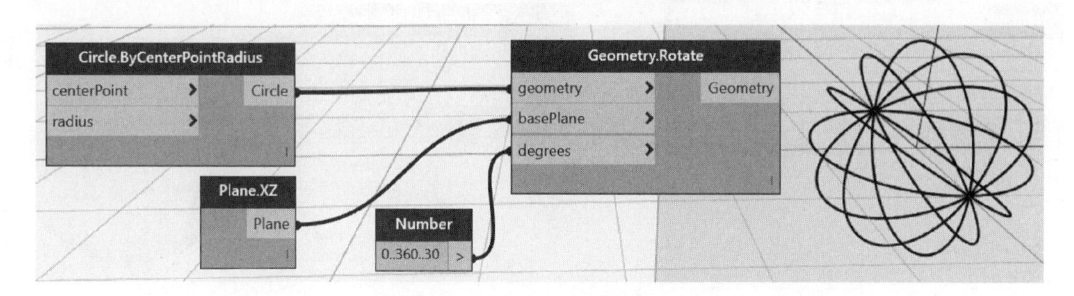

图 3-17　几何形体的旋转复制(2)

为被等比例缩放的几何形体以及缩放因子。缩放因子可以是一个数值,也可以是一个数值列表(图 3-18)。

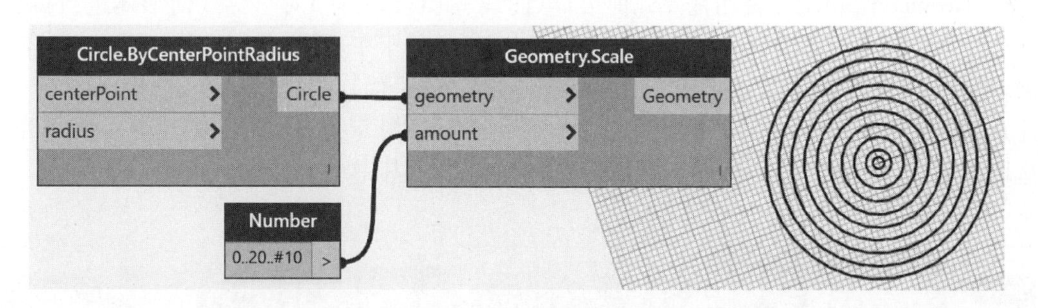

图 3-18　几何形体的缩放(1)

我们可以通过另一种“Geometry.Scale”节点实现几何形体的不等比例缩放。其输入端分别为“xamount”“yamount”和“zamount”。输入不同的缩放因子,得到不等比例缩放圆形的结果,如图 3-19 所示。

3.2.11　获取几何形体间的距离

【Geometry.DistanceTo】　该节点用于获取几何形体间的空间位置关系,测量两个几何形体间的最短距离。例如图 3-20 中球心为(0, 0, 0),半径为 3 的球体,距离坐标点(5, 0, 0)的距离为 2。测量的是球体表面距坐标点最短的距离。

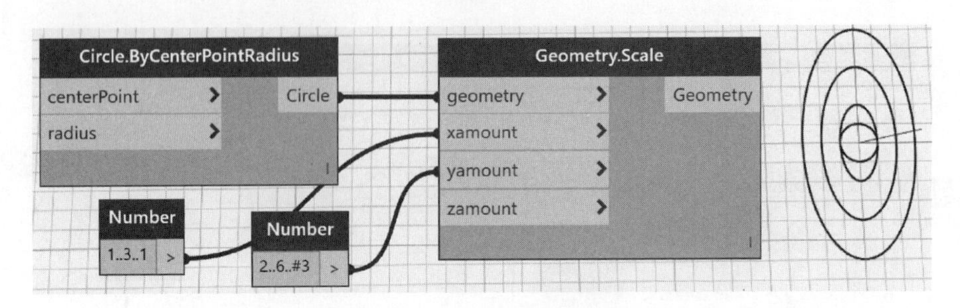

图 3-19　几何形体的缩放(2)

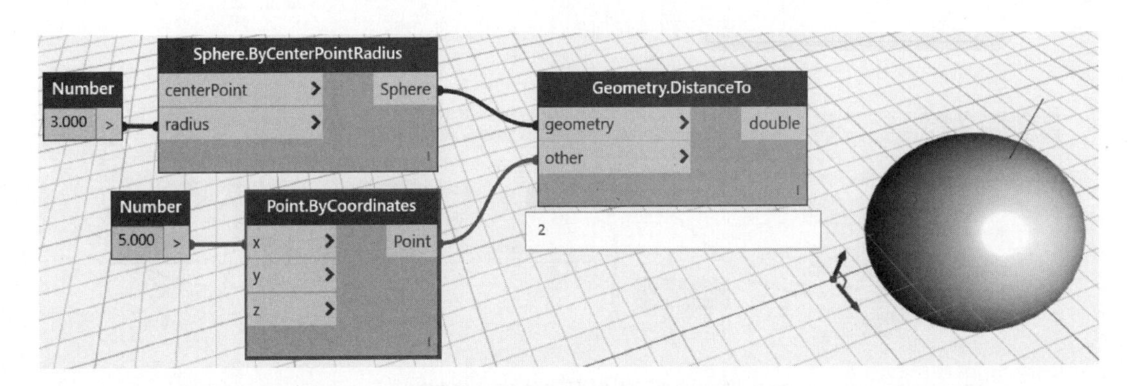

图 3-20　两几何形体间的距离

3.2.12　几何形体的拆分

【Geometry.Split】　使用任意几何形体(曲线、曲面和实体)对目标几何形体进行拆分。前提是两个几何形体需要有相交区域。如图 3-21 的例子中,目标几何形体是球心为(0, 0, 0),半径为 3 的球体,作为拆分工具的几何形体是 XZ 平面。则可将球体分割为两个半球,注意"Geometry.Split"的运算结果是两个"Solid"。使用"List.FirstItem"将其中一个"Solid"选取出来,隐藏上游节点,则在三维预览视图中,仅显示其中一个半球。

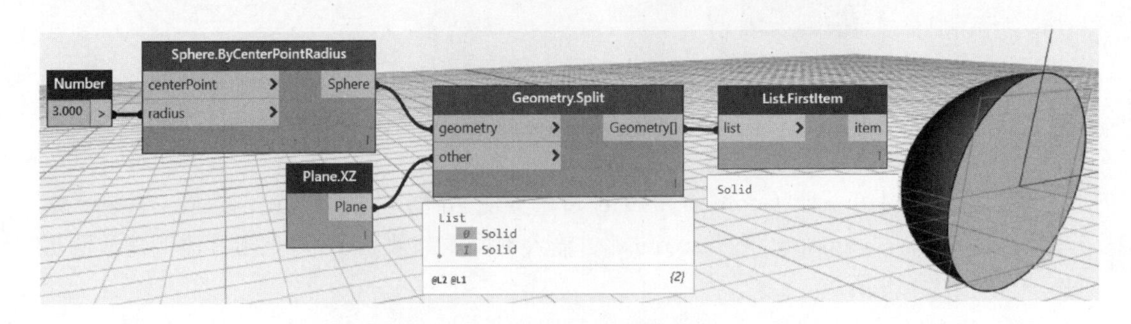

图 3-21　几何形体的拆分(1)

尝试使用曲线作为拆分工具。如图 3-22 所示,将曲面上的曲线作为拆分工具,对输入的曲面进行拆分,将曲面分为两个部分。使用"List.FirstItem"选取拆分后的其中一个曲面。

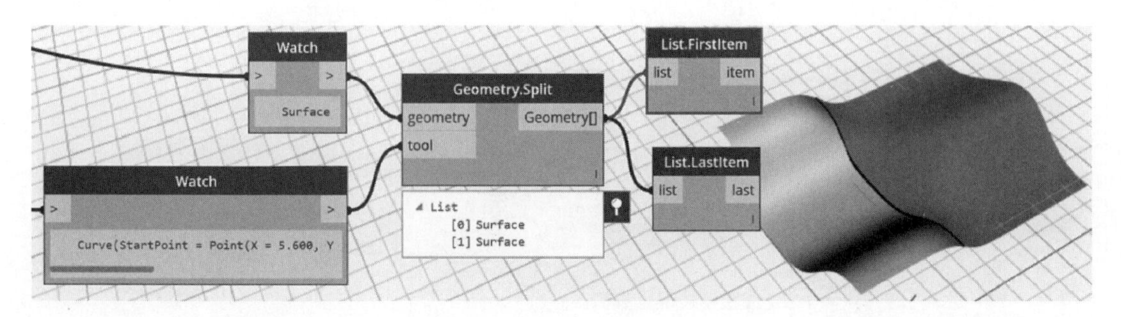

图 3-22 几何形体的拆分(2)

3.2.13 几何形体的差集、并集与交集

创建一个长宽高为 10 的立方体,中心坐标为(0, 0, 0)。再创建一个球心坐标为(0, 0, 5),半径为 5 的球体。两个几何形体有相交区域,以此为例,进行差集、并集和交集的运算。

【Solid.Difference】 两个几何形体求差集的运算,如图 3-23 所示。

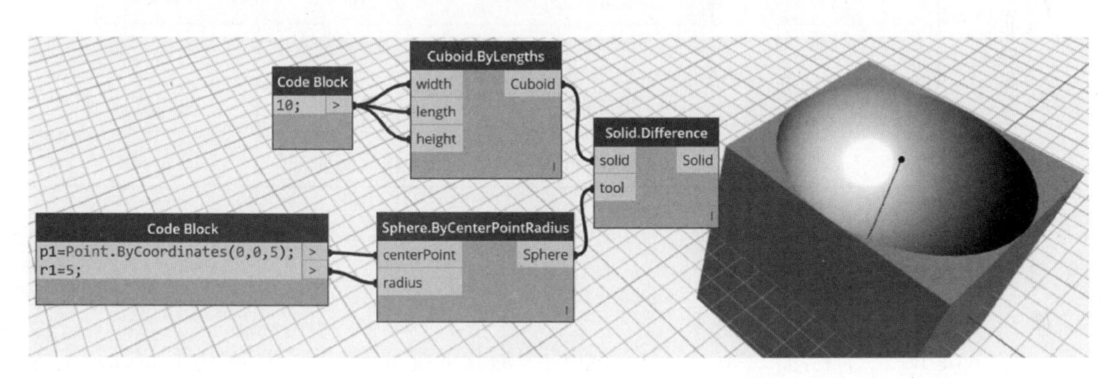

图 3-23 几何形体的差集

【Solid.Union】 两个几何形体求并集的运算,如图 3-24 所示。选中"Solid.Union"节点,三维视图中显示的是求并集运算后的结果,为一个单一的"Solid"。

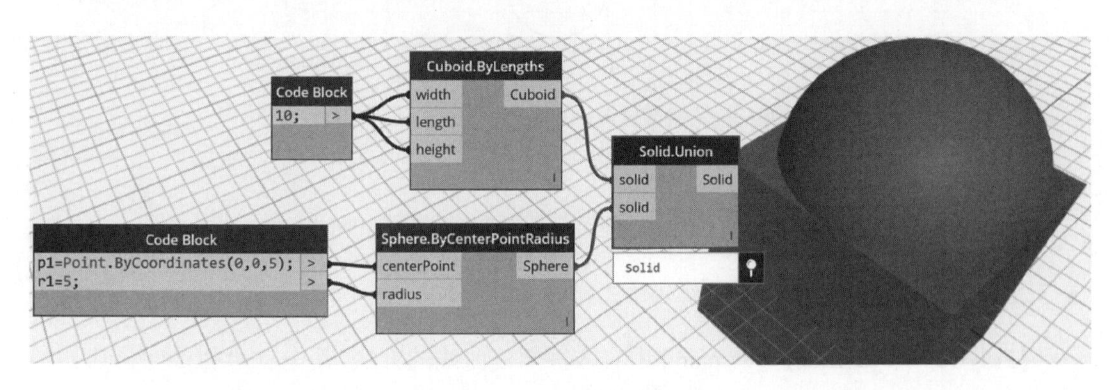

图 3-24 几何形体的并集

【Geometry.Intersect】 两个几何形体求交集的运算,如图 3-25 所示。

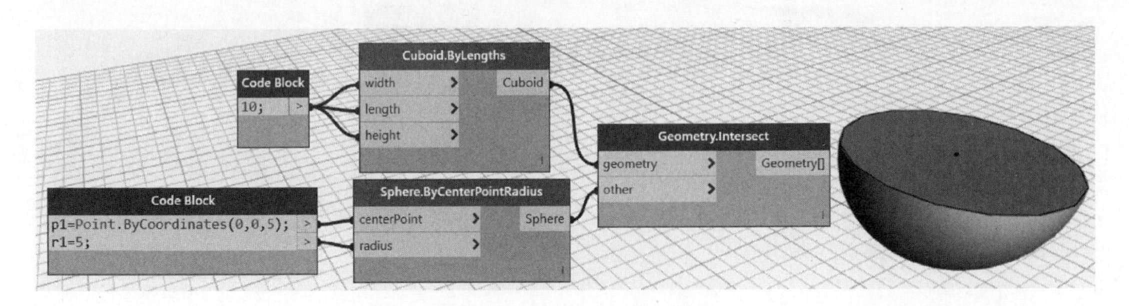

图 3-25　几何形体的交集

两个实体的交集是实体，一个实体和一个曲面的交集是曲面。不同类型的几何形体求交集运算的结果总结如表 3-1 所示(前提是两个几何形体有相交部分)。

表 3-1　　几何形体求交集运算结果

点曲线曲面实体	点	曲线	曲面	实体
	点	点	点或曲线	点集或曲线
	点	点或曲线	曲线或曲面	曲线或曲面
	点	点集或曲线	曲线或曲面	曲面或实体

3.3　曲线的创建与编辑

在 Dynamo 软件中，曲线“Curve”是一切曲线形状的统称，包括直线、多边形、圆形、正余弦函数曲线、螺旋线等(图 3-26)。

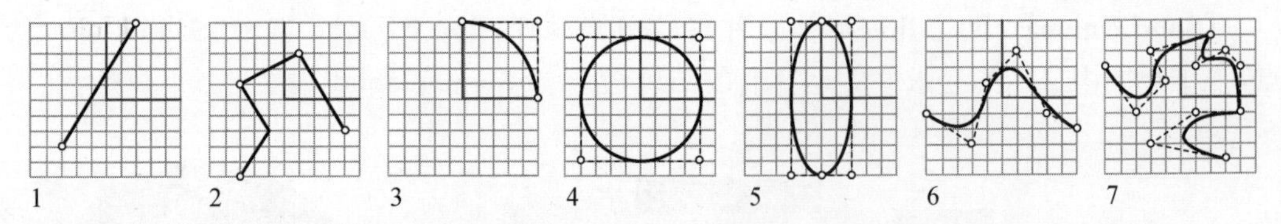

1—直线；2—多段线；3—圆弧；4—圆形；5—椭圆；6—样条曲线；7—多段线

图 3-26　曲线的多种分类(图片来自 Dynamo Primer)

如图 3-26 所示，曲线 1—7 均属于曲线这一类别。

3.3.1　多段线曲线

【PolyCurve.ByPoints】　Dynamo 中有多种生成曲线的方法，其中有两种可能会让初学者混淆，一种是 PolyCurve，一种是 NurbsCurve。PolyCurve 是常说的多段线曲线，通过输入点的顺序依次以直线连接起来，输入的点越密集，曲线越近似平滑。如图 3-27 所示，通过一系列满足正弦分布的坐标点作为输入项，使用节点“PolyCurve.ByPoints”生成多段线曲线。

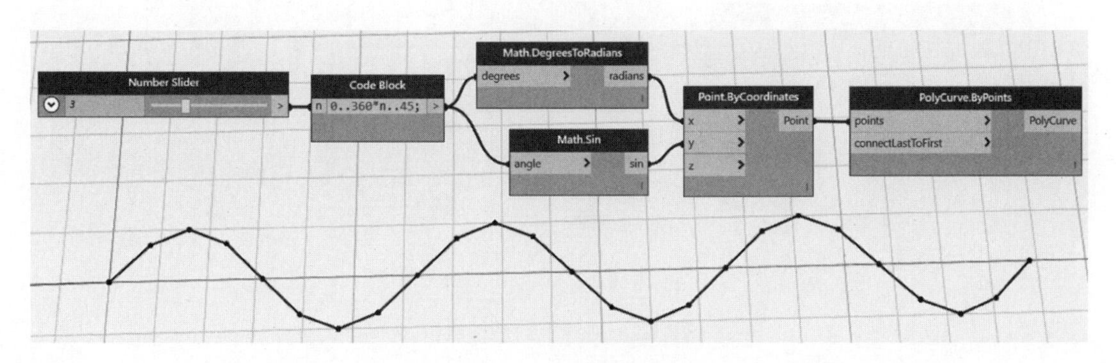

图 3-27　创建多段线曲线

3.3.2　样条曲线

【NurbsCurve.ByPoints】 NurbsCurve 是样条曲线，Dynamo 提供多种样条曲线的生成方法，其中最简单的"NurbsCurve.ByPoints"节点是通过在各点之间插值的方法，创建样条曲线(图 3-28)。

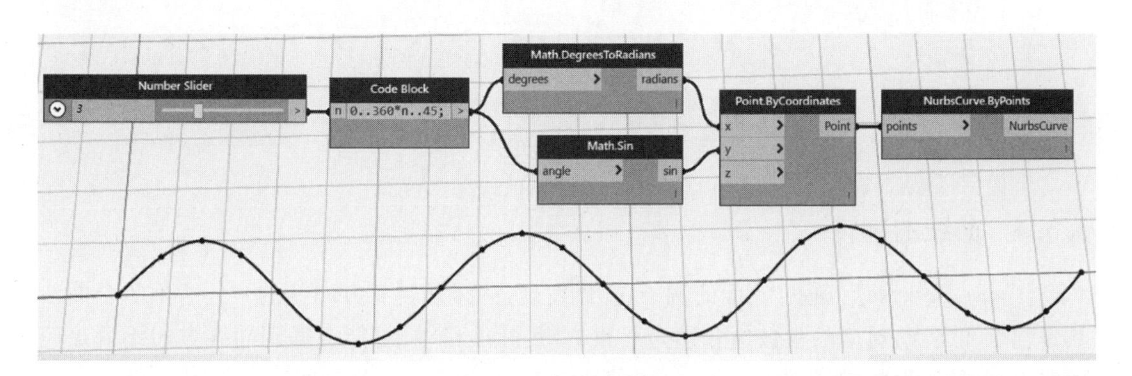

图 3-28　创建样条曲线

3.3.3　曲线上的坐标点

【Point.CurveAtParameter】 初学者可以将任一曲线视作，由包含一个参数 t 的函数所定义的连续的坐标点的集合。将任一曲线的长度看作 1，使用[0, 1]的任意数值作为参数，通过节点"Point.CurveAtParameter"获取曲线上相对应位置的坐标点。如图 3-29 所示，曲线起点对应的参数值是 0.0，曲线终点对应的参数值是 1.0，输入参数值 0.8 则可获取曲线上参数值为 0.8 处的坐标点。这一功能有非常广泛和灵活的应用，将在后续的例子中体现。

【Curve.PointAtSegmentLength】 也可以使用"Curve.PointAtSegmentLength"节点获取曲线上相应位置处的坐标点。通过输入弧长，获取从曲线起点处开始，至给定弧长处的坐标点(图 3-30)。

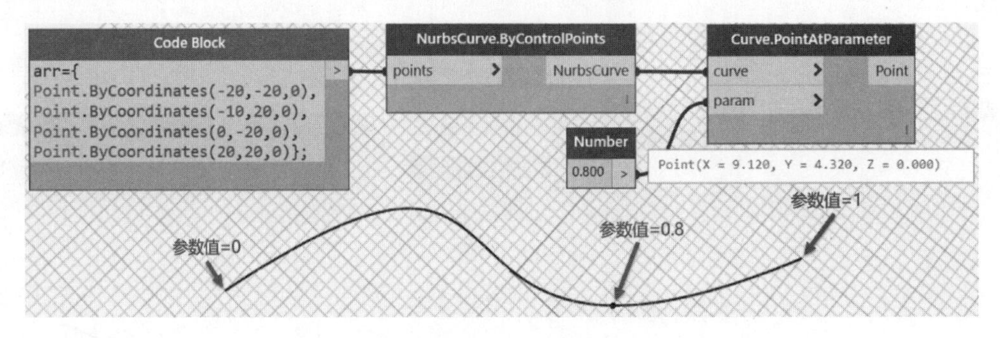

图 3-29　曲线上的坐标点(1)

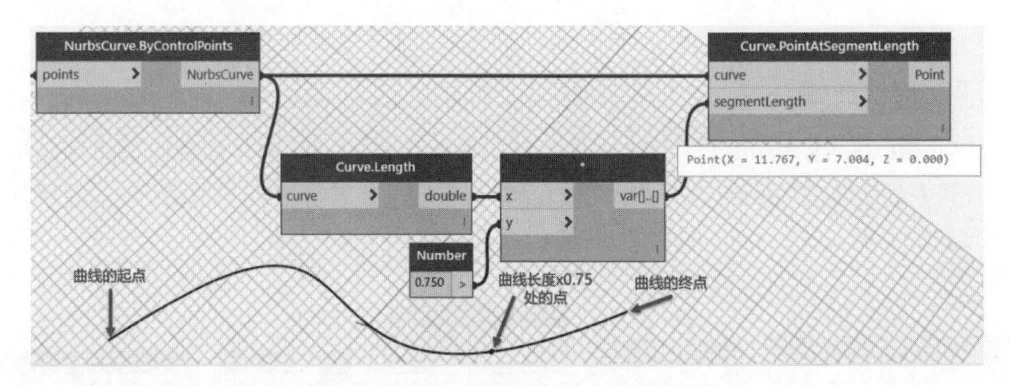

图 3-30　曲线上的坐标点(2)

3.3.4　曲线的翻转

【**Curve.Reverse**】　通过上面的例子，不难发现，曲线是具有方向性的。任意不闭合曲线具备起点和终点，对应的参数值分别为 0 和 1。实际项目中，可能会遇到曲线方向不满足应用要求，可能需要将曲线进行翻转，可以使用“Curve.Reverse”节点实现。如图 3-31 所示，将前面例子中的样条曲线进行翻转，同样使用“Curve.PointAtParameter”节点获取参数值为 0.8 处的坐标点，翻转后的曲线上 0.8 处的坐标点更靠近图中的左侧，区别于上例中靠近右侧。

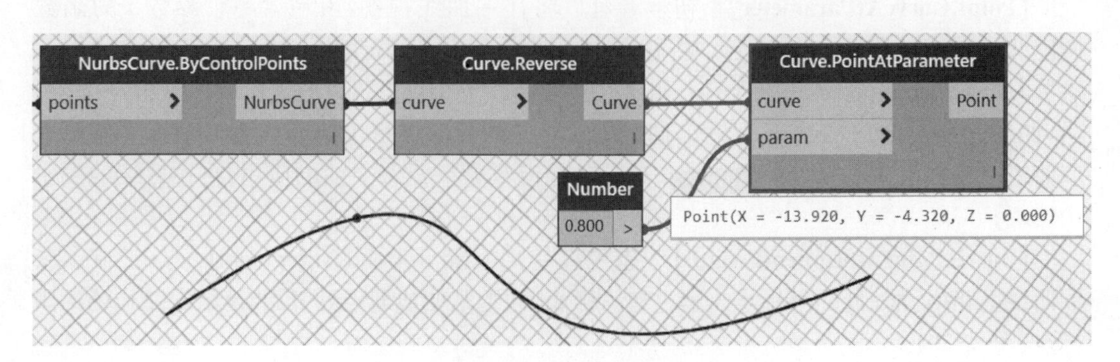

图 3-31　曲线的翻转

3.3.5　曲线的延伸

【Curve.ExtendStart】　上述例子中，我们了解了曲线具有方向性。曲线的延伸功能就是以曲线的方向性为基础。曲线的延伸功能有多种，这里介绍“Curve.ExtendStart”节点，从曲线的起点延伸给定的弧长，延伸段曲线的形状是由输入的曲线的特征所确定的。图 3-32 右侧的一段曲线是输入的样条曲线，左侧的延伸段则是“Curve. ExtendStart”节点运行的结果。

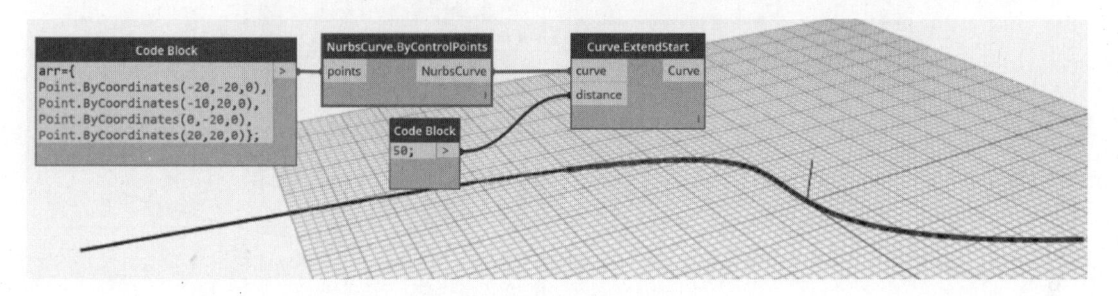

图 3-32　曲线的延伸(1)

【Curve.ExtendEnd】　另一种曲线的延伸节点是“Curve.ExtendEnd”，即是从曲线的终点延伸给定弧长，如图 3-33 所示。

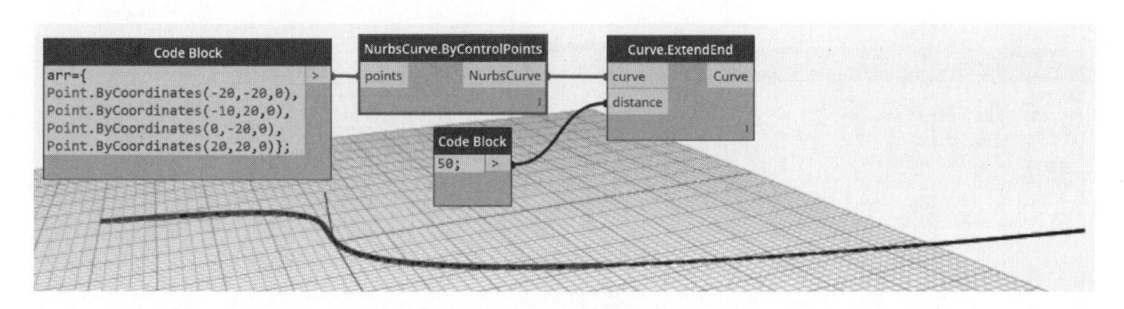

图 3-33　曲线的延伸(2)

不难发现，延伸段曲线是按照给定的弧长，以及输入曲线端点处的曲率半径来进行延伸。以一段圆弧为例子，输入的是一段半圆的曲线，延伸段是按给定弧长 10 延伸得到的曲线段(图 3-34)。

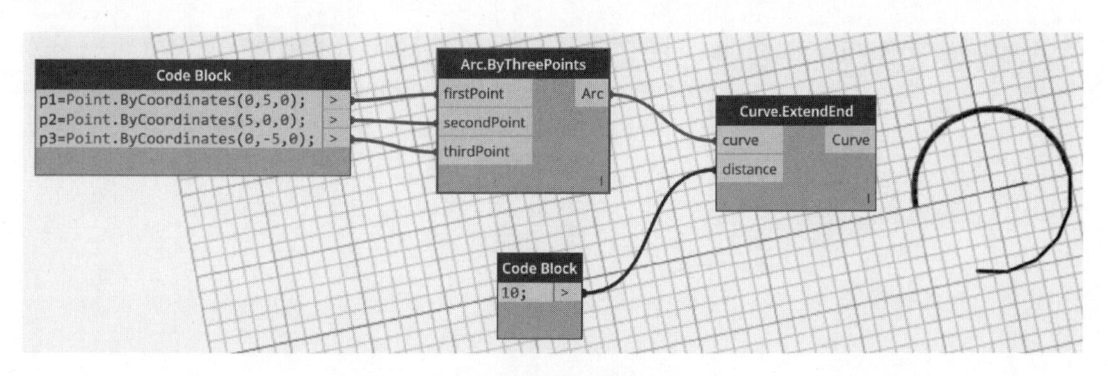

图 3-34　曲线的延伸(3)

3.3.6 曲线的打断

Dynamo 不仅提供曲线的延伸功能，同时也提供曲线打断的功能，即获取输入曲线上的某一段曲线。这里介绍五个节点，帮助读者快速获取输入曲线上的某一段或某几段曲线。

使用上述例子中创建的样条曲线(图 3-35)作为输入曲线，在此曲线的基础上进行打断操作。

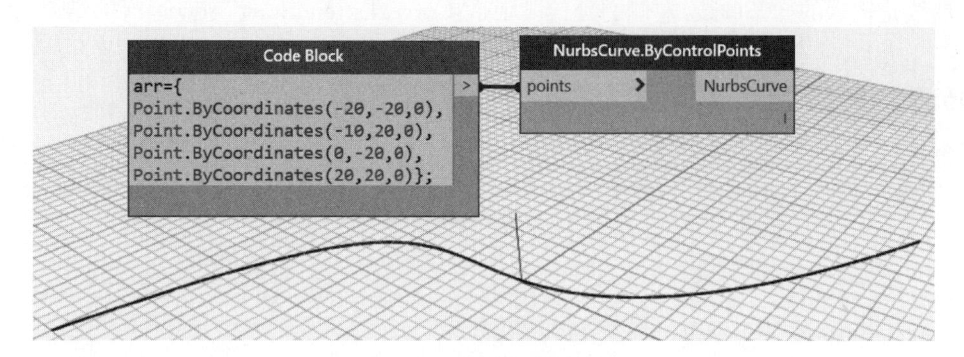

图 3-35　样条曲线示例

【Curve.TrimByStartParameter】　选取从参数为 0.3 处的坐标点到曲线终点之间的一段曲线。如图 3-36 所示，从曲线起点到 0.3 参数处的曲线段已被删除掉。

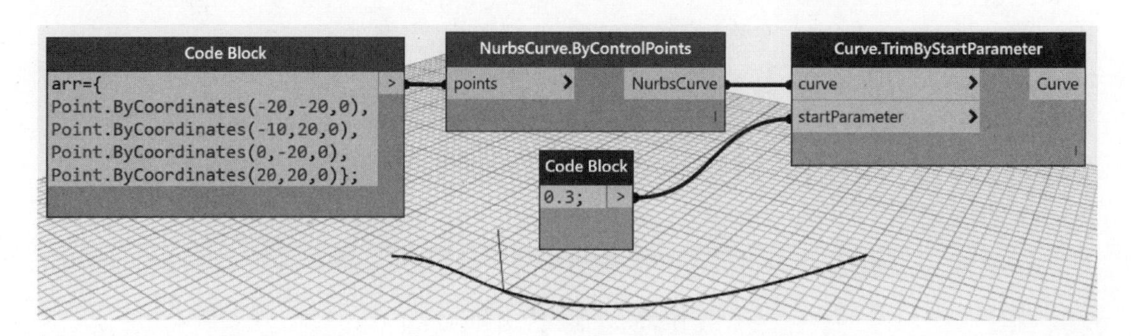

图 3-36　曲线的打断(1)

【Curve.TrimByEndParameter】　选取从曲线起点到参数为 0.7 处的坐标点之间的一段曲线。如图 3-37 所示，从曲线 0.7 参数处到曲线终点之间的曲线段已被删除掉。

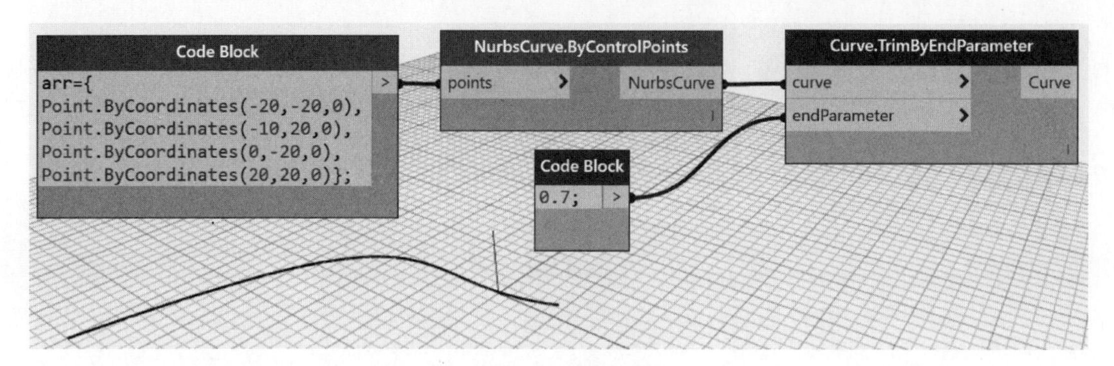

图 3-37　曲线的打断(2)

【Curve.TrimByParameter】 选取从曲线参数为 0.3 到参数为 0.7 的坐标点之间的一段曲线，如图 3-38 所示。

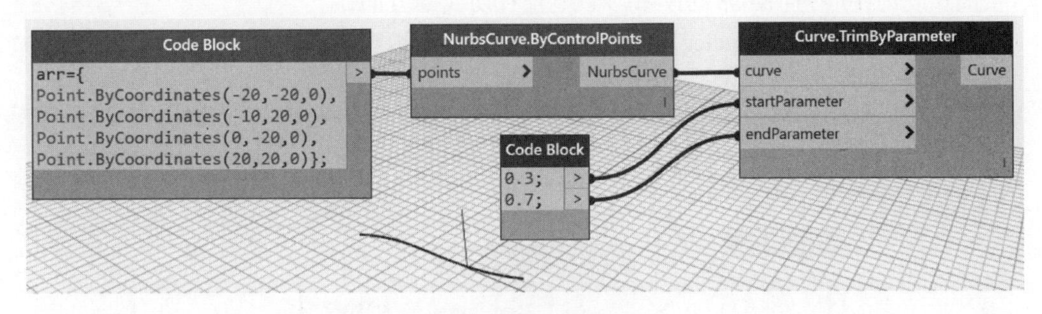

图 3-38　曲线的打断(3)

【Curve.TrimInteriorByParameter】 删除从曲线参数为 0.3 到参数为 0.7 的坐标点之间的一段曲线，保留剩余的曲线段，如图 3-39 所示。

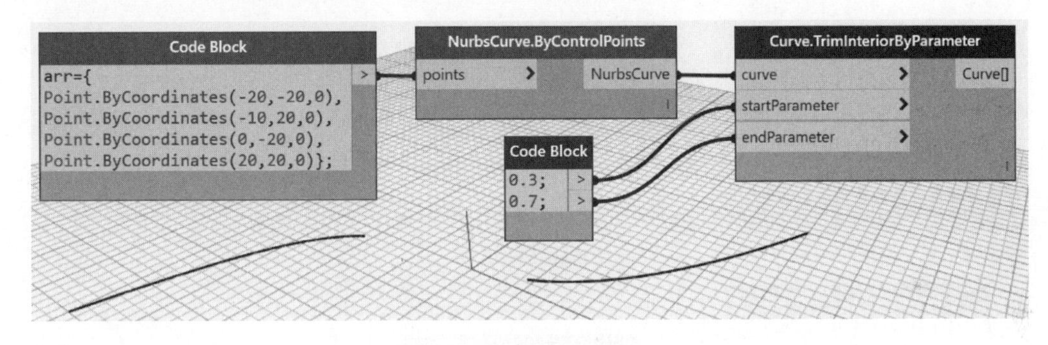

图 3-39　曲线的打断(4)

3.3.7　曲线的切线和法线

【Curve.TangentAtParameter】 和节点“Curve.PointAtParameter”用法类似，输入曲线和参数值，获取参数值处曲线的切向量。如图 3-40 所示，输入的参数值为列表“0, 0.2,

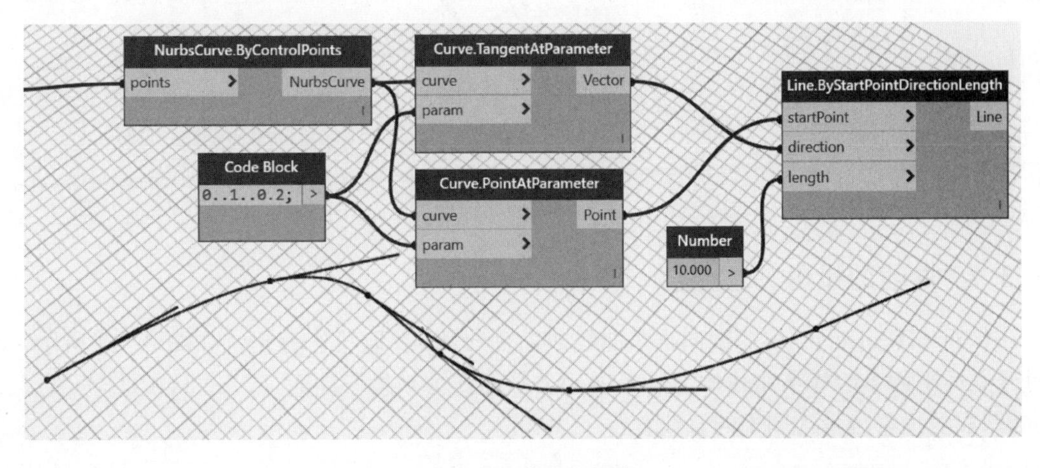

图 3-40　曲线的切线

0.4，0.6，0.8，1”，获取到曲线上这 6 个坐标点处的切向量。为了能够以图形化的方式显示切线方向，使用节点“Line.ByStartPointDirectionLength”将得到的一组切向量作为输入项，生成长度为 10 的直线，帮助读者形象地查看切线的方向。

【Curve.NormalAtParameter】 同理，使用该节点获取参数处曲线的法向量(图 3-41)。

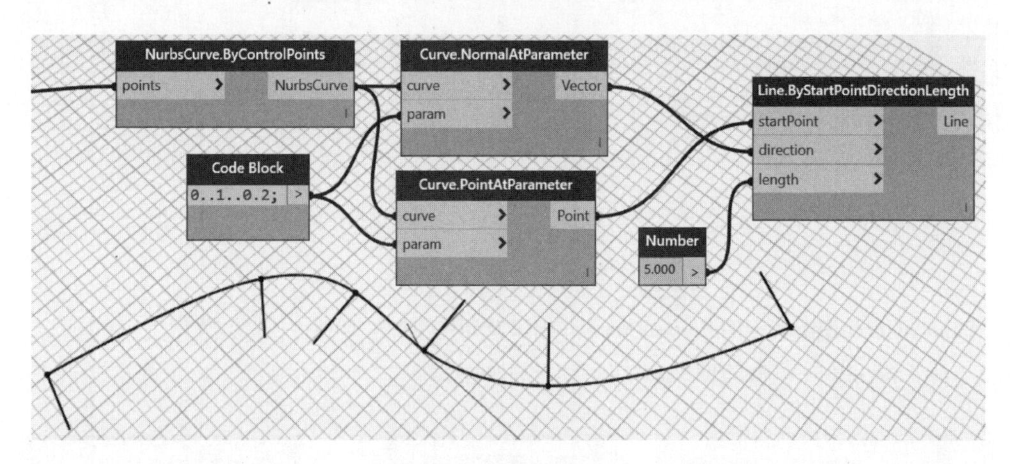

图 3-41 曲线的法线

3.3.8 曲线的偏移

【Curve.Offset】 通过输入偏移距离，将曲线根据默认方向偏移复制(图 3-42)。

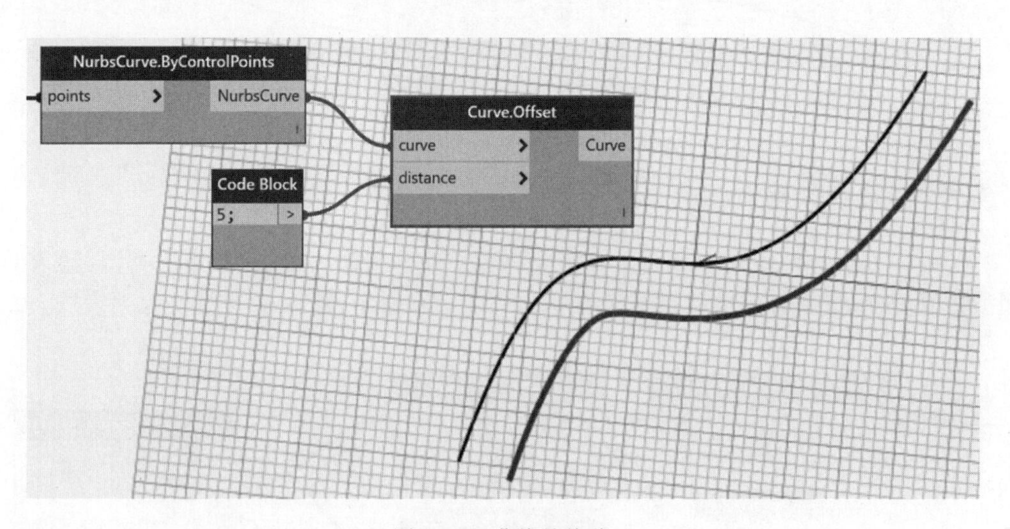

图 3-42 曲线的偏移

3.3.9 曲线的投影

【Curve.Project】 将曲线向指定曲线或曲面投影，获取投影分量。如图 3-43 所示，将处于 XY 平面上的样条曲线作为输入项，XZ 平面作为被投影曲面，(0，－1，0)作为投影方向，获取的投影分量为图中的直线。

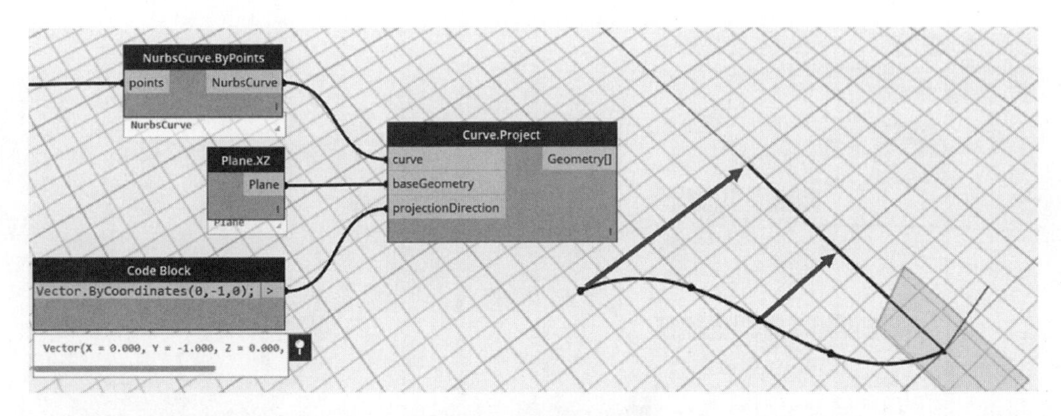

图 3-43　曲线的投影(1)

或者将被投影几何形体替换成图 3-44 中的曲面，将曲线向该曲面投影，投影方向为(0，0，—1)向量，获取的投影分量为曲面上的曲线。

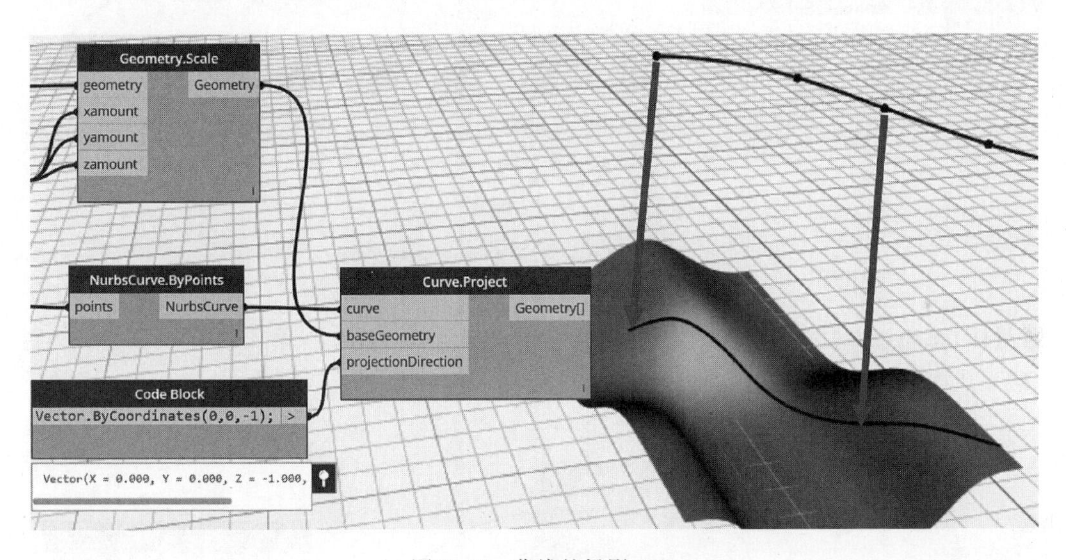

图 3-44　曲线的投影(2)

同理，还可使用节点“Surface.ProjectInputOnto”实现同样的投影效果，如图 3-45 所示。

3.3.10　创建螺旋线

在很多实际项目中常常用到螺旋线，它也是曲线的一种。可以通过公式，生成平面上的螺旋线，也可以使用螺旋线节点，生成朝指定方向延伸的常规螺旋线，并通过调整 pitch、angleTurns 等输入项来调整螺旋线的形状。

通过公式生成螺旋线。在 Code Block 中写入螺旋线公式，使用“Point.ByCoordinates”，获取到一系列在螺旋线上的坐标点，再使用“Polycurve.ByPoints”生成目标螺旋线。如图 3-46 所示。

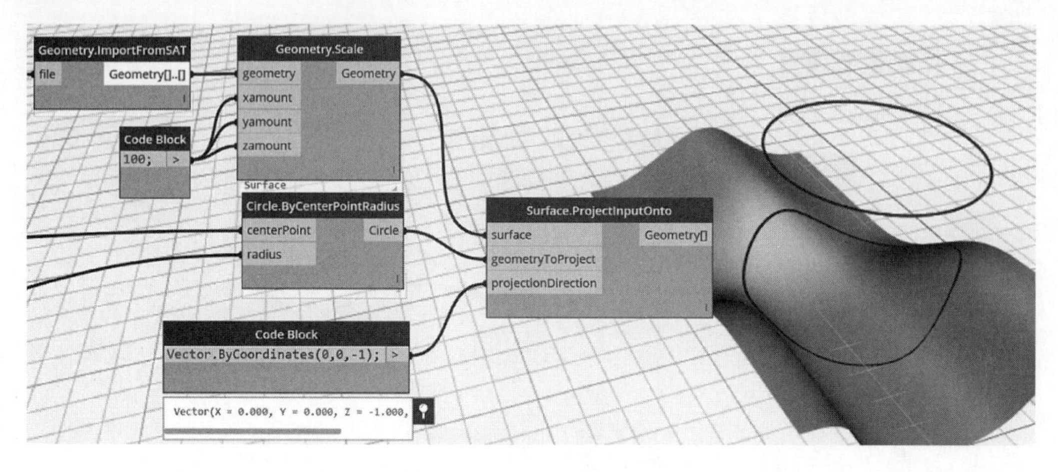

图 3-45　曲线的投影(3)

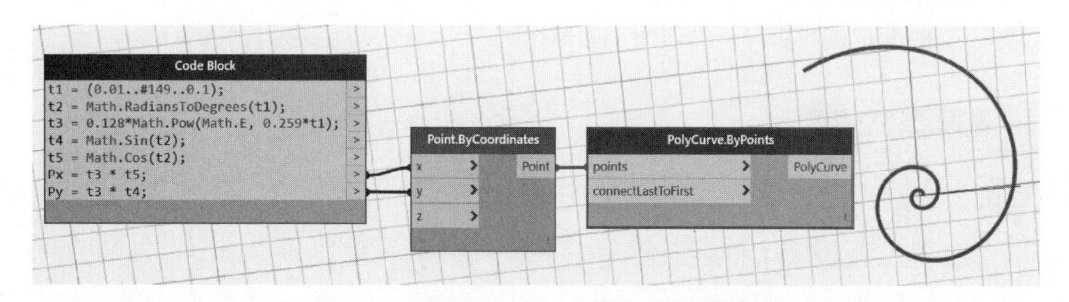

图 3-46　使用 Code Block 创建螺旋线

【**Helix.ByAxis**】 使用节点"Helix.ByAxis"生成空间螺旋线,输入项"axisDirection"指定螺旋线增长方向,"pitch"指定一个周期的高度,"angleTurns"指定角度。如图 3-47 所示。

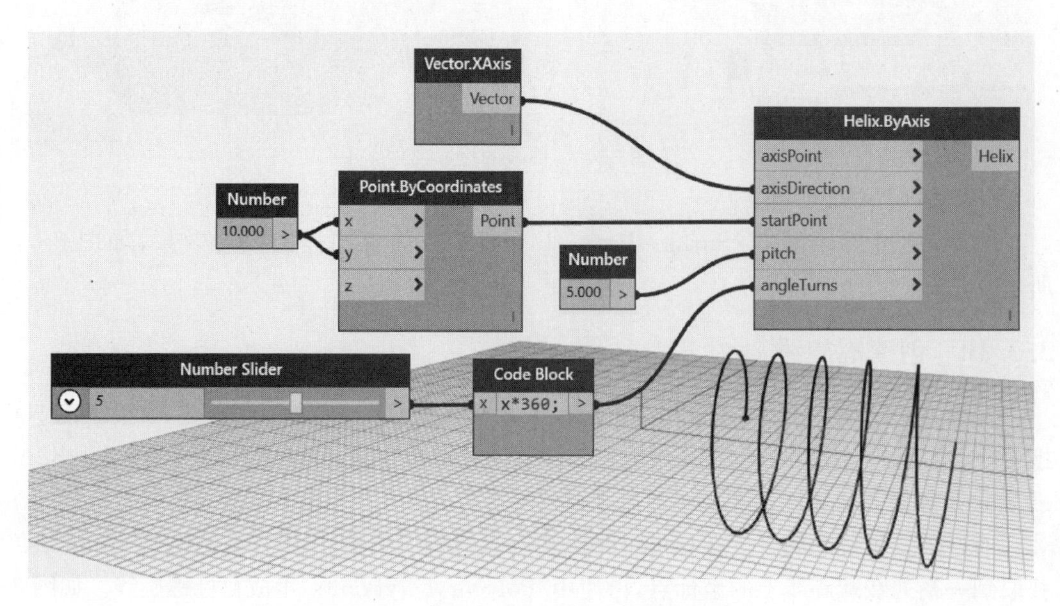

图 3-47　使用 Helix.ByAxis 创建螺旋线

3.4　曲面的创建与编辑

在 Dynamo 软件中，曲线可以视作是由包含两个参数 u 和 v 的函数所定义的连续的坐标点的集合。空间的曲面、二维的平面统称曲面 Surface。如图 3-48 所示，u 和 v 的参数值定义了对应的曲面上的点。

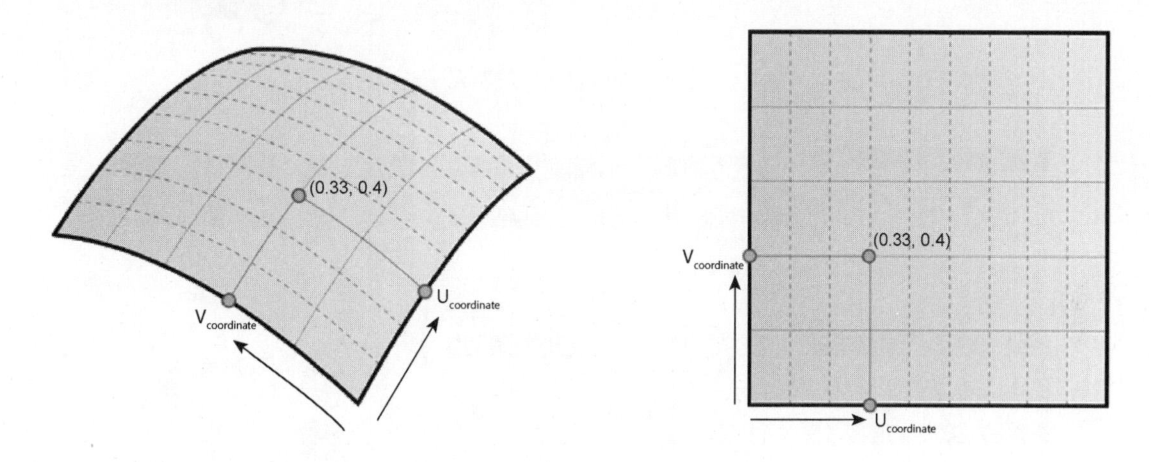

图 3-48　曲面与 uv 网格线(图片来自 Dynamo Primer)

3.4.1　曲面的创建

曲面的创建有多种方式，最简单的是由曲线生成曲面。

【**Curve.Extrude**】　由曲线向某个方向拉伸生成曲面(图 3-49)。

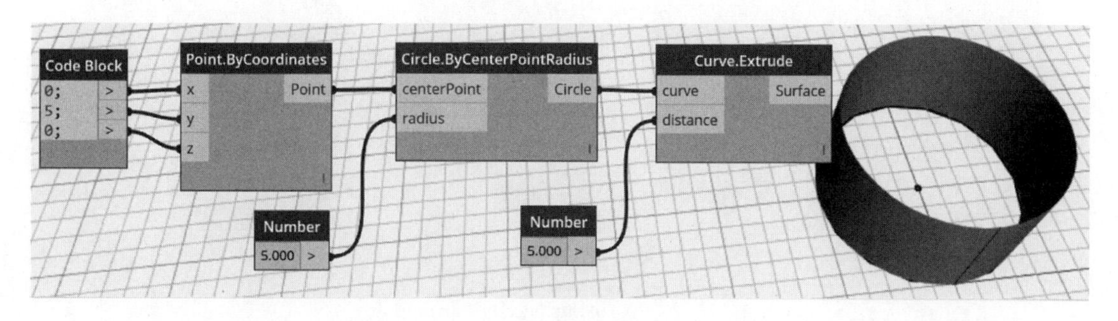

图 3-49　曲线的拉伸

【**Surface.ByPatch**】　通过填充，生成曲面，仅适用于闭合曲线(图 3-50)。

【**Surface.ByLoft**】　通过对多条曲线，进行按顺序的放样，生成曲面(图 3-51)。

【**NurbsSurface.ByPoints**】　与曲线一样，曲面也分 PolySurface 和 NurbsSurface 两种，以上例子中生成的曲面均为 PolySurface。NurbsSurface 的创建通常是通过给定的一系列坐标点生成。例如图 3-52 所示的"NurbsSurface.ByPoints"节点，输入坐标点以及阶数 u 和 v 的值，生成的曲面将通过所有的点。

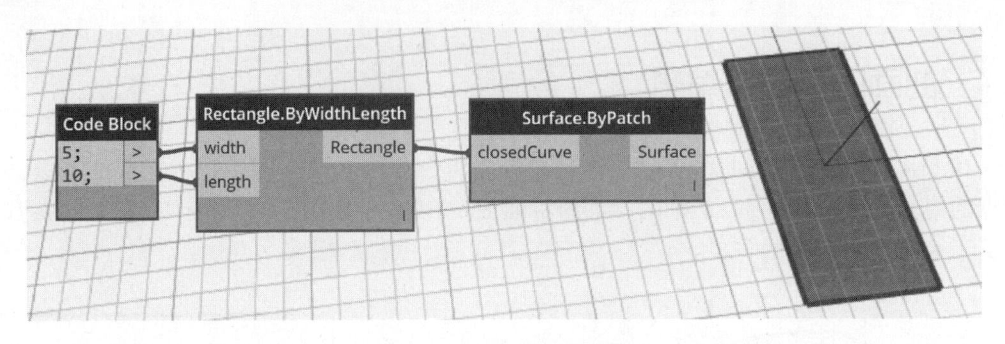

图 3-50　闭合曲线的填充

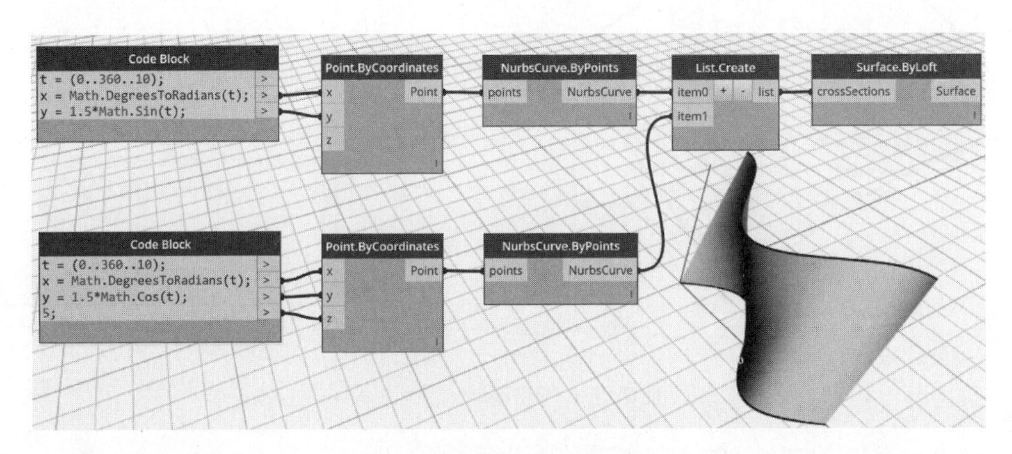

图 3-51　横截面曲线的放样

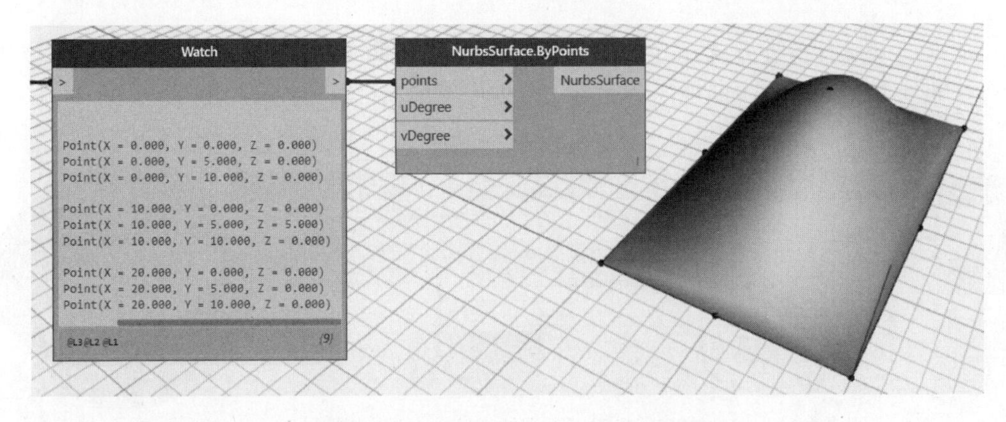

图 3-52　NurbsSurface.ByPoints 节点

3.4.2　曲面上的点及法向量

和获取曲线上的坐标点以及法向量类似，可以通过“Surface.PointAtParameter”和“Surface.NormalAtParameter”等节点获取曲面的相关信息。

【Surface.PointAtParameter】　使用节点“Geometry.ImportFromSAT”导入一个外部的SAT 格式的曲面，转换为 Dynamo 可编辑曲面，再通过输入 u、v 值获得曲面上相应的坐标点。u、v 可以视作是一种曲面上坐标表达，其用法与平面上的 XY 坐标系相似，XY 坐标系是用来描述点在 XY 平面上的位置，uv 坐标系是描述点在曲面上的位置。这里使用到的节点是“Surface.PointAtParameter”，输入 u 值 0. 34，v 值 0. 68(u 和 v 的范围区间是 0～1)，输出相对应的 Point 坐标值，如图 3-53 所示。

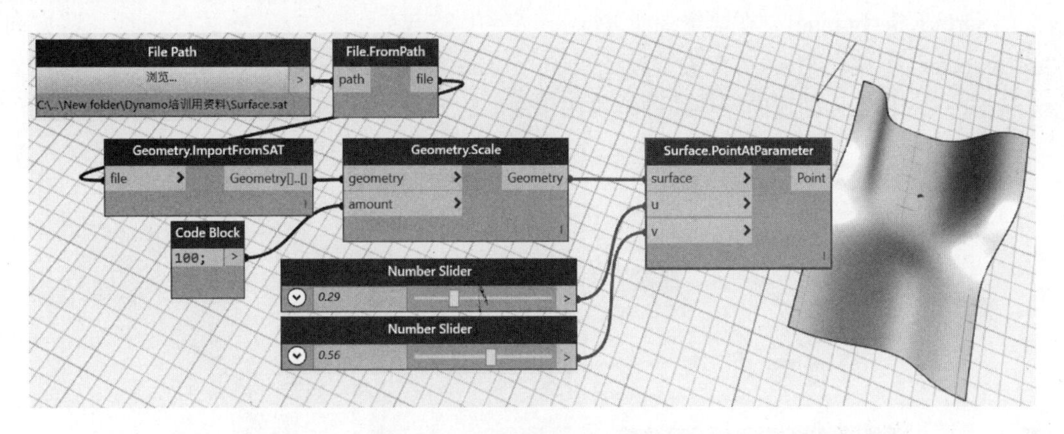

图 3-53　获取曲面上的坐标点

【Surface.NormalAtParameter】 通过该节点，获取一系列的曲面上的向量。如图 3-54 所示的例子，输入的 u 值为 0～1 的 20 个递增的数的列表，v 值输入 0. 67，再使用“Line.ByStartPointDirectionLength”节点，创建长度为 2 的直线段，将向量方向形象化地表示出来，可以看到所有线段均垂直于曲面(图 3-55)。

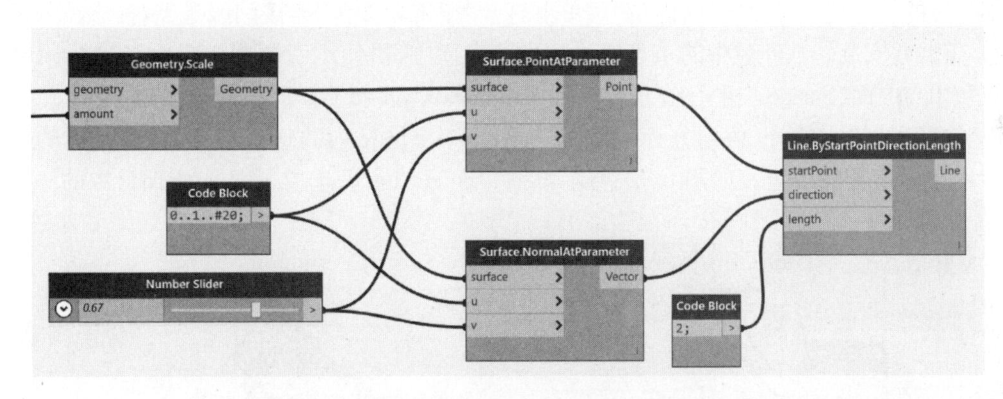

图 3-54　获取曲面上的法向量

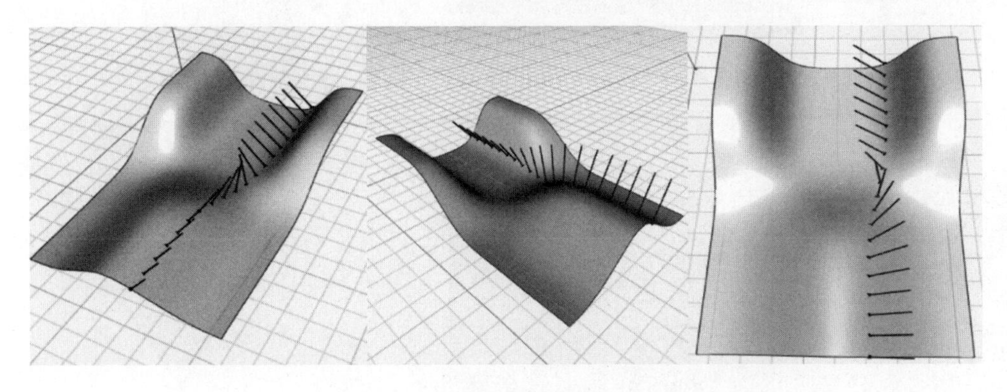

图 3-55　使用直线段表达的法向量

3.4.3 曲面的参数线曲线

除了获取曲线上的点，还可以获取曲面上 uv 值对应的曲线，称之为参数线曲线。

【Surface.GetIsoLine】 在给定曲面上获取 u=0.56，v=0.29 时的参数线曲线。若方向"isoDirection"为 0，则创建 u 方向参数线；若方向"isoDirection"为 1，则创建 v 方向参数线。使用节点 Surface. GetIsoline 创建的参数线曲线可用于曲面的分割、划分网格等多类用途(图 3-56)。

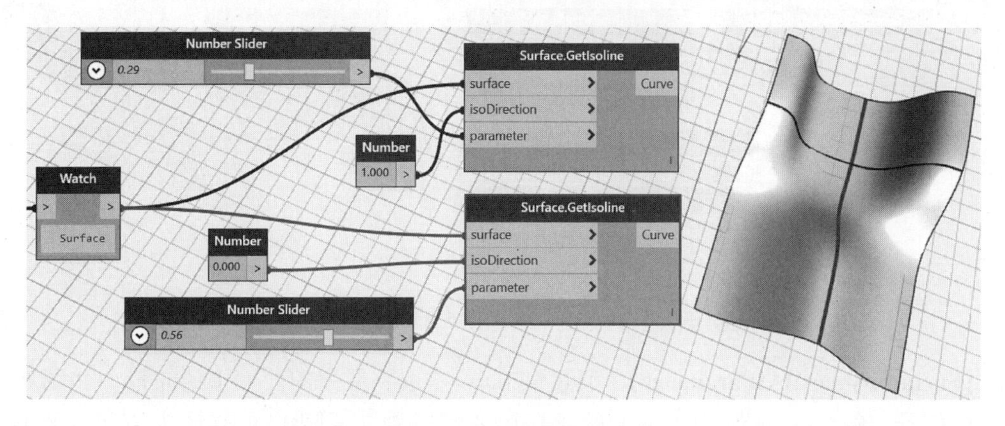

图 3-56 参数线曲线

【LunchBox Quad Grid By Face】 Dynamo 软件包服务器中，有很多用户提供的用于节点功能拓展的软件包。可以在"软件包"菜单下打开"搜索软件包"连接到服务器，搜索需要的软件包，下载并安装。软件包中的节点将进入到节点库中，供使用者调用。这里将对 LunchBox 节点包中与曲面"Surface"相关的功能节点"LunchBox Quad Grid by Face"做以介绍。其功能是将曲面按输入的 uv 值划分为网格，并且取每一个网格内的近似平面，获取平面的四个顶点的坐标值和四条边。如图 3-57 所示，使用"Select Face"选取了 Revit®项目中的一个曲

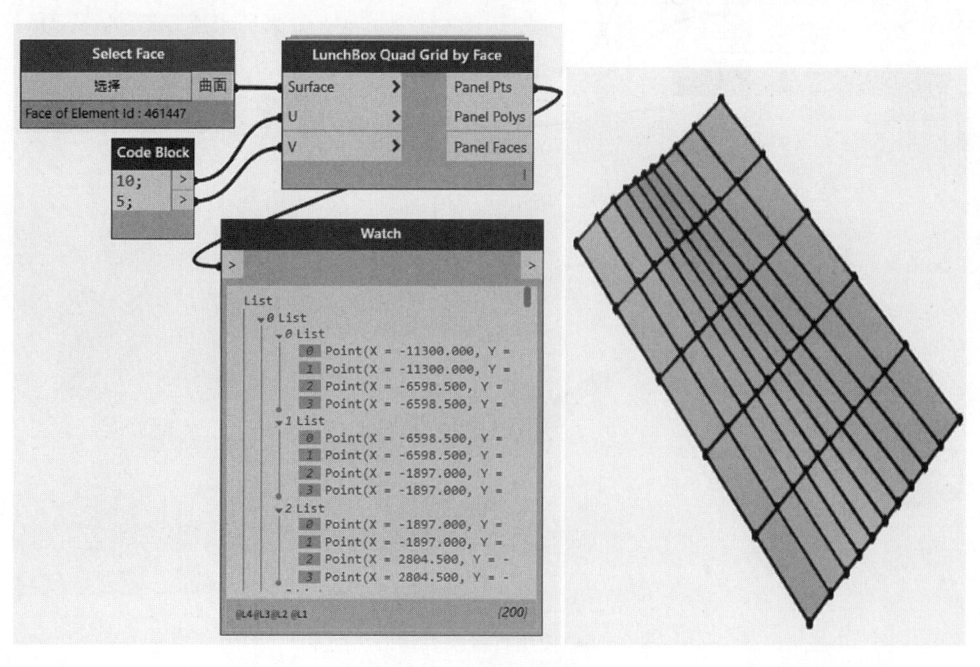

图 3-57 曲面网格划分

面，连接到“LunchBox Quad Grid By Face”节点，输入 u、v 值，将曲面分成一边 5 等分、另一边 10 等分。输出项“Panel Pts”是每一个划分出来的近似平面对应的四个顶点的坐标值。

软件包中还有很多其他节点，欢迎大家探索。

3.4.4　曲面的偏移

【Surface.Offset】　通过输入曲面和偏移距离，将曲面朝曲面法向量方向偏移复制（图 3-58）。

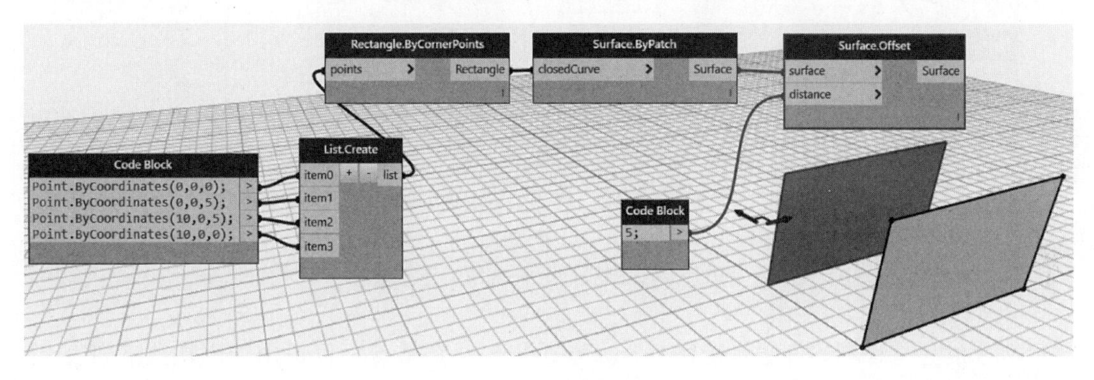

图 3-58　曲面的偏移

3.5　列表的创建与编辑

列表是 Dynamo 中的一个重要的概念，列表 List 是一系列元素的集合，这些元素可以是数字、字符串、几何形体等，还可以是 Revit® 中的图元和信息。如图 3-59 所示的均为 Dynamo中常见的列表。

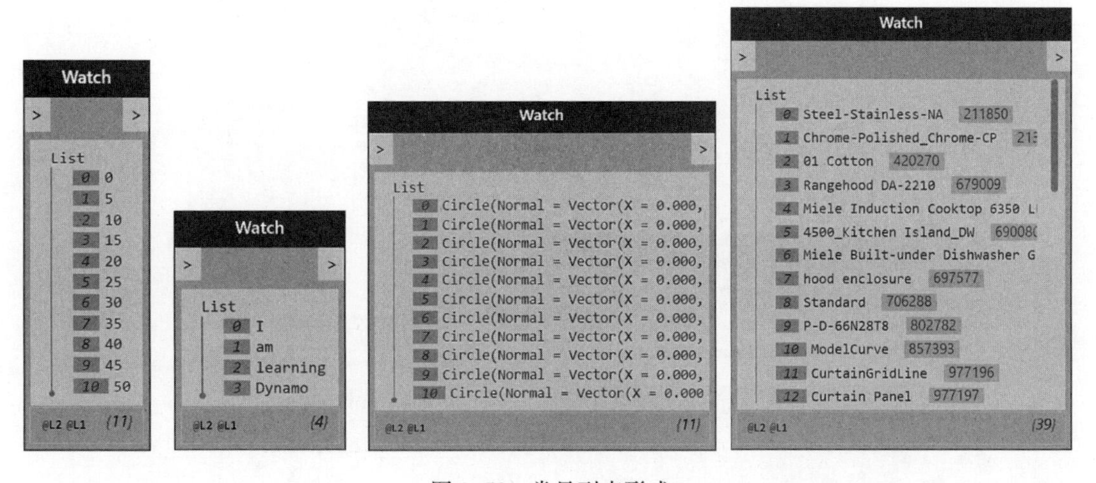

图 3-59　常见列表形式

3.5.1　列表的创建

数字列表的创建通常有三种方式，使用节点“Range”“Sequence”或“Code Block”。例如想要生成数字列表"0，5，10，15，20，25，30"可以使用如图 3-60 所示的三种方法。其中使用"Code Block"生成数字列表有多种语句写法，将在"Code Block"节点的章节中单独介绍。

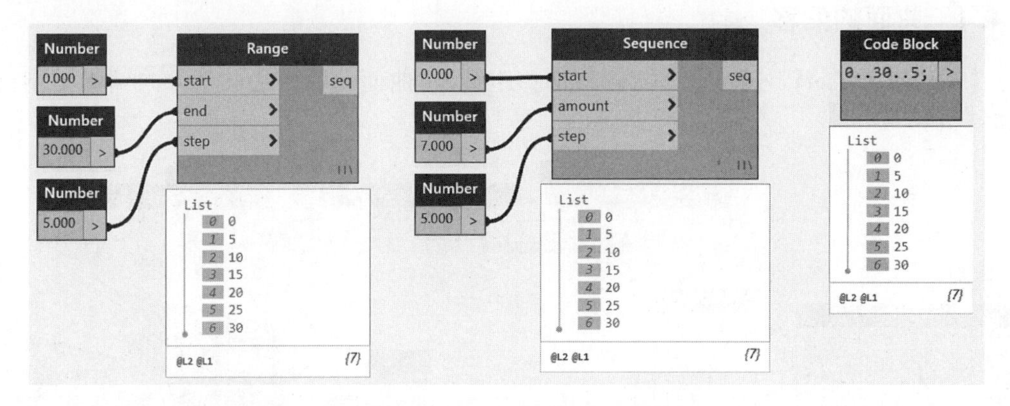

图 3-60　列表的三种常用创建方法

列表的另一种创建方法是使用"List.Create"节点，该节点不仅适用于创建数字列表，也同样适用于其他任意类型的列表。如图 3-61 所示，依次是创建数字列表、字符串列表和几何形体的列表，当然可以生成包含上述三种列表项的混合列表。

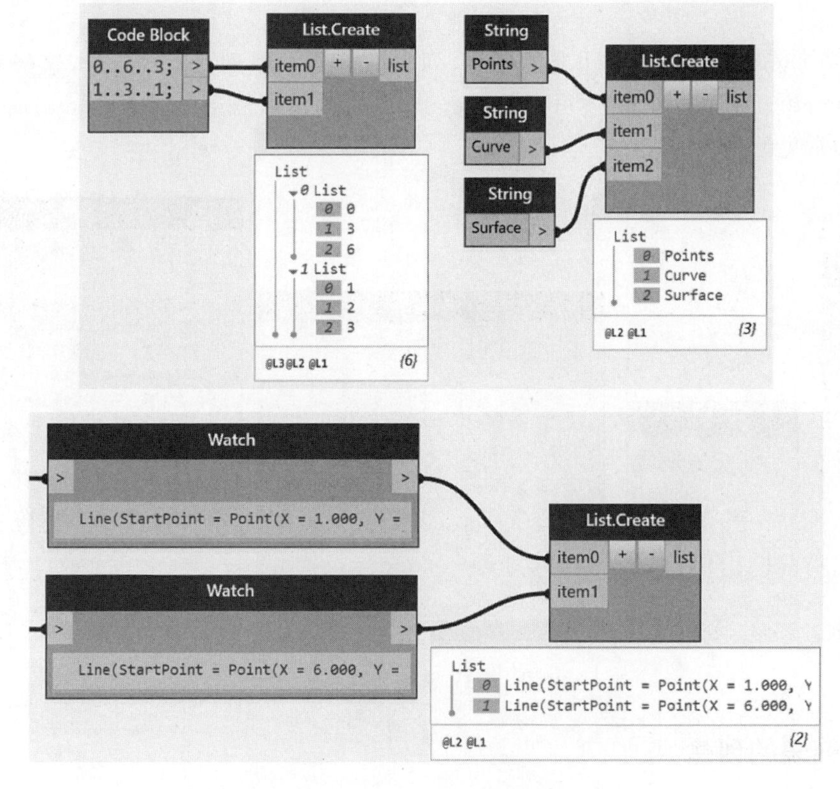

图 3-61　List.Create 节点

3.5.2 列表的编辑

Dynamo 中的所有列表均具有顺序。列表中的第一项使用索引“0”表示，第二项使用索引“1”表示，以此类推。例如某列表最后一项所对应的索引值为“10”，则该列表共有 11 项。由于列表具有顺序这一特性，用户可以使用相关节点对列表进行重新排序、提取或替换其中的某一项或某几项等操作。接下来将介绍列表编辑的相关节点。

【List.ShiftIndices】 将列表中的项按给定的数量向左/右移动。如图 3-62 所示的字符串列表，输入数量“amount”为 1 时，则列表整体依次向右（向下）移动 1 个索引项，列表的最后一项移动到第一项；若输入数量“amount”为－1 时，则列表整体依次向左（向上）移动 1 个索引项，列表的第一项移动到最后一项。同理适用于数字列表，请见图 3-63 中右侧例子。

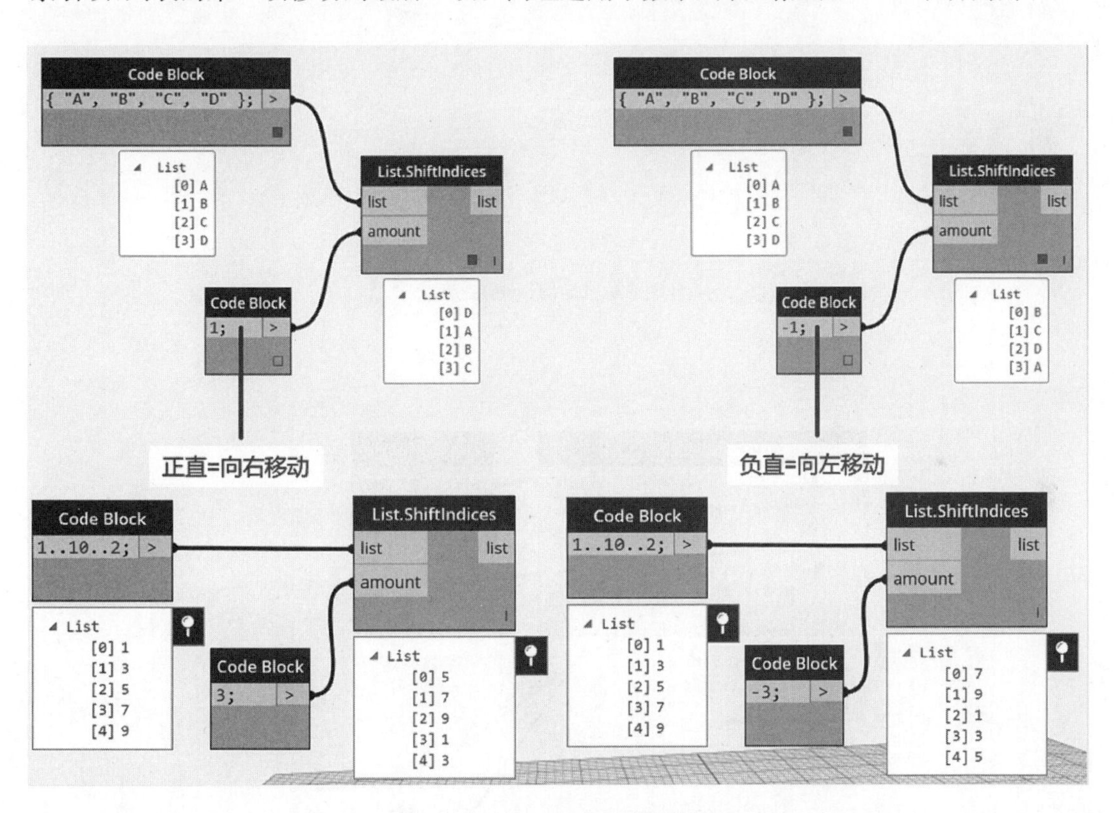

图 3-62 List.ShiftIndices 节点

【List.Reverse】 用于列表的翻转及列表按照逆序重新排序（图 3-63）。

【List.Transpose】 用于列表的转置，常常用于多级列表。多级列表又称嵌套列表，即列表中又包含子列表。如图 3-64 所示的列表，列表第一层级包含三项，第一项是包含“A，B，C”三项的子列表，以此类推。列表的转置则是将每一个子列表的第一项取出来，组成新列表的第一项，以此类推。新列表的空缺项以“null”（空值）填补。

【List.GetItemAtIndex】 获取指定的列表索引项。如图 3-65 所示，输入索引项 2，则获取列表的第三项“F，G，H，I”子列表，再输入索引项 1，获取子列表中的第 2 项“G”。

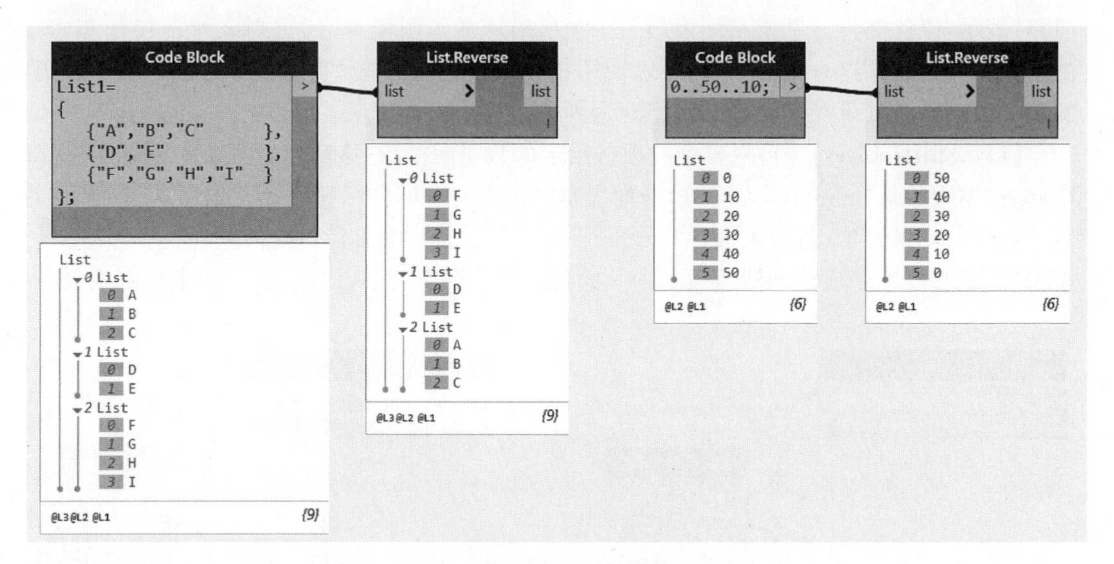

图 3-63 List.Reverse 节点

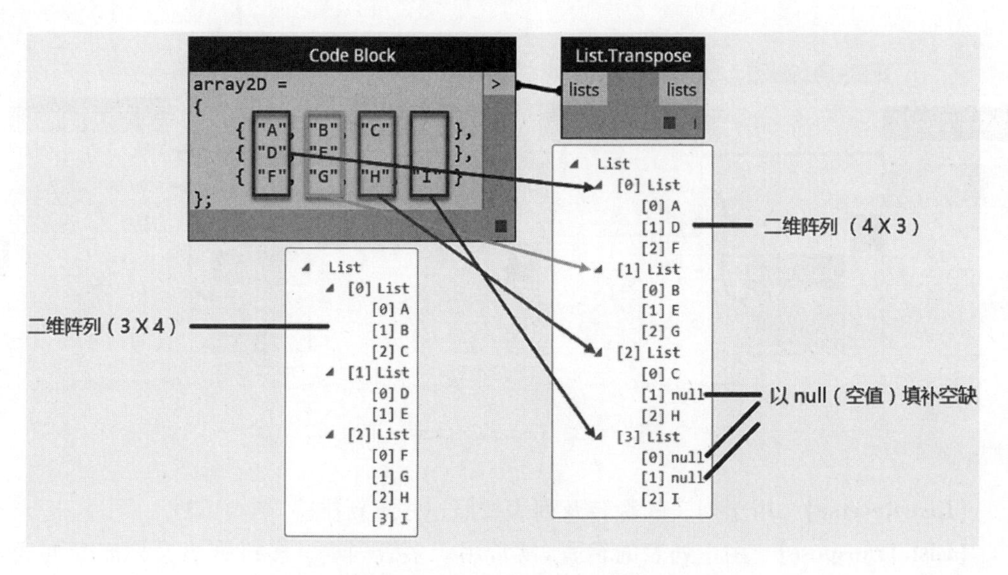

图 3-64 List.Transpose 节点

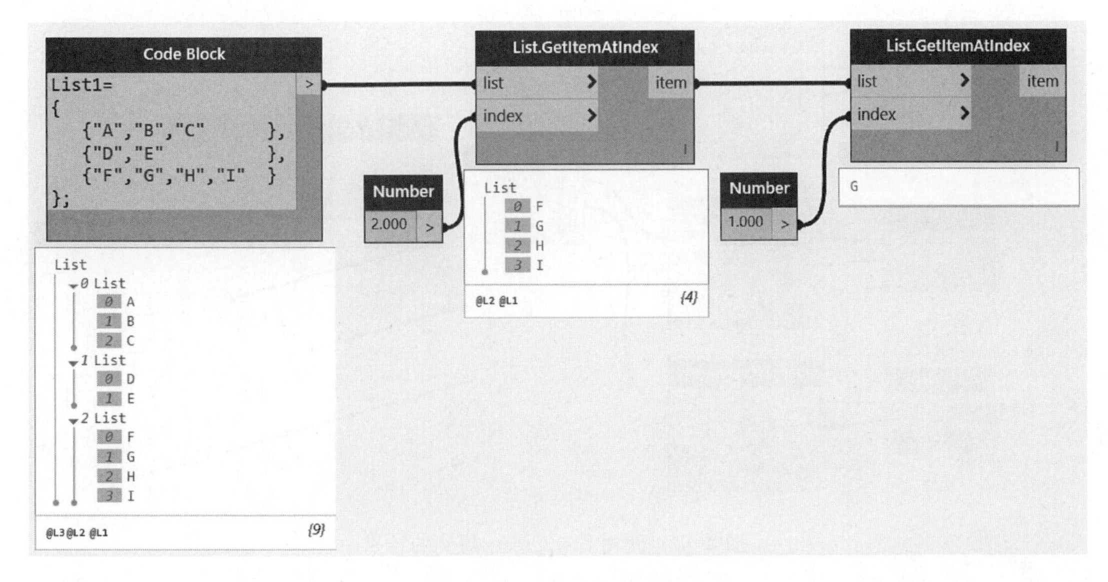

图 3-65　获取指定列表项

【List.RemoveItemAtIndex 和 List.ReplaceItemAtIndex】　接上述的例子，若要将“G”这个列表项从列表中去除掉，可使用“List.RemoveItemAtIndex”将“G”排除，并将新得到的“F，H，I”替换原来的“F，G，H，I”，得到目标列表(图 3-66)。

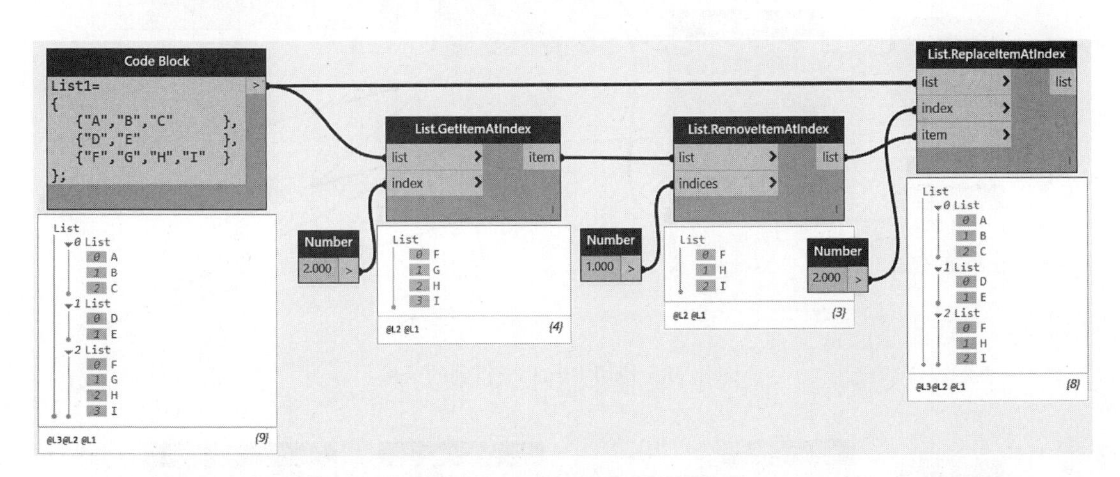

图 3-66　删除和替换指定列表项

【List.Create 和 List.Join】　“List.Create”的功能是将多个子列表合并为一个大列表，原子列表在大列表中是平行的关系。“List.Join”的功能是将所有子列表合并为单个列表。通过如图 3-67 所示的例子说明两个节点的区别。

“List.Create”生成的新列表，是三组坐标点，使用“PolyCurve.ByPoints”将每组坐标点中的点一一相连，生成三条直线。

“List.Join”生成的新列表，是一组坐标点，并没有层级之分，使用“PolyCurve.ByPoints”将列表内的坐标点一一相连，生成一条多段线曲线(图 3-68)。

【List.Chop】　将列表分割为指定长度的一组连续子列表。如图 3-69 所示，输入分割

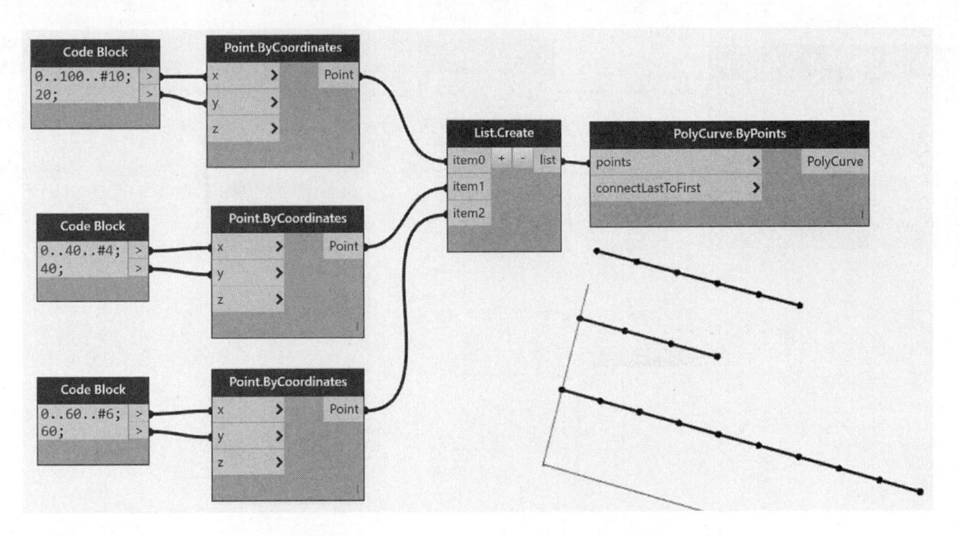

图 3-67 使用 List.Create 得到的结果

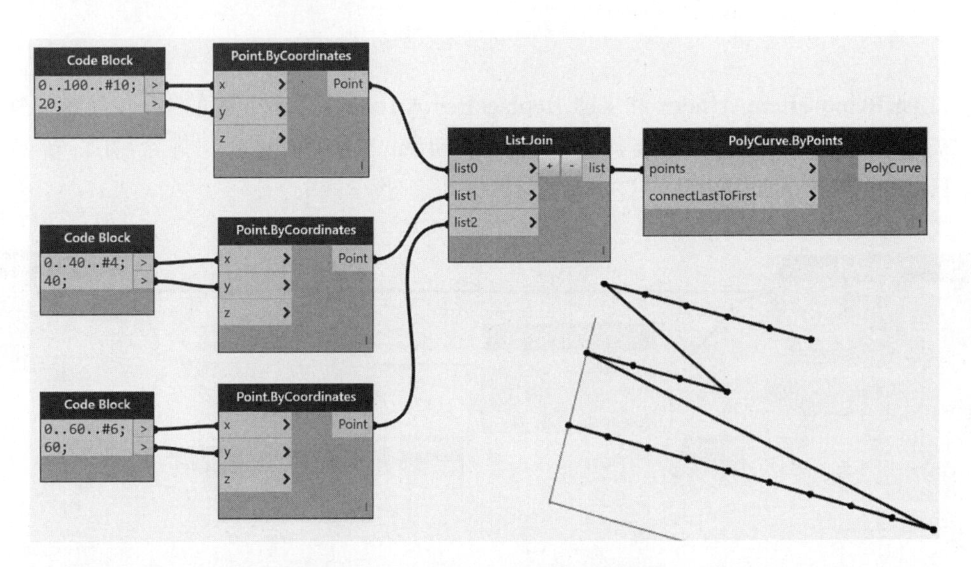

图 3-68 使用 List.Join 得到的结果

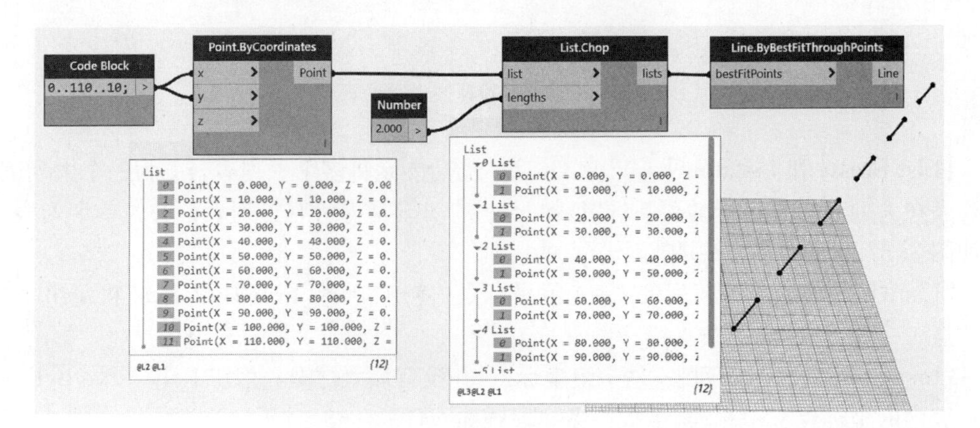

图 3-69 List.Chop 节点

长度为 2，即可将初始的一组坐标点两两分组生成一系列新的子列表，每个子列表中包含两个点，再使用节点“Line.ByBestFitThroughPoints”将每个子列表中的两个坐标点连接成直线。

【Count】 计算列表中的项数。如图 3-70 所示，列表的第一层级共有 3 项（3 个子列表），第三个子列表中共有四项。均可以将目标列表作为输入项连到“Count”节点，计算出列表项数。

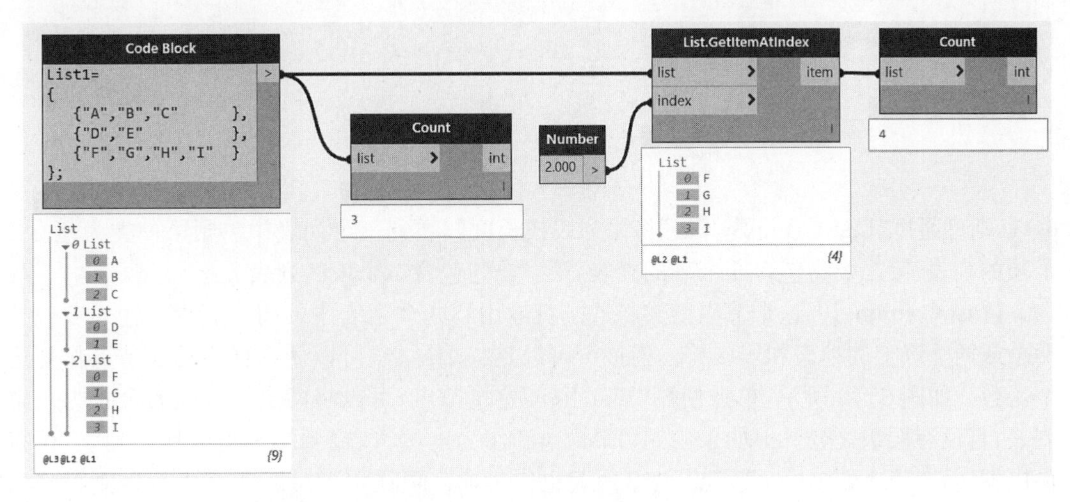

图 3-70　List.Count 节点

列表的操作除了使用上述常用的节点实现特定的运算，用户还可以引入函数的概念，对列表进行更复杂的操作。特别是对于嵌套列表，常用的节点仅针对列表第一层级的运算，若要对子列表进行操作，则需要使用例如“List.Map”和“List.Combine”等节点来实现。

【List.GroupByKey】 用于在给定的关键值的逻辑下，将原有列表编组到子列表。如图 3-71 所示，输入关键值“1，1，2，2，2”，其对应着初始列表中的五个子列表。该节点会按照关键值将子列表进行归类。例如初始列表中的第 1、第 2 项对应的关键值是 1，则归到同一列表中，成为该列表的子列表；原列表中的第 3、第 4、第 5 项对应的关键值是 2，则归到另一列表中，成为该列表的子列表。

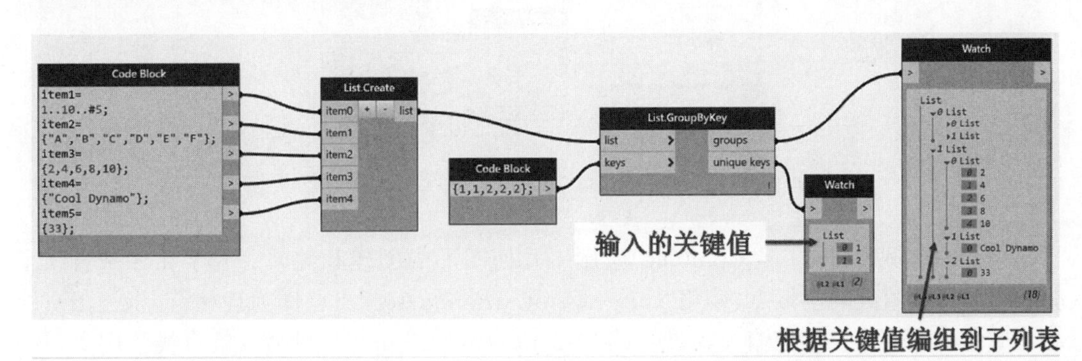

图 3-71　List.GroupByKey 节点(1)

我们来尝试一下输入不同的关键值。如图 3-72 所示，输入的关键值是各个列表的长度，即每个列表包含多少个项。经过“Count”节点的运算，5 个列表共有 3 种长度，分别是 5，

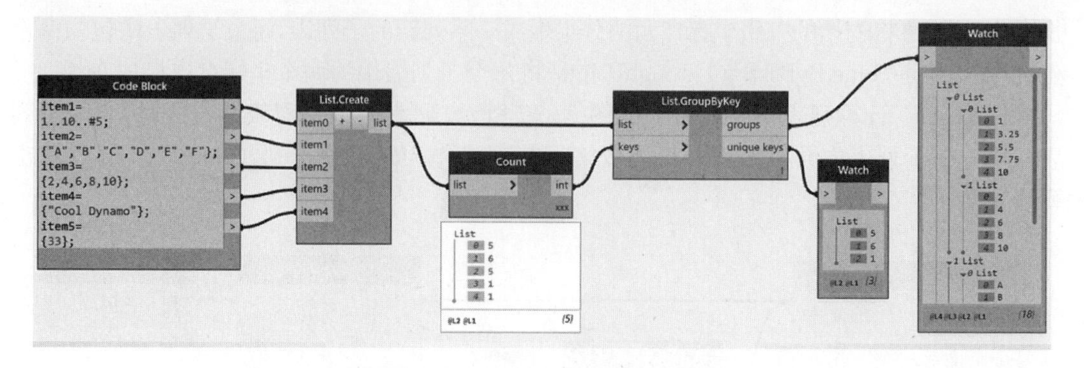

图 3-72　List.GroupByKey 节点(2)

6, 1,则可通过“List.GroupByKey”将原列表按长度归类到三个列表中。则第一类为包含 5 个项的列表、第二类为包含 6 个项的列表、第三类为包含 1 个项的列表。

【List.Combine】 这个节点能够将连接符运用到两个列表中的每个元素。输入项包括两个或两个以上的列表和连接符。连接符可以是一个函数,可以使用任一功能节点作为这个函数。如图 3-73 所示,单独使用“List.Join”这个节点,可以将两个输入列表合并为一个列表,且没有层级之分。但如果使用“List.Join”作为连接符,输入端不连接任何列表,仅将输出端连到“List.Combine”节点,两个列表也作为输入项连接到“List.Combine”,则可将两个列表中相同索引值的项进行合并,得到新列表。是否应用“List.Combine”所得到的结果有很大区别。通过这个节点,用户可以完成较为复杂的列表运算。

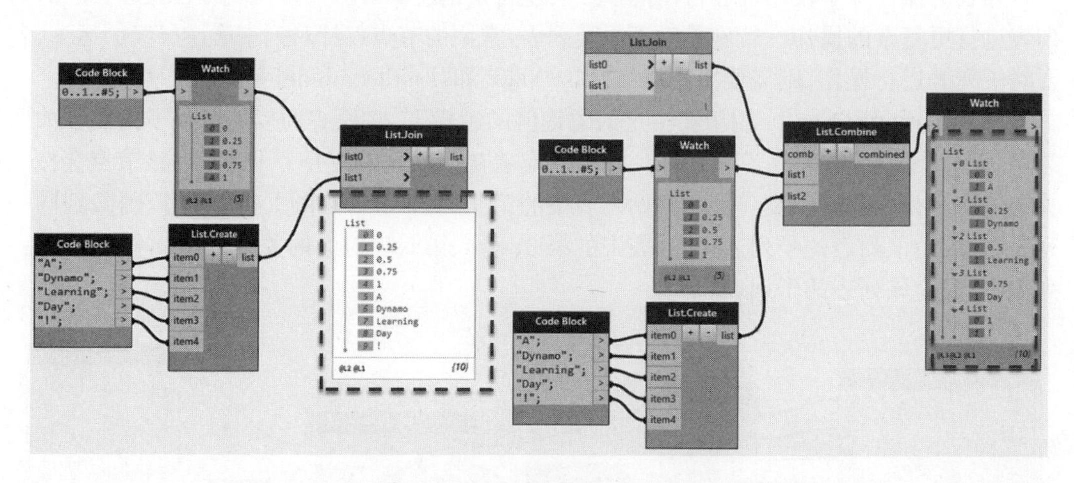

图 3-73　List.Combine 节点(1)

再举一个例子,将“List.Combine”应用于几何图形的创建和编辑。为了在三条直线上获取相应参数值处的坐标点,使用“Curve.PointArParameter”节点作为连接符,将三条直线和对应的参数值列表作为输入项,输入到“List.Combine”节点。则第一条直线使用参数值列表中的第一项中的数值取坐标点,以此类推。得到如图 3-74 所示的图形结果。

【List.Map】 将函数应用到列表中的所有元素,由计算结果生成一个新列表。例如使用“Count”节点作为函数输入到“List.Map”节点中,则可对于初始列表中的每一个子列表统计项数。若直接使用“Count”节点,则仅能得到第一层级子列表的个数(图 3-75)。

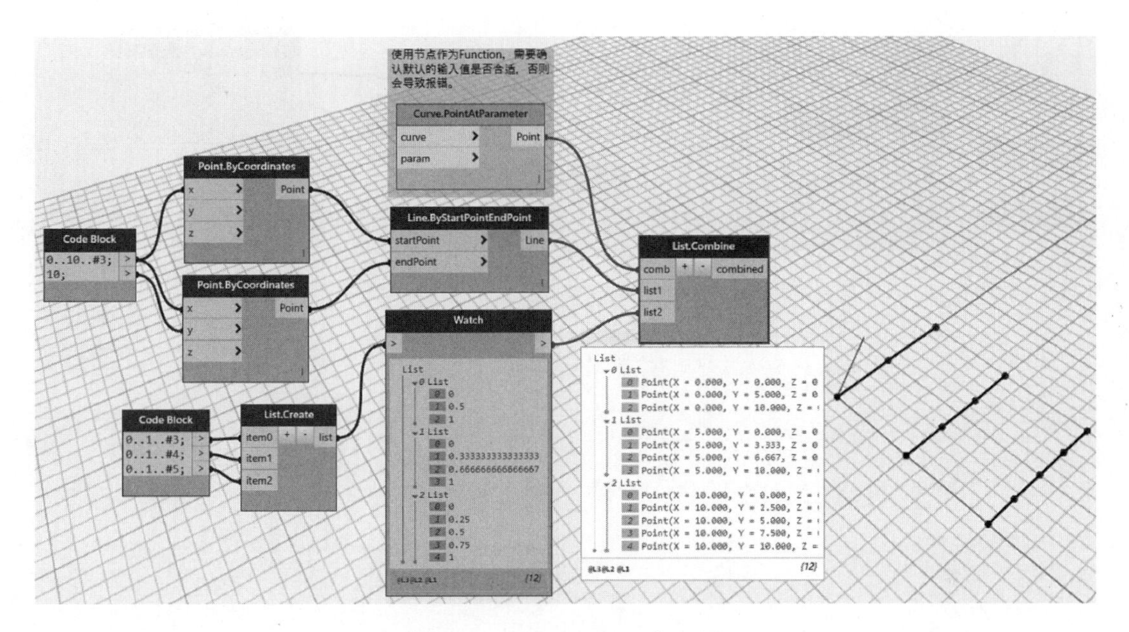

图 3-74　List.Combine 节点(2)

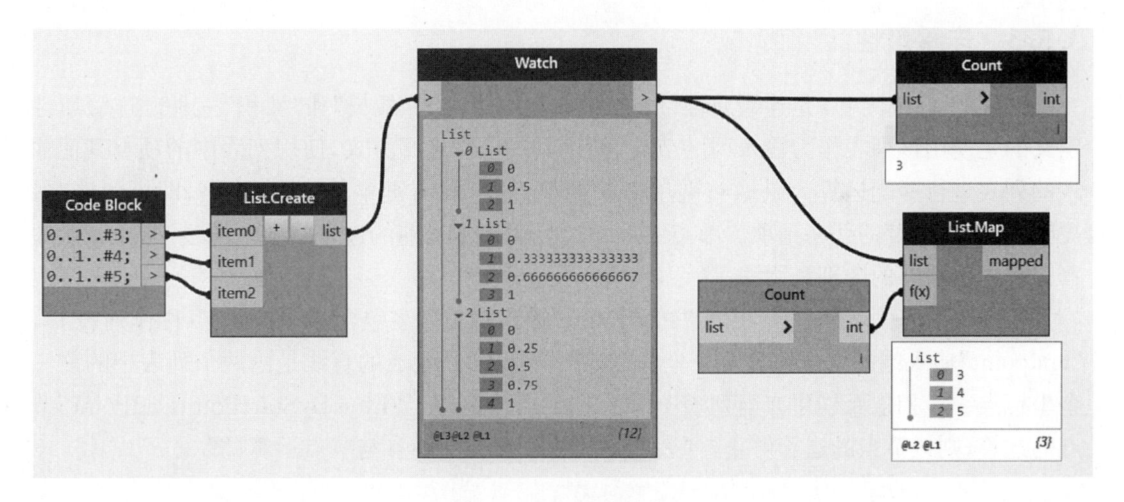

图 3-75　List.Map 节点

【Flatten 和 List.Flatten】　在列表包含子列表的情况下，常称最外层的列表为第一层级，其次为第二层级、第三层级。我们也将这种列表称之为多维列表，减少列表层级的方法叫做降维或列表的拍平。Dynamo 中提供两个节点用于列表降维。一个是“Flatten”，一个是“List.Flatten”。

“Flatten”是将多维列表展平为一维列表。无论输入的列表有几个层级，该节点都能将其直接展平为一维列表。如果输入为单个值，则输出该值。

“List.Flatten”根据输入的数量“amt”展开列表的嵌套列表。例如输入 1，则从最外层将列表降低一个维度，即减少一个层级(图 3-76)。

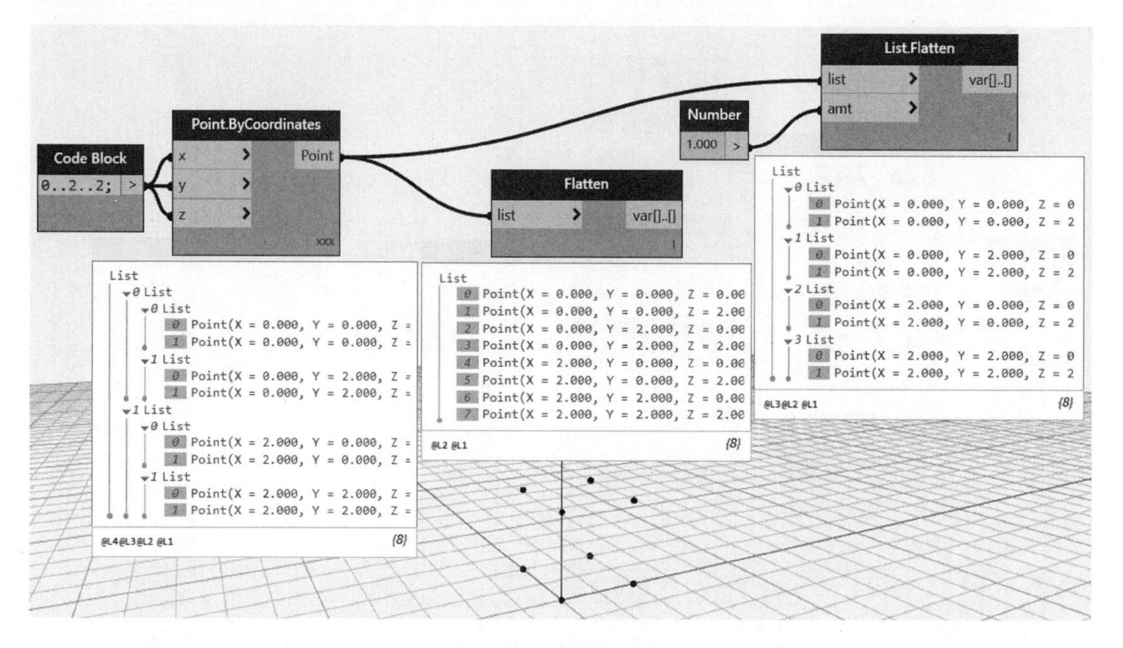

图 3-76 列表的拍平

3.5.3 连缀属性

列表的另一个特点是连缀属性“Lacing”，包含“最短”、“最长”和“叉积”三种。连缀属性定义的是使用该列表作为输入项的节点，使用其中一种连缀方式，使用列表中的项与其他输入的列表进行匹配运算。鼠标右键单击功能节点，打开右键菜单，选中连缀，即可勾选“最短”“最长”“叉积”的任一选项。节点右下角的标识表示当前的连缀状态。通过三个示例，解释三种连缀状态的区别和用法。

当连缀状态为“最短”时，由于“startPoint”输入端的列表包含 3 个坐标点(称作列表 1)，“endpoint”输入端的列表包含 5 个坐标点(称作列表 2)，生成的直线是由两个列表中的前三个坐标点一一相连而创建。当列表 1 中的三个点均完成了“Line.ByStartPointEndPoint”节点的运算，则该节点的运算停止，列表 2 中的第 4 第 5 项不参与节点运算(图 3-77)。

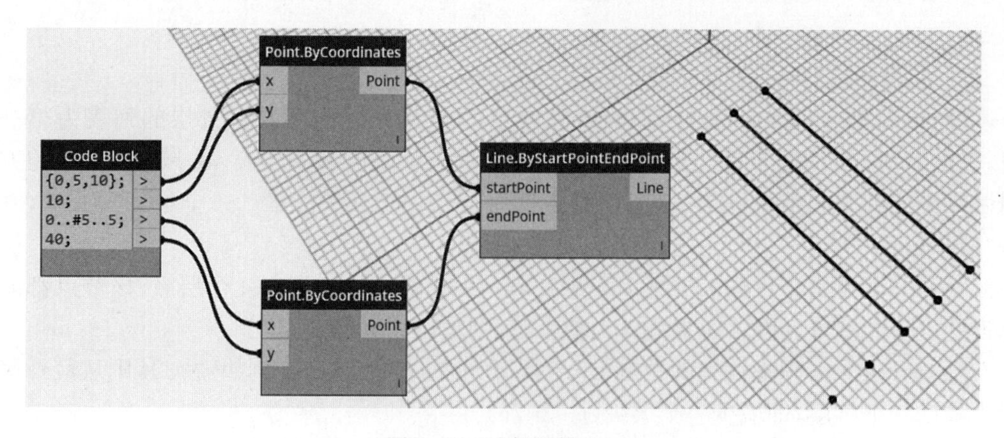

图 3-77 连缀属性(1)

当连缀状态为“最长”时，列表 1 和列表 2 中的前三项一一对应完成了“Line.ByStartPointEndPoint”节点运算后，列表 1 第三项即最后一项，再一一与列表 2 中剩余的项匹配，生成直线（图 3-78）。

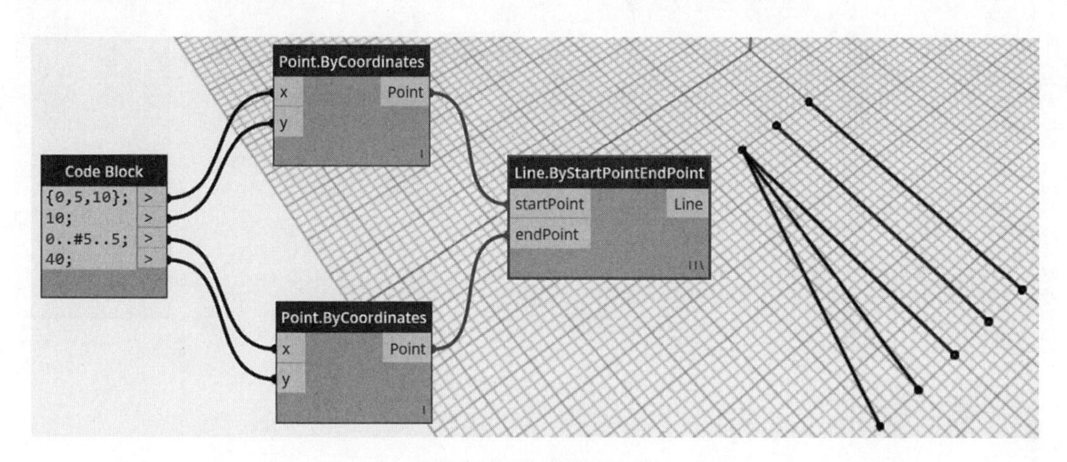

图 3-78　连缀属性(2)

当连缀状态为“叉积”时，列表 1 中的每一项均与列表 2 中的每一项依次匹配，进行运算，生成如图 3-79所示的直线。

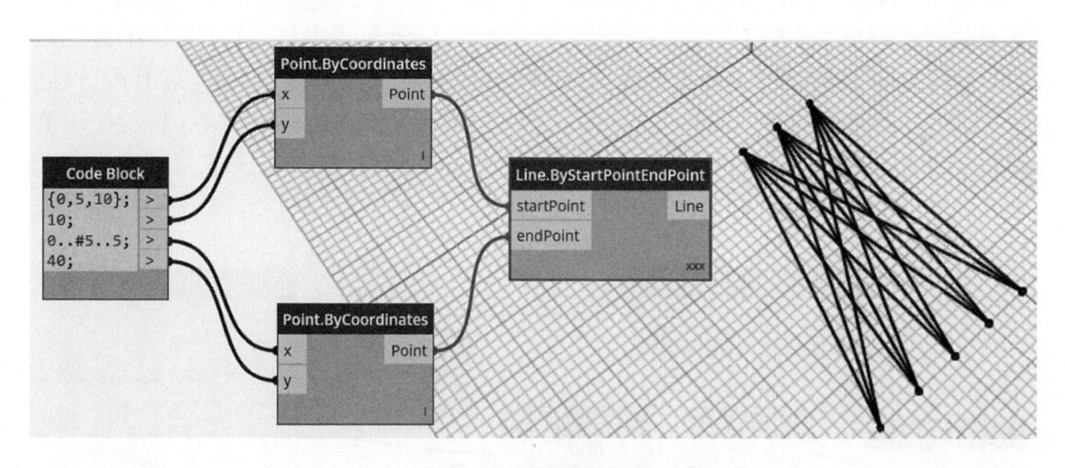

图 3-79　连缀属性(3)

根据需要使用不同的连缀状态，可以帮助用户简化 Dynamo 程序，实现各种列表之间的灵活运算。

3.5.4　列表数据的导入导出

Dynamo 列表中的数据均可以和 Microsoft Excel 进行导入和导出。在节点库的 Office 大类下，可以找到 Excel 相关节点，实现 Dynamo 中数据与外部数据的互导。

【Excel.ReadFromFile】　原始的 Excel 表格中数据如图 3-80 所示，共 3 列 20 行。使用节点“File Path”，通过浏览窗口选择导入表格的路径，使用节点“File.FromPath”，获取该路径位置的 Excel 文档。将该文档作为输入项，连接到“Excel.ReadFromFile”节点。另一个

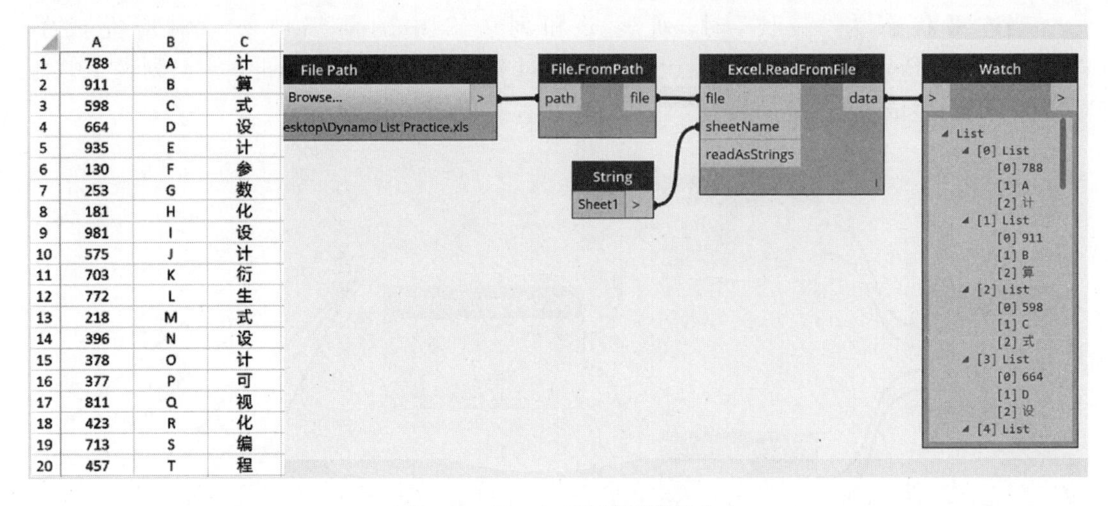

图 3-80　Excel 表格数据的导入

输入项是表格名称(SheetName),应当输入一个字符串,且与 Excel 文档中目标表格的名称一致。Excel 表格中的行和列中的数据,是按照先读取行,再读取列的顺序进行。每一行中的数据构成子列表中的项。

【Excel.WriteToFile】 和导入数据类似,用户也可以将 Dynamo 列表中的数据写出。使用“Excel.WriteToFile”节点,输入目标的 Excel 文档路径,输入表格名称(字符串类型),写入的起始行数(0 为第 1 行,1 为第 2 行,以此类推)和列数(0 为第 A 列,1 为第 B 列,以此类推)。注意,是否需要重写列表(overWrite)这一输入端也需连接相应节点,我们使用节点“Boolean”来提供”True”和“False”的选项,选则“True”即每次运行程序,Excel 表格都会清空重写,反之亦然(图 3-81)。

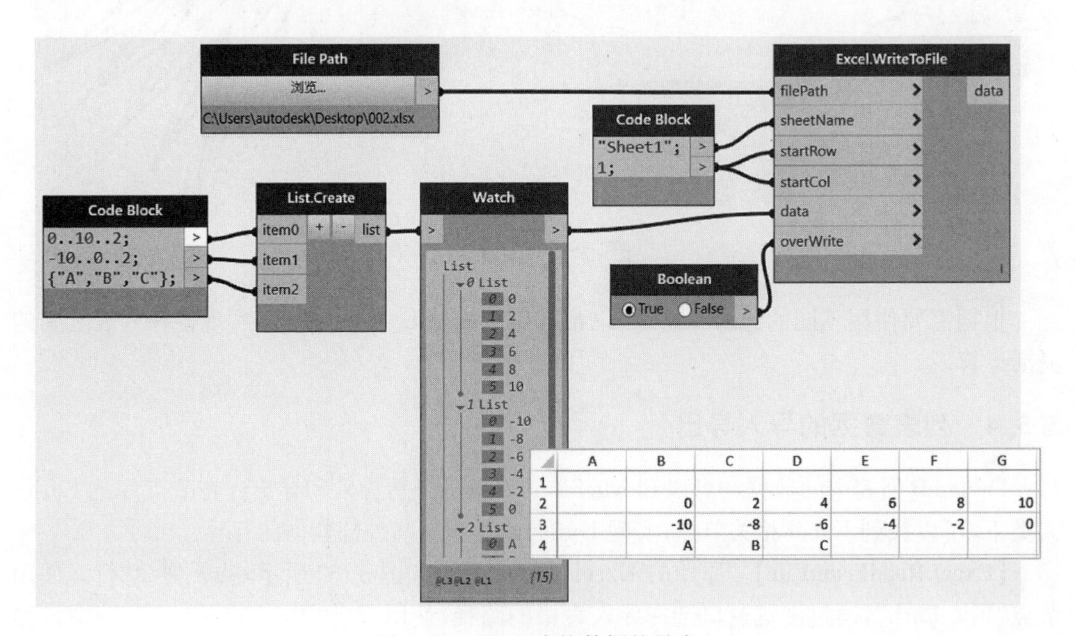

图 3-81　Excel 表格数据的导出

3.6 数学运算符与逻辑判定

Dynamo有两大功能，一是用于形体的创建，二是用于信息的管理。要实现这两大功能都离不开数学运算和逻辑判定。比如创建空间曲线，离不开使用曲线函数来生成曲线的控制点。再比如进行列表的筛选，就需要使用逻辑判定语句，将列表中的项按照某一特征进行归类或排除。本节将分别介绍数学运算节点和逻辑判定节点的用法。

3.6.1 数学运算符

数学运算节点包括"加""减""乘""除"，还包括三角函数运算、幂函数、开方、求最大值和最小值、四舍五入、取整等等一系列的运算。"加""减""乘""除"节点可在"Operators"的节点大类下找到。另外的数学运算节点，可在"Core"节点大类下的"Math"分类中找到。

下面以三角函数的运算举例，学习一些基本的数学运算节点的用法。

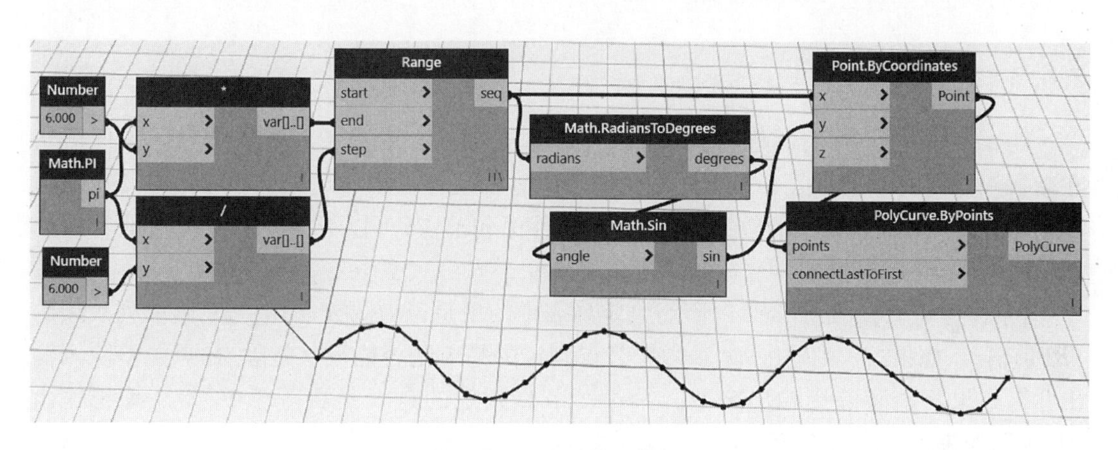

图3-82 三角函数运算示例

图3-82的例子中，使用了乘号"＊"、除号"/"、圆周率"Math.PI"、正弦函数"Math.Sin"，还使用了弧度数转化为角度数的节点"Math.RadiansToDegrees"。同理Dynamo还提供角度数转化为弧度数的节点"Math.DegreesToRadians"，还提供余弦函数"Math.Cos"、正切函数"Math.Tan"、四舍五入运算"Math.Round"等节点。此处不做详述，读者可自行尝试。

3.6.2 调整数值范围

在实际项目中，常有需要根据初始列表中的分布率生成一个新的列表的需求。例，如图3-83所示，通过列表(0..360..5)作为三角正弦函数的角度值，进而生成正弦曲线。接着使用节点"Curve.PointAtParameter"在该正弦曲线上获取一系列的坐标点，由于该节点要求输入的参数值是0～1闭区间内的数值，且我们希望输入的参数与坐标点的X值(即角度值)保持相同的分布率，这种情况下，就可以使用"Math.RemapRange"节点，将初始列表按照原始分布率等比例缩小或扩大到新的区间范围，生成新列表。

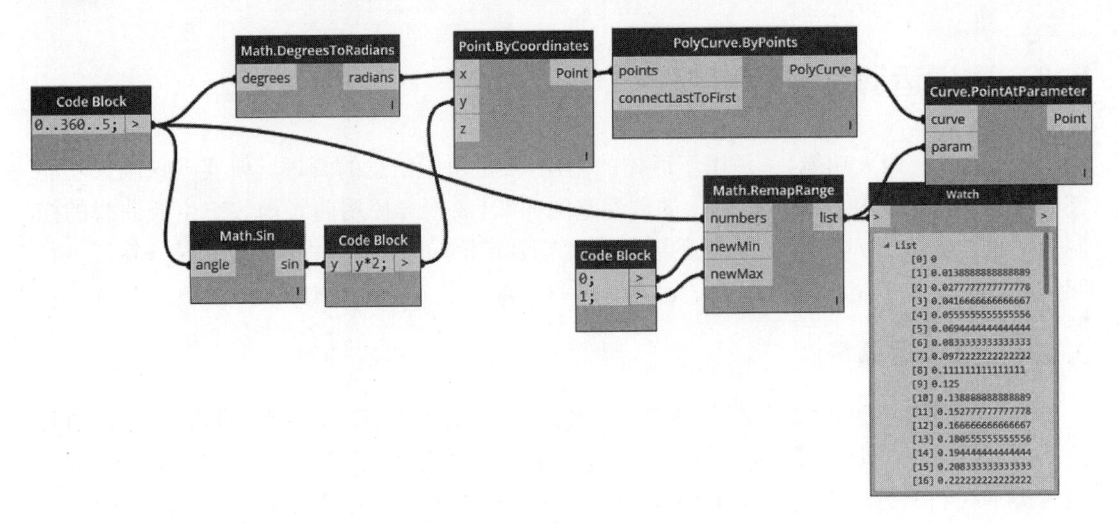

图 3-83　数字区间重分布

3.6.3　逻辑判定

Dynamo 中节点库有一栏叫做 Logic，里面包含如下一系列条件语句节点。条件语句在数据筛选时有重要作用。Dynamo 的一大功能就是针对 Revit® 模型的数据管理，也可应用于处理 Excel 表格中的数据，因此活用条件语句节点，可以帮助我们更灵活的管理数据信息。

【条件语句 If】 如图 3-84 所示，判定列表中的项是否为偶数，如果"是"则取列表项的 1/2 值输出，如果"否"则输出"0"。"%"节点判定的是 x 是否能被 y 整除，如果能整除则输出"0"，如果不能整除则输出余数。"= ="节点判定的是 x 是否等于 y，如果等于输出"True"，如果不等于输出"False"。

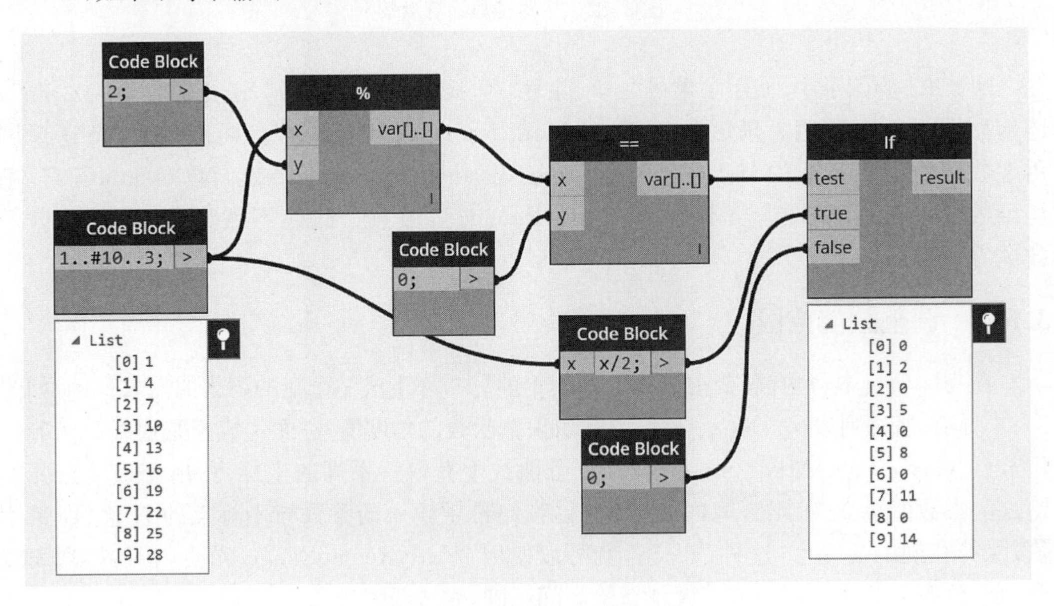

图 3-84　条件语句 If 用法示例

【布尔运算"And"和"Or"】 下图的例子中，输入三个给定的条件语句。第一个"x＝1＝＝1"为 True，第二个"Hello＝＝World"为 False，第三个语句中计算出的 t4 值不等于 2，所以结果为 False。通过"And"和"Or"进行判定，两个节点的区别如图 3-85 所示。

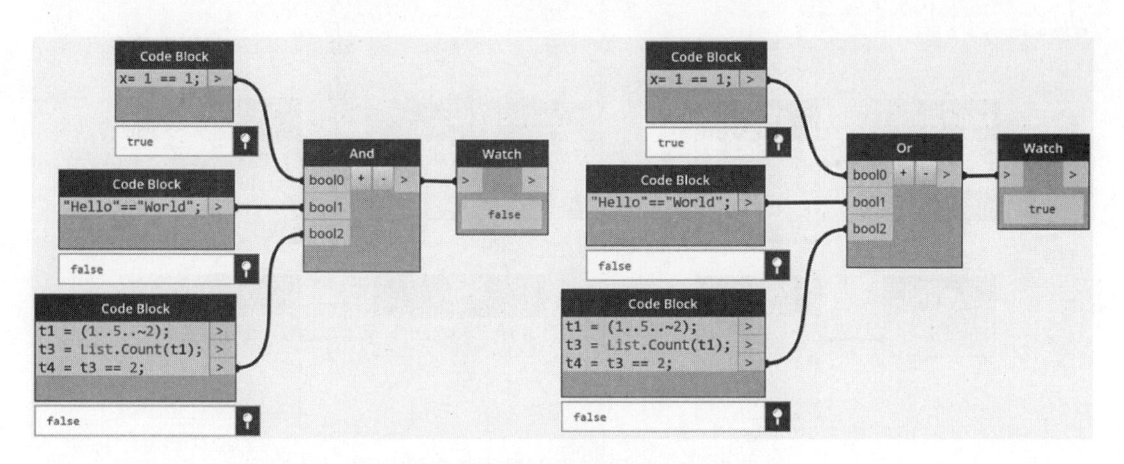

图 3-85　布尔运算 And 和 Or 用法示例

【列表筛选 List.FilterByBoolMask】 列表经过逻辑判定后，通常的输出项是"True"和"False"，我们将其称为布尔掩码"mask"。使用节点"List.FilterByBoolMask"可以帮助用户快速将判定为"True"的列表项筛选出来，从输出端"in"输出；判定为"False"的列表项从输出端"out"输出。如图 3-86 所示，通过节点"Math.RandomList"创建了一个范围为[0,1)包含 10 个数字的随机列表，对其进行是否大于 0.5 的判定，并将列表按判定结果分成两个新列表。

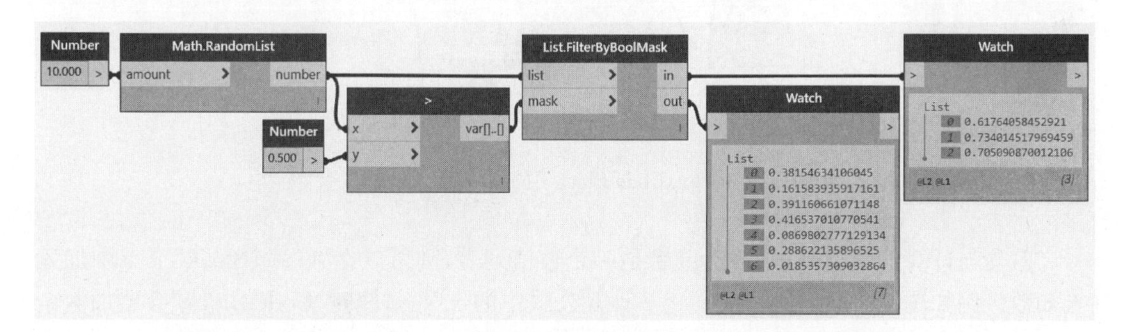

图 3-86　列表的筛选

3.7　Code Block 的应用

"Code Block"是 Dynamo 提供的允许直接编写 DesignScript 代码的输入节点。用户可以使用"Code Block"执行很多命令，例如创建数值、字符串、列表等，也可以用于执行单个的或一系列的节点命令。本章将依次介绍"Code Block"的多种用法。

3.7.1　用于输入

前面的章节已经简单讲解过使用"Code Block"作为输入节点。在工作空间双击鼠标，可以调用“Code Block”节点。“Code Block”的语法具有一定规律，若要作为数值的输入节点，则直接输入数值；若要作为字符串的输入节点，则需在字符串两端添加双引号，如图 3-87所示。使用正确的语法，“Code Block”可以完成“Number”节点、“String”节点的功能。

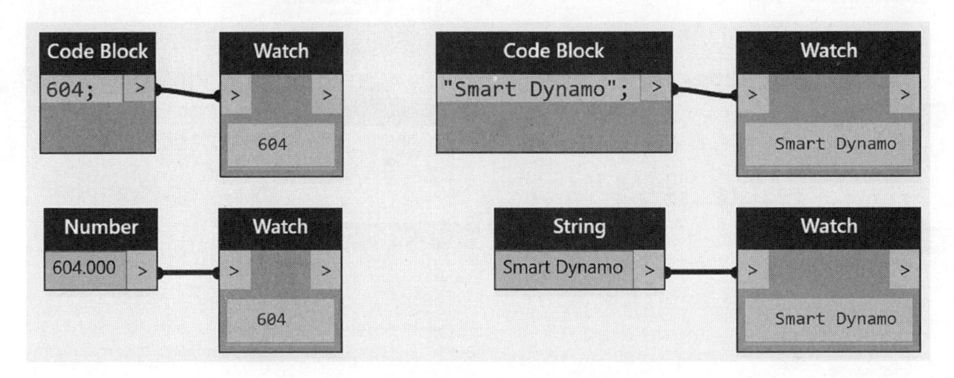

图 3-87 Code Block 用于输入数字和字符串

同样，“Code Block”节点可以用于输入数学公式，例如 3×5－4 的运算，可以直接使用“Code Block”完成，大大简化使用数学运算符号节点所编写的程序（图 3-88）。

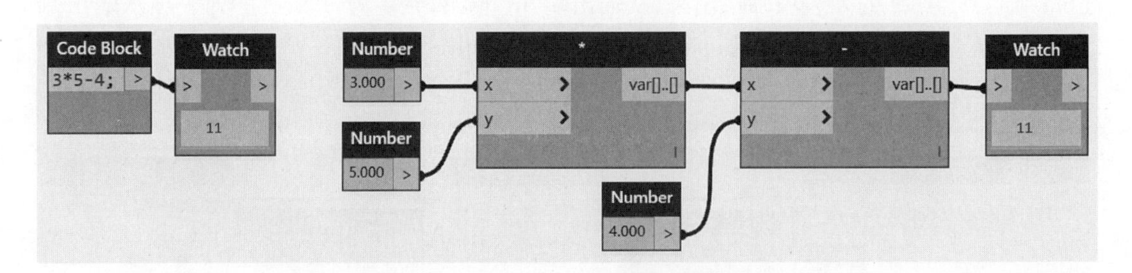

图 3-88 Code Block 用于输入数学公式

若参与计算的数值是可变的，或者是一个数值列表，则可以在“Code Block”节点中加入未知数。例如图 3-89 所示的(x+y)/2 计算公式中的 x 和 y，此时“Code Block”会增加两个未知数的输入项，分别是 x 和 y，此时即可将“Number Slider”或数值列表连到“Code Block”作为 x 和 y 的值。当然，未知数可以是任何字母、单词或汉字等来表示，该例子中的计算公式也可写作(第一项+Second)/2，得到的运算结果不会受到影响。

“Code Block”可以写入多行内容。例如使用一个“Code Block”节点输入多个数值和字符串。例如使用一个“Code Block”完成多个数学公式的计算。请见图 3-90 中的例子，将“Watch”节点连接到每一行的输出项，可以发现，当“Code Block”节点第三行中定义了未知数 n 的值，第四行未知数 k 将使用 n 的值进行 n＊2 的运算，第五行未知数 m 也将使用前两步得到的 n 和 k 的值进行计算。所有的未知数均有赋值，“Code Block”节点不会新增输入端。此例中为了示意清楚，将“Watch”节点进行了重命名。注意，使用一个“Code Block”输入多行内容，需在行末使用“;”断行。

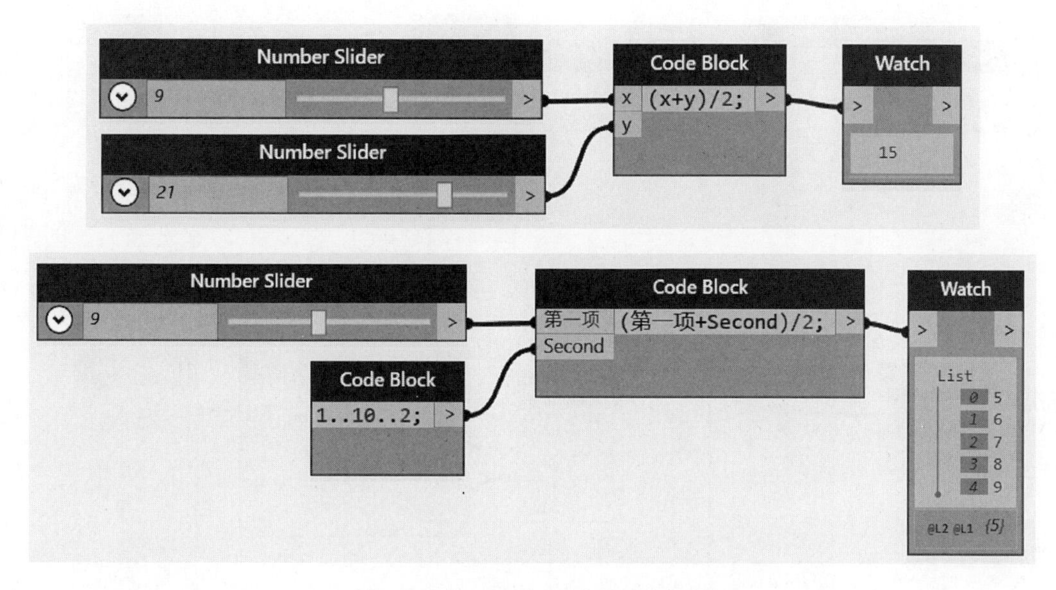

图 3-89　Code Block 中使用未知数

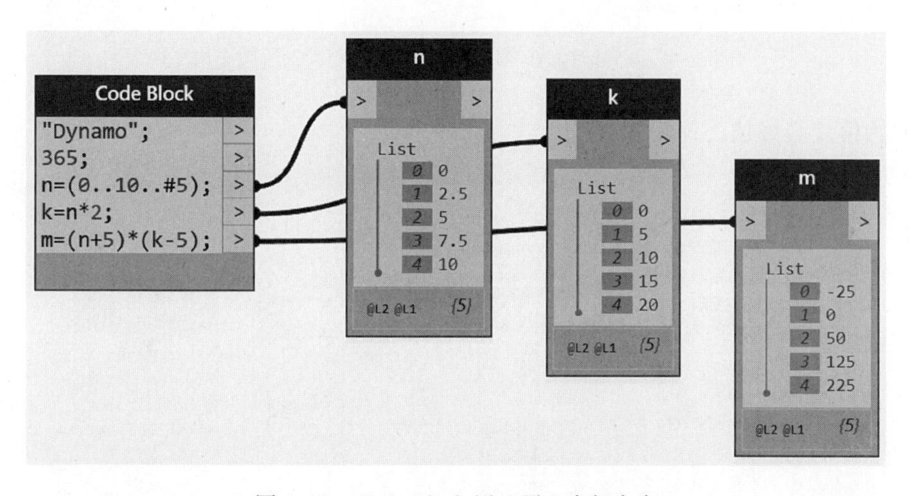

图 3-90　Code Block 用于写入多行内容

3.7.2　创建列表

“Code Block”可以快捷地创建列表。使用{ }可以创建任意列表，如图 3-91 所示的数值列表和字符串列表。

“Code Block”也可以代替“Range”和“Sequence”节点创建递增或递减的数值列表。创建列表的语法有多种，例如“数值..数值..数值”“数值..数值..#数值”“数值..#数值..数值”等。总体来说，第一个数值代表列表的起始值，第二个数值代表列表的最终值，第三个数值代表列表间距。若数值前加上#号，则表示列表的项数，如图 3-92～图 3-95 所示。

【起始值..最终值】　例如：10..15={10, 11, 12, 13, 14, 15}

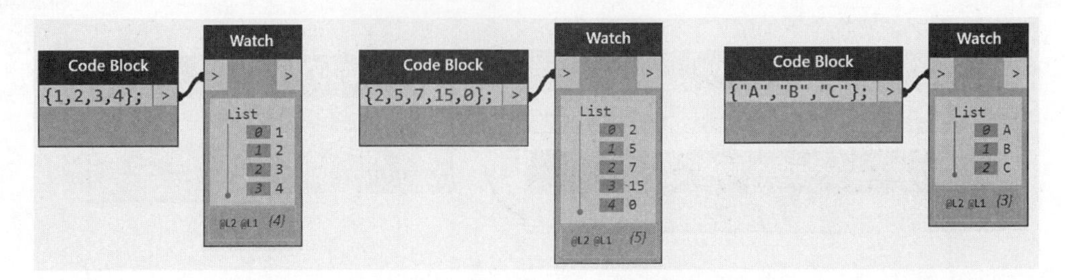

图 3-91　Code Block 用于创建列表

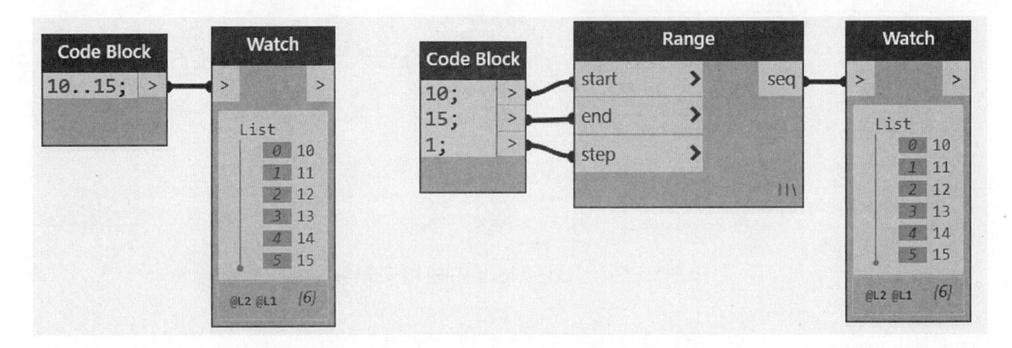

图 3-92　Code Block 用于创建递增或递减数值列表(1)

【起始值..最终值..间距】

例如:10..20..2={10, 12, 14, 16, 18, 20}

例如:10..20..3={10, 13, 16, 19}

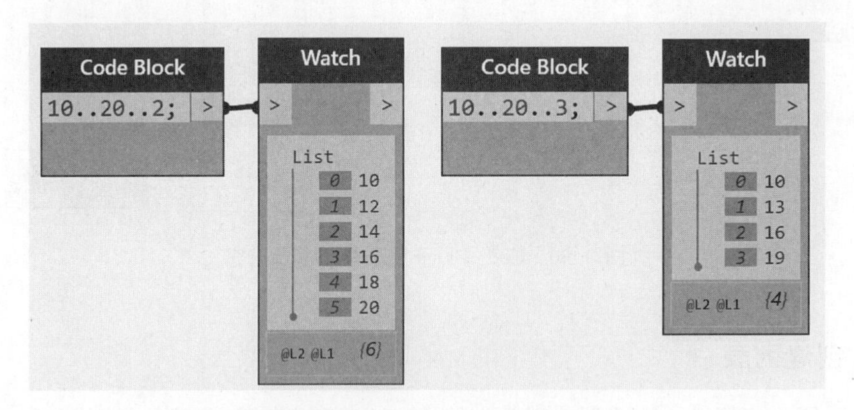

图 3-93　Code Block 用于创建递增或递减数值列表(2)

【起始值..最终值..#列表项数】

例如:10..20..#3={10, 15, 20}

例如:10..20..#5={10, 12.5, 15, 17.5, 20}

【起始值..#列表项数..间距】

例如:10..#5..3={10, 13, 16, 19, 22}

例如:10..#4..5={10, 15, 20, 25}

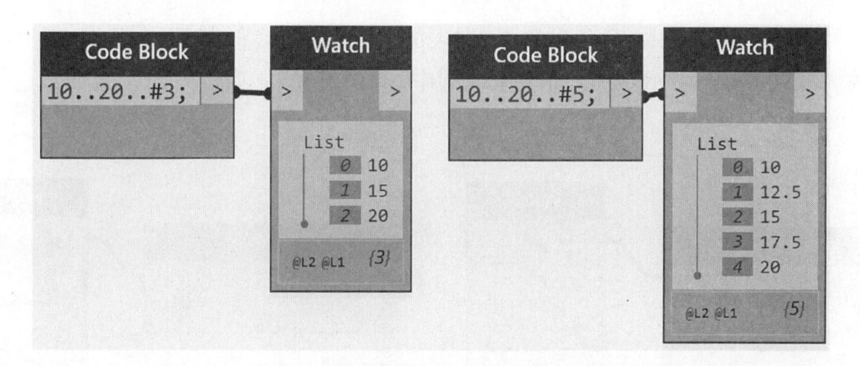

图 3-94 Code Block 用于创建递增或递减数值列表(3)

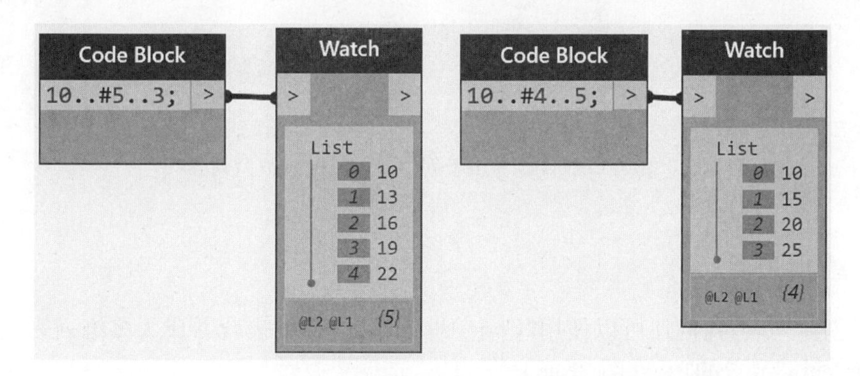

图 3-95 Code Block 用于创建递增或递减数值列表(4)

除了上述基本的列表创建方式,对于多维列表,即嵌套列表的创建,也可以使用"Code Block"完成。使用()括号引入数值列表替换单独数值,则可创建多维列表,如图 3-96 所示。注意语句写法的区别带来的不同运算结果。

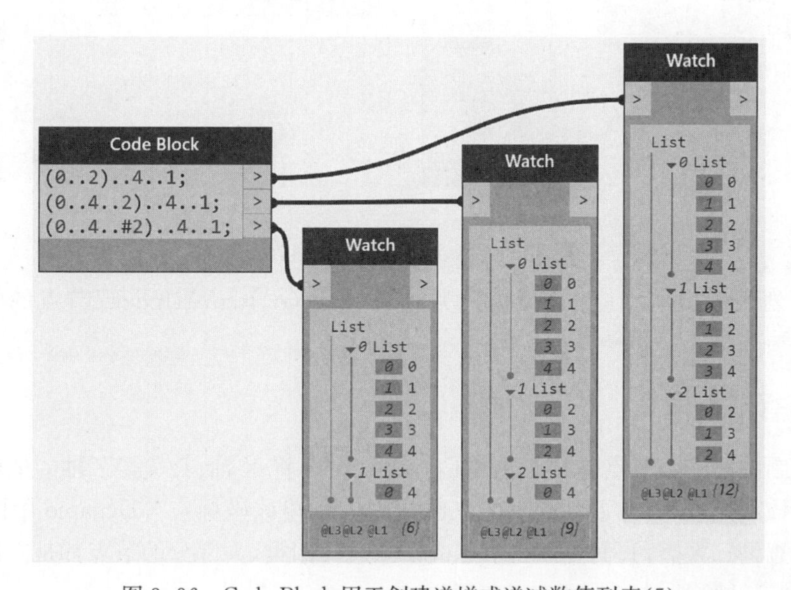

图 3-96 Code Block 用于创建递增或递减数值列表(5)

()括号的使用不仅局限于上述例子,列表的起始值、最终值和间距都可以使用()和数值列表代替。如图 3-97 所示,并且请注意本例中,当最终值为 4 和#4(4 项)时,运算结果的区别。

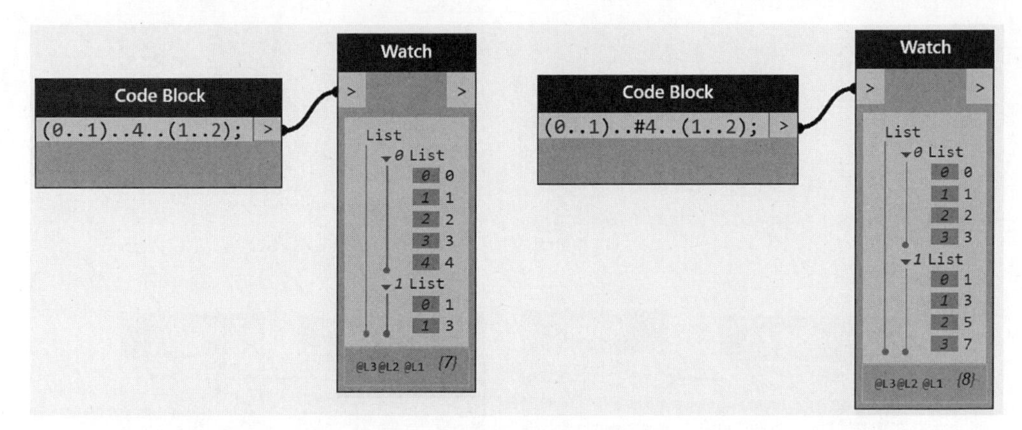

图 3-97　Code Block 用于创建递增或递减数值列表(6)

3.7.3　编辑列表

除了创建列表,我们还可以使用"Code Block"将多个列表合并成为多维列表,执行类似于"List.Create"节点的功能(图 3-98)。

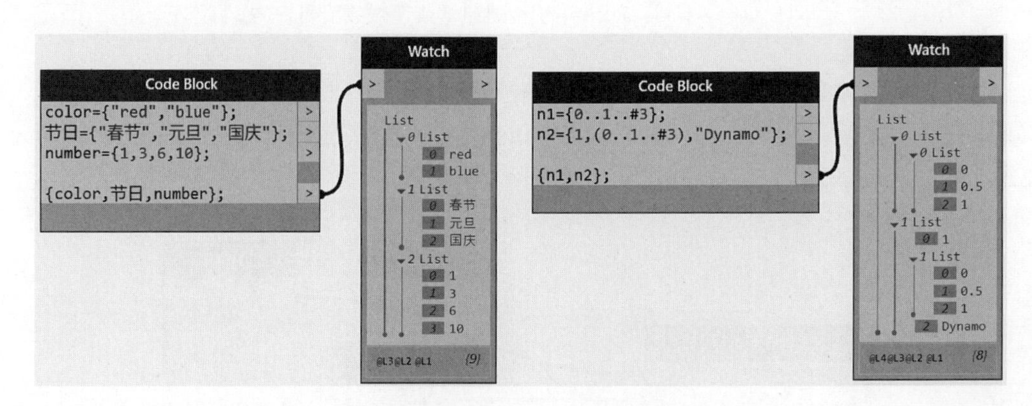

图 3-98　Code Block 用于列表合并

或者从列表中提取相应的项,执行类似于"List.GetItemAtIndex"节点的功能(图 3-99)。

3.7.4　执行节点命令

本书介绍的第一个节点是"Point.ByCoordinates",将 X 轴、Y 轴、Z 轴的坐标值作为输入项连接到该节点,即可在 Dynamo 的三维视图中创建该坐标点。Dynamo 中的节点分为创建、操作、查询三大类,我们可以将节点的语法进行归类,大部分的节点都是由以下三个部分组成,如图 3-100 所示。

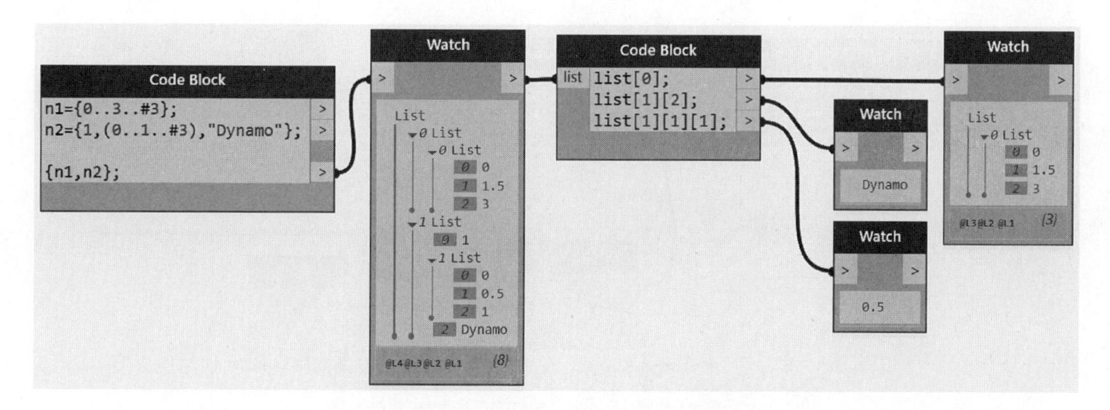

图 3-99 Code Block 用于获取列表项

图 3-100 节点名称规则

【目标元素】 表示该节点对应的执行目标，例如坐标点（Point）、曲线（Curve）、列表（List）等。通常在 Dynamo 的节点库中，节点的分类也是以目标元素为依据的。

“.”用于分隔“目标元素”和“命令或方法”。当然，不是所有的节点都遵循这一语法，例如“Watch”节点、“Flatten”节点等。

【命令或方法】 表示该节点执行的命令，或执行该命令所需的方法。例如“Point.ByCoordinates”即是通过坐标来创建点，“Geometry.Mirror”即是通过镜像的方法来复制几何形体，等等。

使用“Code Block”调用“Point.ByCoordiantes”创建相同的坐标点，如图 3-101 所示。

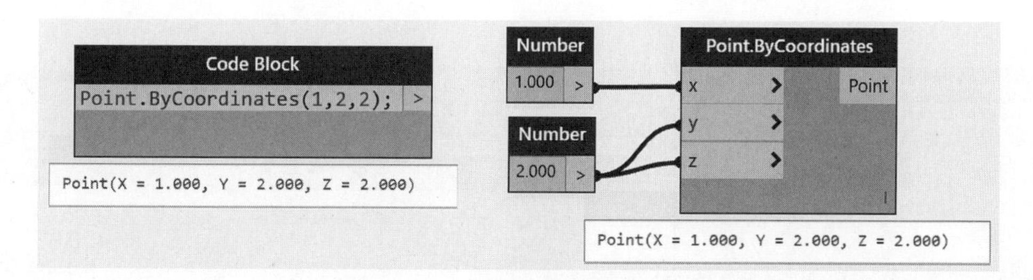

图 3-101 Code Block 调用节点命令(1)

可以发现，使用“Code Block”的方法，简化程序，比使用“Number”等输入节点连接到“Point.ByCoordinates”节点要更加方便和直观。事实上，“Code Block”可以调用大部分节点库中的节点，以简化程序。除了调用创建类节点，“Code Block”还可以调用操作类和查询类的节点。例如平移复制上述例子中的坐标点(1, 2, 2)，和查询该坐标点的 X，Y 坐标分量值(图 3-102)。

在“Code Block”节点中输入命令，其联想功能会自动打开下拉列表，列出所有相关联的命令，提供给用户选择。合理的使用“Code Block”简化程序，是 Dynamo 提供给用户进行可视化编程的另一种优化思路。

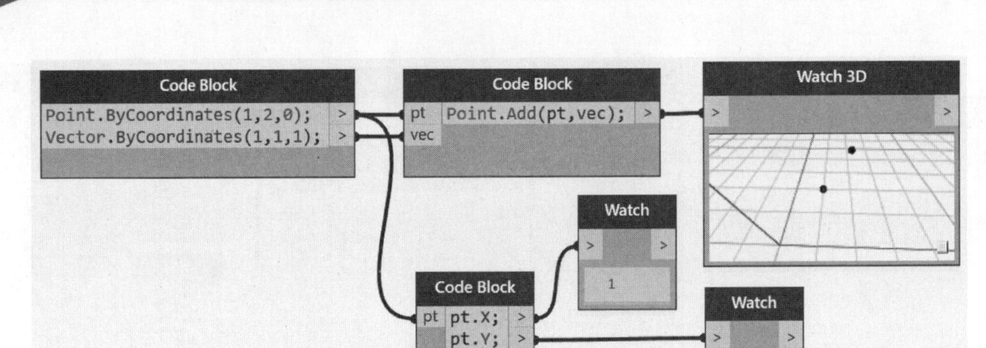

图 3-102　Code Block 调用节点命令(2)

3.7.5　定义函数

"Code Block"的另外一种用法,是由简单的语句创建函数命令,也称之为自定义函数。使用自定义函数能大量减少重复性任务的编程,提高工作效率。自定义函数有特定的语法,首行需写入"def 自定义函数的名称(未知数)",第二行开始对自定义函数进行定义,即编写运算过程。末尾需用"return"语句,将函数中运行的结果返回,作为输出项。注意,函数的定义内容需在首尾使用{ }(大括号)。

如图 3-103 所示,创建的自定义函数名称为"CreateCircle",未知数包括 x 和 y。函数所执行的命令包括 3 个步骤。首先计算 x+y 的值,作为圆的半径 r1;其次创建坐标点 p1(x, y);最后由坐标点 p1 和半径 r1 创建圆 c1。将 c1 的运算结果返回,作为输出项。完成此步编辑后,并未创建圆,而只是创建了一个新的函数命令。所以此时,我们可以使用另一个"Code Block"节点调用上一步骤中创建的"CreateCircle"函数,输入 x 和 y 的值,创建一个圆心在(x, y),半径为(x+y)长度的圆。

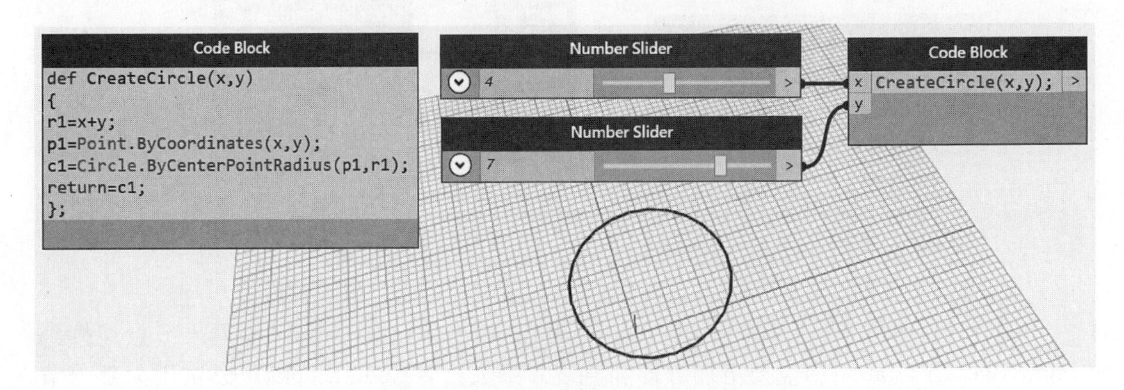

图 3-103　Code Block 定义函数(1)

再举几个例子帮助大家理解自定义函数的用法。定义一个用于求数值的多次幂的自定义函数,命名为"GetPow",如图 3-104 所示。注意,在自定义函数中引用了 Dynamo 的默认函数命令"Math.Pow"。在为新函数命名时,要与 Dynamo 软件自带函数命令区别开来。

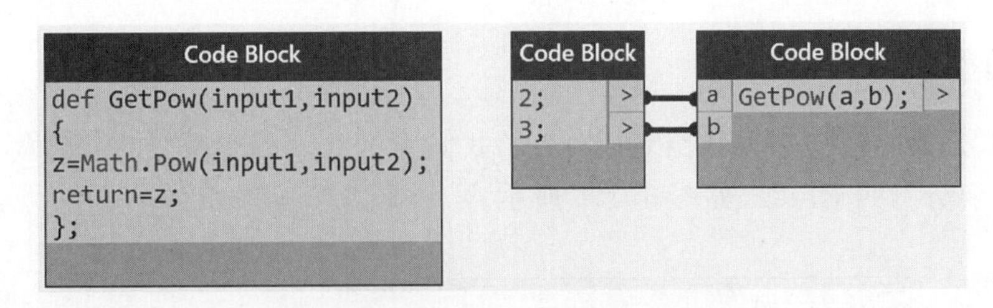

图 3-104　Code Block 定义函数(2)

定义一个用于创建一系列球体的自定义函数，命名为“sphereByZ”，其执行的命令是，根据输入的坐标点的 Z 轴坐标值除以一个系数，作为球的半径，以输入的坐标点为球心，生成球体。使用一个新的“Code Block”节点，调用“sphereByZ”这个新函数命令，输入了成螺旋形上升的一系列点，根据这些点的 Z 轴坐标值和位置，生成相对应的一系列球形。

注意，在此例子中“sphereByZ”的定义过程中包含了 Dynamo 默认的函数命令，例如“Sphere.ByCenterPointRadius”(图 3-105)。

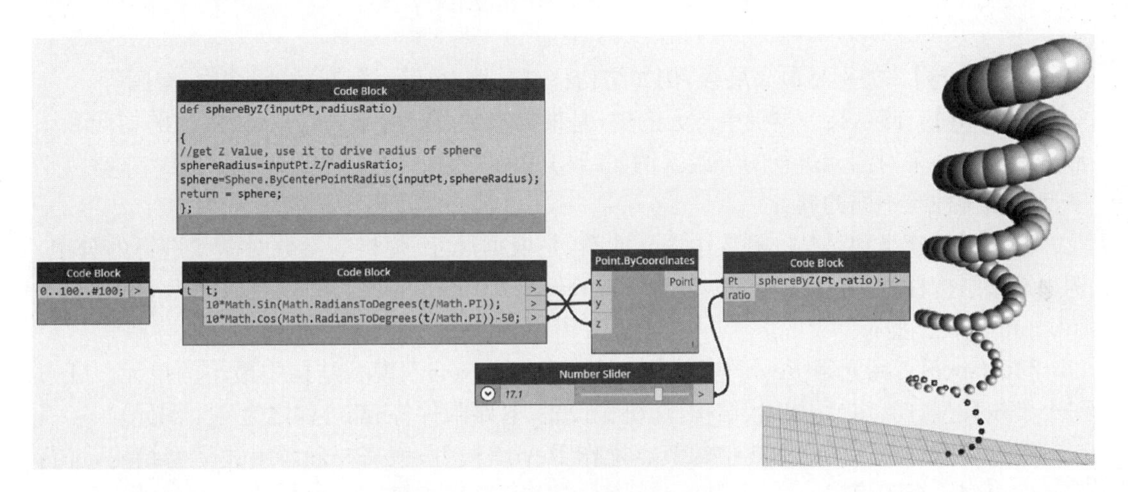

图 3-105　Code Block 定义函数(3)

3.8　Dynamo for Revit®

尽管 Dynamo 作为一个可视化编程平台，现在已经和很多三维建模软件兼容，例如 FormIt 360 pro，Advance Steel，React Structure 等。此外 Dynamo 还有网页浏览版本，并且可以提供迭代运算和衍生式设计等功能。最初 Dynamo 的研发，是为了向 Revit® 提供可视化编程的功能，帮助用户更加智能地创建模型，并且运用模型中的信息。在 Dynamo 的节点库中，有一个专门的节点分类，叫做“Revit®”，里面包含了一系列用于选择、创建、编辑、查询 Revit® 中图元的节点，帮助用户简化建模过程、提高工作效率、拓展模型的应用。本节将介绍一些基础的 Revit® 相关节点。

3.8.1 模型结构

开始学习 Dynamo 中 Revit®相关节点前，我们要对 Revit®中模型的结构做一个系统性的理解。主要分为四个层级，如图 3-106 所示。

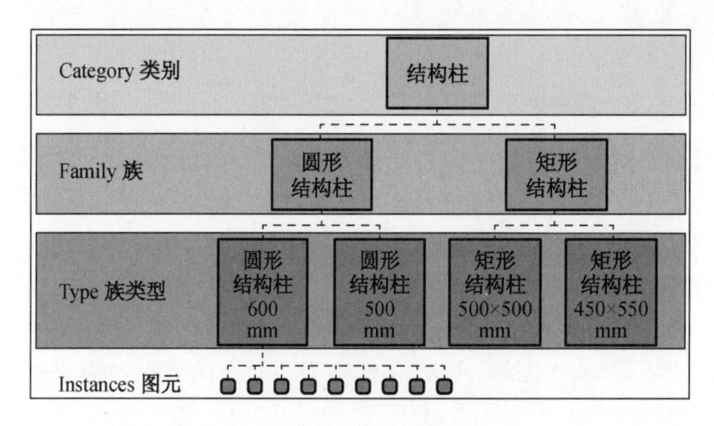

图 3-106 Revit®模型结构

【Category】 类别是最高层级，例如结构柱、门、墙、风管、管道、桥架、房间、空间等。

【Family】 族是某一类别中图元的类，是根据参数(属性)集的共用、使用上的相同和图形表示的相似来对图元进行的分组。例如结构柱的类别下，有圆形结构柱、矩形结构柱、工字型钢结构柱等不同的族。

【Type】 族类别是某一种族中图元的类，是根据尺寸、规格等参数对图元进行的分组。例如矩形结构柱族，又可细分为截面为 500 mm×500 mm 的族类型以及截面为 450 mm×550 mm 的族类型等。

【Instance】 图元是 Revit®中的某一个实例，是 Revit®模型结构中最小的单元。任意一个常规模型、门、窗、结构梁、结构柱、机械设备、管路附件等，都可称之为一个图元。

要想灵活的运用 Dynamo 中的节点操作 Revit®模型，就需要理解上述模型结构，进行准确的模型选择和编辑。

3.8.2 图元的选择

在 Revit®节点分类下，有“Selection”节点分类，专门用于 Revit®模型中特定类别、族、族类型或图元的选择。选中的模型将进入到 Dynamo 的工作空间中，供用户做下一步的编辑或信息处理。因此这一类的节点都属于创建节点，如图 3-107 所示。

【Categories】 选择当前 Revit®项目中的类别。打开下拉列表，所有当前 Revit®项目中的类别，均在下拉列表中，例如标高、场地、常规注释、门、房间、管道、结构钢筋等。如图 3-108所示，在下拉列表中选择“房间”，再使用节点“All Elements of Category”从 Revit®模型中获取“房间”这一类别下的所有图元。最后使用“Element.Geometry”节点将 Revit®图元转换成可以在 Dynamo 中显示的几何形体。

【Family Types】 和 Category 的用法类似，选择当前 Revit®项目中的族。如图 3-109 所示，选择了某一客厅沙发族在项目中的全部实例。

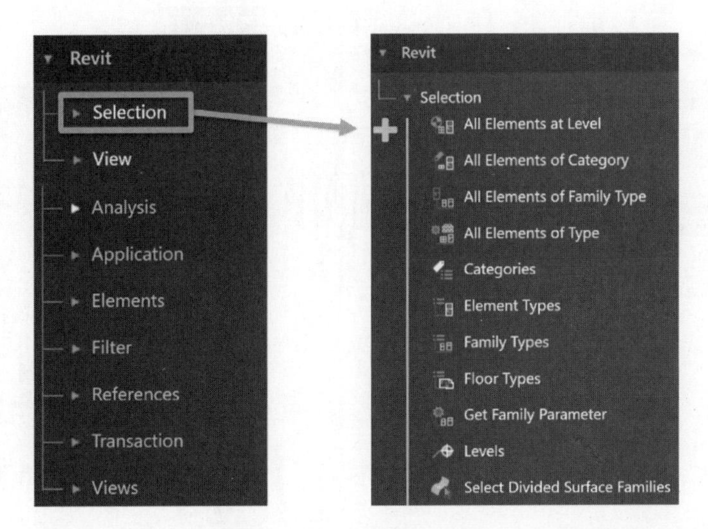

图3-107　创建节点示意

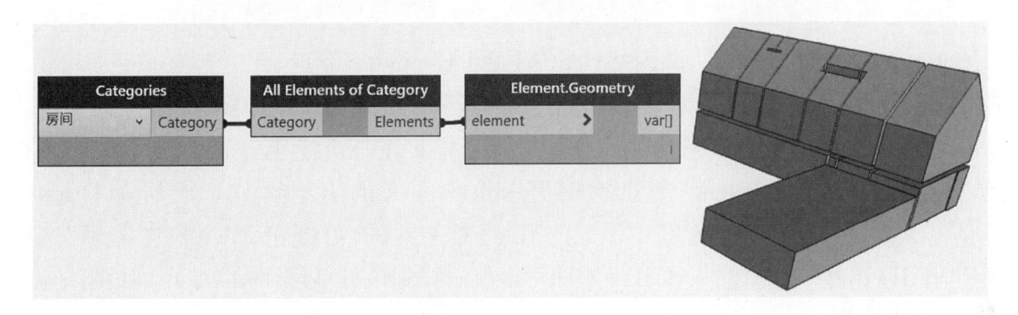

图3-108　获取类别为“房间”的所有图元

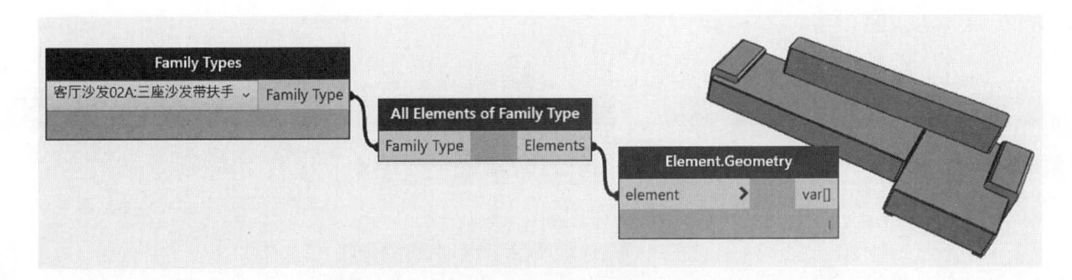

图3-109　获取族为“沙发”的所有图元

【Structural Column Types】　在Revit®项目中选择结构柱类型，例如“450 mm”，获取到项目中所有该族类型的图元(图3-110)。

此外，还可以使用“Wall Types”“Floor Types”“Structural Framing Types”等节点，选择这几个类别中的任一族类型。就不再举例繁述。

除了选择某一类的图元，我们还可以使用更加直接的选择功能，将Revit®模型直接选择到Dynamo的工作空间中。下面介绍“Select Model Element”和“Select Model Elements”节点。

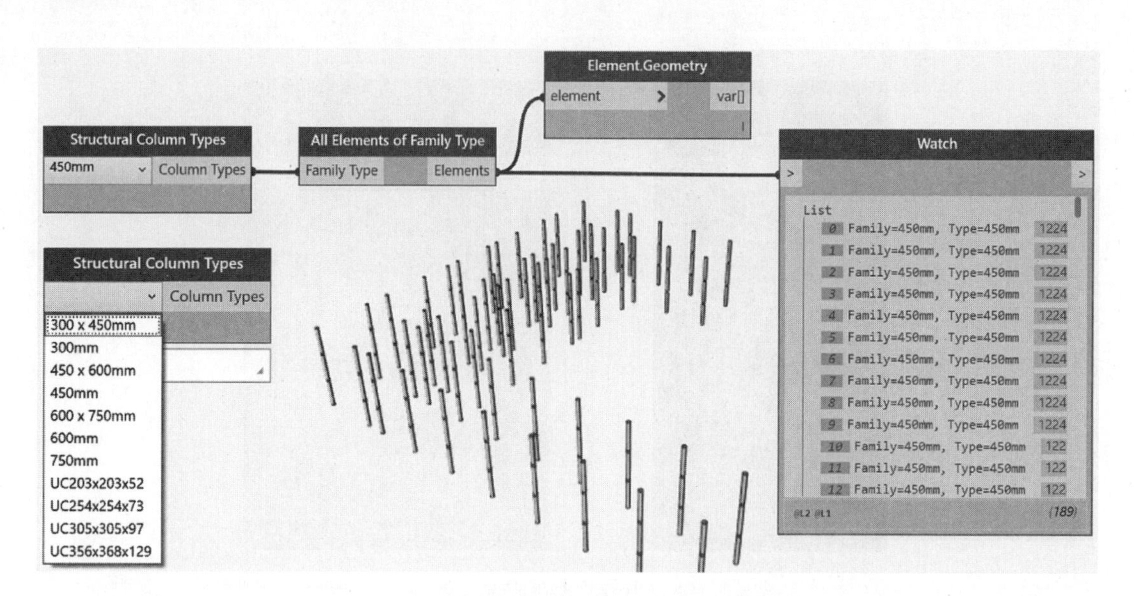

图 3-110　获取族类型为“450 mm”的全部图元

【Select Model Element】 调用“Select Model Element”节点，此时节点黄色显示，且下端有“未选择任何对象”的提示。点击节点上的“选择”按钮，此时“选择”按钮变成灰色。将鼠标移动到 Revit®项目窗口中，可以发现，鼠标悬停处的图元会蓝色高亮显示。选中目标图元，“Select Model Element”节点下端提示选中图元的 ID 号，如下图所示“Element：199584”。此处的 ID 号与 Revit®中图元的 ID 号是一致的，可以在 Revit®的“管理”选项卡中找到“按 ID 选择”功能，输入该 ID 号，即可定位选择到该 ID 号指向的图元。如图 3-111 所示，被选中的是 Revit®样例文件“rac_advanced_sample_project”中名称为“M_Fixed 0915×1 220 mm”的窗。使用节点“Element.Parameters”获取该窗实例的所有相关信息，例如体积、类型、标高、底高度、面积等。

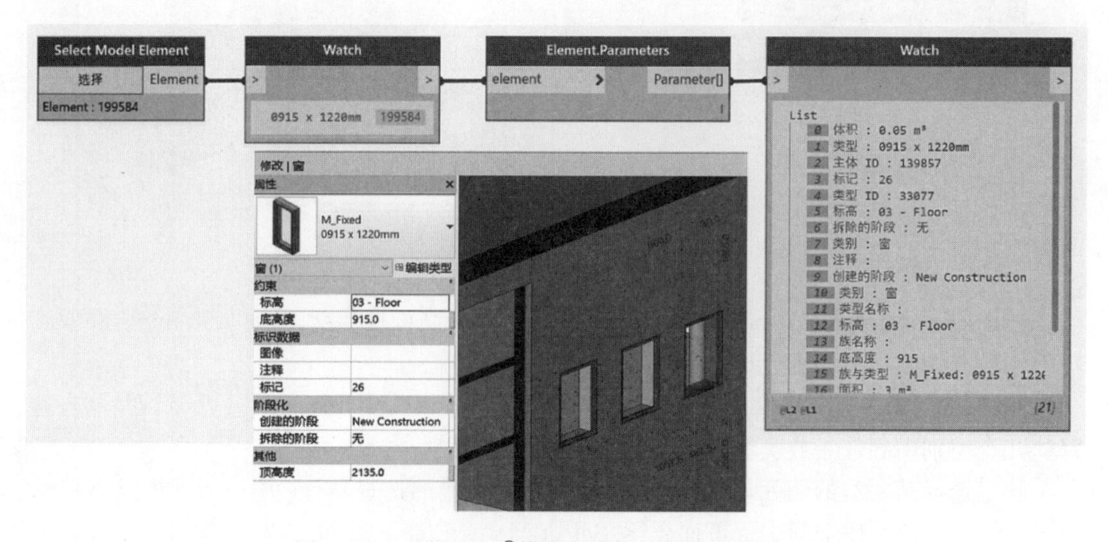

图 3-111　选择 Revit®模型中的某一图元(见彩图二)

【Select Model Elements】　“Select Model Elements”和“Select Model Element”的区别在于，前者可以选择多个图元，后者仅可选择单一图元。选中图元的先后顺序决定着图元列表的顺序。如图 3-112 所示，选择多个窗户，可以使用该节点在 Revit® 中进行框选。

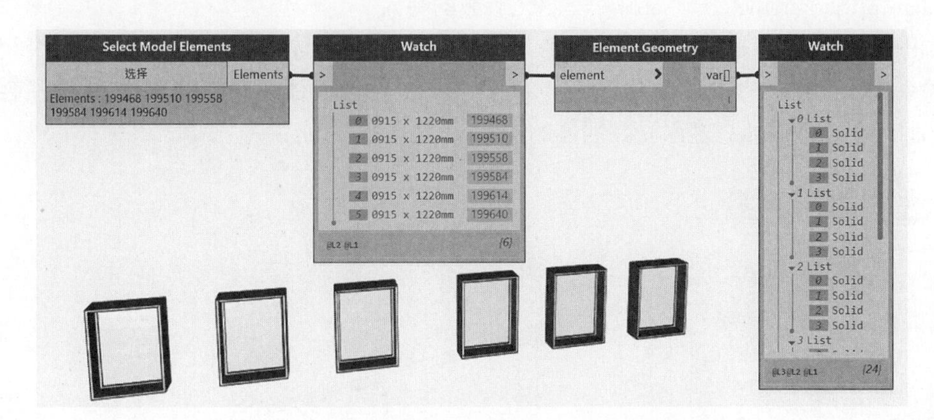

图 3-112　选择 Revit® 模型中的多个图元

除此之外还有“Select Edge”“Select Face”等节点，帮助用户快速的在 Revit® 项目中选择图元的某一条边或一个面。

另一种选择的方式是根据图元在 Revit® 项目中所处的空间来选择。如图 3-113 所示，使用“Levels”节点选择到项目中的任一标高，如“02-Floor”，使用“All Elements at Level”选择到该楼层的所有图元。用户可以再进一步通过条件筛选或过滤，进一步选中目标图元。

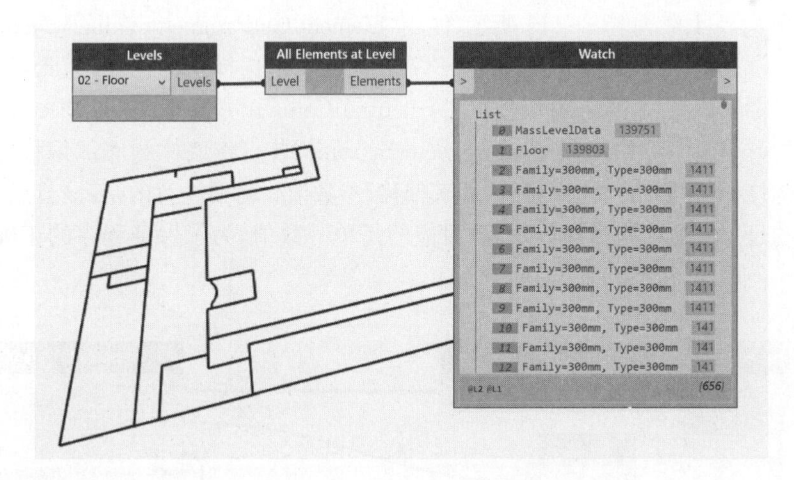

图 3-113　选择 Revit® 模型中某一标高处的图元

3.8.3　图元参数的读取与写入

Dynamo 非常强大的一个功能，就是可以单独或批量地读取 Revit® 中图元的参数信息，同时可以将数据写入到图元的实例参数。举个例子来说，窗户的“底高度”这一参数，是控制窗户空间位置的一个重要数据。使用 Dynamo 可以将一个或一系列窗户的“底高度”参数读取出来,进行计算,或与其他参数建立逻辑关系,例如"底高度-500 mm"作为墙体踢脚线顶边的控制标高。

Element.GetParameterValueByName——图元参数的读取

Element.SetParameterByName——图元参数的写入

如图 3-114 所示,通过 Dynamo 程序,将结构柱的底标高与墙体的底标高建立一个相等的逻辑关系,即结构柱和墙体始终保持底部对齐的状态,修改墙体的底部偏移量,结构柱会自动对齐。且结构柱的底面高度因受到墙体的约束,不能单独修改。

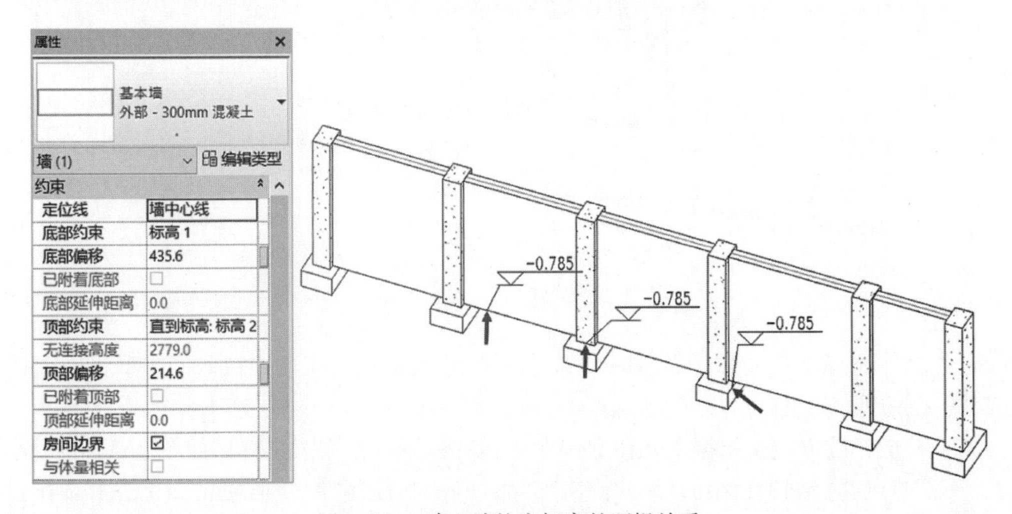

图 3-114 建立墙柱底标高的逻辑关系

为了实现这一目的,如图 3-115 所示,使用"Element.GetParameterValueByName"节点读取目标墙体的"底部偏移"参数值,例子中为"435.6"。接下来选择结构柱,因为此项目中的所有结构柱均与目标墙体相关,所以可以使用"Structural Column Types"和"All Element of Family Type"进行选择。再使用"Element.SetParameterByName"节点将墙体的底部偏移值"214.6"赋予给所有结构柱,即替换结构柱原有的"底部偏移"参数值。需要注意的是,该节点的"element"输入项连接的是一系列结构柱,而"value"对应的是单一数值,为了保证程序的正确运行,节点的连缀状态应使用"叉积"。

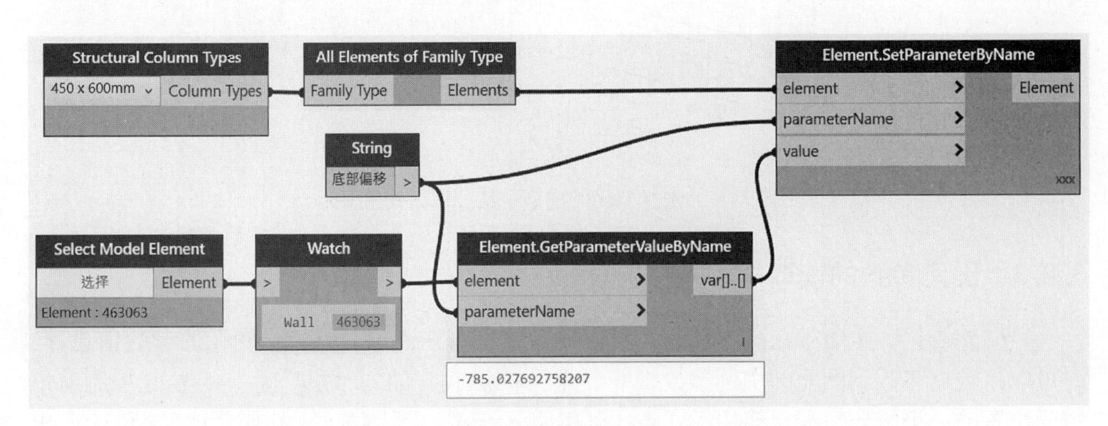

图 3-115 Element.GetParameterValueByName 和 Element.SetParameterValueByName

3.8.4　图元的创建

除了选择 Revit®中已有的图元进行编辑，还可以使用 Dynamo 中 Revit®分类下的节点进行自动的模型创建。通过 Dynamo 程序定义模型生成的规则和逻辑，通过参数控制模型的尺寸和造型，以及相邻模型间的空间位置关系。通过程序驱动的模型更方便用户进行模型的创建和修改，减化了烦琐的建模步骤，降低人工操作时的出错机率，有效地提高了建模效率。

【创建轴网】 Dynamo 中的 Revit®分类下，有创建轴网的相关节点。用户可以从 Revit®项目的轴网系统中选择轴网进入到 Dynamo 界面中进行编辑。也可以通过制定规则，在空白的 Revit®项目中创建新的轴网系统。轴网和标高是 Revit®项目的基础，有了轴网和标高作为参照，可实现各类构件的空间定位及其他延伸应用。

如图 3-116 所示，创建一组间距为 4 000 mm 的 Y 方向轴线。需要注意的是，Dynamo 中的坐标(0, 0, 0)点，对应 Revit®中的项目原点。另外，Dynamo 中的数值并不具备单位，若对应的 Revit®项目单位为 mm，则 Dynamo 中输入的“1 000”对应着 Revit®项目中的“1 000 mm”。因此创建该组轴线的思路为：首先创建轴线的两组端点，输入列表“－10 000.. 10 000.. 4 000”作为端点的 X 坐标值，即从－10 000 mm 起，每隔 4 000 mm 创建一个新的坐标点，到 10 000 mm为止，Y 坐标输入－8 000，生成第一组端点。第二组端点的 Y 坐标值替换为 8 000。使用节点“Grid.ByStartPointEndPoint”将两组端点两两相连，生成轴线。

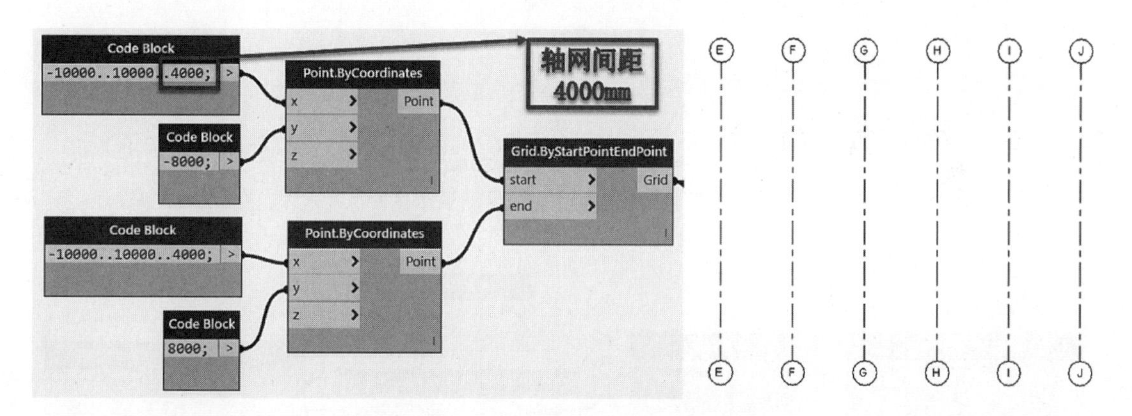

图 3-116　使用 Dynamo 自动创建轴网

需要注意的是，Revit®默认的轴网编号规则，是根据上一次绘制轴网时所用的编号而递增，例如上一次绘制的轴网编号为“5”，接下来绘制的轴网会自动编号为“6”。为了让轴网编号按照实际项目需要，我们使用“Element.SetParameterByName”节点，对轴网编号进行重写，如图 3-117 所示。使用“List.Count”节点计算轴线数量，创建一个数字列表(也可以是字母列表等)从“1”开始以“1”为间隔依次递增到轴线的个数，使用“String from Object”将数字转换为字符串格式，将这个列表写入到轴网的“名称”参数，即可将原始的轴网名称进行替换。请见图 3-117 中程序运行后的结果，如图 3-118 所示。

【创建结构柱】 有了轴网作为定位参照，可以使用节点“FamilyInstance.ByPoint-AndLevel”在给定坐标点处放置族实例，此例中我们尝试放置结构柱(图 3-119)。首

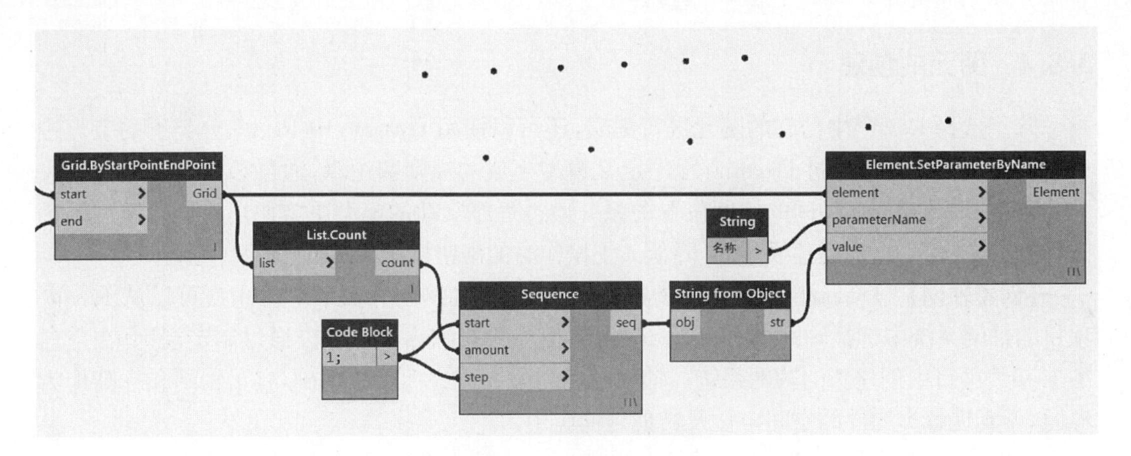

图 3-117　自动轴网编号

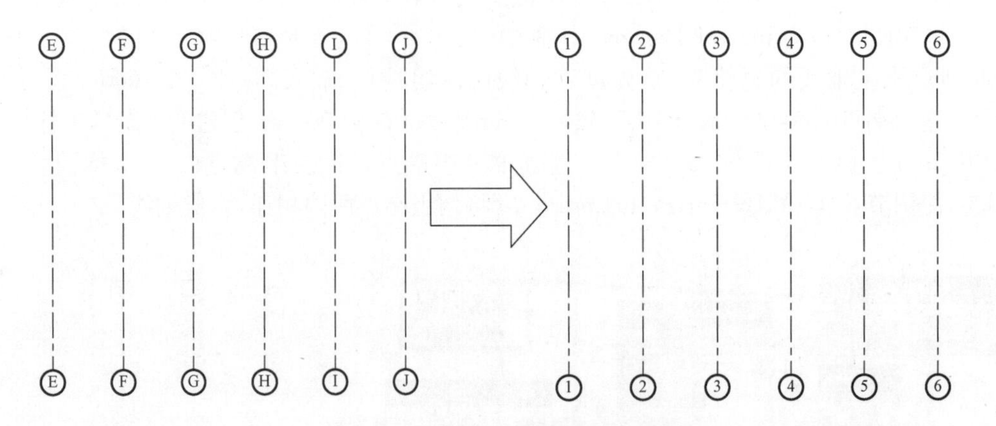

图 3-118　轴网自动编号结果示意

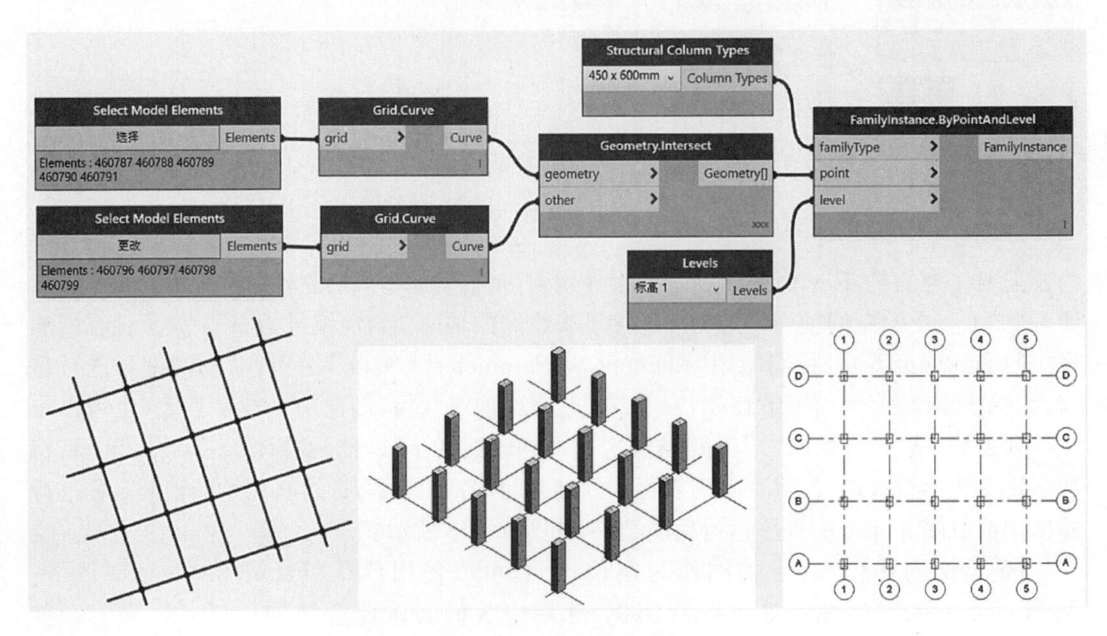

图 3-119　自动布置结构柱

先使用“Select Model Elements”节点选择 Revit®项目中已有的轴线,需要注意的是为了在轴线交点处布置结构柱,要分别选择 X 方向和 Y 方向的轴线。使用节点“Grid.Curve”将轴线转化为 Dynamo 可以识别的曲线,使用“Geometry.Intersect”求两个方向轴线的交点。最后使用“FamilyInstance.ByPointAndLevel”节点将“400 mm×600 mm”这一类型的结构柱布置在交点处,输入标高为“标高 1”,则创建的结构柱的底面在标高 1,顶面在标高 1 的上一层标高。

【创建结构框架】 和创建结构柱类似,Dynamo 提供创建结构框架的节点,例如“StructuralFraming. BeamByCurve”。该节点的功能是,按照曲线的走向和长度布置任意截面类型的结构框架。首先使用“Select Model Element”选择轴线或直线模型线,创建了一段笔直的矩形梁。重新选择一条弯曲的模型线,矩形梁则是按照该模型线的走向创建的。如图 3-120 所示。这种方法适用于为坡屋顶或其他异形屋面创建相适应的框架梁,在实际项目中有着广泛运用。

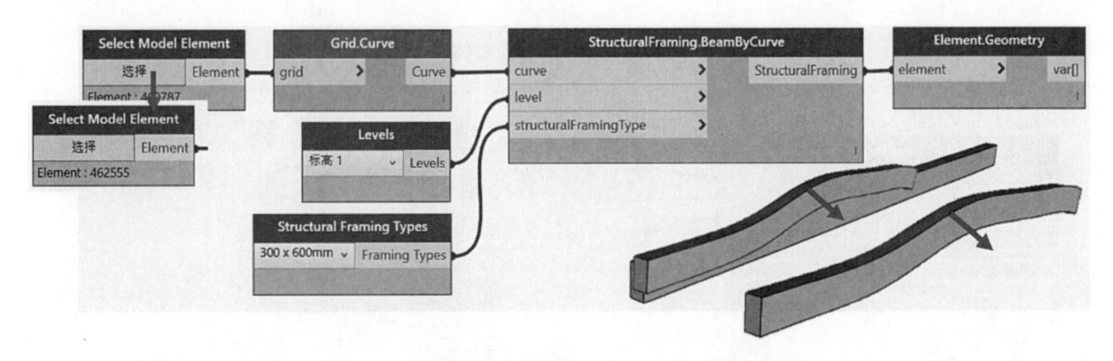

图 3-120 自动布置结构框架

【创建墙体】 在节点库 Revit®分类中的 Element—Wall 中,有两种创建墙的方式,可以用来自动创建沿直线或规则曲线的墙体。用户可通过“Wall Types”节点选择 Revit®项目中已载入的系统墙族。接下来举两个例子分别介绍这两种墙的创建方式。

“Wall.ByCurveAndLevels”节点通过给定曲线、底面标高和顶面标高创建墙体。输入墙体的底标高为“标高 1”,顶标高为“标高 2”(图 3-121)。

“Wall.ByCurveAndHeight”节点通过给定曲线、墙体高度和底面标高创建墙体。标高输入“标高 1“,即 0. 000,墙体高度输入 5 000,即 5 m。此时将圆弧作为输入曲线,得到如图 3-122 所示的墙体。

【创建尺寸标注】 “Dimension.ByElements”节点的功能是为两个及两个以上的图元创建 Revit®尺寸标注。该节点的“view”输入项连接需要创建标注的视图,图 3-123 的例子中为“02-Floor”。输入项“line”表示创建标注的位置,暂且使用默认输入。在 Revit®项目中选择两个相邻的墙体图元,创建墙体间的尺寸标注,并且设置标注的前缀“prefix”为“注:”,后缀“suffix”为“毫米”,输入项均为字符串格式。标注的结果请见图 3-123。

【放置自适应构件】 在前面介绍曲面的章节(3. 4)中,我们学习了曲面的网格划分,并且输出每一个网格近似平面的四个顶点,使用的节点是来自于软件包“LunchBox“中的“LunchBox Quad Grid by Face”。如何利用这些网格来创建面片类的 Revit®图元,例如幕墙

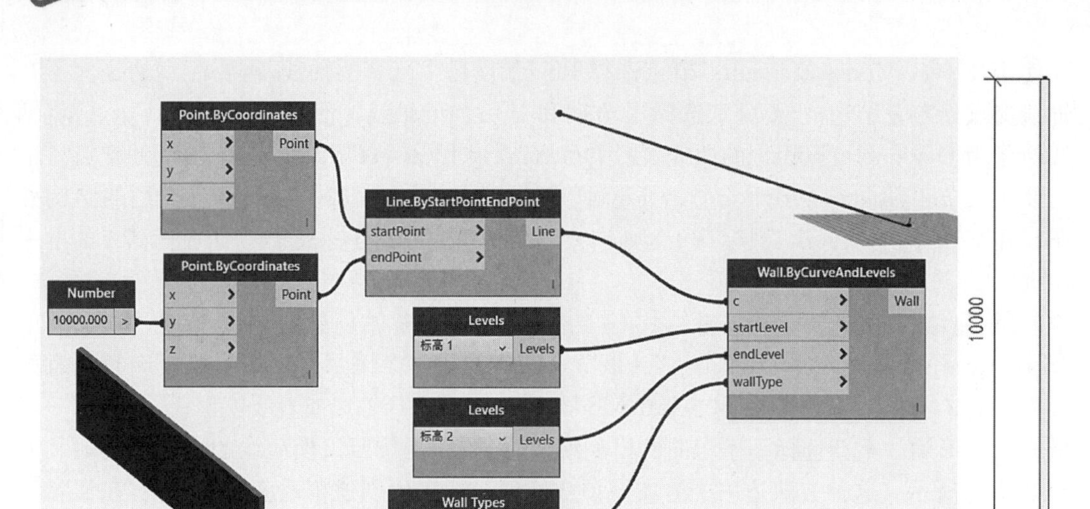

图 3-121　自动布置墙体(1)

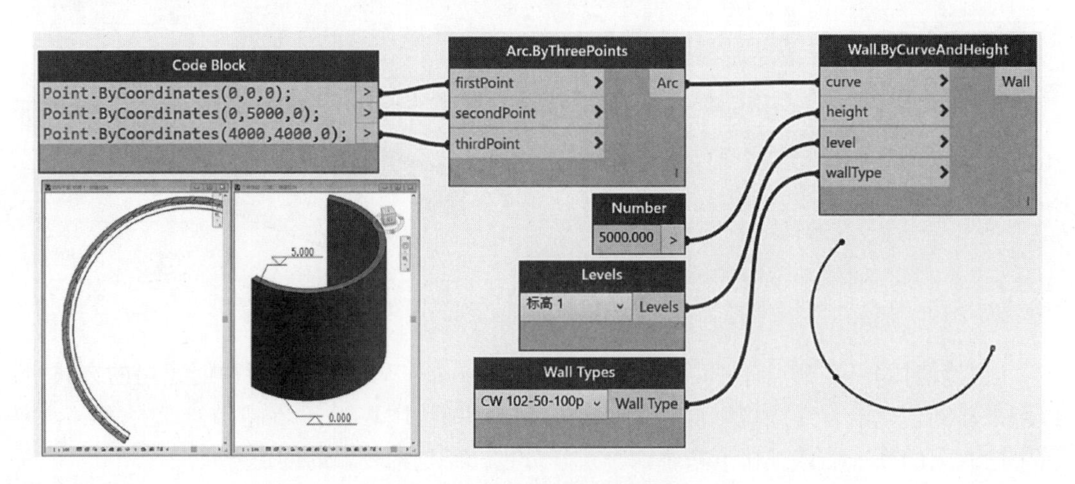

图 3-122　自动布置墙体(2)

嵌板、屋面网架等，一直以来都是 Revit®建模中较为复杂的环节。Dynamo 可以大大简化这一过程，并且实现基础曲面与 Revit®图元之间的联动，即曲面形式发生了变化，附着于曲面的面片状图元均会根据新曲面重新生成。

【AdaptiveComponent.ByPoints】 使用前面章节中学习过的曲面，完成网格划分。将每一个网格近似平面的四个顶点作为输出项“Panel Pts”连接到“AdaptiveComponent.ByPoints”节点，输入端“familyType”连接到要放置的自适应族，图3-124的例子使用的是“屋面嵌板-圆-自适应”族。自适应族可以使用 Revit®中“自适应公制常规模型”族模板创建，其形式多样、灵活。自适应族的定位是通过自适应点来完成，本例子中用到的自适应族有 4 个自适应点，并且 4 个自适应点具有顺序。使用“AdaptiveComponent.ByPoints”节点，即是将 4 个坐标位置赋予自适应族的 4 个自适应点，使其在空间中定位。“LunchBox Quad Grid by Face”提供了一系列以 4 个坐标点为一组的点列表，通过点列表放置自适应族，完成屋面网

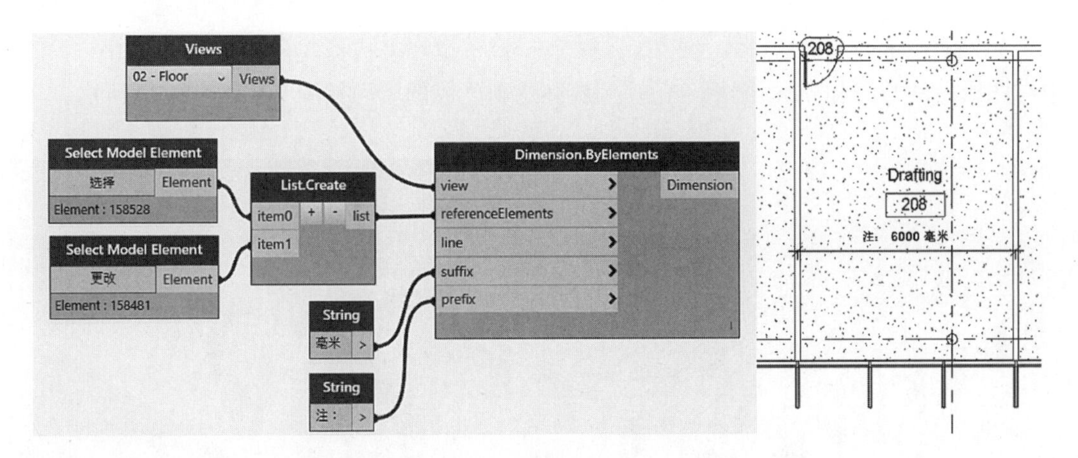

图 3-123　自动创建尺寸标注

架的创建(图 3-125)。

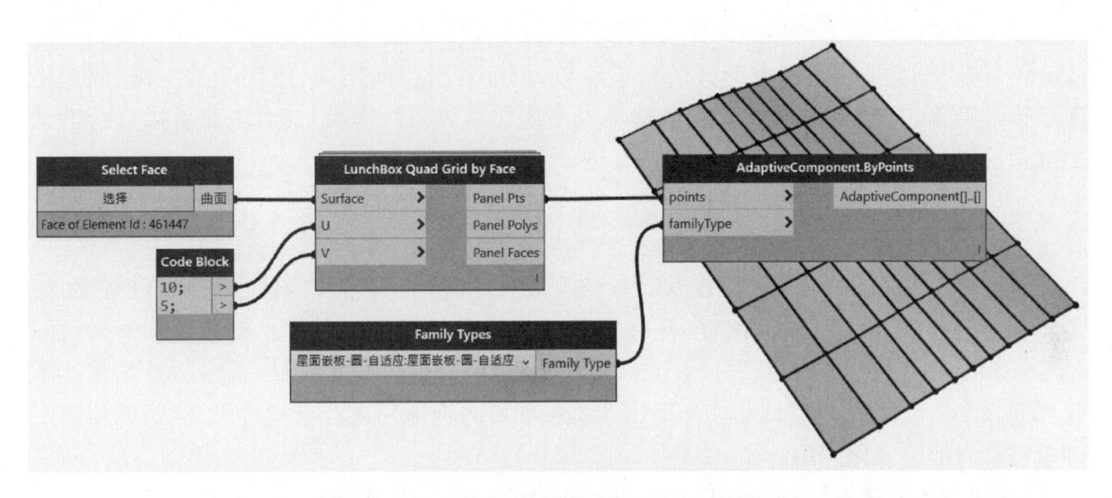

图 3-124　曲面的网格划分和自适应族的布置

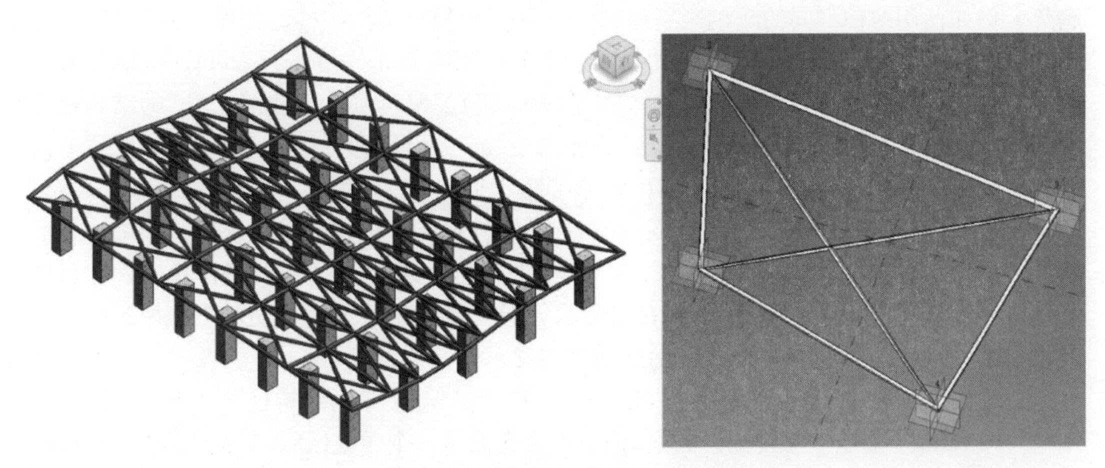

图 3-125　屋面网架的创建结果示意(1)

如果使用不同的自适应族，即"Family Types"下拉列表选择其他族类型，例如图 3-126 中右图所示的"开洞的屋面嵌板-自适应"族。重新生成的屋面如图 3-126 中左图所示。

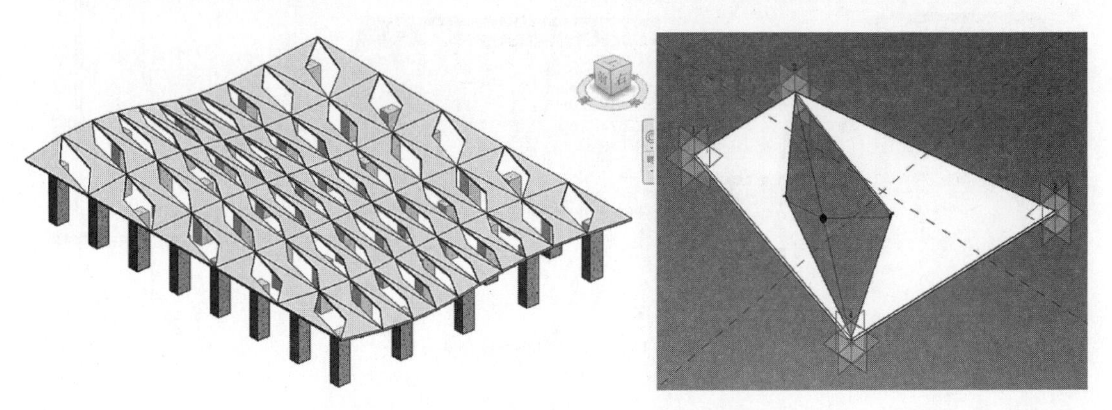

图 3-126　屋面网架的创建结果示意(2)

以上例子中介绍了使用曲面作为基准放置面片状的自适应族"AdaptiveComponent.By-Points"节点同样适用于所有形式的自适应族，例如放置空间桁架、放置结构支撑、放置建筑装饰造型等。自适应点的空间位置确定也不仅仅只以曲面作为基础，大家可以自行尝试更加灵活的自适应构件的应用。

3.8.5　模型的分析

Dynamo 所提供的可视化编程方式有效改进了原有的建模方式，使设计师将构件间的逻辑关系、空间关系引入设计流程，开启智能的 Revit® 模型创建时代。更让设计师兴奋的是 Dynamo 的信息管理和信息分析功能，帮助用户复核设计、优化设计、提升设计质量。不仅如此，Dynamo 的信息管理功能还适用于工程项目的施工和运营维护阶段，能帮助用户实现模型信息的多元化应用。

【使用颜色复核模型 Element.OverrideColorInView】　使用 Dynamo 的"Color"相关节点为 Revit® 项目中的图元赋予颜色，帮助用户直观地了解某一组图元的参数值的异同或变化趋势。例如使用两种不同的颜色区别顶部偏移量不同的一组结构柱。如图 3-127 所示，选中项目中"600 mm×750 mm"的结构柱，使用节点"Element.GetParameterValueByName"获取结构柱的"顶部偏移"参数值，通过判定运算，将顶部偏移量大于或等于"0"的结构柱分离出来，由节点"List.FilterByBoolMask"的输出端"in"输出。剩下的顶部偏移量小于"0"的结构柱，由上述节点的输出端"out"输出。紧接图 3-128 中左图所示，使用"Color.ByARGB"节点，分别获取红色(r=255, g=0, b=0, a=0)和蓝色(r=0, g=0, b=255, a=0)。最后使用节点"Element.OverrideColorInView"将两种颜色分别赋予两组结构柱，Revit® 项目中的结构柱颜色被重写，如图 3-128 中右图所示。不难发现，柱顶超过或处于"标高 2"的结构柱均显示为红色，柱顶低于"标高 2"的结构柱均显示为蓝色。

再看一个例子，使用上述结构柱，依然根据其"顶部偏移"量为结构柱赋予颜色。此时调用"Color Range"节点。需要注意的是，该节点定义的是一个颜色区间，其输入端"colors"输入的是一个颜色列表，例如图 3-129 所示例子中，输入了红色、蓝色和绿色的颜色列表。输

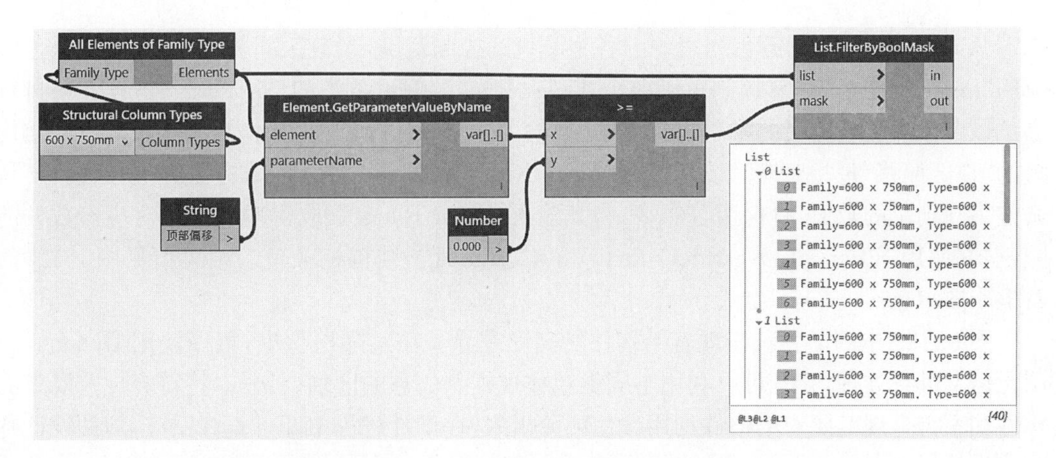

图 3-127　判定结构柱的顶部偏移高度

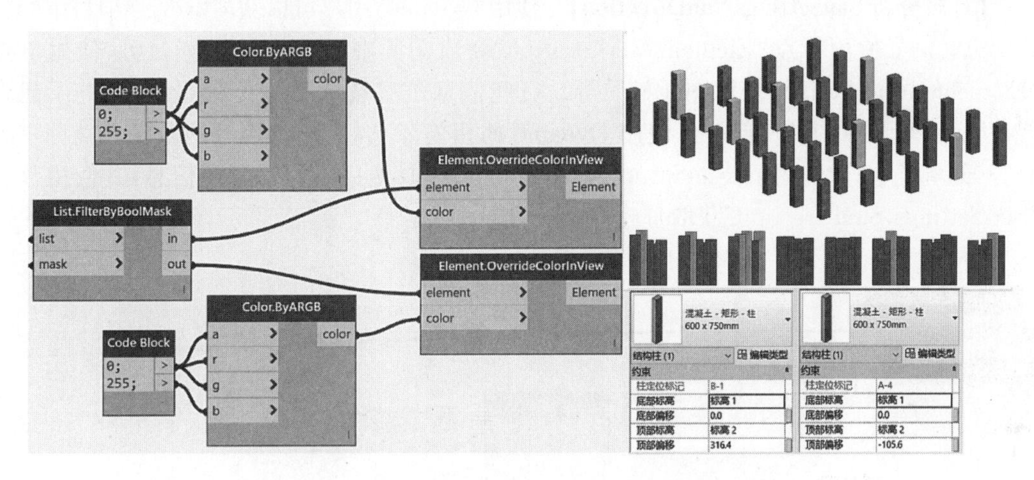

图 3-128　为筛选出的两组结构柱赋予颜色(见彩图三)

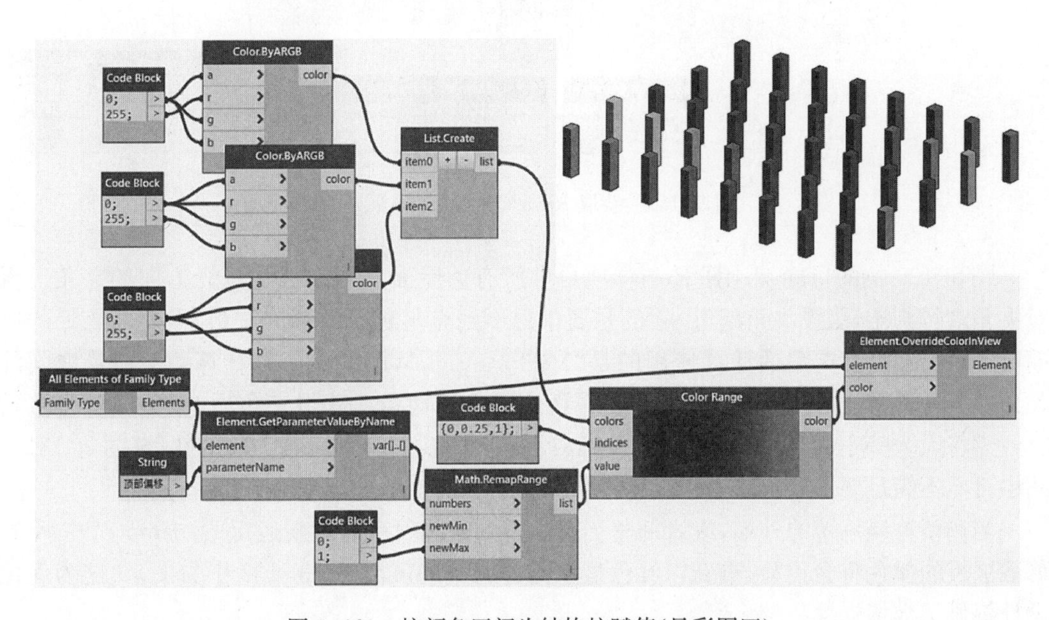

图 3-129　按颜色区间为结构柱赋值(见彩图四)

入端“indices”定义的是颜色列表中的各个颜色的控制范围，参数区间为[0，1]，例如蓝色对应的“indices”是0.25，其控制范围整个“Color Range”颜色条中的25%的区域，读者可自行尝试该参数对颜色定义的影响。接下来，要输入“value”值，参数区间为[0，1]，其需与结构柱的“顶部偏移”量相对应。使用节点“Math.RemapRange”，将所有结构柱的“顶部偏移”量调整为0到1的数值，且保留分布率，将其输入“Color Range”，取得颜色条中对应参数处的颜色，并使用“Element.OverrideColorInView”节点赋予结构柱颜色。结果请见图3-129的右上小图示意。

图3-129中的渐变色体现着结构柱的高度差异。在实际项目中，可以使用Dynamo对图元信息进行处理，并且可以利用不同颜色体现模型信息的区别。例如，将符合规范要求的构件和不符合规范要求的构件利用颜色区分出来，在设计过程中即可直观反应，辅助设计师优化设计。

【日照分析 SunSettings.SunDirection】 使用Dynamo，用户可以获取Revit®项目中的各种信息。例如使用节点“Element.GetLocation”获取图元在项目中的坐标位置，使用节点“Element.GetMaterials”获取图元材质等。有些信息是潜藏在Revit®项目中的，并不能直接在Revit®项目中查看，但可以使用Dynamo的相关节点，来进行信息的获取和查询。图3-130的例子中，即使用了“SunSettings.Current”来获取项目当前的日照信息，并使用节点“SunSettings.SunDirection”获取日光方向（向量）。

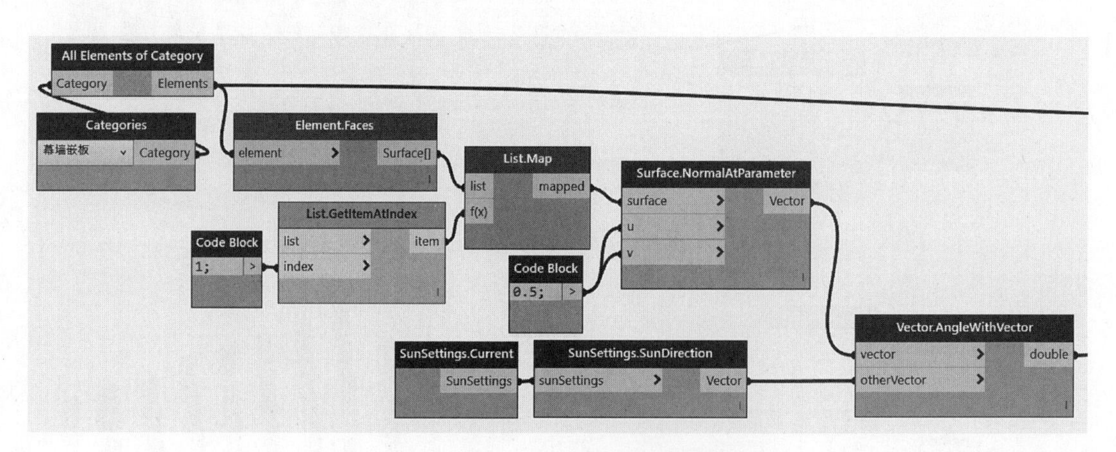

图3-130　获取Revit®项目中的日照信息

图3-130例的目标是计算Revit®项目中所有的屋面幕墙嵌板与日光方向的夹角。再对夹角进行判定，假设夹角超过90°的是属于得不到充足日照的幕墙嵌板，需要对该处的屋面曲度进行调整。夹角的计算使用的是“Vector.AngleWithVector”，计算两个向量之间的夹角。其一是日光方向、另一个是幕墙嵌板表面的法向量。获得夹角后，再使用判定语句“＞＝”将大于等于90°和小于90°的幕墙嵌板进行筛选，并分别赋予不同的颜色（图3-131）。图中日照不满足要求的幕墙嵌板显示红色，其余为灰色（图3-132中左图）。

当调整幕墙系统的外形，或者调整当前项目的时间、日期，重新运行Dynamo程序，所有幕墙嵌板的颜色将会重写，重新以红色显示需要调整的区域（图3-132中右图）。这为优化设计提供了数据支撑。

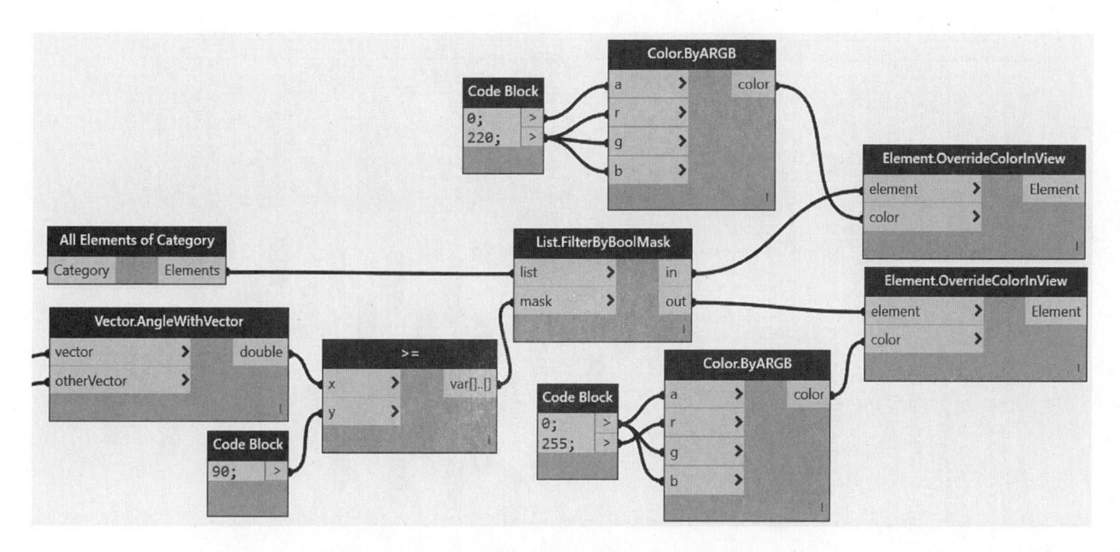

图 3-131　通过幕墙嵌板与阳光的角度进行筛选

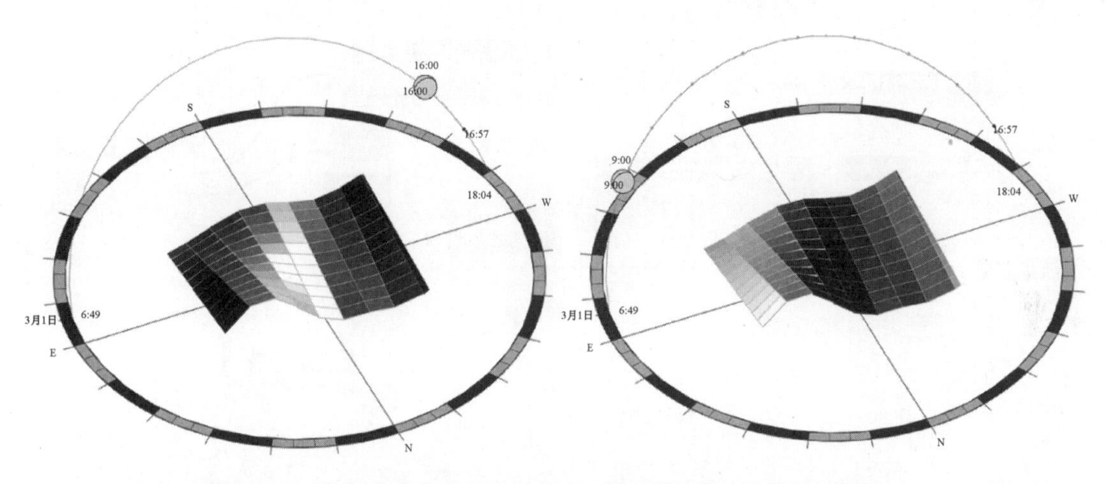

图 3-132　按颜色区分满足和不满足日照要求的幕墙嵌板(见彩图五)

3.8.6　驱动明细表

通过上述的例子，我们已经了解了 Dynamo 应用于模型信息管理和编辑的潜力。我们可以使用 Dynamo 提取 Revit® 中的构件信息，并且使用 Revit® 明细表功能对这些信息进行表单统计，通过 Dynamo 将明细表清单导出到 Excel 表格。导出的信息可以与外部数据库连接，应用于实际项目的物料采购与管理，或者应用于设施设备的运营维护过程。

仍然使用前述结构柱的 Revit® 模型，统计混凝土结构柱的相关信息，例如结构柱类型、截面尺寸、长度、体积、顶部偏移量等等，将统计生成的结构柱明细表通过 Dynamo 导出到 Excel 表格。使用节点“Excel.WriteToFile”将数据写入，如图 3-133、图 3-134 和图 3-135 所示。

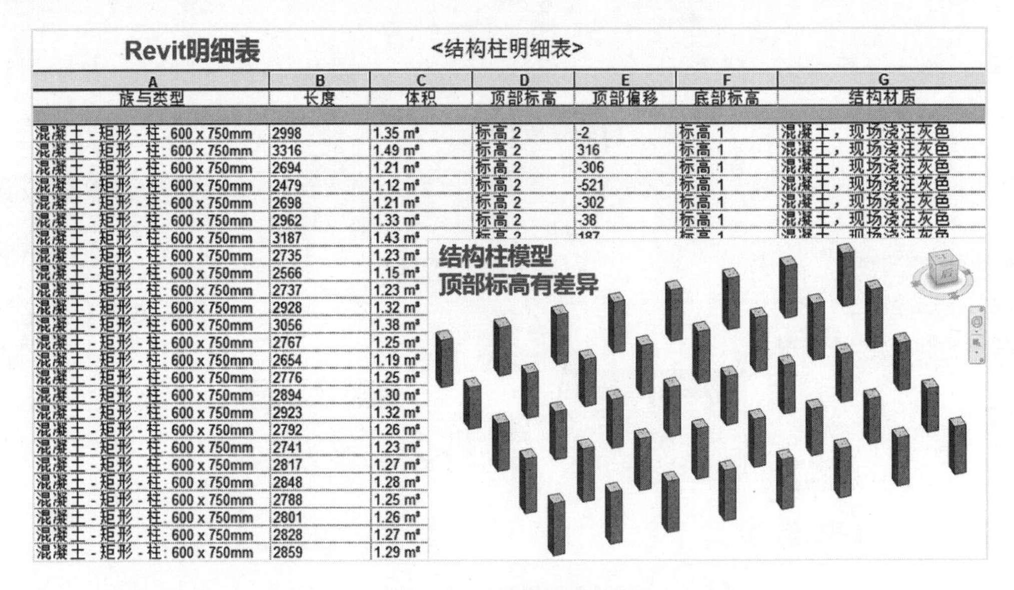

A	B	C	D	E	F	G
族与类型	长度	体积	顶部标高	顶部偏移	底部标高	结构材质
混凝土 - 矩形 - 柱: 600 x 750mm	2998	1.35 m^3	标高 2	-2	标高 1	混凝土，现场浇注灰色
混凝土 - 矩形 - 柱: 600 x 750mm	3316	1.49 m^3	标高 2	316	标高 1	混凝土，现场浇注灰色
混凝土 - 矩形 - 柱: 600 x 750mm	2694	1.21 m^3	标高 2	-306	标高 1	混凝土，现场浇注灰色
混凝土 - 矩形 - 柱: 600 x 750mm	2479	1.12 m^3	标高 2	-521	标高 1	混凝土，现场浇注灰色
混凝土 - 矩形 - 柱: 600 x 750mm	2698	1.21 m^3	标高 2	-302	标高 1	混凝土，现场浇注灰色
混凝土 - 矩形 - 柱: 600 x 750mm	2962	1.33 m^3	标高 2	-38	标高 1	混凝土，现场浇注灰色
混凝土 - 矩形 - 柱: 600 x 750mm	3187	1.43 m^3	标高 2	187	标高 1	混凝土，现场浇注灰色
混凝土 - 矩形 - 柱: 600 x 750mm	2735	1.23 m^3				
混凝土 - 矩形 - 柱: 600 x 750mm	2566	1.15 m^3				
混凝土 - 矩形 - 柱: 600 x 750mm	2737	1.23 m^3				
混凝土 - 矩形 - 柱: 600 x 750mm	2928	1.32 m^3				
混凝土 - 矩形 - 柱: 600 x 750mm	3056	1.38 m^3				
混凝土 - 矩形 - 柱: 600 x 750mm	2767	1.25 m^3				
混凝土 - 矩形 - 柱: 600 x 750mm	2654	1.19 m^3				
混凝土 - 矩形 - 柱: 600 x 750mm	2776	1.25 m^3				
混凝土 - 矩形 - 柱: 600 x 750mm	2894	1.30 m^3				
混凝土 - 矩形 - 柱: 600 x 750mm	2923	1.32 m^3				
混凝土 - 矩形 - 柱: 600 x 750mm	2792	1.26 m^3				
混凝土 - 矩形 - 柱: 600 x 750mm	2741	1.23 m^3				
混凝土 - 矩形 - 柱: 600 x 750mm	2817	1.27 m^3				
混凝土 - 矩形 - 柱: 600 x 750mm	2848	1.28 m^3				
混凝土 - 矩形 - 柱: 600 x 750mm	2788	1.25 m^3				
混凝土 - 矩形 - 柱: 600 x 750mm	2801	1.26 m^3				
混凝土 - 矩形 - 柱: 600 x 750mm	2828	1.27 m^3				
混凝土 - 矩形 - 柱: 600 x 750mm	2859	1.29 m^3				

图 3-133　结构柱明细表

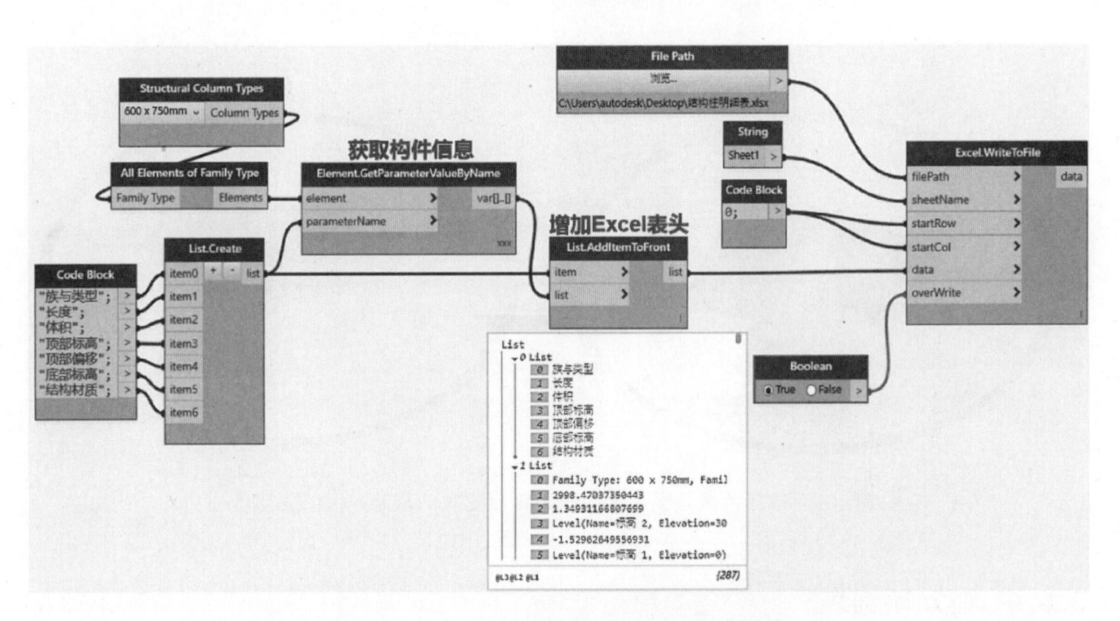

图 3-134　结构柱明细表信息写入 Excel 表格

导出Excel表格

	A	B	C	D	E	F	G
1	族与类型	长度	体积	顶部标高	顶部偏移	底部标高	结构材质
2	Family Type: 600 x 750mm, Family: 混凝土 - 矩形 - 柱	2998.470374	1.349311668	Level(Name=标高 2, Elevation=3000)	-1.529626496	Level(Name=标高 1, Elevation=0)	Material
3	Family Type: 600 x 750mm, Family: 混凝土 - 矩形 - 柱	3316.441197	1.492398539	Level(Name=标高 2, Elevation=3000)	316.4411967	Level(Name=标高 1, Elevation=0)	Material
4	Family Type: 600 x 750mm, Family: 混凝土 - 矩形 - 柱	2694.392774	1.212476748	Level(Name=标高 2, Elevation=3000)	-305.607226	Level(Name=标高 1, Elevation=0)	Material
5	Family Type: 600 x 750mm, Family: 混凝土 - 矩形 - 柱	2478.618221	1.1153782	Level(Name=标高 2, Elevation=3000)	-521.3817786	Level(Name=标高 1, Elevation=0)	Material
6	Family Type: 600 x 750mm, Family: 混凝土 - 矩形 - 柱	2698.098743	1.214144434	Level(Name=标高 2, Elevation=3000)	-301.9012571	Level(Name=标高 1, Elevation=0)	Material
7	Family Type: 600 x 750mm, Family: 混凝土 - 矩形 - 柱	2962.273219	1.333022948	Level(Name=标高 2, Elevation=3000)	-37.72678113	Level(Name=标高 1, Elevation=0)	Material
8	Family Type: 600 x 750mm, Family: 混凝土 - 矩形 - 柱	3186.912019	1.434110409	Level(Name=标高 2, Elevation=3000)	186.9120192	Level(Name=标高 1, Elevation=0)	Material
9	Family Type: 600 x 750mm, Family: 混凝土 - 矩形 - 柱	2734.8493	1.230682185	Level(Name=标高 2, Elevation=3000)	-265.1507003	Level(Name=标高 1, Elevation=0)	Material
10	Family Type: 600 x 750mm, Family: 混凝土 - 矩形 - 柱	2565.912594	1.154660667	Level(Name=标高 2, Elevation=3000)	-434.087406	Level(Name=标高 1, Elevation=0)	Material
11	Family Type: 600 x 750mm, Family: 混凝土 - 矩形 - 柱	2736.728457	1.231527806	Level(Name=标高 2, Elevation=3000)	-263.2715426	Level(Name=标高 1, Elevation=0)	Material
12	Family Type: 600 x 750mm, Family: 混凝土 - 矩形 - 柱	2927.613872	1.317426242	Level(Name=标高 2, Elevation=3000)	-72.386128	Level(Name=标高 1, Elevation=0)	Material
13	Family Type: 600 x 750mm, Family: 混凝土 - 矩形 - 柱	3055.621694	1.375029762	Level(Name=标高 2, Elevation=3000)	55.62169395	Level(Name=标高 1, Elevation=0)	Material
14	Family Type: 600 x 750mm, Family: 混凝土 - 矩形 - 柱	2767.26317	1.245268427	Level(Name=标高 2, Elevation=3000)	-232.7368299	Level(Name=标高 1, Elevation=0)	Material
15	Family Type: 600 x 750mm, Family: 混凝土 - 矩形 - 柱	2653.501226	1.194075552	Level(Name=标高 2, Elevation=3000)	-346.4987743	Level(Name=标高 1, Elevation=0)	Material
16	Family Type: 600 x 750mm, Family: 混凝土 - 矩形 - 柱	2776.379381	1.249370721	Level(Name=标高 2, Elevation=3000)	-223.6206195	Level(Name=标高 1, Elevation=0)	Material

图 3-135　导出 Excel 表格结果

3.9　自定义节点

当我们编写的 Dynamo 程序中的某一部分节点运行的功能是可以通用的，为了简化程序，可以将一系列实现某一功能的节点组封装为一个自定义节点。

例如图 3-136 所示的程序所实现的功能是，通过输入直线段的个数和长度，生成一组平行于 Z 轴的直线段，其每条直线段的一端端点在 Y 轴上，且间距为 1。生成的一组直线段如图 3-136 中右上角所示。

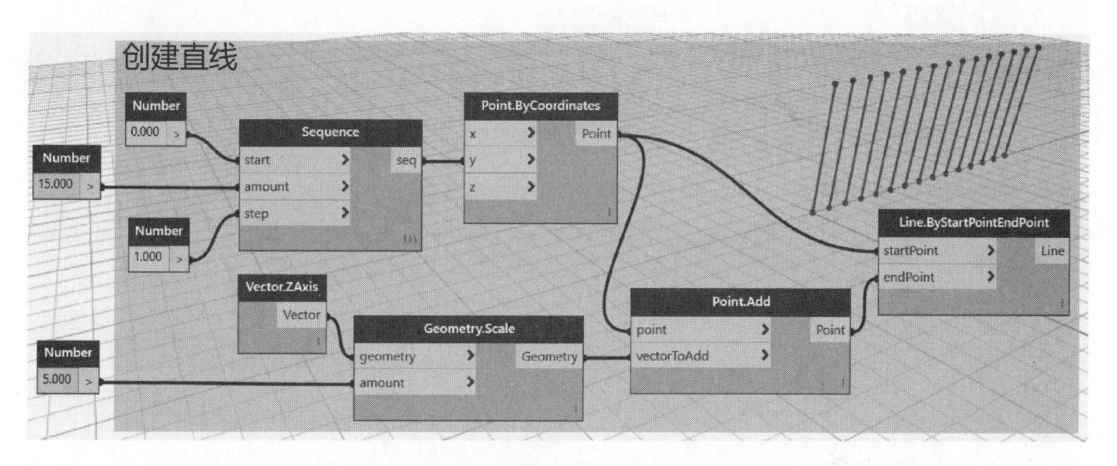

图 3-136　使用 Dynamo 创建直线段组

我们可以简化上述程序，框选节点组中的全部节点，鼠标右键菜单中选择"所选项中的新节点"创建一个新的自定义节点。弹出"自定义节点属性"对话框，用户需要填写新节点的"名称""说明"，并从"类别"下拉列表中选择节点归属的类别名称"Geometry.Geometry"。新创建的节点代替了原有的节点组，且节点名称显示为我们刚才输入的"创建直线段组"，运行结果是生成了和前面例子中一样的直线段。我们仍可以通过修改输入的直线段个数和长度，得到更新后的结果，该自定义节点可以运行和上述节点组完全相同的程序（图 3-137）。

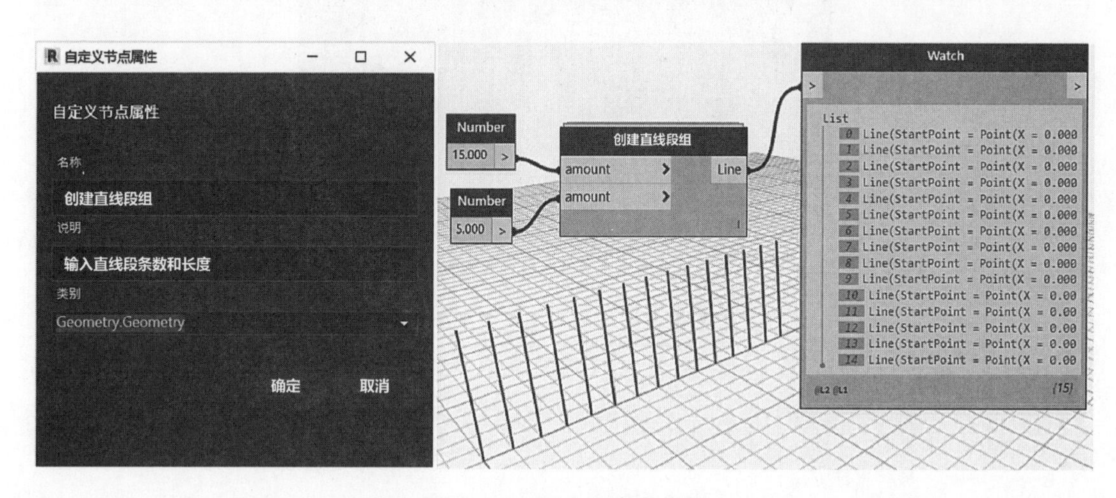

图 3-137　用户自定义节点

从该自定义节点中，我们可以发现，两个输入端均为“amount”，若其他用户使用该节点，可能会不清楚需要输入到该节点的内容是什么。因此我们可以对该自定义节点再做一些调整。双击自定义节点，进入到编辑界面。将两个“Input”节点中的“amount”分别修改为“直线段个数”和“长度”，“Output”节点保持不变。保存自定义节点工作空间，退回到主程序，我们可以发现，“创建直线段组”节点的两个输入端名称已更新，且该自定义节点已添加到节点库的“Geometry.Geometry”类别下，可以供后续程序反复使用（图 3-138、图 3-139、图 3-140）。

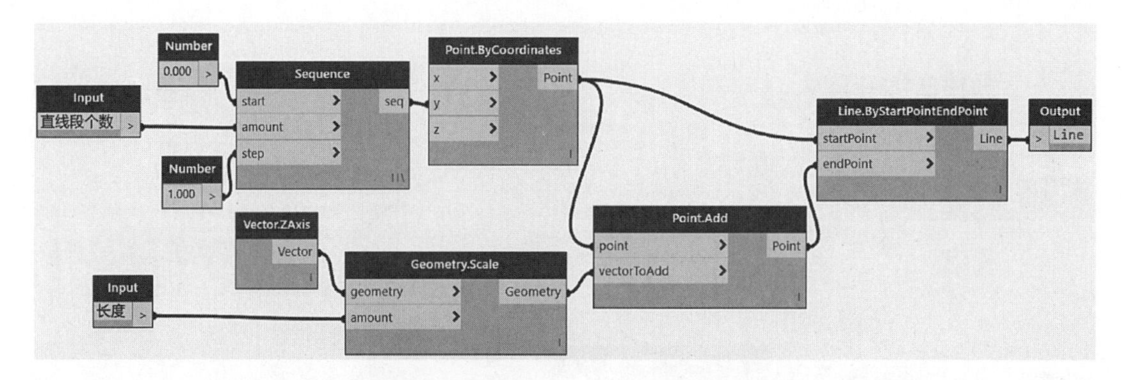

图 3-138　用户自定义节点编辑界面

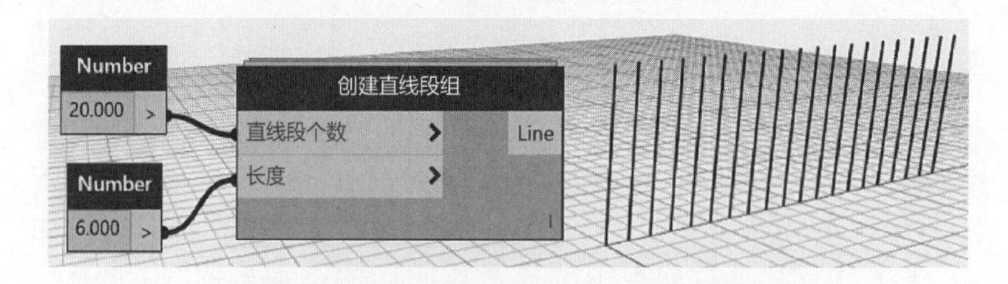

图 3-139　用户自定义的“创建直线段组”节点

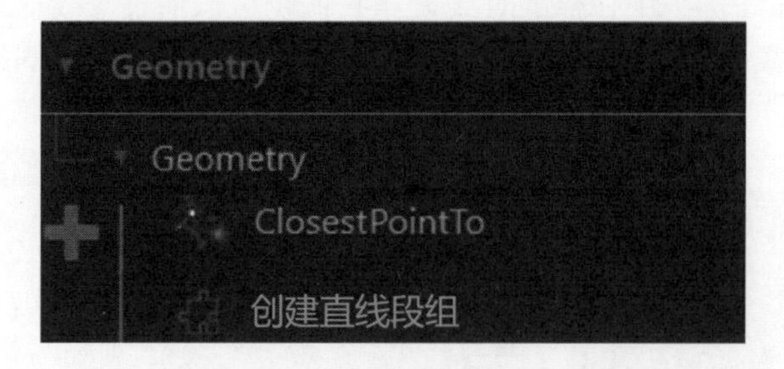

图 3-140　自定义节点在节点库中对应位置

第 4 章
实战应用篇

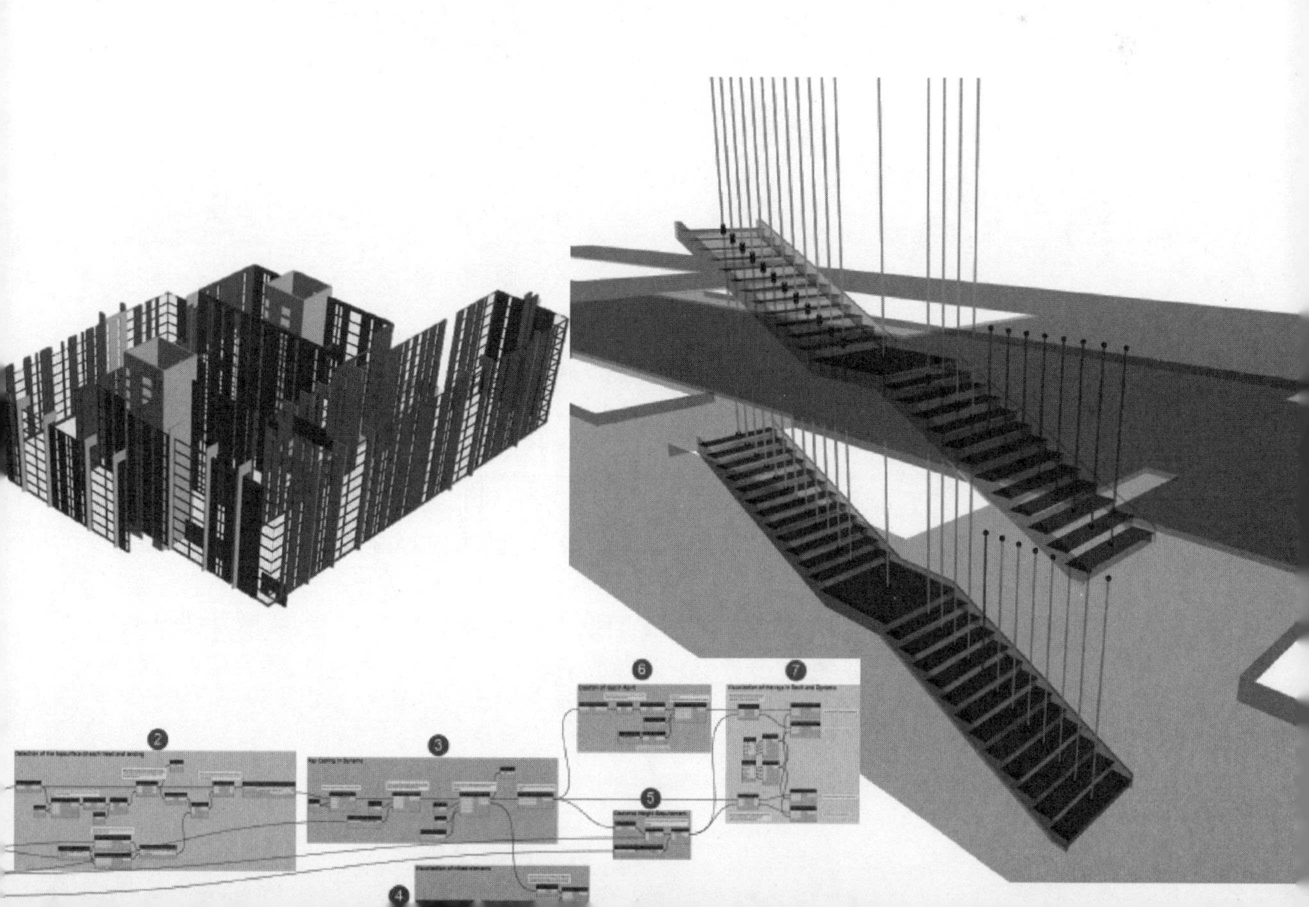

4.1 几何建模类

几何建模是利用计算机软件辅助建筑设计的重点之一，也是参数化设计的重要过程，而 Revit®虽然说是 BIM 软件，但在参数化这边大多是使用参数驱动门窗尺寸等族库上的运用，一直到 Dynamo 的问世，参数化建模在此软件上才比较好使用与发挥，本节作为实战篇的起始章节，就来跟读者谈谈 Dynamo 在参数化建模上的运用。

4.1.1 定线建立参数驱动桥梁

本范例是作者 2016 年在台湾地区欧特克秋季成果发布会上演示的范例之一。这个范例演示的是从 Revit®中的一条直线开始，使用 Dynamo 完成拱桥的基本造型与其参数驱动。我们以此为起点介绍 Dynamo 的几何造型参数驱动用法，也将其作为实战应用篇的第一个案例。先说重点，参数建模并不是 dynamo 的强项，或可说还有很大发展空间，但如把 Dynamo 当做是参数建模软件也过于大材小用，Dynamo 的强项是在与 Revit®的数据库联动，获取、分析与编辑数据，如读者想了解这部分的功能，亦可跳过 4.1 节，由 4.2 进入实战篇。待日后有相关建模需求时再做了解，但如想学习参数建模，则此章节是最合适的入门范例，本小节成果如图 4-1 所示。

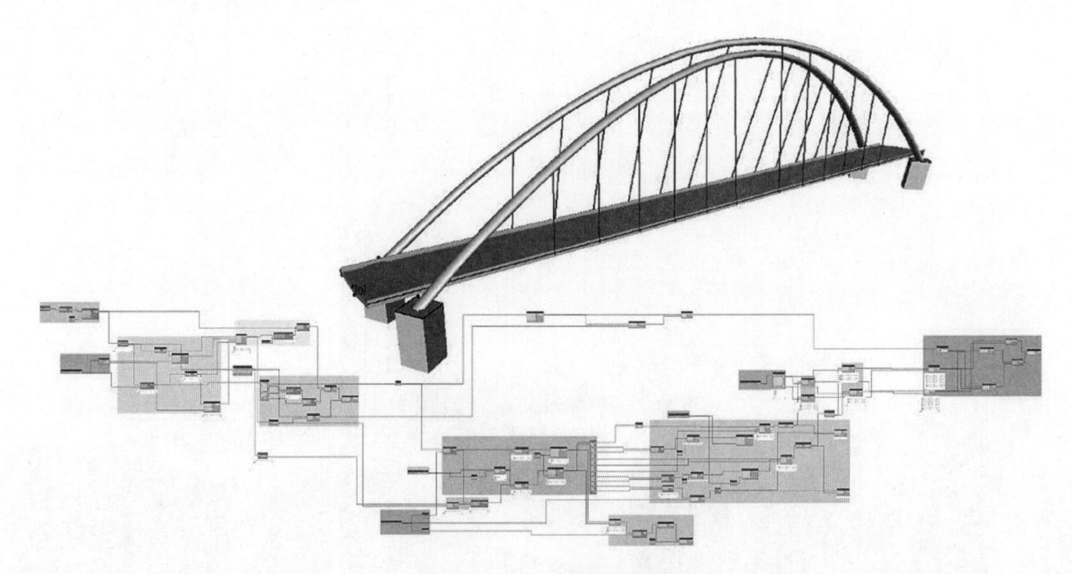

图 4-1　本小节成果范例

【范例说明】 打开本章节提供的范例 rvt 格式文档(可扫封底二维码获取)，预设开启为三维视图，模型中包含三维地形并带有一条模型线，此范例即以此模型线作为定线创建桥梁设计方案。

【节点思路】 首先在 Revit®中拾取一条直线，并由此做出桥梁、护栏、桥墩、拱肋与钢索等桥梁结构图元，范例中蓝色的节点组皆是参数驱动节点，包含桥面宽度、桥台位置、钢拱高程与钢索布点等，其余部分便是创建图元的节点组。

图 4-2 节点群组的部分说明如下：

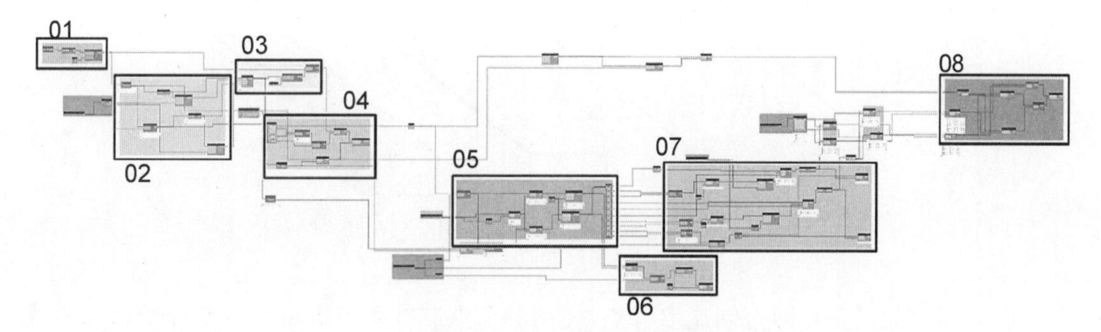

图 4-2　Dynamo 节点范例(请对照二维码附图 4-2)

1. 拾取定线与桥面高度设定。
2. 创建桥梁边界线。
3. 桥跨实体创建。
4. 护栏与桥跨镜像。
5. 桥墩定位。
6. 桥墩实体创建。
7. 桥拱实体创建。
8. 钢吊索创建。

其余节点组参考范例文档,蓝色的作为参数驱动,淡绿色的为节点整理之用,就不另外说明。

【分步说明】 此范例为几何参数建模,所以没用到与“Element”“Parameter”相关的节点,用到的都是 Point、Curve、Surface、Solid 之类的几何形体相关节点,和 Sweep、Thicken、Mirror 等形体创建的功能节点。

STEP 01　打开本章节范例的 rvt 文档,预设为地形的三维视图,河床上有一条模型线。打开 dyn 文档,01 节点组的主要功能为拾取模型线图元中自带的几何图形,并移动至桥面高度,所以使用“Select Model Element”+“Element.Geometry”来获得模型线的曲线,接着要使用“Geometry.Translate”节点移动曲线,并在“zTranslation”赋予 2000 的数值,此位移量可由剖面观察地形而定,可参考图 4-3。

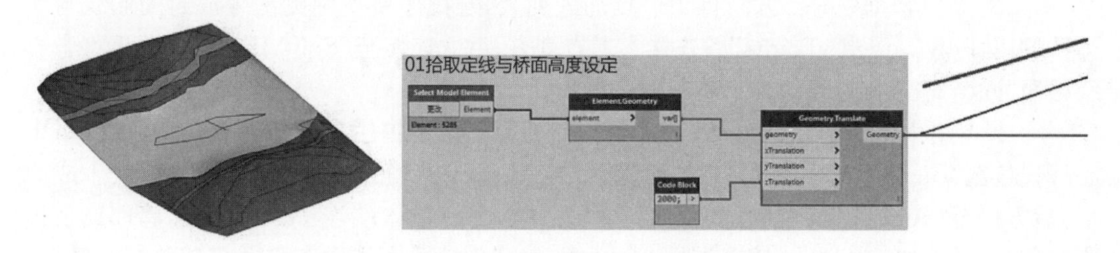

图 4-3　拾取模型线与曲线偏移

STEP 02　接续 01 节点组获得的曲线,这边先讲解 02a 节点组的参数部分。假设次干道宽度为20～24 m 宽,目前桥面宽度设定为 1 150 cm(单侧),续接“Code Block”的内容为控制桥跨上下结构厚度,创建桥跨的流程可参考图 4-4,由桥面中心线起点位移产生 4 个参考点,再以此与中心线路径创建实体。

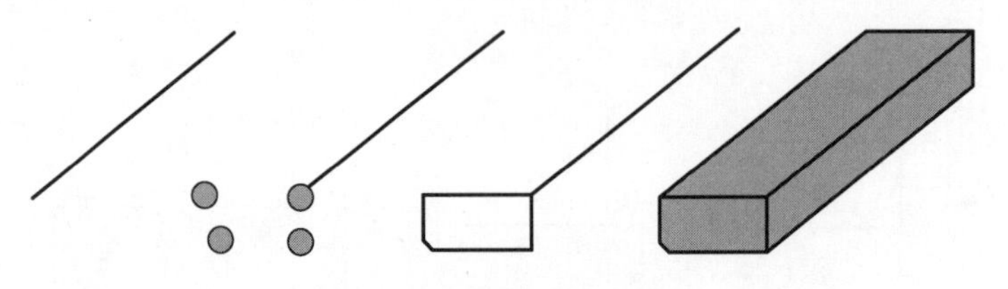

图 4-4　桥跨创建流程

而 02 节点组的工作即为创建参考点，使用的节点有“Curve.StartPoint”作为取出曲线起始点的用途，“Geometry.Translate”作为曲线与点位移的节点，此处有四个点，pt0 为桥面中心点、pt1 为下部中心点、pt2 与 pt3 为上、下部边缘，另外 cv1 是上部边缘曲线，此为控制桥面宽度、护栏、拱肋与钢索位置，非常重要的参考线，整体节点配置可参考图 4-5。

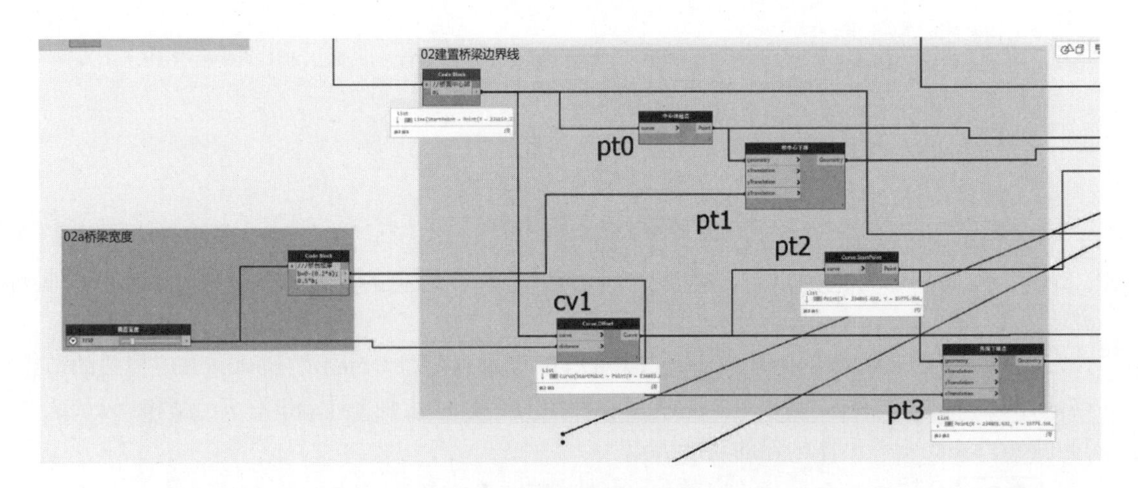

图 4-5　桥跨控制点生成

STEP 03　03 与 04 节点组分别创建桥跨与护栏的实体，如图 4-6 所示桥跨的部分是先由点列表产生封闭平面曲线，再给予封闭曲线及挤出路径形成实体，如 sd1。护栏的部分是先挤出曲线为曲面，再加厚曲线成为实体，如 sd2。详细做法如下，03 节点组先调用“List.Join”节点依据顺时针方向将 4 个点加入列表，若排序错误则无法生成封闭曲线与实体。调用“PolyCurve.ByPoints”并连接参考点列表，后方连接至“Solid.BySweep”，再将中心线接至“path”输入端运行后即产生单侧之桥垮。

04 节点组由桥面边缘线起始，使用“Code Block”给予护栏高度与厚度数值，接着将中心线连接至“Curve.Extrude”的“curve”输入端，“distance”输入端即为护栏宽，至此生成曲面，后方接至“Surface.Thicken”的“surface”输入端，另一输入端连接护栏高度，将曲面挤出高度成为实体，如 sd2 所示，接着调用“Solid.Union”连接两实体做布尔并集成为单一实体，至此完成单侧桥垮，接着使用“Geometry.Mirror”并将融合实体连接至“geometry”输入端。另外需要提供镜像平面，使用“Plane.ByLineAndPoint”节点，将中心线及中心下部结构参考点构成平面作为镜像之用，如要将实体返回 revit® 中成为几何图形或实例，则在后方连接“DirectShape.ByGeometry”或同类节点即可。

STEP 03　05 节点组的作用主要是桥墩定位，此时 02 节点组的桥面边缘线即派上用

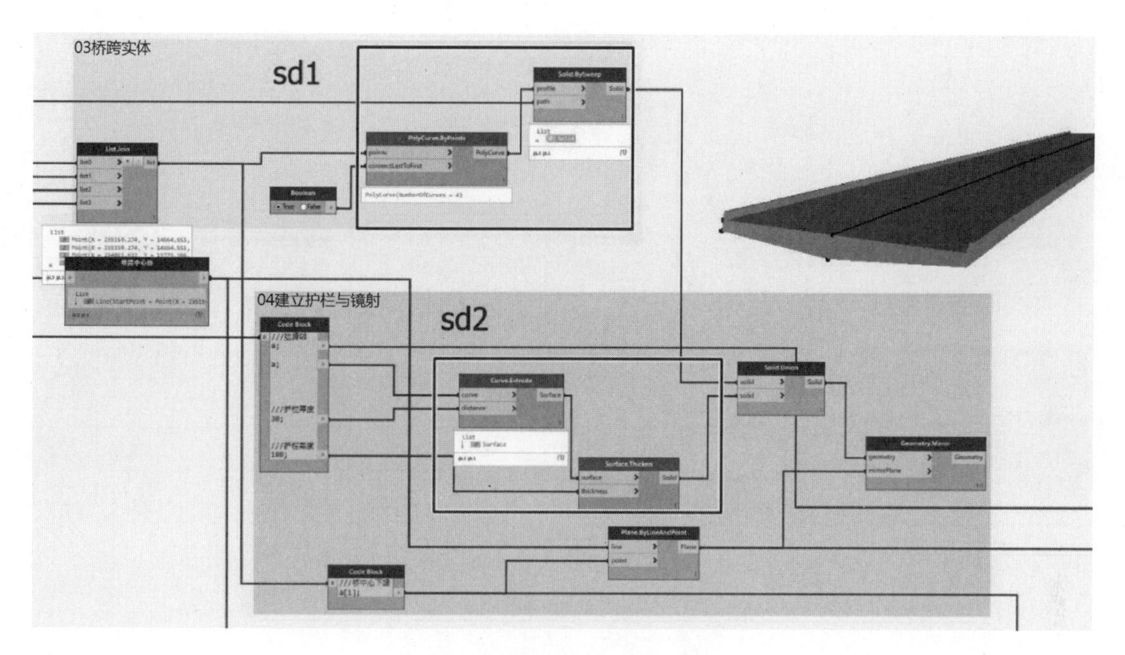

图 4-6　桥垮与护栏实体创建

场。如图 4-8 所示，左下方 05a 是控制拱肋钢管尺寸与偏移量，也会影响到桥墩的尺寸，参考该组节点说明，而 05 节点组使用的节点除了之前介绍的，还有“Curve.PointAtParameter”，作用是给予对应的数值(0 到 1 之间)，会根据对应值在线段中取点，例如设定参数为 0.5 则点落在线段中点，05b 的参数就是控制此点位置，因有四座桥墩，所以左右各取两点，使用对称的做法，一点取 0.05，另一点就取 0.95，此数值建议于 0.03～0.1 间，太接近 0 或 0.5 都会造成异常，接着合并连接至“Curve.PointAtParameter”即完成点位，另外使用“Geometry.Translate”将节点降低 300 至桥垮下方，桥墩顶部中心点即定位完成。同时此点也是与拱肋连接之处。点位思路流程可参考图 4-6 的部分，05 节点组整体节点配置则可参考图 4-7。

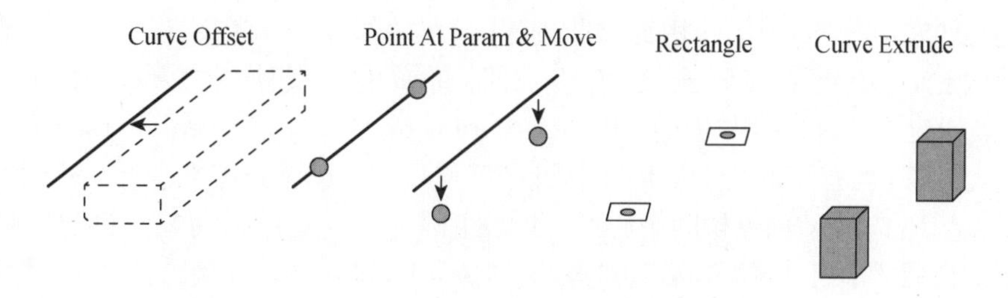

图 4-7　桥垮边缘线生成桥墩流程

STEP 04　06 节点组的功能是桥墩的实体创建，呼叫“Circle.ByCenterPointRadius”，并将 05 节点组成果中的桥墩中心顶部连接至“centerPoint”上，并将 05a 设定的半径值连接至“radius”，形成圆形并将圆形接至“Polygon.RegularPolygon”的“circle”输入端，另一输入端连接数值“4”，形成圆内接四边形，最后将生成的四边形接至“Curve.ExtrudeAsSolid”，“distance”输入端连接数值“－1 500”，至此完成本节点组作业，可参考图 4-9。

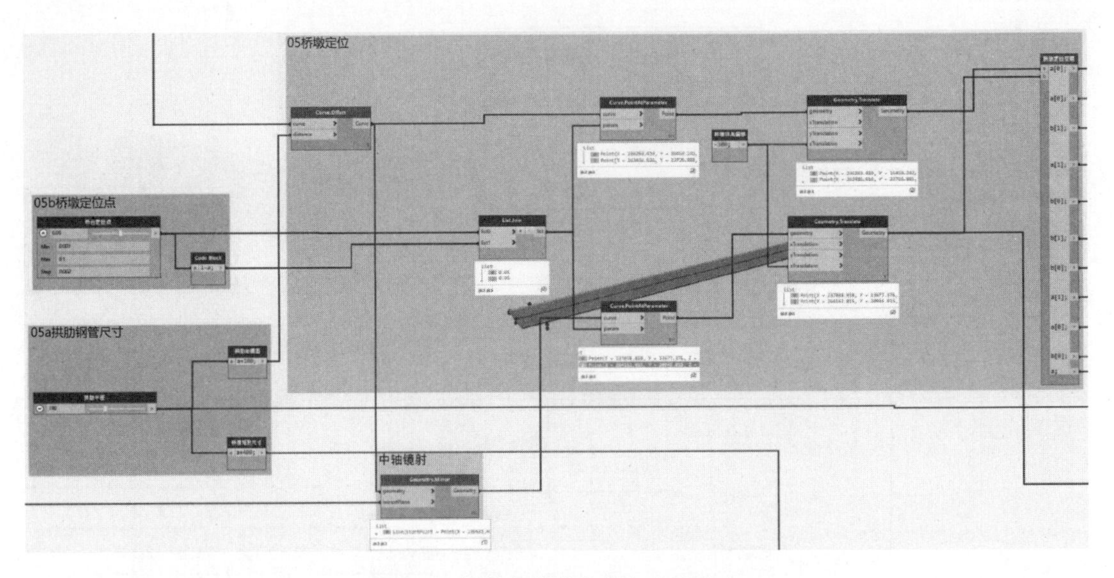

图 4-8　桥墩与拱肋定位点生成节点

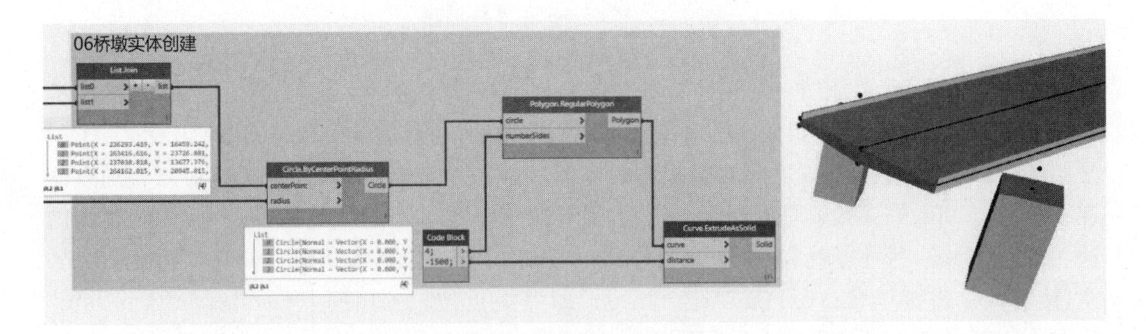

图 4-9　桥墩生成

STEP 05　07 节点组的作用为拱肋创建，流程的部分可参考图 4-10 示意，节点组可分三部分讨论，a 小组的部分连接 05 组成果，桥墩中心点使用“Line.ByStartPointEndPoint”节点创建直线，再调用“Curve.PointAtParameter”与“Geometry.Translate”取得取线中点与高度偏移，当有了起点、终点与中间点后使用“List.Join”组合成单一列表，并使用“NurbsCurve.ByPoints”创建拱肋中心线。b 小组的部分则是以拱肋起点创建圆形作为扫掠的轮廓。最后 c 小组使用“Solid.BySweep”，“profile”输入端处连接路径，“path”则是封闭

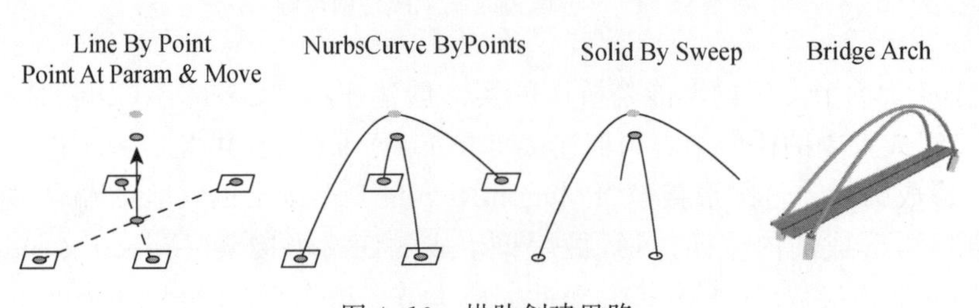

图 4-10　拱肋创建思路

轮廓，点击运行生成拱肋，整体节点布置可参考图 4-11。

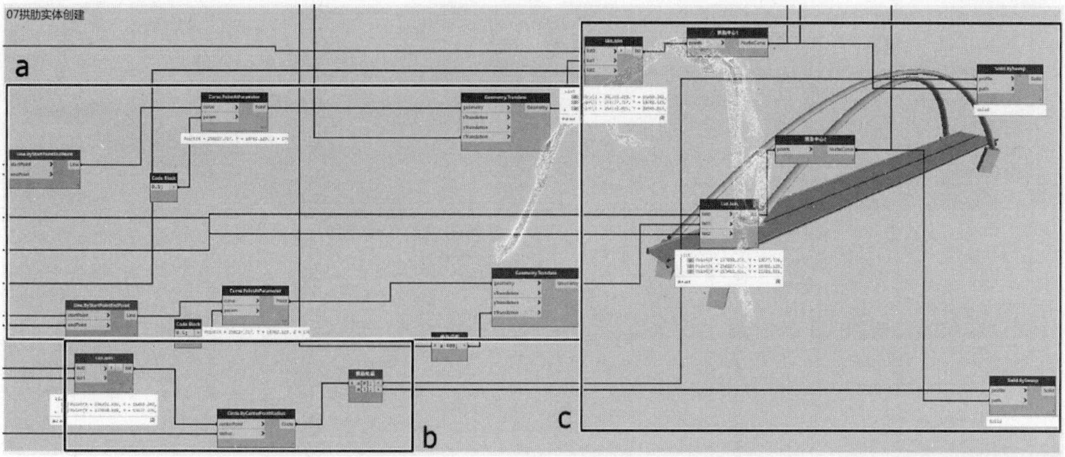

图 4-11　拱肋生成节点组

STEP 06　08 节点组的作用是生成钢索，08a 的部分用于生成钢索吊点，使用 07 节点组创建的拱肋中心线与“Curve.PointAtParameter”求得其吊挂点，因钢索配置的合理性，指定点参数部分范围在 0.15～0.85 之间，读者可依据项目实际状况调整，此部分可参考图 4-12 的节点布置。

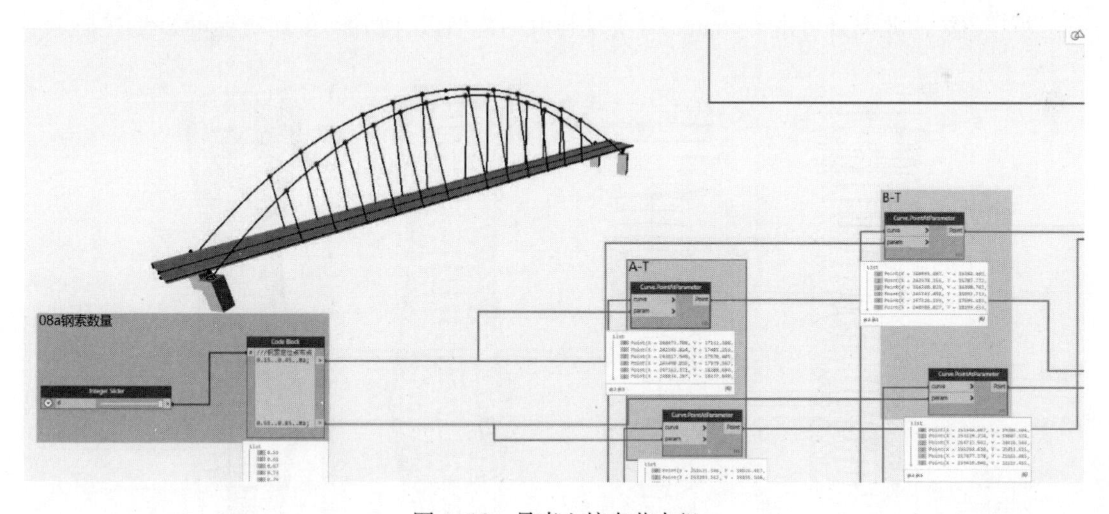

图 4-12　吊索上接点节点组

08 节点组的功能，前面的部分是使用 02 或者 04 节点组的桥垮边缘或护拦顶的参考线，并连接至“Geometry.ClosestPointTo”的“geometry”输入端，而剩余的部分是连接上 08a 节点组的吊点列表，此列表有分上下游，分别与其边缘线做最近点的分析，得到的最近点将其与吊点连接，创建钢索，节点配置可参考图 4-13，此范例至此结束。

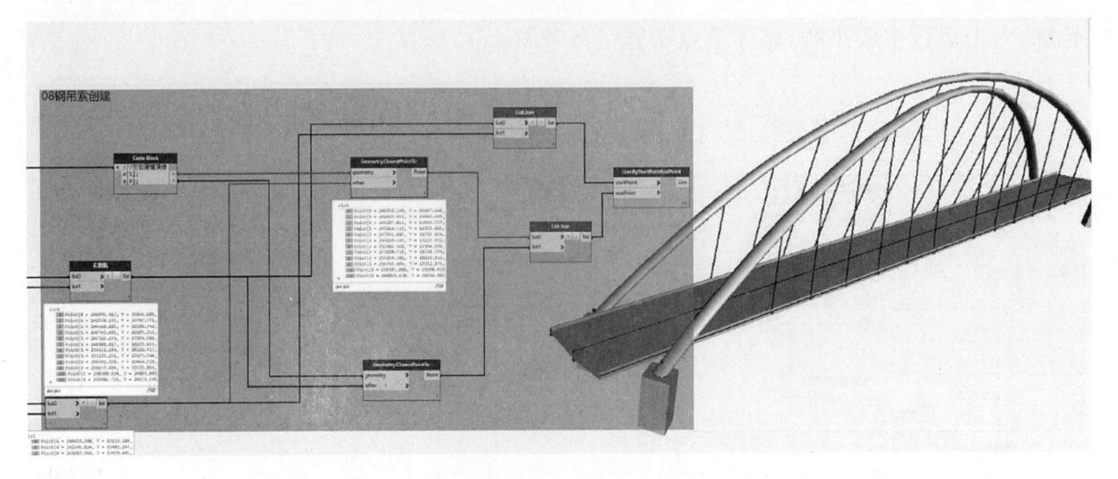

图 4-13　吊索生成

4.1.2　参数化设计范例与自适应构件

本范例模拟实际建筑外装饰幕墙设计，在 Revit® 中预先规划创建条件后，在 Dynamo 中实现参数化设计，进行建筑造型设计，依据幕墙限制尺寸进行外观分割后，使用自适应构件的幕墙嵌板创建外装饰幕墙。

虽然 Revit® 中也有创建概念量体与使用量体创建幕墙系统并用幕墙嵌板布满的做法，但在 Dynamo 出现之前，要用 Revit® 中创建形状的命令进行体量设计在效率与灵活性上还是差强人意，而此部分可由 Dynamo 可实现强大的幕墙设计功能，创建历程可参考图 4-14。

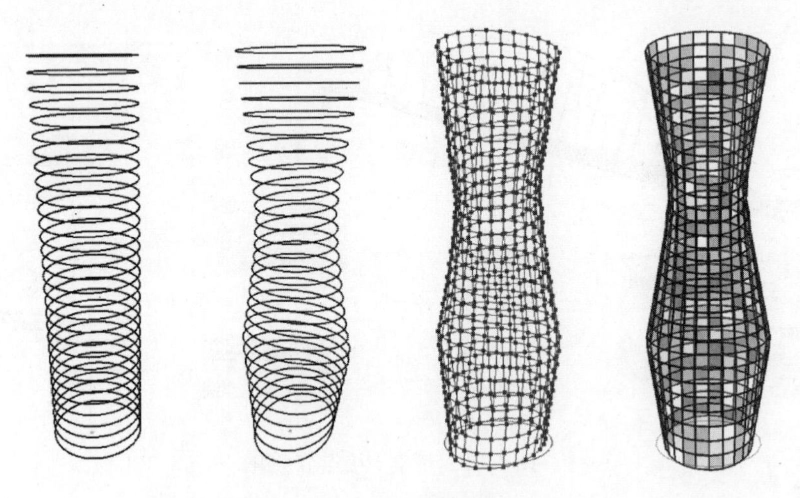

图 4-14　本小节范例创建历程

参数化建模在建筑设计中已经是越来越常用的手段，常常用于表达复杂的项目设计意图，而在参数化建模的过程中，选择适当的造型工具与工作流程是至关重要的。大家熟知的造型工具是 Rhino＋Grasshopper，最近两年面世的 Revit® ＋Dynamo 同样也是可以做出很多复杂造型的。很多用户常问哪种工作流程更好，说实话，还是看个人的习惯。真要比较的话，Rhino 与 Grasshopper 的重点是三维建模，所以在 Geometry 的处理上有很大优势，可使用的用于造型的节点命令也更多。而 Revit® +Dynamo 在列表处理与数据导入导出这一层面上，极大地发挥了 BIM 软件自带数据库的长处，方便用户对建筑信息模型的应用。

【范例说明】 打开本章节提供的范例 rvt 格式文档(可扫封底二维码获取)，预设的三维视图中，标高一的位置有一圆形的模型线，此模型线即为项目建筑范围。本范例中设定的标高有 30 个，即有 30 层，如计算机硬件配置不够的读者，可考虑删除标高 21－30，以节省运行时间。

【节点思路】 此范例中，先在 Revit® 中拾取一条封闭曲线，接着按照此曲线与给定高程进行几何造型，再按照此外形，以及将要放置的幕墙嵌板的外形的限制进行板片分割，最后将分割成果通过自适应构件呈现，并给自适应构件编码。

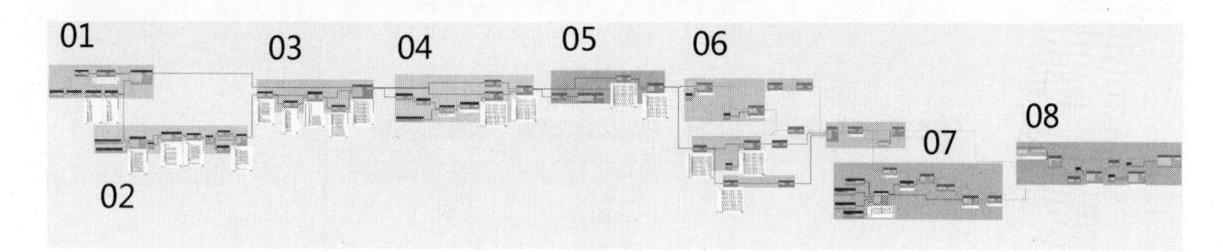

图 4-15　Dynamo 节点范例(请对照二维码附图 4-15)

图 4-15 节点群组的部分说明如下：

1. 选取参考曲线并复制至各标高处。
2. 造型缩放数值参数控制。
3. 标高曲线轮廓缩放。
4. 创建幕墙嵌板定位点。
5. 嵌板边线的创建与定位点清单排序。
6. 编辑嵌板控制点的二维数字列表。
7. 幕墙族类型选定及列表的打乱。
8. 自适应构件的布置与编码。

本范例中较难理解的节点组为 06 组，此组的难点在于自适应构件的控制点排序，其他节点组的部分比上一个范例相对容易。

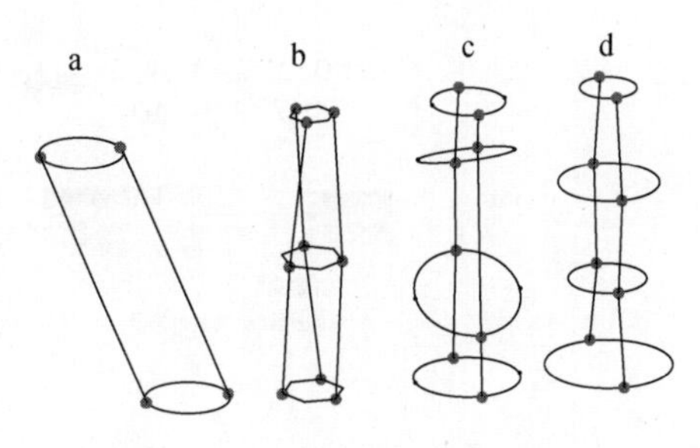

图 4-16　常用的几何造型方法

【分步说明】 在 Revit® 中创建量体后，参数控制调整的机制有下列几种类型：xy 平面移动、xy 平面旋转，z 轴方向旋转与缩放等，可参考图 4-16 中 a、b、c 与 d 的线架构展示，还有实体布尔并集、差集等，在 Dynamo 中会用到“Geometry.Scale”“Geometry.Translate”“Geometry.Mirror”与“Rotate”等图形处理相关节点，还有“Extrude”“Sweep”及“Loft”等节点创建曲面或实体，此外“Solid.Difference”为与布尔相关的节点。

STEP 01　开启开启 dyn 文档，01 节点组的主要功能为拾取项目中模型参考图元的封闭曲线,并复制至各个标高高度,调用“Select Model Element”+“Element.Curves”来获得模型线关联的曲线,接着调用“Geometry.Translate”节点移动复制曲线,并设定连缀状态为最长,需复制至指定标高处。调用“Categories”“All Elements of Category”与“Level.Elevation”,取出所有标高类型图元并获取高程数值,输出端连接“List.Sort”,其功能是确保复制的曲线列表的排序由 z 轴数值最小开始,可参照图 4-17 中的节点程序。

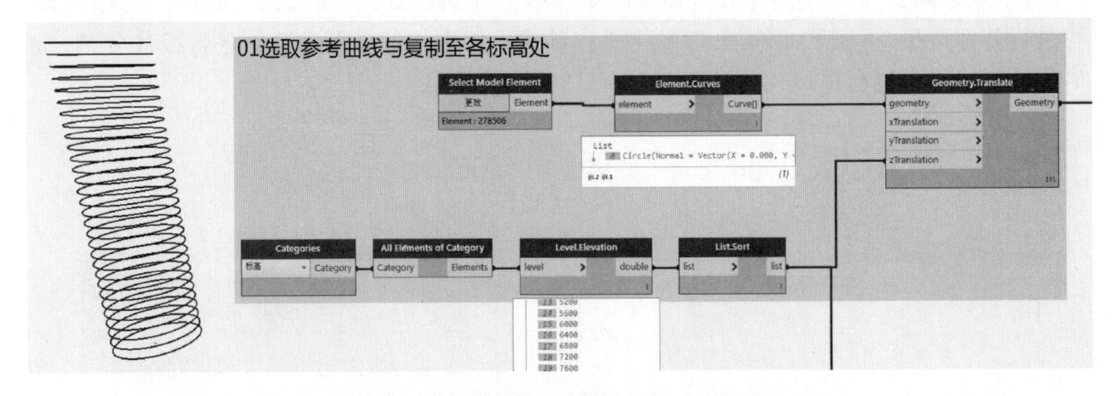

图 4-17　选取建筑范围线与复制至各标高处

STEP 02　接 01 节点组输出的封闭曲线,02 节点组的功能为控制各标高处封闭曲线的缩放参数。首先设定缩放的参数值范围,使用“Number Slider”分别设定为 0.7～0.9 与 1.1～1.3 控制其造型变化范围,接着使用“Math.RemapRange”将 01 节点组中的标高数值转换为控制参数范围内的数值。处理范围倍率的方式很多,使用三角函数“tanθ=y/x”或二元二次方程式如“ax^2+by^2=c”等,给予数值后取得对应的 x 与 y 数值。或者使用本范例中的做法,设定缩放倍率限制后进行数值转换,接着使用“List.DiagonalLeft”并在“rowlength”输入端连接数值“3”,此节点的作用是给与子列表长度后将原始一维列表转换为矩阵,由右上至左下获得对角线的列表清单。可参考图 4-18 示意,行列互换后将原列表分成三个子列表,各子列表数值范围相近,且 R0 子列表包含项数最多。

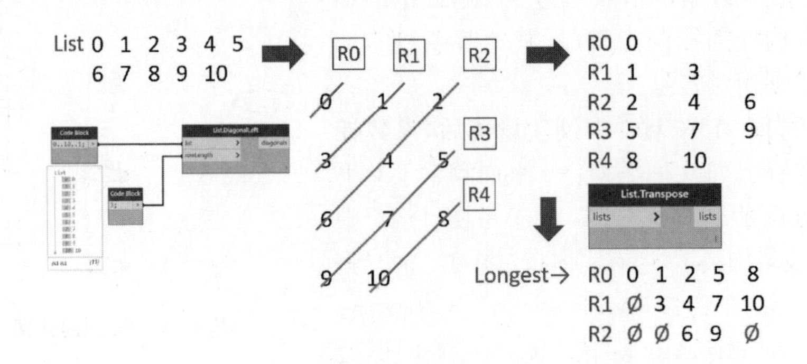

图 4-18　“List.DiagonalLeft”+“List.Transpose”(见彩图六)

而此处这样处理的理由是使缩放参数列表中对应于反曲点的数值延后,可参考图 4-19 图形说明,即为缩放反转点延后,让生成的形体更加灵动。当然使用“List.Chop”进行列表分割也可达到类似效果，但因为每一个子列表长度相同或差 1，会造成反转点较为固定，生成的形体较为呆板。

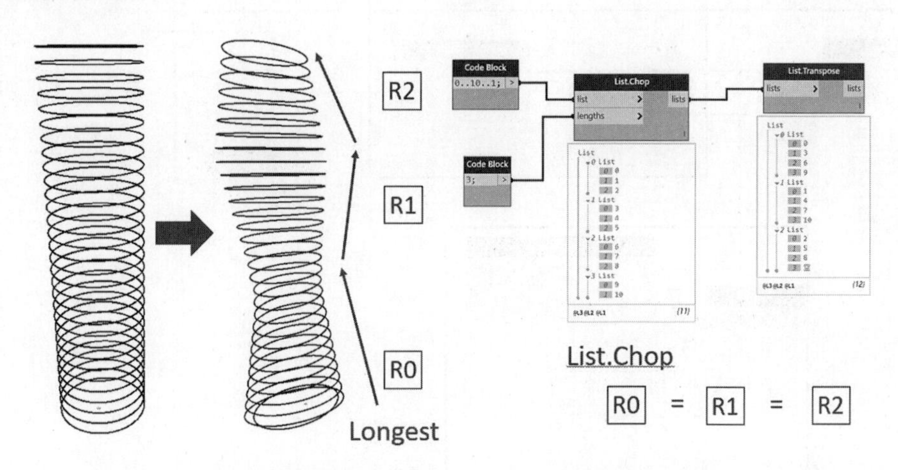

图 4-19　曲线缩放成果与 List.Chop 节点成果示意

使用“List.Transpose”节点后提取子列表，使用“Code Block”分别填入“l[0]”“l[1]”“l[2]”，因为形体由下至上需有大小变化，奇数子列表 R0，R2 需要进行列表反转，所以调用“List.Reverse”后使用“List.Create”组合成新列表。也可使用“List.Join”，会让程序更为简洁，此处不使用的原因是为了保留子列表的结构以便后续检查，此处可参考图 4-20 中的节点程序。

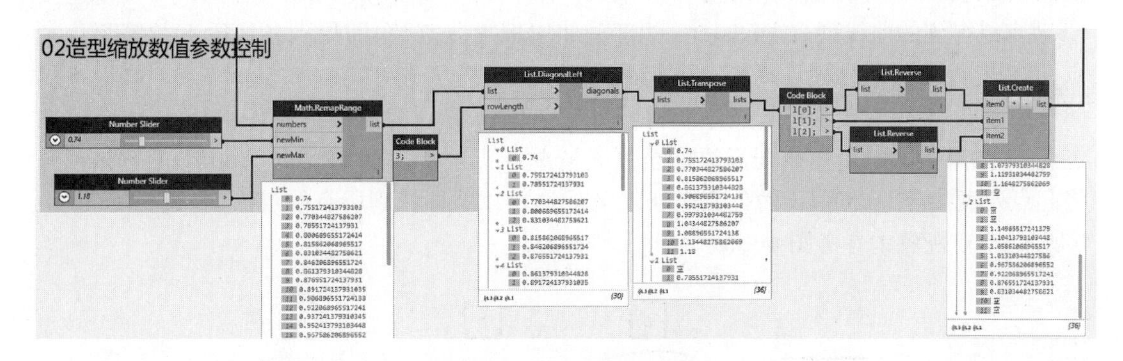

图 4-20　造型缩放数值参数

STEP 03　紧接 02 节点组输出的数值列表，首先调用“Flatten”拍平列表，因列表中有空值需去除，调用“Object.IsNull”判定是列表项是否为空，再使用“List.FilterByBoolMask”过滤列表，也可使用“List.Clean”清除空值与空列表，最后调用“Geometry.Scale”进行图形缩放，将各层曲线轮廓连接至“geometry”，缩放数列连接至“xamount”与“yamount”，此方法中 xy 向缩放值相同，另外还可使用反转清单或者移动排序等节点达到 xy 轴缩放值不相等的效果。节点程序可参考图 4-21，另外曲线缩放成果可参考图 4-22 中 a。

STEP 04　此节点组的功能在于决定幕墙板片数量，紧接着 03 节点组产生的曲线，这里调用“Curve.Length”与“Math.Average”节点，前者获取曲线长度数值，后者获取长度平

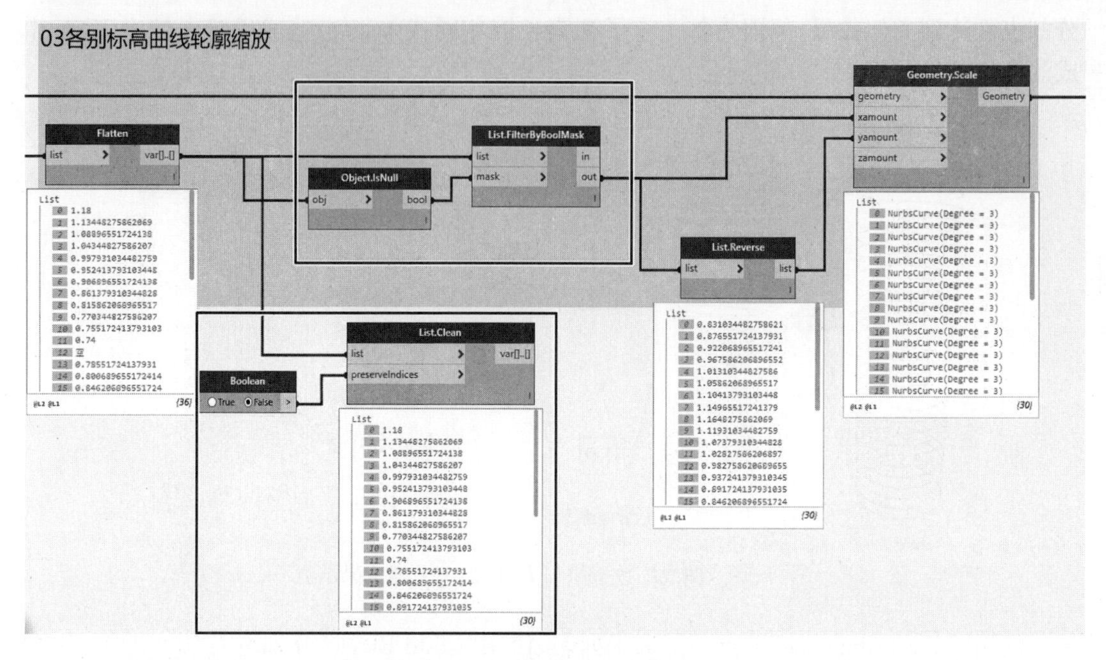

图 4-21　各别标高处曲线轮廓缩放

均值，接着使用“Number Slider”控制板片宽度，预设为“400 mm”，读者可根据板片最大加工尺寸进行调整，接着使用长度平均值除以板片宽度值并连接“Math.Floor”取得大于此数值的整数，即为板片分割数，调用“Curve.PointsAtEqualChordLength”，输入端 curve 连接 03 节点组得到的曲线列表，divisions 的部分使用板片分割数，即得到各线段上的等距分割点，因为此处得到的分割点并未考虑起始点(终点)，所以调用“Curve.StartPoint”取得各层曲线的起点(终点)，接着将起点添加到子列表清单尾端(因为此图形为环状，故添加至尾端也可行，如果为非封闭曲线则需添加至列表清单开头)，所以调用“List.AddItemToEnd”并将起点列表接至 item@L1 而分割点列表接至 list@L2，即得到所有的定位点，如图 4-22 中 b 所示，节点配置请参考图 4-23。

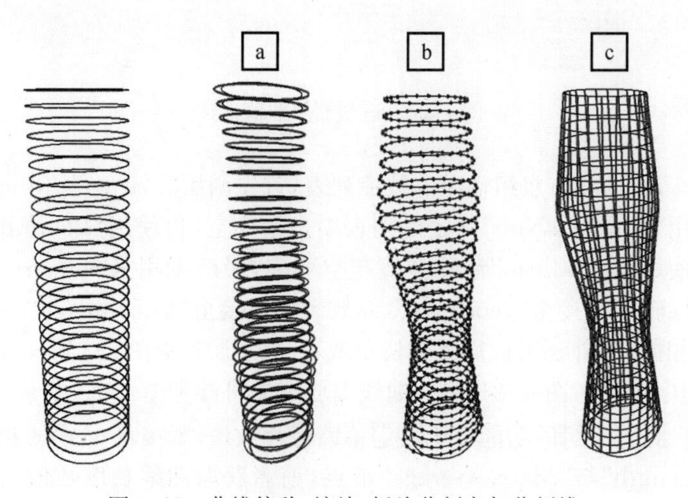

图 4-22　曲线偏移、缩放、板片分割点与分割线

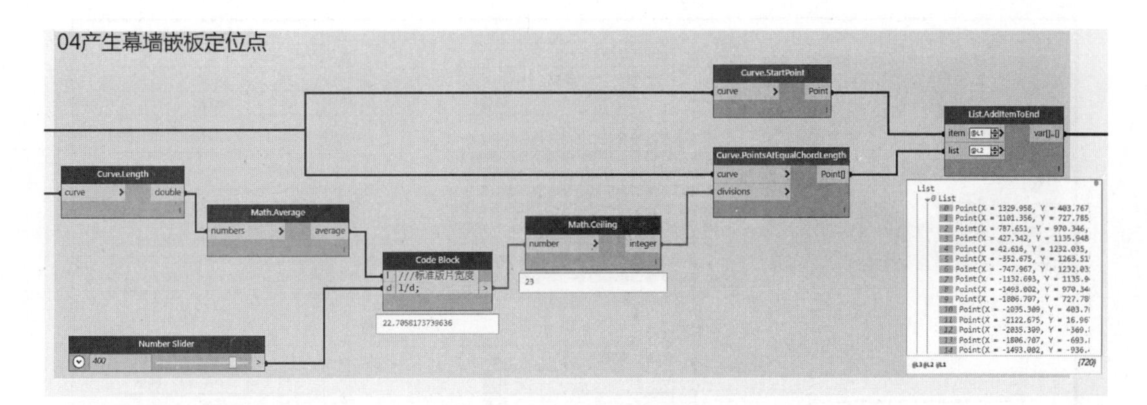

图 4-23　幕墙板片定位点

STEP 05　05 节点组一方面紧接着 04 节点组创建的参考点，生成垂直方向的分割线，调用“List.Transpose”与“PolyCurve.ByPoints”，成果可参考图 4-22 中 c。此处用于观察曲线分割点顺序，如有涉及图形旋转，会因分割起始点旋转而有错位情况，需调整列表排序。因此案例为封闭曲线，故进行自适应构件布置时，列表最后一个点会接回第一个点，所以调用“List.FirstItem”节点，层级调整到＜@L2＞提取子列表第一项，接下来使用节点“List.AddItemToEnd”，如图 4-24 所示。

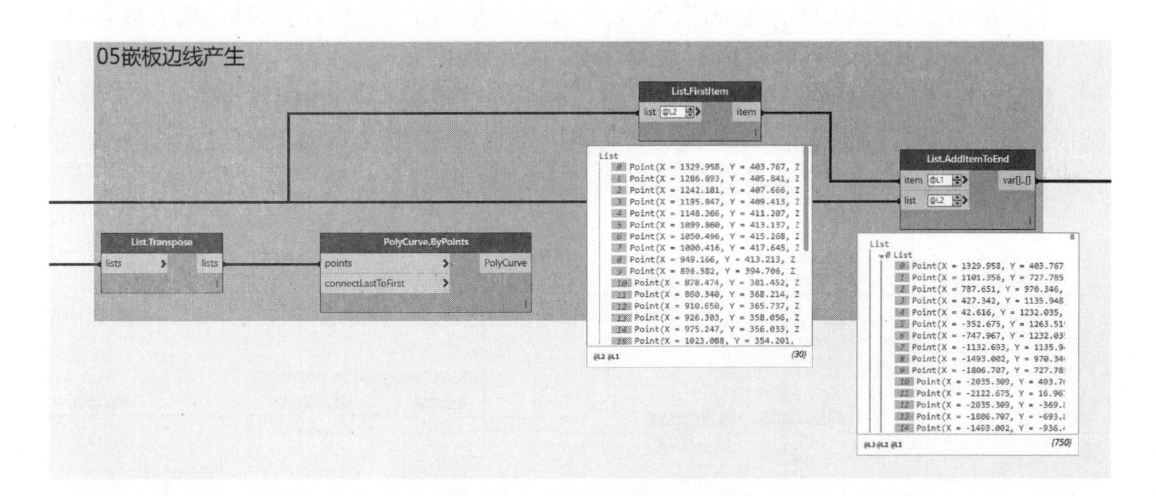

图 4-24　幕墙嵌板边线产生

STEP 06　06 节点组的作用为产生二维数列，子列表中的项需按照图 4-25 左下 1，2，3，4 点的顺序排序，才能正确的放置同样有 4 个控制点的自适应图元。所以须由当前的参考点列表中产生 P1、P2、P3 与 P4 列表。右侧为全部控制点二维列表，将每一个点看作是幕墙嵌板的控制点，每相邻的 4 个点可以放置一块幕墙嵌板。以 P1 点列表来说明，P1 点由左下方开始向右到倒数第二列(COL)，向上到倒数第二行(ROW)，P1 点不可能到最上方(上方需有 P2 点)与最右方(右侧需有 P4 点)，故灰色的点即为 P1 点列表中不使用的点，同理 P2 点不可能到最下方与最右方，P3 与 P4 以此类推，所以这就是列表与子列表的首尾删除的思路。

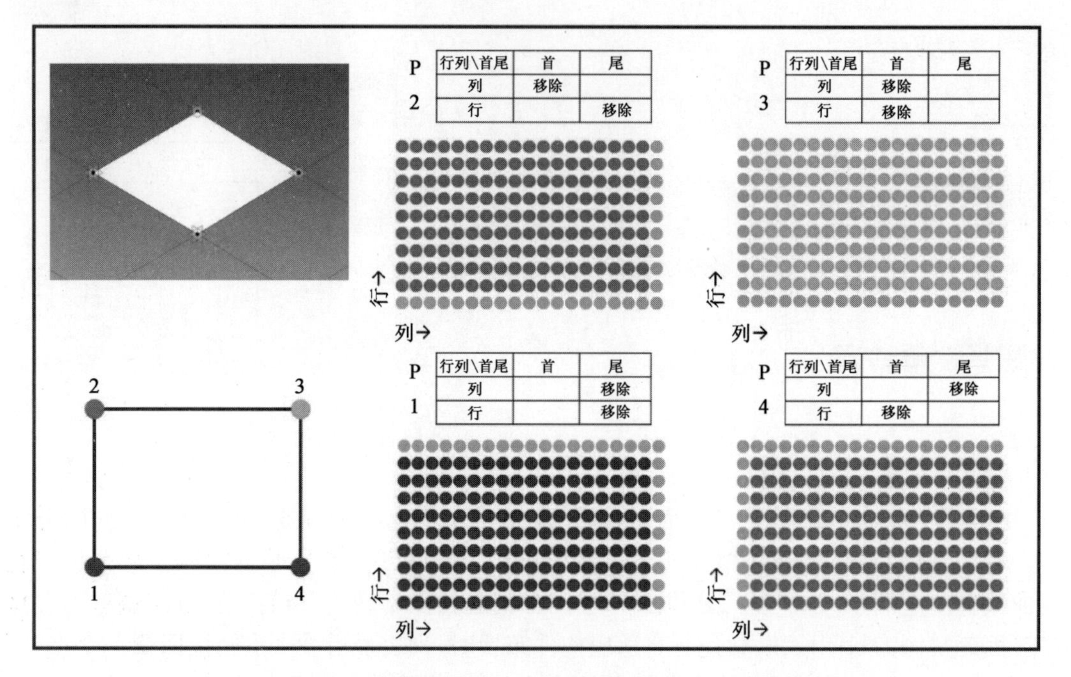

图 4-25　嵌板控制点点位二维数组生成思路(见彩图七)

使用的节点有"List.DropItems",输入端 amount 处给予－1 值,用来移除列表最末项,以及"List.RestOfItems"用来移除列表第一项,最后使用"List.Create"将其组成包含 P1、P2、P3 与 P4 子列表的列表,后续连接"List.Transpose"行列互换后,即成为每 4 个点为一组的嵌板控制点的二维列表。节点配置可参考图 4-26 说明,需要注意 P1、P2、P3 与 P4 之排序不能置换,否则软件会回报错误;本范例最困难的即为此二维数列的生成思路。

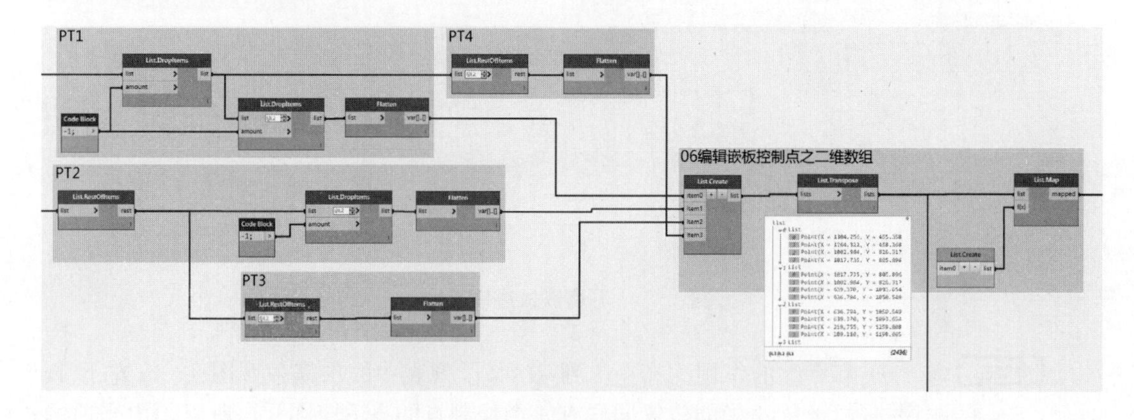

图 4-26　嵌板控制点点位二维列表生成

STEP 07　如执行此项目时只使用单一族类型嵌板,则调用"AdaptiveComponent.ByPoints"将点的二维数组连接至 points 输入端,在 familyType 则给予幕墙嵌板的族类型即可,如图 4-27 所示意,后续再给予嵌板编号即可。

如要达到本章节起始图片所示的随机彩色嵌板则需增加节点组,如图 4-28 所示,首

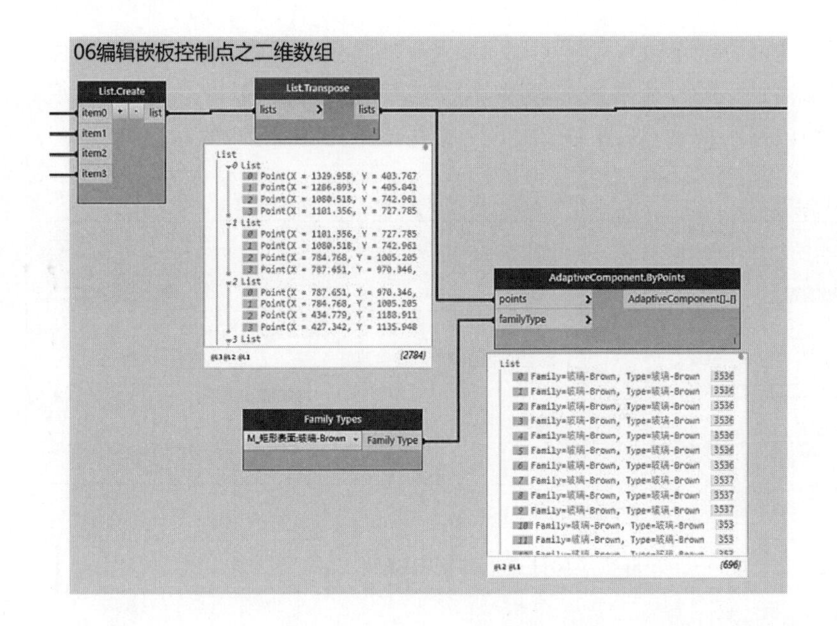

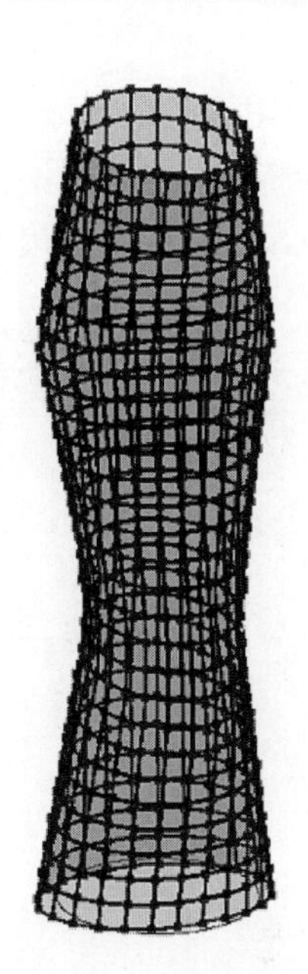

图 4-27　单一自适应构件族类型幕墙嵌板生成

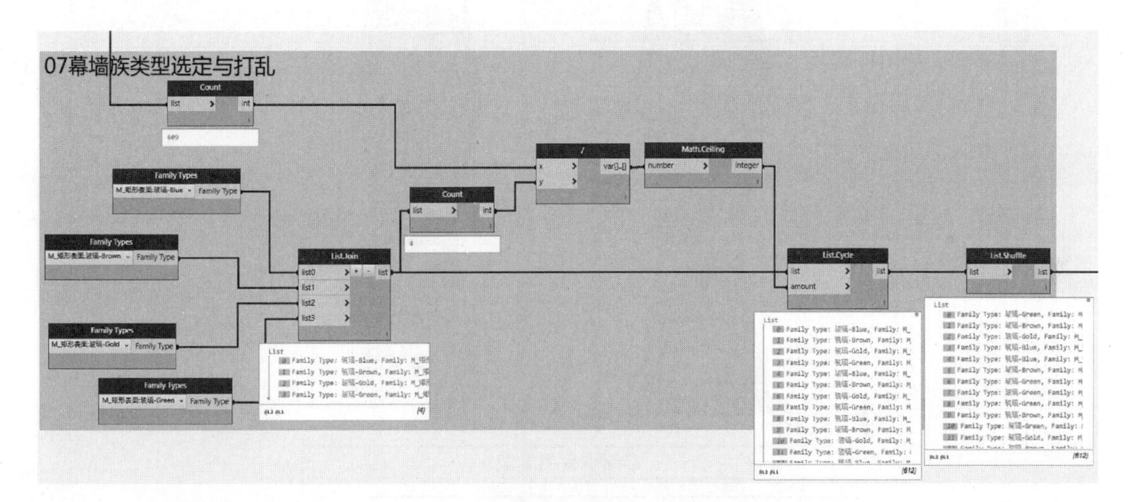

图 4-28　幕墙族类型选定与打乱列表

先使用“Family Types”节点选定使用的幕墙嵌板族类型，后方利用“List.Join”连接族类型清单，接着统计二维数组的子列表数量，使用“Count”连接两列表，并使用“/”+“Math.Ceiling”得到需要的嵌板列表的副本数，调用“List.Cycle”生成与嵌板数相符的族类型清单，后方连接“List.Shuffle”将表单随机排列。

STEP 08　要将族类型随机生成则需使用“List.LaceShortest”使 list1 与 list2 中每一对元素都按照 comb 输入端连接的函数，此处因为按点放置自适应图元，进行批次运算，可参考图 13a 小组节点的配置。list1 的部分接上 06 组“List.Transpose”的二维数列，但因“List.LaceShortest”为针对子列表做配对运行，所以需将二维列表提升至三维，否则会产生错误，所以使用“List.Map”于“f(x)”输入端处赋予“List.Create”节点，将其转换为三维列表后接至 list1，而嵌板族类型列表则接至 list2 处，至此即可生成随机彩色幕墙。b 小组节点的用途为赋予嵌板编码，此部分的节点说明可参考 4.2 节，该章节全篇幅讨论编码自动生成与排序，此处就不浪费篇幅了。另外需事先在幕墙嵌板族中设定边长的报告参数，则可将其标记、面积与各边边长输出到明细表，如图 4-29 所示，最终成果如图 4-30 所示。

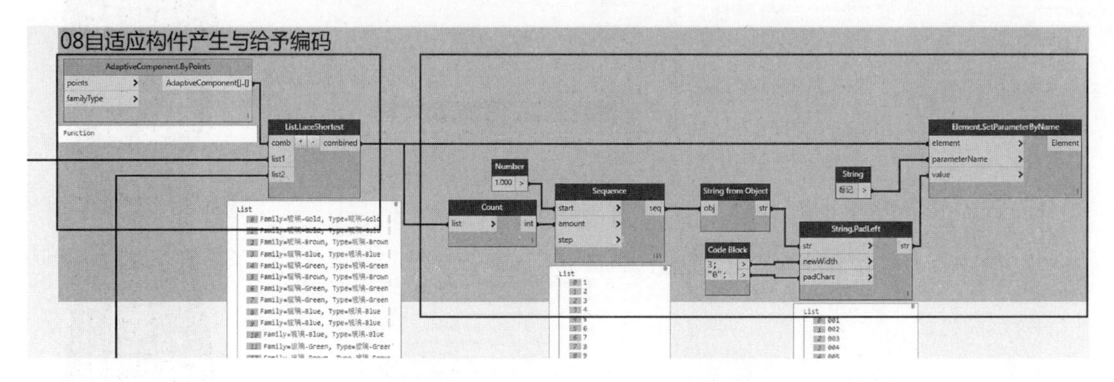

图 4-29　自适应构件产生与给定编码

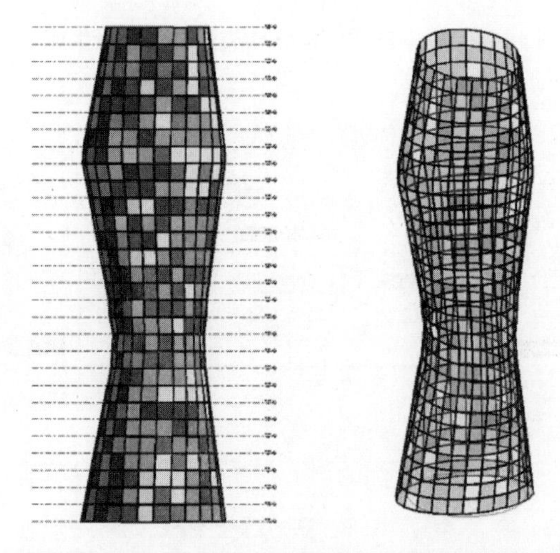

幕墙嵌板明细表						
标记	颜色	面积/m²	L1/cm	L2/cm	L3/cm	L4/cm
001	玻璃-Blue	14.37	396.3	400.8	404.0	402.1
002	玻璃-Brown	14.34	396.3	401.4	404.0	400.6
003	玻璃-Blue	14.37	396.4	403.5	404.1	401.4
004	玻璃-Gold	14.40	396.5	405.5	404.2	403.5
005	玻璃-Brown	14.14	396.5	406.1	398.8	405.4
006	玻璃-Green	14.71	396.5	405.5	401.3	406.2
007	玻璃-Blue	14.59	396.5	403.9	402.7	405.5
008	玻璃-Green	14.51	396.4	402.5	403.0	403.8
009	玻璃-Green	14.46	396.3	402.9	403.3	402.4
010	玻璃-Brown	14.48	396.3	406.0	403.7	403.0
011	玻璃-Gold	14.40	396.5	408.4	403.7	406.1
012	玻璃-Gold	14.73	396.5	406.2	401.9	408.3
013	玻璃-Green	14.57	396.3	403.1	402.7	405.9
014	玻璃-Green	14.52	396.3	402.5	402.5	402.9
015	玻璃-Brown	14.57	396.4	403.8	402.0	402.4
016	玻璃-Gold	14.68	396.5	405.3	400.7	403.7
017	玻璃-Green	14.72	396.5	405.9	398.0	405.2
018	玻璃-Gold	14.73	396.5	405.1	390.6	405.9
019	玻璃-Brown	14.16	396.5	403.4	392.3	405.1
020	玻璃-Brown	14.18	396.4	401.4	402.5	403.2
021	玻璃-Gold	14.23	396.3	400.7	403.7	401.1
022	玻璃-Gold	14.25	396.3	402.3	403.8	400.6

图 4-30　最终成果与幕墙嵌板表单生成(见彩图八)

4.2　排序编码类

排序编码是在建筑设计中最常见的需求之一，举凡图纸图号、视图名称、停车位、空间编号等几乎是每个项目作业中必须的，而此类工作大多为流水号排序等枯燥、机械化的填入动作，故此小结以视图、停车位、房间编码等为大家介绍使用 Dynamo 进行自动编码的做法。

4.2.1　视图批次更名

在 Revit® 中并未提供图名批次变更的功能，而同一标高的平面视图等往往因不同的绘图目的而有不同的名称，而此时只有手动更名一种办法。在工作自动化章节的开始，用这个例子来说明如何在 Dynamo 中获得实例参数与条件筛选后，将参数按照使用者的需求回填改变视图名称，成果如图 4-31 所示。

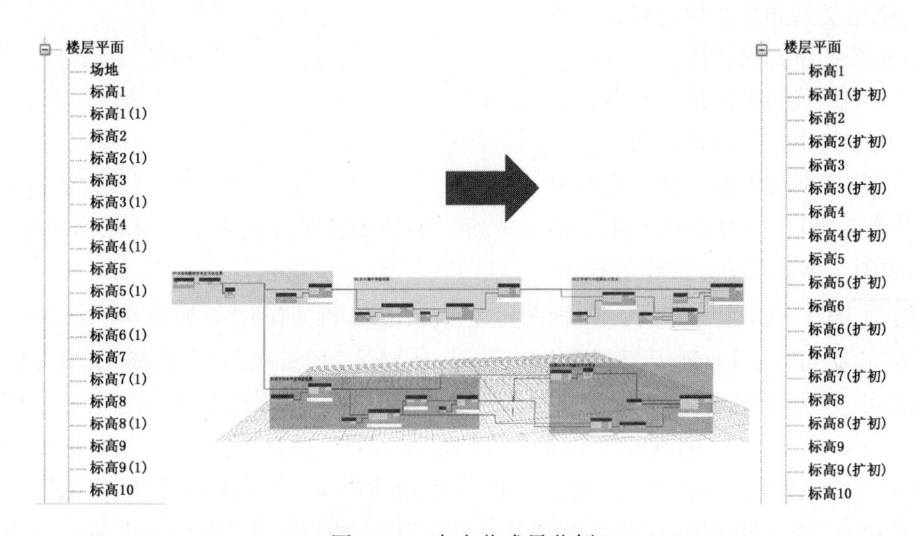

图 4-31　本小节成果范例

在使用 Revit® 进行设计时，一定有一次性建立大量视图又需要一个一个修改图名的经验，尤其是对于高层建筑项目，一次改下来花费的时间也不少，另外重复的工作非常枯燥；为了改善这一现状，我们首先介绍视图自动更名的工作流程。

【范例说明】　打开本章节提供的范例 rvt 格式文档，观察项目浏览器的部分，可看到楼层平面的视图排序是“标高 1、标高 1(1)、标高 2、标高 2(1)”的排列，后面自带“(1)”的视图是使用 Revit® 内部的视图选项卡中“创建平面视图”功能所产生的大量视图；另外天花板平面的部分则是“标高 1、标高 2……”的排序，范例即是对此两类视图进行批量更名。

【节点思路】　此范例一共有 5 个节点组，其中 02 与 04 组、03 与 05 组功能类似，只是 02 到 03 组是针对楼层平面视图，而 04 到 05 组则是针对天花板平面视图的部分。在此范例中最重要的两个节点分别是“Element.GetParameterValueByName”与“Element.SetParameterByName”，一个是获取图元参数，另一个是设置图元参数，这两个参数在工作自动化类章节会反复使用到。

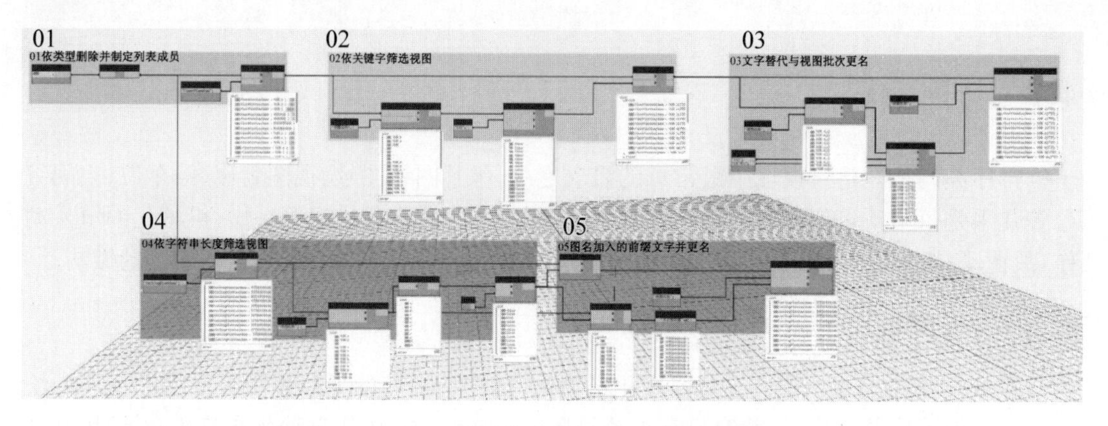

图 4-32　Dynamo 节点范例(请对照二维码附图 4-32)

图 4-32 节点群组的部分说明如下：

1. 依据类型删除非指定列表成员。
2. 按关键字筛选视图。
3. 文字替代与视图批量更名。
4. 按字符串长度筛选视图。
5. 获取图名加入前缀文字后回填。

【分步说明】 作为编码自动化的第一个范例，主要便是让读者了解选取特定图元与获得或回填图元参数之值的工作流程。

STEP 01 获取特定族的实例(即图元)的方式很多，例如获取"矩形梁 600 mm×600 mm"的某根梁实例，可以从 Revit®活动视图中使用"Select Model Element"节点选择，或用族类型节点等选择都可。但要获取项目中的视图或图纸的实例，做法限制就比较多，使用"Categories"与"All Elements of Category"是最直观的做法，给定族类型后获取所有的实例。在后方先连接"Watch"节点观察从模型中获取得图元，从此可以看到包含"FloorPlanView""CeilingPlanView""SectionView"等各种视图，在此需先分离出平面视图，所以使用"RemoveIfNot"节点，输入端"list"连接上前端输出的列表，而"type"输入端赋值"FloorPlanView"字符串，至此点击运行则会得到项目中所有平面视图的图元，可参考图 4-33 节点连接顺序。

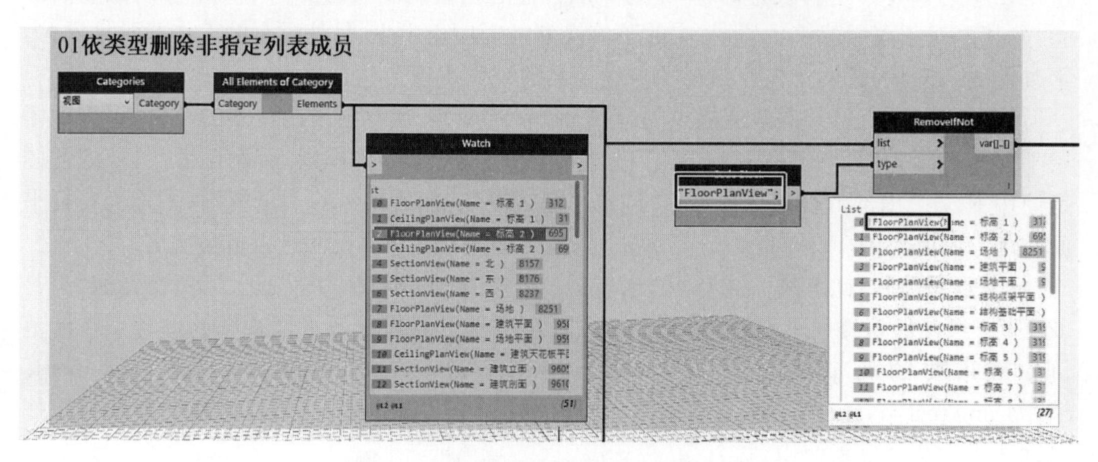

图 4-33　依据类型删除非指令列表成员

STEP 02　将 01 节点组的成果连接到节点“Element.GetParameterValueByName”的输入端 element，而 parameterName 输入端赋予视图名称的字符串，此来便可获得给定图元的视图名称列表。调用“String.EndsWith”并将成果接至 str 输入端。因为我们是想要得到带有“(1)”关键字的视图，所以在 searchFor 的输入端便赋值“(1)”，运行后可发现，带有“(1)”的视图名称返回 true 值，否则返回 false，故便以此为筛选条件，连接至“List.FilterByBoolMask”的 mask 输入端上，而 list 的部分则接上 01 组运行后得到的平面视图列表，可参考图 4-34。

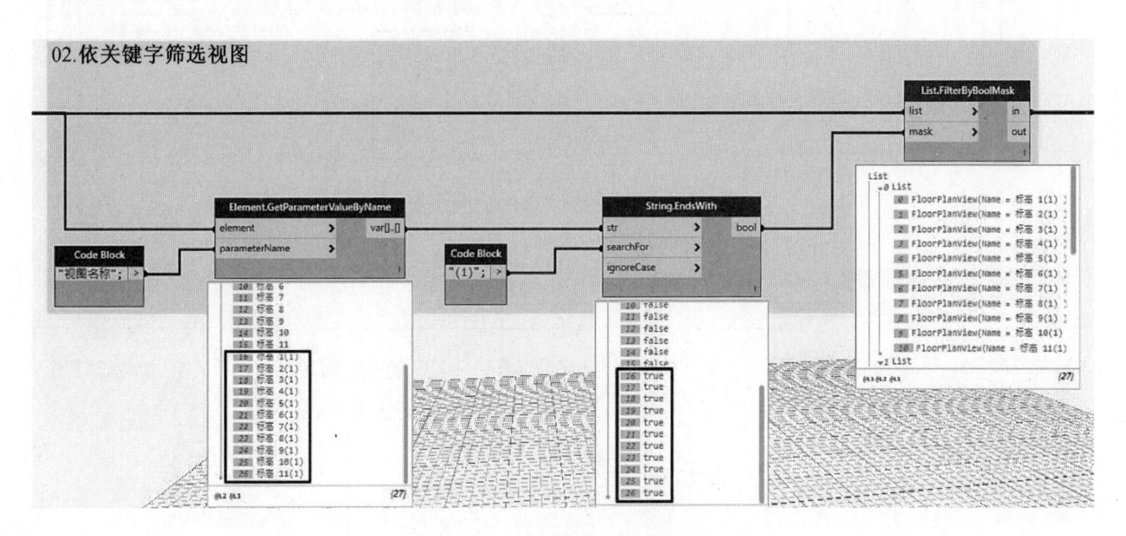

图 4-34　依关键字筛选视图

STEP 03　在 02 组选出要更名的视图后，再次使用“Element.GetParameterValueByName”获得视图名称列表，将结果连接到“String.Replace”的输入端 str，searchFor 与 replaceWith 输入端的部分则分别赋值“(1)”及“(扩初)”的字符串，意思是使用“(扩初)”取代“(1)”。此文字可按照用户的目的设定，例如“总平面”“施工”等。最后将此部分替代文字连接到“Element.SetParameterByName”的 value 输入端，而 element 连接到 02 组筛选出来的视图列表，要重写的参数为“视图名称”。至此点击运行便完成平面视图批量更名的工作。当然可能读者也想将扩初放置于标高前缀或做其他变动，这些都可以实现。但有一法则需谨守，便是视图名称不能重复，如有重复则此程序会报错，节点配置可参考图 4-35。

STEP 04　此处，续接节点组 01 获得的所有视图。因要获得所有天花板平面，所以使用“CeilingPlanView”作为“RemoveIfNot”的删除条件，获得天花板视图后先获取视图名称参数的值，可观察运行后列表，发现索引“2”处为空值，意思是说该图元为系统保留，非使用者可以变更，因此必须排除。此处使用字符串包含的字符数作为排除条件，连接“String.Length”得到字符串长度，而空值的字符数为 0，便使用“==”节点带一个数字 0 作为判断条件，如图 4-36 所示。

STEP 05　使用 04 节点组运行结果作为 mask 输入之用，使用两个“List.FilterByBoolMask”节点。图 4-38 左上方的“List.FilterByBoolMask”节点输入端 list 的部分

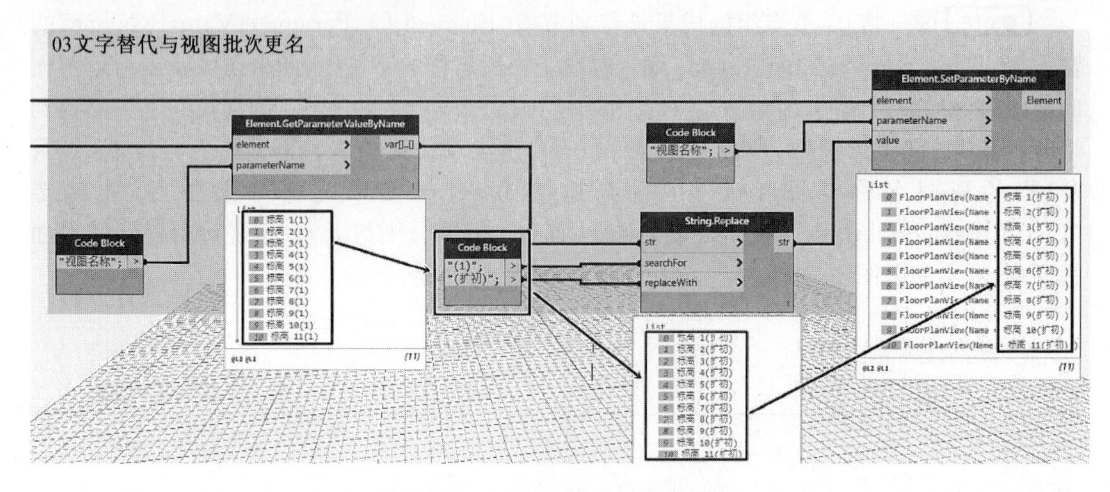

图 4-35　文字替代与视图批次更名

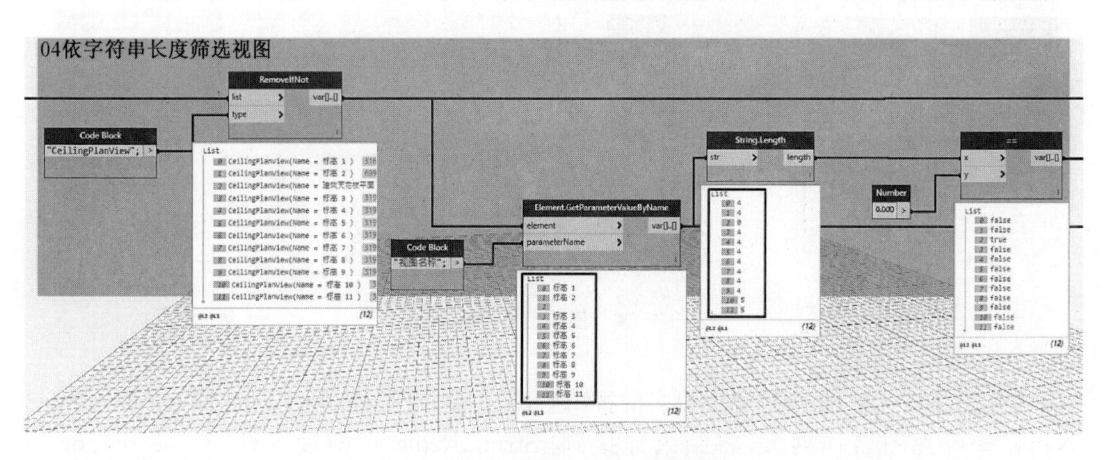

图 4-36　依据字串数筛选视图

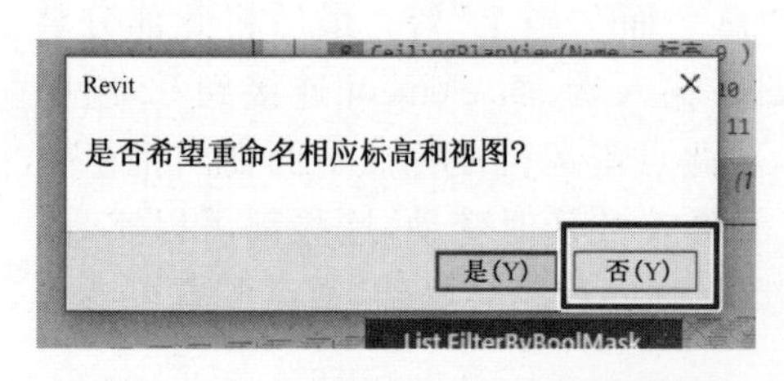

图 4-37　视图更名时跳出警告讯息

使用 04 组“RemoveIfNot”节点运行得到的视图列表，下方的则使用同组视图名称参数之值，而此处更名是想在标高之前补充天花板平面的文字，即将“天花板平面标高 1”作为视图名称，所以使用一个“Code Block”填入““天花板平面”＋a;”，并将此成果连接至 value，“Element.SetParameterByName”的其他设定参考 03 节点组的设置。点击运行即可得到天花板视图批量更名的成果，此处需注意的是如果更改到与标高联动的视图名称，则运行时会跳出警告讯息如图 4-37 所示，请点击“否”以免标高一并更名。

至此得到视图批量更名结果，如图 4-39 所示。另外范例中一些筛选与获取图元参数值的做法请读者务必熟练，接下来的几个范例皆是以类似思路，且数字或文字排序的部分较为复杂。

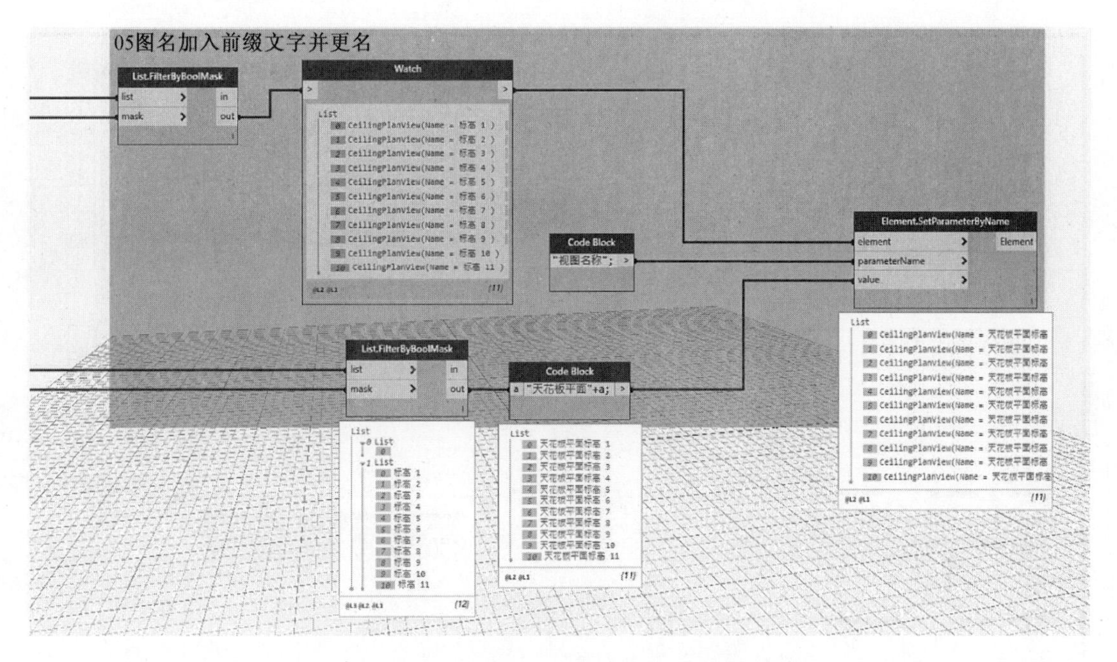

图 4-38　图名加入前缀文字后批次更名

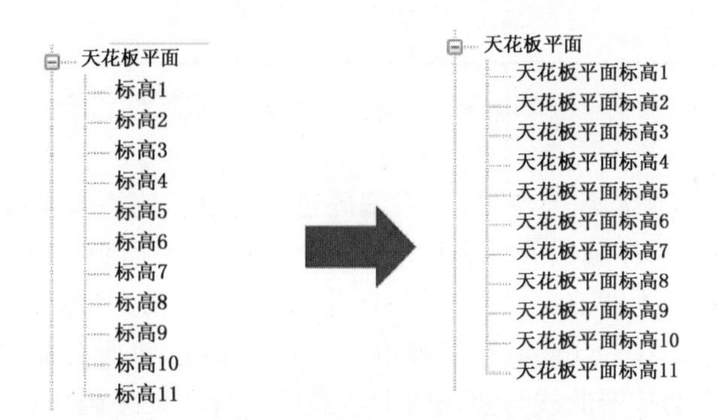

图 4-39　视图更名前后比对

4.2.2　线性编码排序

这个范例相信很多人都看到过，它是很标准的几何判断与自动编码的例子。节点虽然不多，但相当实用又包含了很多基本物件干涉与排列的基本原则，在 Revit® 中有排序需求的实例大多可使用此方法建立自动排序。此法的优点是精确且符合一般排序作业需求，缺点是因用大量点物件与实例物件做干涉分析，所以运算速度较慢，但很多情况下此法还是最稳定与方便的排序处理手段，成果如图 4-40 所示。

另外此范例中使用了一个针对列表中所有元素运用函数的节点“List.Map”，虽然在新版本中，大多数情况下可开启节点级别取代该节点，但在 1.2 版之前的工作流程中“List.Map”依旧不可取代，故在此篇中特别介绍此节点与级别的用法与意义。

在建筑设计中会有很多实例需要编码，例如停车位与房间编码等（面积编码除外，详细

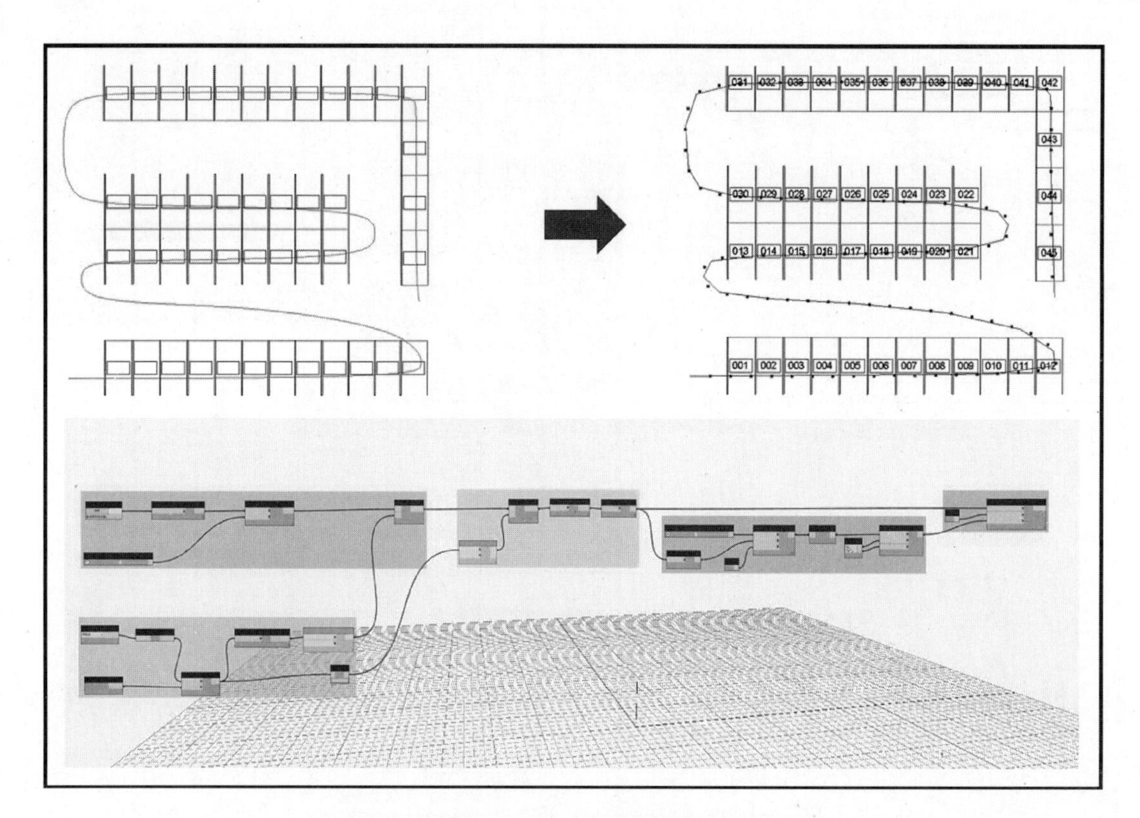

图 4-40　本小节成果范例

参考 4.2.4)，而这类实例常常会变更，导致编码也会变更。使用人工改起来非常费时且易出错误，所以使用自动排序编码的方式肯定比手动编码更快捷，更准确。

【范例说明】 打开本章节提供的范例 rvt 格式文档，预设为“标高一”平面，此平面有许多停车位如下图所示。在 Dynamo 中只要给予一条模型线，将所有需要编码的物件串联起来，并执行此例子，则会按照曲线与实例的干涉顺序进行自动编码。这是一个经典范例，之所以经典在于此范例用了三段式的节点配置进行作业，三段式的架构是 Dynamo 中最常见的套路，详见节点思路部分说明。

【节点讲解】 在开始说明此范例的思路前，我们需要了解“List.Map”节点的使用方式，以及“List@Level”的设定要点。“List.Map”节点在基础入门篇已做过简单介绍，帮助用户能够更好地理解此例。当列表的层数超过两层时，换句话说，当处理的数据维度超过二维时，数据的处理往往变得较为困难。

我们先来看看 Dynamo 官方网页版教程中所提到的例子。首先利用“Point.ByCoordinates”节点建立了 4×5 个坐标点，其中 X 方向有 4 组、Y 方向有 5 组。而读者可以看到这个节点所输出的结果，是以 X 为母列表、Y 为子列表，因此结果中@L2 层级有 4 个元素，而每个元素中在@L1 层级各有 5 个元素。我们将外层列表称为母列表，母列表包含的列表称为子列表。

若我们想将 X 坐标值为“15”的所有坐标点，即母列表中索引值为 3 的所有元素，做为圆心画圆，只要直接使用“List.GetItemAtIndex”节点取得引值为 3 的所有元素，并使用

"Circle.ByCenterPointRadius"节点画出圆圈即可。

但若改为将 Y 坐标值为"10"的所有坐标点做为球心画球，就没这么容易了。在"Point.ByCoordinates"节点所建立的 4×5 个坐标点中，可以观察到每个母列表，即"X=0，X=5，X=10，X=15"的母列表中，都各有一个"Y=10"的元素，分别在每个子列表中索引值为 2 的位置，要如何取得这些坐标点呢？

"List.Map"节点就是针对这类问题的解决方式，使用"List.Map"节点，可以进到每一个母列表，对当中的子列表作处理运算。而处理运算的方式就如同我们平常处理列表的方式，只不过在输入列表的输入端不连接其他节点，将其作为一个函数，其输入列表会在执行时由"List.Map"节点依序将子列表输入其中，以上节点配置请参考图 4-41。

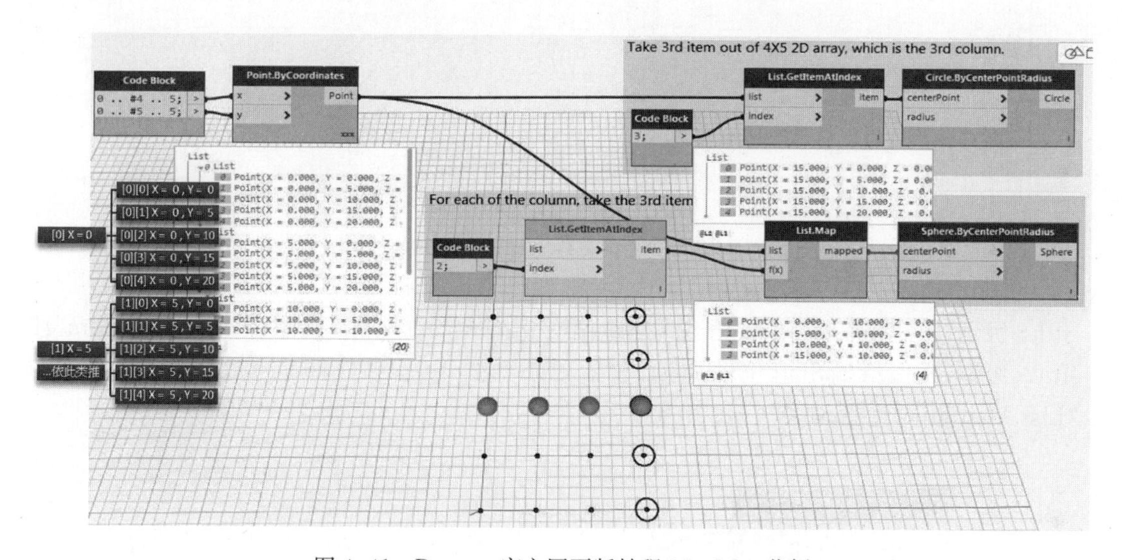

图 4-41　Dynamo 官方网页版教程 List.Map 范例

当然这只是个两层列表，也就是两个维度的例子。也可以使用"List.Transpose"处理。而这个例子也容易使人误解为"List.Map"节点是处理坐标方面的问题。

所以我们举另一个处理文字列表的例子，能使各位更易于了解其中关键。假设有一家公司叫做 A 集团，在年终的时候需要打员工考绩，而我们员工的考绩表如"Code Block"节点所示，是 3 层列表。当中第一层子列表（即@L3）代表子公司、第二层子列表（即@L2）代表各子公司中的部门、第一层子列表（即@L1）代表各部门中的员工考绩。可以看到第 0 号子公司当中第 0 号部门当中第 0 号员工考绩为甲，其他依此类推。

如需要得到第 0 号子公司的所有员工考绩，仅需使用"List.FirstItem"节点即可；若想得到"每个"子公司中的第 0 号部门员工考绩，则使用一个"List.Map"节点；若是"每个"子公司中的"每个"部门第 0 号员工考绩，则使用两个"List.Map"节点。因此得到一个简单的口诀，当问题中遇到几次"每个"，就使用几个"List.Map"节点，如图 4-42 所示。

若遇到更复杂的问题，如判断"每个"子公司中的"每个"部门第 0 号员工考绩是否为"甲"或"乙"，也可以依此方式做判断。

我们除了使用"List.Map"处理子列表数据外，还有一个更加简便的方式，就是许多节点都能使用的"List@Level"节点层级功能。由于"Code Block"规定的原数据中的子公司是属

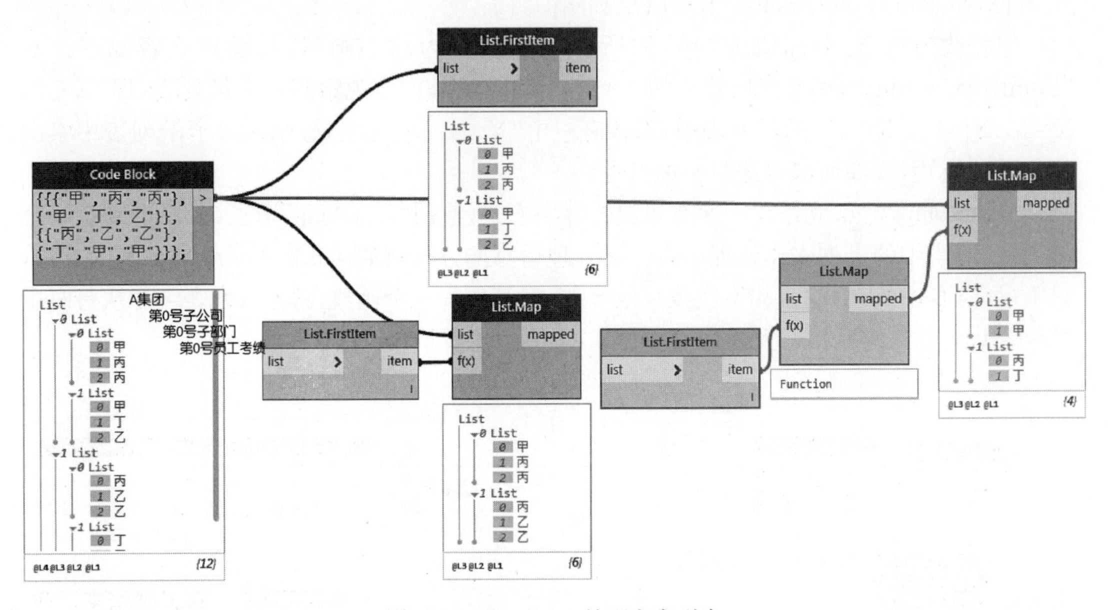

图 4-42　List.Map 处理文字列表

于 L3 级别，因此要取得"每个"子公司中的第 0 号部门员工考绩，仅需将"List.FirstItem"使用 L3 级别，并保持输出值按照原列表结构输出，即为图中"List@@L3"，则可得到与"List.Map"相同效果，如图 4-43 所示。

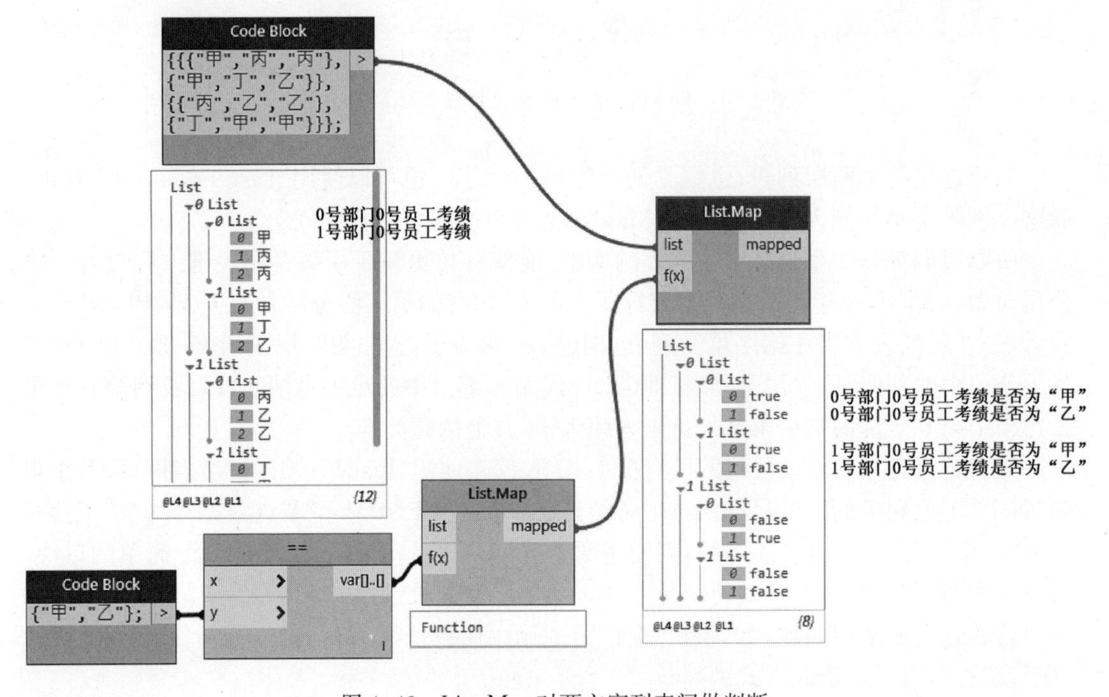

图 4-43　List.Map 对两文字列表间做判断

若不勾选“保持列表结构”，得到的结果会与“List.Map”节点加上“List.Flatten”节点组合相同如图4-44、图 4-45 所示。

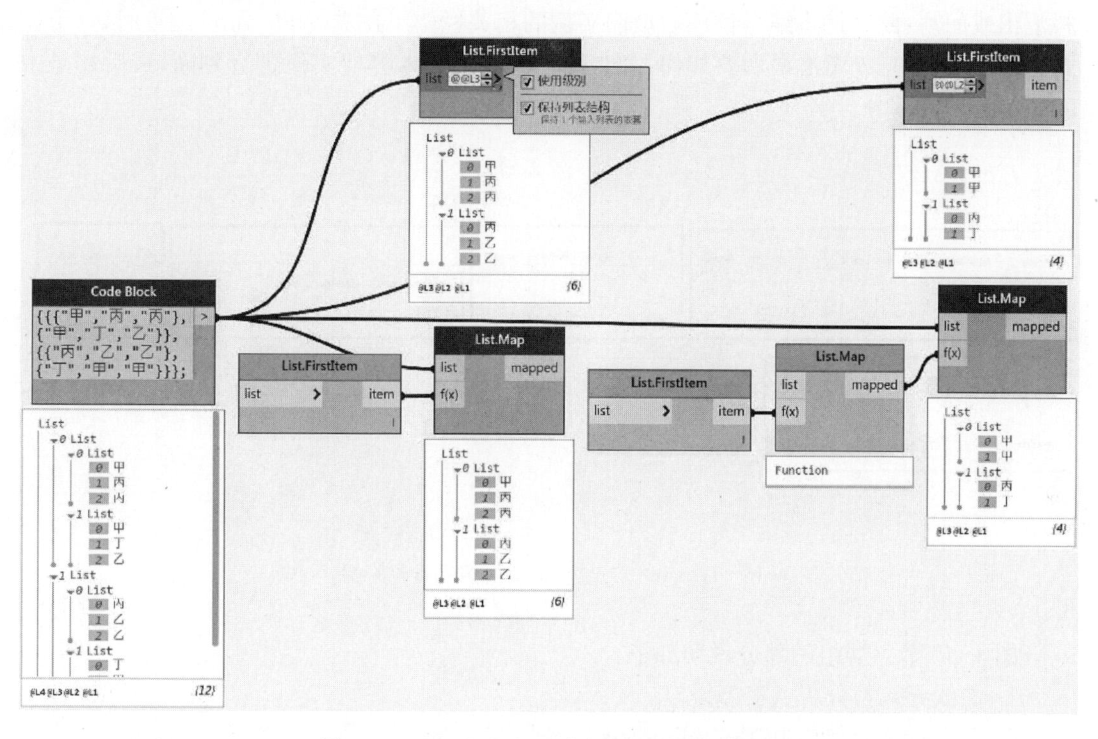

图 4-44　List@@Level 与 List.Map 节点比较

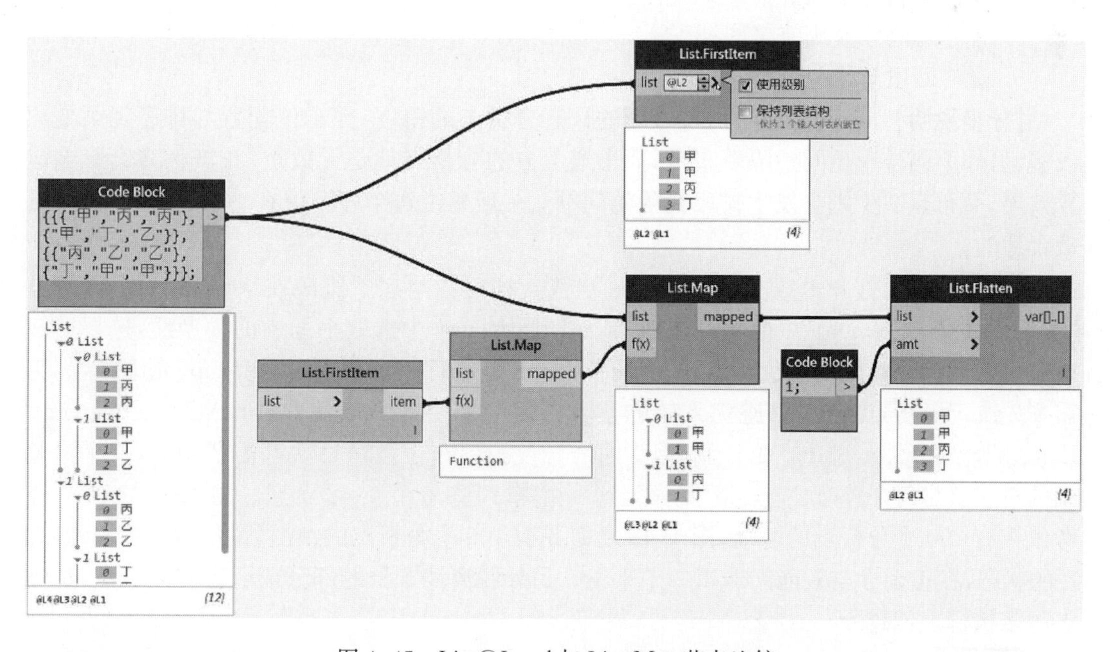

图 4-45　List@Level 与 List.Map 节点比较

【分步思路】　在基础教程当中可以发现很多个三段架构的节点配置，所谓的三段式架构是(1)资料导入与处理:此范例就是把曲线与需要编码的实例导入,此外导入 Excel 等亦同。(2)资料整理与计算:此范例就是将曲线等分点依据点排序来比对停车位顺序。(3)资料汇出或回写:此处是将编码整理后填回实例的相关栏位。在进行 Dynamo 编程时,这个模式相当重要,就是先考虑最后要如何写回,接着决定要导入哪些实例进行判断,最后才是中间资料处理的部分。

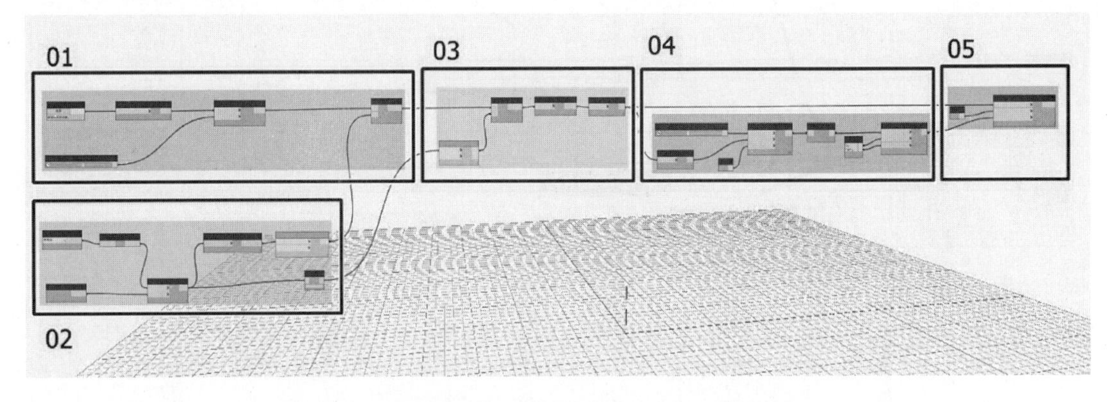

图 4-46　Dynamo 节点范例(请对照二维码附图 4-46)

图 4-46 节点群组的部分说明如下:

1. 曲线导入与分析点密度设定。
2. 停车位选取与取出"BoundingBox"。
3. 线性编码排序分析。
4. 排序编码位数或前缀词补正。
5. 资料回填至停车位对应栏位。

【分步说明】 在此范例中需要考虑的只有分析点的密度,因车位配置与排序规则变化极多,另外不同排车位间还隔着车道,而车道上方的分析点就是无效点,布点太多会影响运算效能,而布点太少则会发生排序漏项的问题。一般来说每个停车位有 1～2 个点的密度是最合适的。

STEP 01 打开本章节范例的 dyn 格式文档可扫封底二维码获取,点选左上方节点"Select Model Element"中的选择按钮,画面切回 Revit® 中选取平面中的模型线,选择后该节点会从黄色警告恢复灰色状态,此时可先将 01 组最后一个节点"List.Map"先冻结,因为需要先决定分析点密度,以避免无效的运算。接下来使用"Curve.PointsAtEqualSegmentLength"与"Integer Slider"做控制,因为曲线长度与停车位数量每次都需要调整,一个最基础的概念就是每个停车位至少都要分配到 1 个点,可参考图 4-48 示意。图 4-48 之 A 是参考线上有 200 个分析点的情况,图 4-48 之 B 是有 100 个分析点的情况,最佳就是图 4-48 之 B 的状态,在正确性与效能间取得一个平衡。另外脱离停车位的部分依旧会有判断点,这类点越多执行上就越慢。

STEP 02 因此类编码作业皆为分层、分区处理。所以 02 组中需要先处理便是筛选出范围内的停车位,一方面使用"Categories"+"All Elements of Category"取出所有停车位实例,另一方面使用"All Elements In Active View"获得本平面图中所有的实例,最后一起

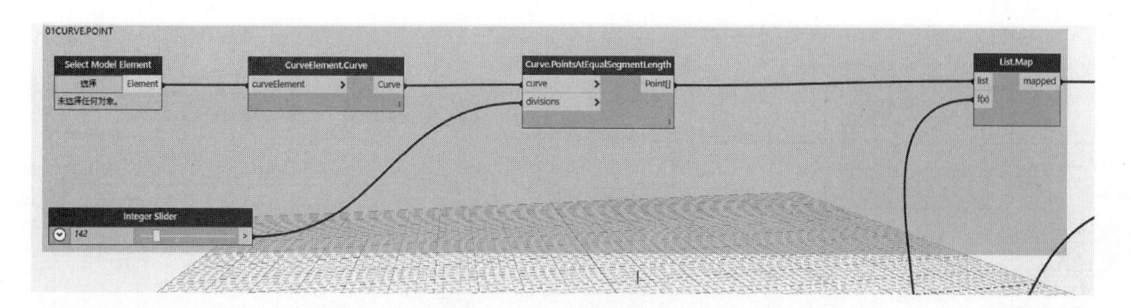

图 4-47　01 组节点详图

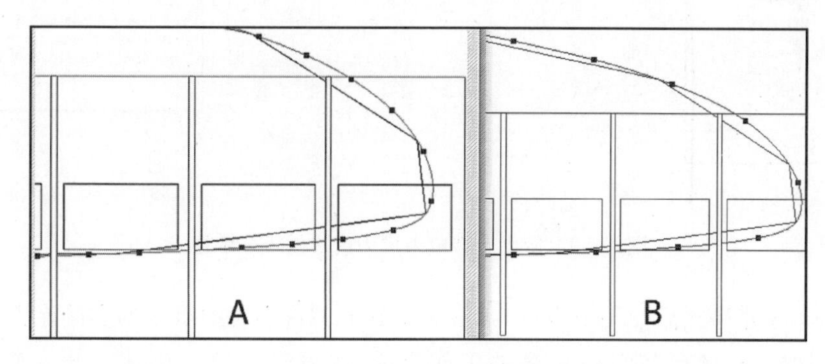

图 4-48　分析点密度

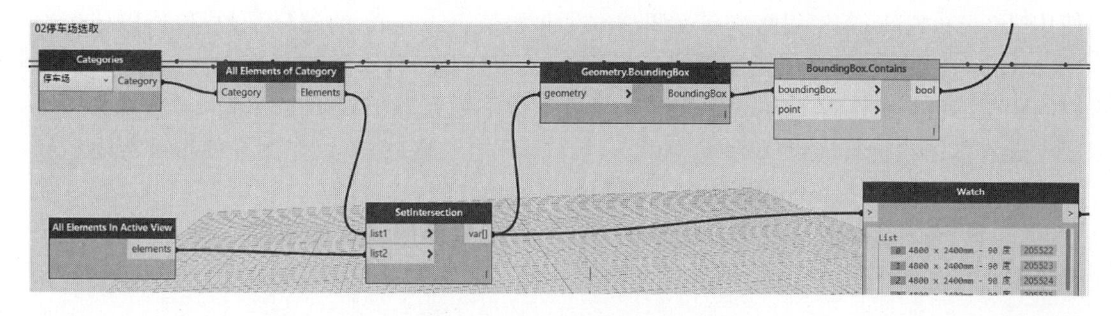

图 4-49　筛选范围内停车位

连接“SetIntersection”节点获得两列表的交集即为本视图中所有的停车位。另外还有几个方式可以筛选出我们需要的停车位，例如使用“List.GroupByKey”节点将停车位以 Level 排序后逐层进行车位编码也是常用的方式。

STEP 03　接着取出停车位的“BoundingBox”并以“BoundingBox.Contains”与组 01 得到的判断点比对。两组列表做比对使用节点“List.Map”，当然在 Dynamo 1.2 后可以开启节点层级达到同样的效果，此处保留原范例的节点架构。在图 4-50 中的 A 区块的成果列表可以这样来解读，“8 List”就是曲线上的 8 号(第九个子列表)判断点，而此点与每个停车位干涉的情况，其中只有 5 号(子列表中第 6 项)为“true”也就是此点在第 6 个停车位当中。接着把此结果接到另一个“List.Map”上，并且以停车位实例作为“List.FilterByBoolMask”的输入列表，而刚刚判断点的干涉情况就是“mask”，所以每个点至多对应一个停车位，而也有两格点对应同一个停车位的情况发生，如 B 区块列表中的 0 与 1 号。就是对应同一个停车位，所

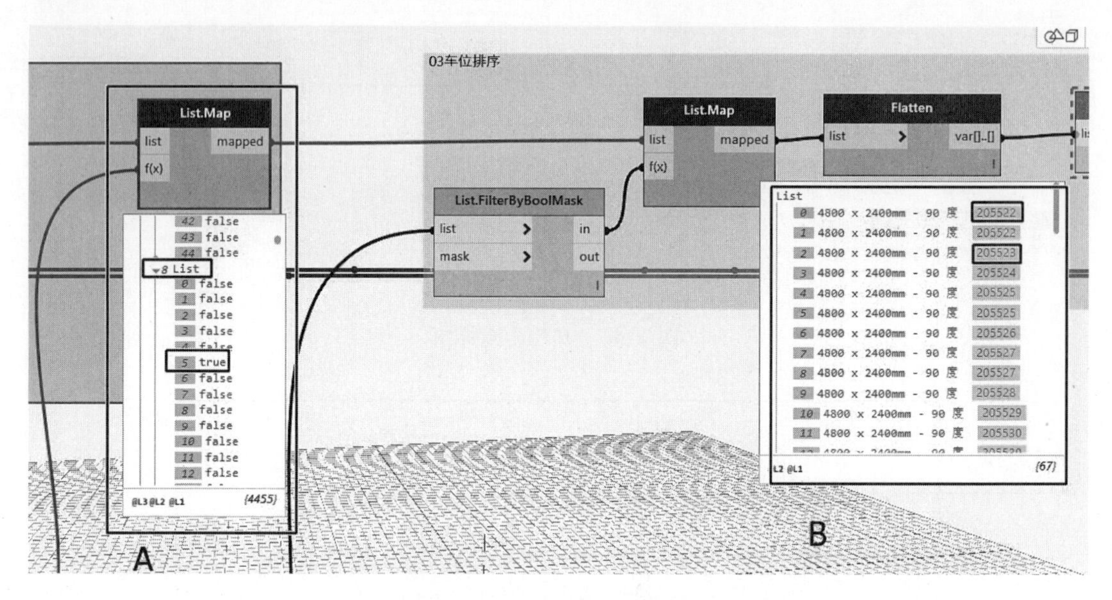

图 4-50　使用干涉成果成为遮罩做排序依据

以整理出停车位排序之后使用节点“List.UniqueItems”将列表中重复的实例除去。

STEP 04　至此已将车位排序的工作完成，接着是编码的生成。此处使用“001…002…003”此类排序，图 4-50 中 A 区一开始调用“Sequence”，start 的部分是起始编号，所以使用“Integer Slider”，使用此节点可调整编号起始值。amount 的部分是数量，所以使用一个“Count”连接车位排序成果的数量，最后的 step 是间距，停车位编号都一次跳一个号，所以间距就给予一个设为 1 的”Number”。接着把数字接到“String from Object”转换为字符串。进入 B 区再将其接到“String.PadLeft”的“str”输入端，此节点作用是使得字符串达到指定长度，所以在“newWidth”输入端赋值 3，表示字符串都为 3 个字符组成，接着在“padChars”输入端赋值字符串 0，所以原来的“1”之数值的经过此步骤后变为“001”的字符串。

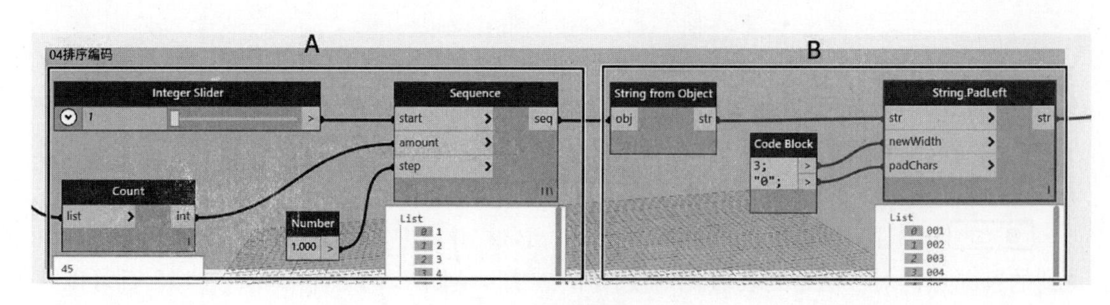

图 4-51　排序编码作业

STEP 05　最后使用“Element.SetParameterByName”，将编码写回至车位当中，“element”的输入端连接 03 中车位排序成果，“parameterName”输入端使用“标记”，当然要根据 Revit® 项目中车位编码的参数名称决定，“value”输入端就连接 04 组的输出成果。将所有冻结的节点恢复，并按下运行则可得到停车位自动编码的成果，如图 4-52 所示。

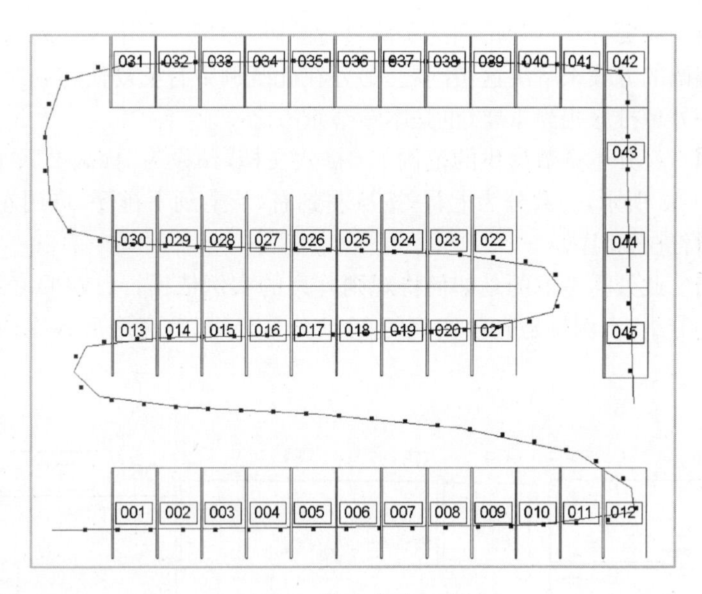

图 4-52　停车位编码成果

4.2.3　坐标编码排序

坐标编码的方式主要是使用实例的中心点或者插入点坐标为基准，根据其与起始点的距离做排序判断。本方法的运用范围很广泛，如停车位，或者需要远近排序编码的图元（例如水暖电系统设备编码），都很适用。此法的优点是以单点分析距离，少有空值与重复的情况发生，另外也适用于跨标高的图元（例如机电系统）；缺点是仅适用于规律的排序，太复杂的排列模式不适用，如图 4-53 顺向停车格编号呈现。

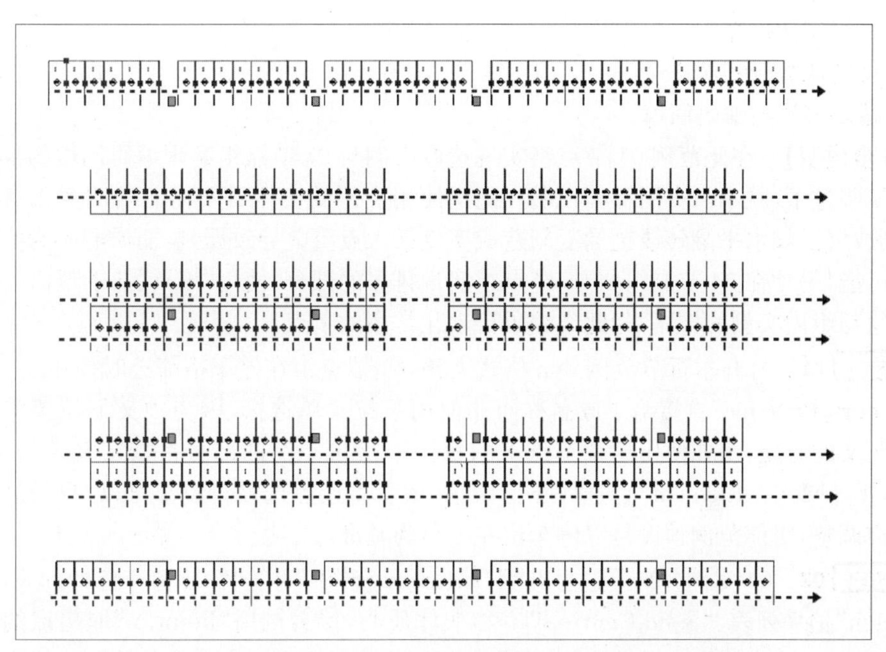

图 4-53　本小节成果范例顺向停车格标号

有时在项目中需要针对行列排列的实例进行编码，数量一多用线性编码较慢，因此可以使用坐标定位编码的方式来解决这类问题，另外在此范例中有反复使用到“Sort”相关节点，这在 Dynamo 中处理排序相当重要，也是本章节重点之一。

【范例说明】 打开本章节提供的范例 rvt 格式文档，预设为“标高 2”平面，此平面有许多停车位如图 4-53 所示，一共分为七行，按从左到右，从上到下排序；可用左上第一个停车格作为基准，分行进行排序。

【节点思路】 此处需考虑的是如何将规则阵列的实例依据行（或列）来编码，要依据此方法编码就得先分组，本例就是先以实例的 Y 轴分量分组，分完之后各组内的实例再以距离排序。

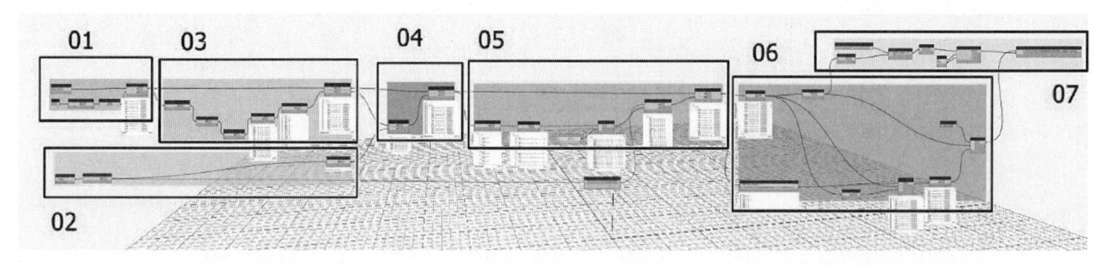

图 4-54 Dynamo 节点范例（请对照二维码附图 4-54）

图 4-54 节点群组的部分说明如下：

1. 视图中停车格筛选。
2. 选择起始图元实例。
3. 停车格按行分组。
4. 分组排序。
5. 分组实例排序。
6. 反转偶数行实例排序。
7. 按序编码与编码回填。

【分步说明】 在此范例 01 节点组实现选取实例与 07 节点组实现编码回填的部分在上一章节说明过了，就不再占用篇幅说明。此例使用实例的实体质心而非实例插入点的理由是，实例放置后如水平翻转或镜像复制造成实例插入点重叠导致误判，而质心必为实体中心无重叠可能，另外在 04 节点组与 05 节点组实现排序的部分，使用“Sort”基于数值的排序来调整分组与组内实例的排序，为此类编码自动化常用的节点。

STEP 01 打开本章节范例 dyn 格式文档，01 节点组在停车格筛选时使用了“String”与“Category.ByName”直接给予族名称而非使用下拉菜单选择，因为中文下拉菜单首字检索不如英文的方便，不如使用这个节点来的直接。02 节点组的部分是指定起始的停车位，使用“Select Model Element”点选停车位四角，或者直接点选停车位都可以，只是后续节点会有些许调整，目前范例预设是以停车位左上角为基准。

STEP 02 03 实例分组。这里调用“Element.Solids”并连接 01 停车位的列表，接着使用“Flatten”拍平列表、“Solid.Centroid”获得实体质心，接着调用“Point.Y”取出点的 y 坐标值、“Math.Floor”将数值返回成整数，这是避免实例放置时有极小偏差导致分组错误。接着再将实例与刚才的整数列表接到“List.GroupByKey”上的“list”与“keys”输入端后，停车格即依据 y 轴坐标分组完成，节点配置如图 4-55 所示。

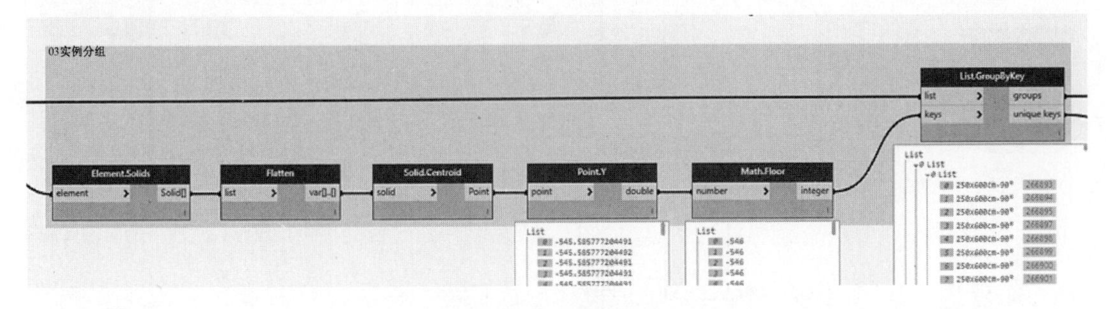

图 4-55　实例分组

STEP 03　04 分组排序。这里先把 03 最后“unique keys”输出端的成果与 01 基准点 y 轴数值相减并将成果连接到“Math.Abs”转换为绝对值，接着将其连接到“List.SortByKey”的“keys”输入端，并把 03 最后的“groups”连接到“list”，进行运算可得到依距离远近分组的排序，可参考图 4-56 理解分组做法。

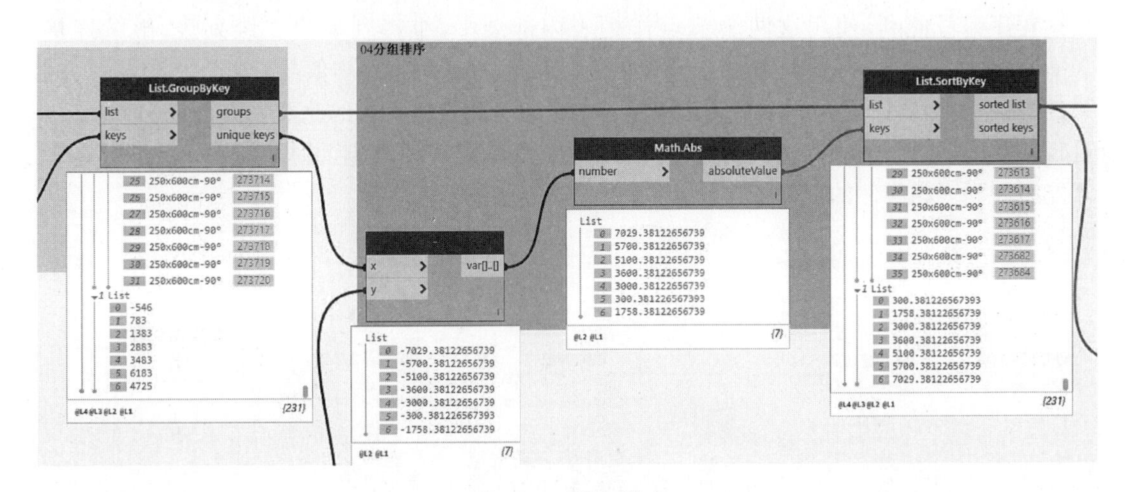

图 4-56　分组排序

TIPS　这里解释一下“List.SortByKey”的功能。请参考图 4-57，起始利用“Code Block”产生两个列表，分别为“A 到 E”的字符串列表与“2，3，1，4，5”的数字列表，把两个列表都连接到“watch”节点进行观察，列表 A 为自然排序，列表 B 则否。接着把列表 A 连接到“List.Sort ByKey”的 list 输入端，列表 B 连接到 keys 输入端，执行后会发现，原先的列表 B 重新排序是按照 ASCII 码排序的，即“1，2，3，4，5”。而列表 A 的排序也一并更动。例如，列表 B 中的“1”，原来排在第 3 项，经过运算后变成第 1 项，所以对应的英文字符即为列表 A 中的第 3 项，也就是“C”字符运算后重排在第一项，由此可见，“list”输入端输入的列表排序会受到“keys”输入数值列表排序的影响，用这个原理处理实例排序相当方便，但此排序是自然排序，即将数值由小到大的顺序排，如要反向作业则需在此节点后方接上“List.Reverse”进行列表反转。

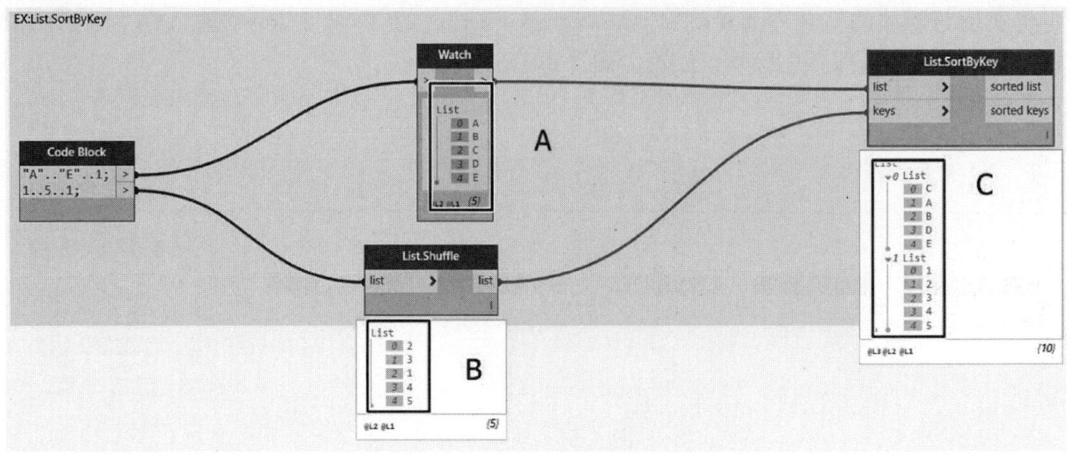

图 4-57 “List.SortByKey”节点说明

STEP 04 05 分组实例排序。分组完成之后，接着处理各组内部实例排序的问题。处理的思路与前述方法相同，首先将分组后的实例取出质心点，接着使用“List.Map”，“f(x)”连接“Flatten”。实例分组后得到的是 2 维列表，但在取质心时会变为三维列表，为了后续程序编写便利，使用这两个节点作列表内部展平，维持列表为二维列表，继续连接“Geometry. DistanceTo”得到质心与基准点的距离，接着再将距离值与 04 节点组得到的结果的分别连接到“List.SortByKey”的“keys”与“list”，此处最重要的此两列表都是二维列表。且现在要处理的是列表内实例的排序，所以此节点需要使用级别，并以＜@L2＞进行运算才能得到列表内实例的正确排序，可参考图 4-58 的节点配置。

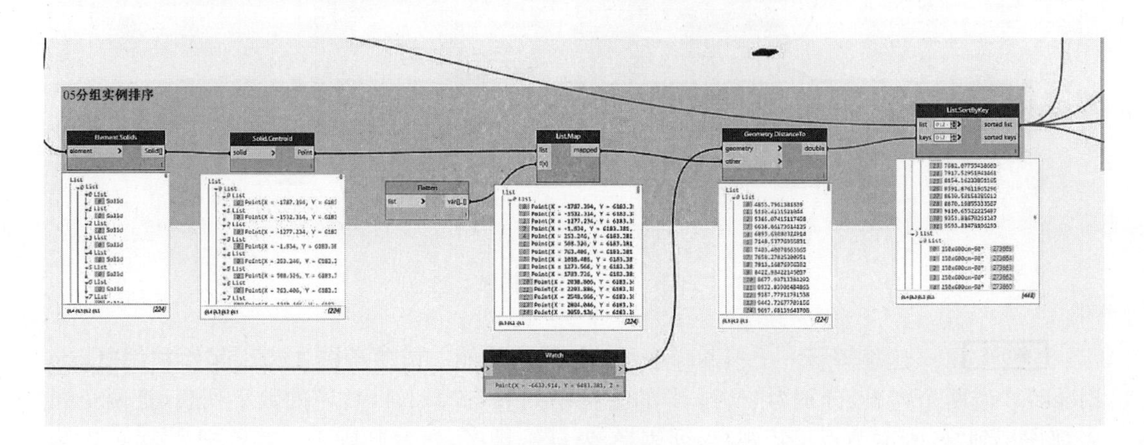

图 4-58 分组内实例排序

STEP 05 程序写到这里，已经可以将停车格分组，完成排序。但实际上，较少见到完全按照由左到右、由上到下的线性顺序编码。反而我们常用的都是类似折返的方式，例如，某一行车位由左编码到右，下一行又从右编码到左。所以需要将偶数组的列表做反转以达到折返排序的效果，可参考图 4-59 说明，接着看图 4-60 中 A 的部分。这边需要先说明“CodeBlock”的内容，先生成一个“a={true, false}”的列表，接着使用“List.OfRepeatedItem”

重复此列表，重复的次数以需编码实例的列表项目数“＊0.5”来定，所以最后输出一个有 8 个列表项的列表。接着调用“If”节点，将刚刚的输出结果连接到“test”，“true”的部分连接到 05 组的成果，另外将 05 组的成果连接到“List.Reverse”并使用级别＜@L2＞，接上 false 输入端，所以 test 输入之字符串是 true 为时执行的是正常排序命令，“false”时执行的是反向排序命令，即为图 4-59 中 B 所示成果。

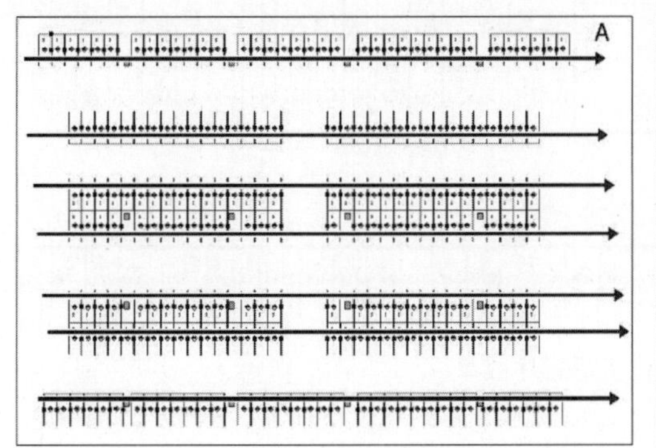

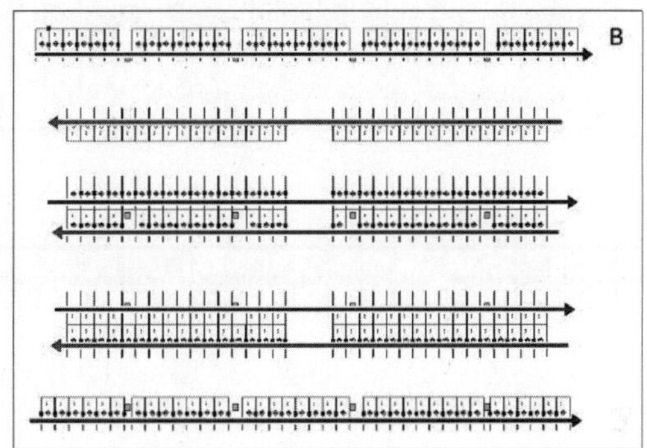

图 4-59　停车位单向与折返排序示意

接着调用“Boolean”与“If”节点，”IF”连接至 test 输入端，再将 05 组的成果连接到 true 输入端、图4-60之 A 成果连接到 false 输入端，以“Boolean”的 true 或 false 控制输出的实例排序是单向或者折返，如图 4-60 中 B 的节点组合。

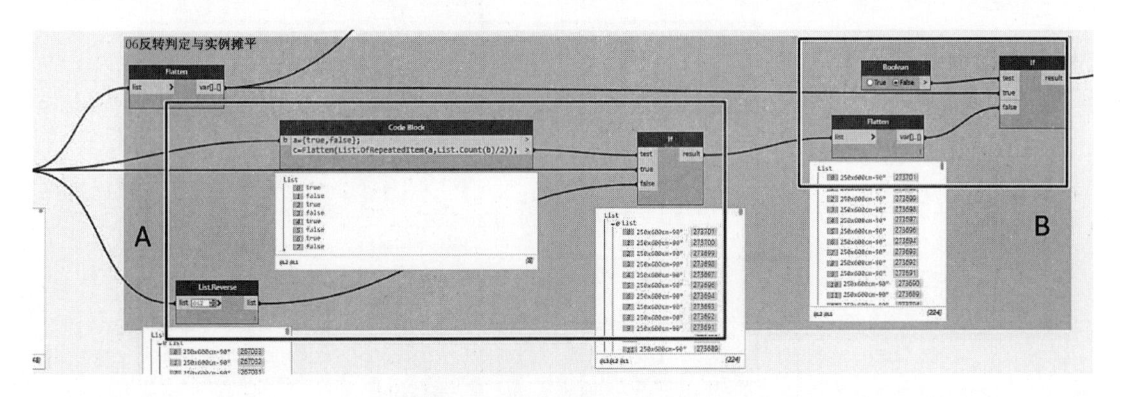

图 4-60　反转判定与实例摊平

STEP 06　07 排序编码与回填。此处的做法与 4.2.2 相同，唯独将“Sequence”与“Element.SetParameterByName”使用 Code Block 简化节点写法，当对 Dynamo 够了解后使用“Code Block”简化会使得整个运算式简洁，最后成果如图 4-61 所示。

4.2.4　基准投影排序

基准点投影原本是要解决某一类既无插入点，也无 BoundingBox 的族的排序需求，例如面积，另也可用于房间编码上。房间与面积这两个族都有“locatoinpoint”位置点这一概念。我们开启平面视图可见性，勾选房间子项中的参照，使其可见，则项目中的房间实例会以一个

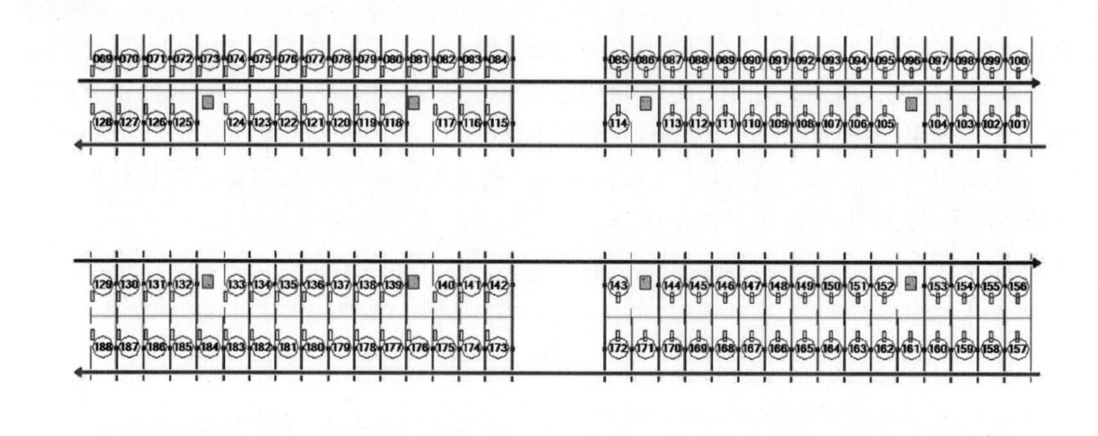

图 4-61　停车位折返排序成果

大叉符号布满，此大叉中心有一个很小的“十”字，此即为该房间的位置点“locatoinpoint”，本范例即以此为排序参考，如图 4-62 展示从左下依据曲线的方向顺时针编号。

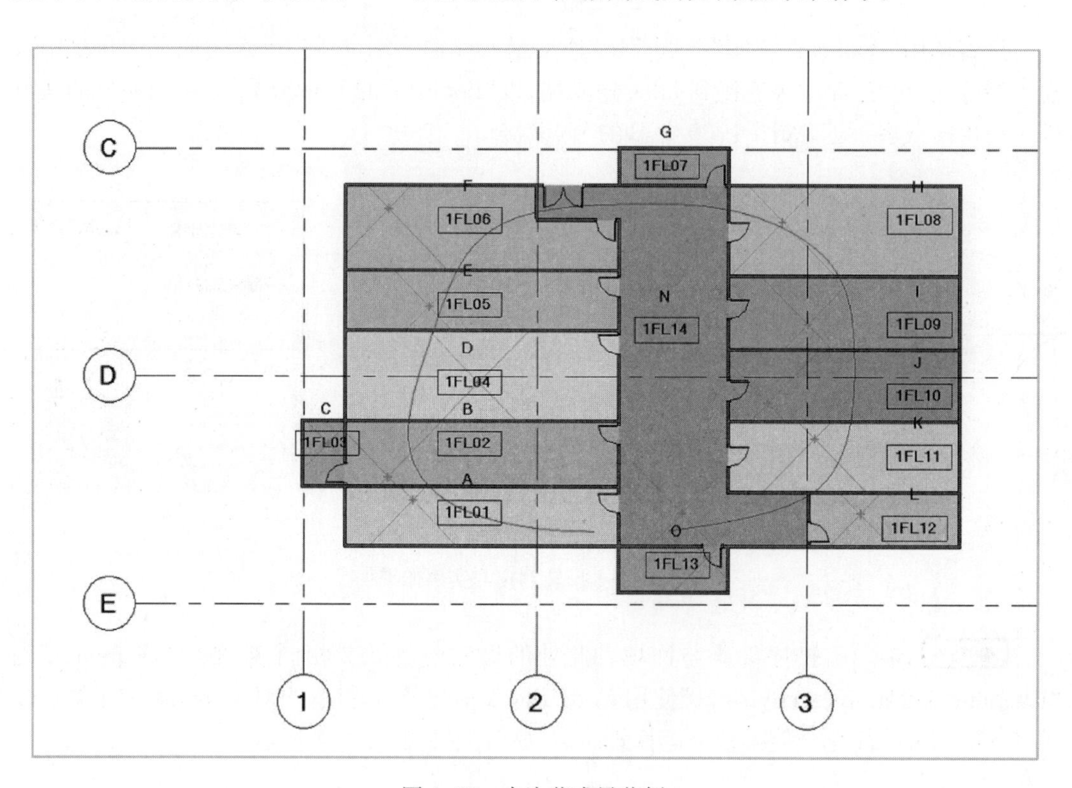

图 4-62　本小节成果范例

此章节范例适用的族为房间与面积，尤其是面积。在 Revit® 中面积是不具备 Geometry，即无法取出其几何形体的。这类族在 Dynamo 中能获取的几何信息极少，便无法使用前两篇范例中的方法进行编码等作业，因此我们另辟路径解决面积编码的问题。

【范例说明】 打开本章节提供的范例 rvt 格式文档，预设为"1FL"平面。如想得知此平面有多个房间，一般而言，房间的编号方法要依据设计的常用做法，不用按照上下左右的顺序排序。但是房间由于每个实例的面积与造型都有差异，不像停车位行列规则排列，所以有些编号的顺序需自行手动调整，尤其走道类长条形的房间，较难用坐标或线性解决排序问题。

【节点思路】 此法还是需要于当前标高绘制一条模型线，此模型线不需要穿过所有需要编码的房间。但曲线绘制方向要与编号的方向性相同，这样后续调整较少。例如本范例就是由左下方由七点钟方向顺时针至六点钟方向结束。

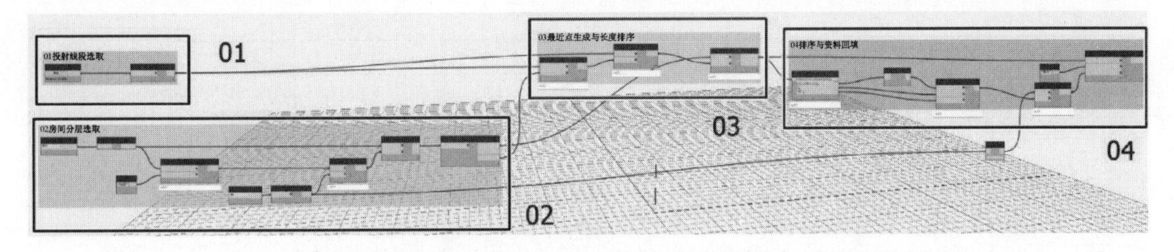

图 4-63　Dynamo 节点范例(请对照二维码附图 4-63)

图 4-63 节点群组的部分说明如下：

1. 路径模型线选取。
2. 分层房间实例选取。
3. 最近点生成与点距排序。
4. 排序与资料回填。

【分步说明】 此范例中关于实例筛选的部分，使用了标高为筛选条件而非视图，此处节点用法与前两章节不同。另外"locatoinpoint"位置点排序的思路参考图 4-64 说明，使用 A、B、C 三点分别求出投影曲线上对应的最近点，再使用该点到曲线起点的距离长度进行排序，得到 1、2、3 的顺序。

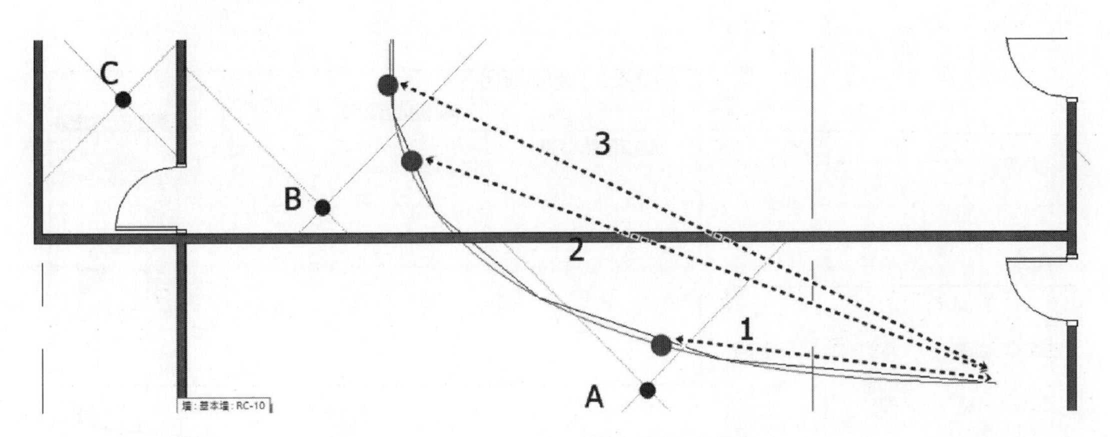

图 4-64　ClosestPointTo 排序思路(见彩图九)

STEP 01　打开本章节范例的 rvt 与 dyn 格式文档。01 组的部分使用"Select Model

Element"选取排序模型线，02 组的部分使用前两章示范的方法选取项目中所有的房间实例。因需按标高筛选，所以使用"Element.GetParameterValueByName"在 paramtername 输入端连接"标高"字符串。求出各房间实例标高后，使用一个"=="(判定是否相同)的节点，将标高结果连接到 x 输入端，另外调用"Levels"与"Levels.Name"两个节点，并在"Levels"下拉菜单中选择"1FL"，输入的字符串连接到"=="的 y 输入端上，运行返回 true 或 false 值，true 即为选定标高，再将输出结果连接到"List.FilterByBoolMask"的 mask 输入端，前面得到的所有的房间实例则连接到 list 输入端，运行后筛选标高的工作即完成，如图 4-65 中 A 所示。

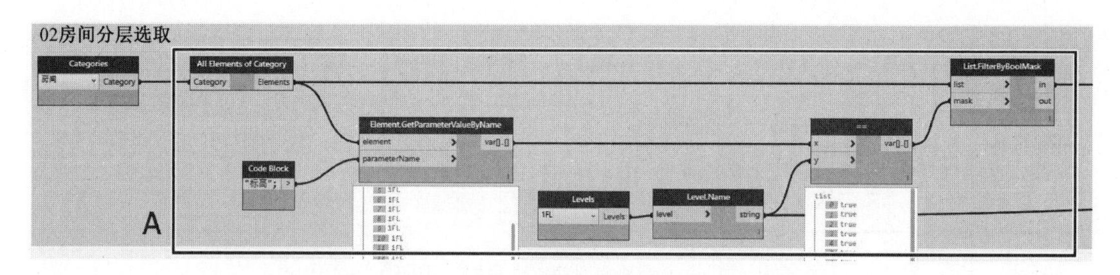

图 4-65　依标高筛选房间

STEP 02　此处我们使用一个自定义的节点"roomlocationpoint"接续 02 组"List.FilterBy BoolMask"之成果，做法可参考图 4-66 中 A，此节点也放置于本章节范例文件夹中供读者调用；由此节点得到房间的"locationpoint"位置点后，连接到"Geometry.ClosestPointTo"的 other 输入端，而 01 组的投影线连接到 geometry 输入端，接着将得到的 point 列表连到"Curve.ParameterAtPoint"的 point 输入端，而投影线连接 curve 输入端，冻结后方节点并运行，结果应为一系列小于 1 的数值，此即为从起点至该点的长度在曲线上的百分比，数值越小越近起点。接着再次调用"List.SortByKey"，将此数值列表连接到 keys 输入端，而 02 输出的 roomlist 成果连到 list，运行后即得到所要的房间排序，图 4-66 中 B 所示意。

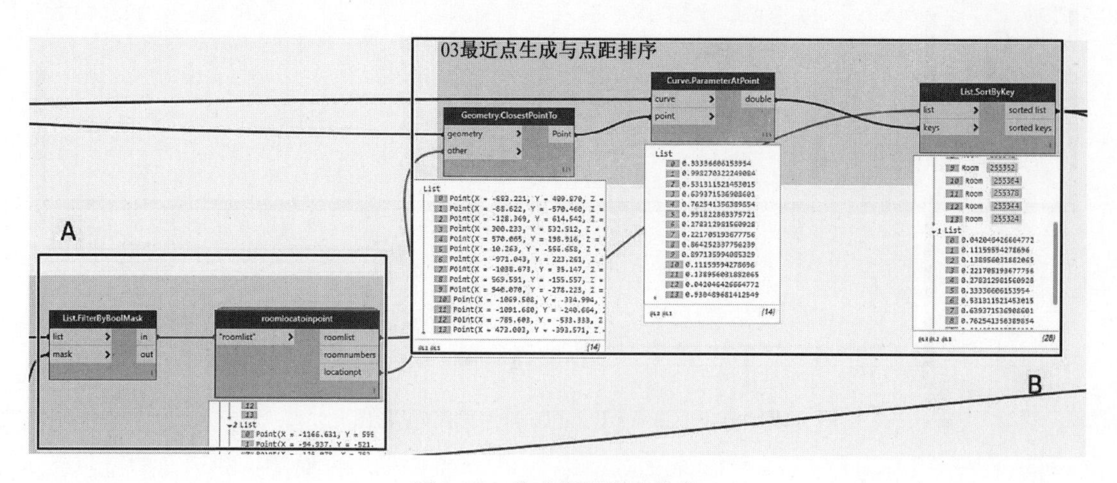

图 4-66　依曲线投影点排序

STEP 03　编码排序与回填的部分与前面章节类似就不再详述，唯一需要提及的是编码前缀词的增加。例如此例中编码中需增加标高，在使用“String.PadLeft”完成字符向右对齐排列后，连接到“+”节点的 y 输入端，x 输入端连接从 02 节点组中筛选处的标高名称，注意 x 输入的内容排在前端，就会得到类似“1FL01”这样的编码，最后再回填至选取的房间实例的“编号”参数中，确定所有节点取消冻结后，运行即可得到房间排序的成果，本章节到此结束，节点配置可参考图 4-67。

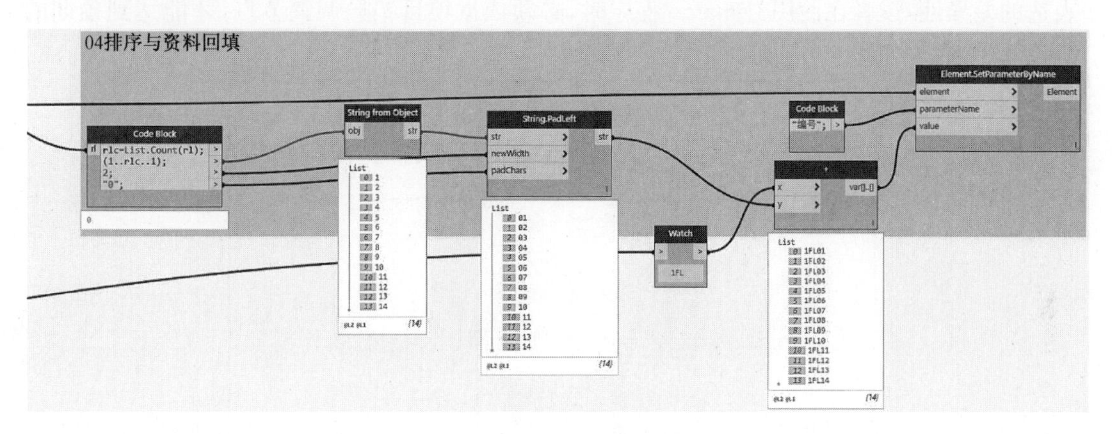

图 4-67　编号排序与回填

TIPS　此处解释一下使用“locationpoint”调整排序的方法。如本章节一开始说明最近点投影的排序思路，我们可以移动房间参照点来影响投影点的排序，如图 4-68 中房间 B 的编号由“1FL02”变为“1FL01”。

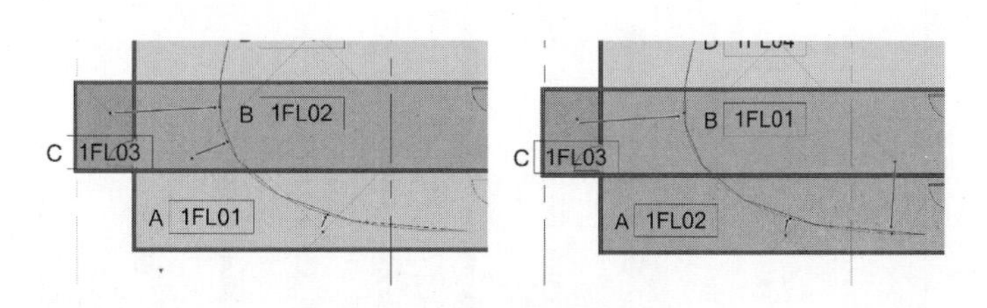

图 4-68　排序调整

4.2 节与 4.3 节的范例是在 Dynamo 0.9～1.0 的版本上创建的，目前最新版本已将部分自定义节点或 Python 节点纳入，例如“RoomLocation”等，大家可以使用相同功能的节点取代。

4.3　CAD 翻模类

在实务上很少一开始就进到 Revit® 的环境下进行建筑设计工作，为了顾及效率与弹性，大多还是先以 2D 作业起始，到一个阶段后转移到 3D 继续发展，在转换中最大的工作量便是在于翻模作业，所以本小节介绍以 CAD 或结构构架进行柱梁版创建的流程，也是相当实务的做法，但因 2D 图元标注方式甚多，故读者在投入实战时需配合自己项目 2D 图柱梁编码方式进行调整。

4.3.1 CAD 图结构柱翻模作业

本章节开始进到大家最感兴趣的内容，也就是 CAD 翻模作业。虽然 Revit®结构模块提供批量创建结构构件的指令，但仅适用于在 Revit®中进行正向设计的工作流，却没有提供由 CAD 图纸进行翻模的指令，但这往往是工作量最繁重的一个环节。所以在本章节花较大的篇幅来介绍结构翻模的方法，而使用的节点也较繁复。但因实际项目中图解与注释表达的差异性，读者在使用 Dynamo 程序时，必须依据项目差异调整节点，才能达到预期的翻模效果，成果如图 4-69 所示。

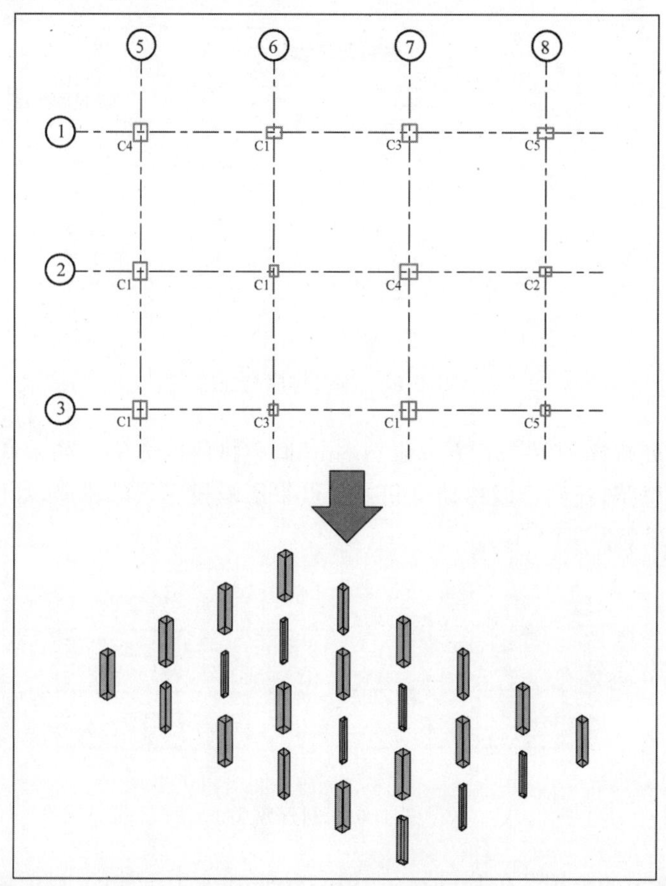

图 4-69　本小节成果范例

凡涉及翻模作业必然有些预设与条件，影响最大的应是 CAD 图的图层管理。有部分 Dynamo 的软件包针对 CAD 的图层与线条作筛选，在本范例中则使用导入 CAD 图，整理相关图层后进行分解的做法。另外需要针对创建的结构柱新建相应的族类型，因此部分涉及族类型的判定与选取，所以在使用 Dynamo 程序前，应将上述内容设置完毕。

【范例说明】 打开本章节提供的范例 rvt 格式文档，预设为"1FL"平面，为了讲解方便，教材中已经将 CAD 导入并整理分解后可直接使用，读者亦可自行导入整理，只留下柱图层后再分解即可。

如使用的曲线图层太多，则需要使用其他方式筛选需要的曲线，避免误判。另在结构柱命名的部分，可使用 Revit®预设规则，例如“600×750 mm”等，唯独需要注意英文大小写与空格的问题。而此处命名需以矩形的长短边排序，故前方的数字必然比后方的小，单位的部分最好是依据项目单位设定，Revit® 中是“mm”则这里就设为“mm”，另外尽量使用数字与英文的组合，在后续作业时可减少单位转换的命令，族命名做法参照图 4-70 示意。

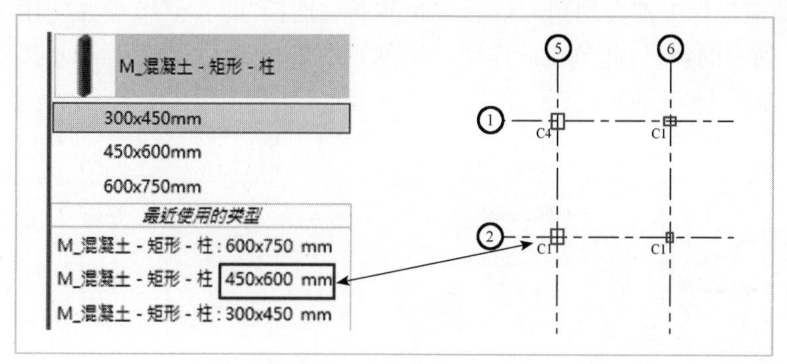

图 4-70　翻模基础设定

【节点思路】　在 Revit® 中创建结构柱需要有底部与顶部标高、放置点与族类型等参数。在 Dynamo 中对应着“point”“level”与“familytype”三种信息。“level”可由视图获取或使用者自行设定，放置点与族类型就需要对 CAD 曲线进行几何分析了。所以先将 2D 结构柱边缘线筛选并分组，接续分析柱截面中心点与尺寸，后续转换至对应的族类型，并判断是否需要进行直角旋转。此范例适用于混凝土矩形柱或钢结构方管柱，H 型钢柱等类型则需要改变图形的辨别做法。

【分步说明】　本范例的节点可分为六组来说明，1 到 3 组是筛选曲线图元并分析图形的中心点与尺寸，4 到 5 组是由为前述的参数转换为柱截面中心点与柱类型，并依此创建结构柱。此外因结构柱会有方向的问题，所以 6 组是生成实例后须判定是否旋转和旋转角度的问题。

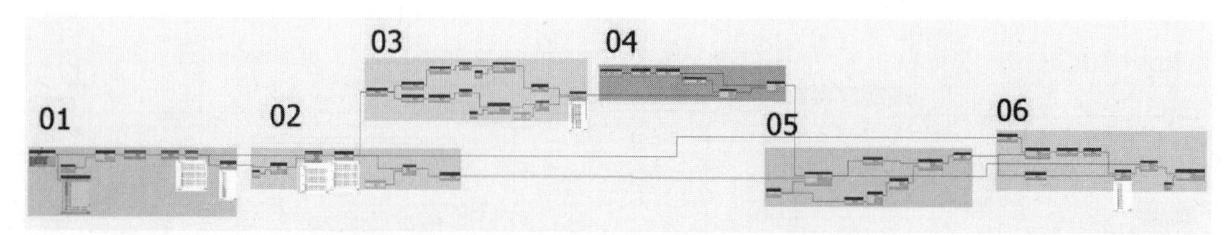

图 4-71　Dynamo 节点范例(请对照二维码附图 4-71)

图 4-71 节点群组的部分说明如下：

1. 选取视图可见实例与曲线筛选。
2. 柱截面中心点数据输出。
3. 矩形柱长宽数据输出。
4. 选取对应的结构柱类型。
5. 创建柱与柱断面。
6. 结构柱旋转。

STEP 01　01 组使用节点“All Elements In Active View”获取活动视图中可见的图

元，接着调用“RemoveIfNot”的节点并连接至 list 输入端，在 type 则输入“ModelCurve”的字符串作为筛选条件，此来即可排除非模型线的图元。是常使用于筛选特定族实例的用法。接着连接“Element.Curves”与“Flatten”节点获取图元的曲线并展平为一维列表。后续使用“Python Script”，这是 archi-lab 所写的节点，作用是从海量曲线中取出封闭曲线列表。在此章节中的翻模工作中都会用到。最后在此节点后连接“Count”节点并使用节点级别＜@L2＞，取得子列表的项目；此节点的作用在于判定图形标准，可借此筛选矩形（包含四条边）之外的图形，如图 4-72 所示。

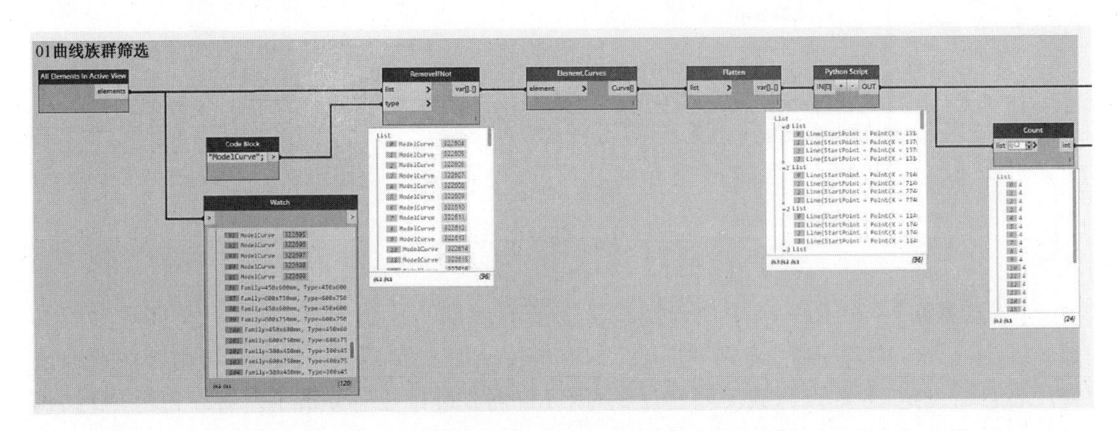

图 4-72　选取视图可见实例与依族类筛选曲线

●STEP 02　02 组首先调用“List.FilterByBoolMask”筛选 01 组的输出成果，使用子列表项数作筛选条件，过滤掉项数不为 4（无矩形可能）的列表项后，使用“Curve.StartPoint”获取各组曲线的起始点。接着使用“Polygon.ByPoints”与“Polygon.Center”节点，通过连接点构造多边曲线，再求出多边形各角的平均值，此点即为柱截面中心点，节点配置如图 4-73 所示。

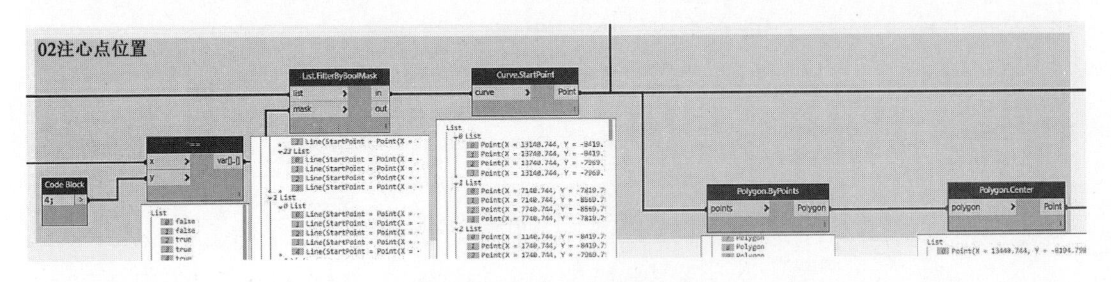

图 4-73　柱中心点数据产出

●STEP 03　03 组调用“Rectangle.ByCornerPoints”连接 02 组获得的各组曲线的起始点创建矩形，后面分别连接“Rectangle.Width”与“Rectangle.Height”节点，并使用“Math.Round”与“String from Object”获取矩形长宽后转换为文字。在 Dynamo 中将数字转换为字符串时会产生小数位，例如 450 转换后变为 450.000 0。此处有几个做法改进，一种方法是使用“String.Remove”去除指定索引位置的给定字符数，一种是使用“String.Split”将小数点“.”作为分隔符，将小数点前的数字和小数点后的数字拆分，例如 450.000 0 可拆分为 450 和 0000，本范例使用第二种做法。

接着在宽度值的部分使用“List.FirstItem”并启用级别＜@L2＞，如图 4-74 框选范围，即为取出子列表中索引为“0”的数值项。长度值的部分使用“List.Map”，将“List.FirstItem”连接至 f(x)输入端。因为此节点的作用是将函数套用至子列表，即与启用节点级别获得的结果相同。最后使用“Code Block”节点，键入“a+‘x’+b+‘mm’”（注意“”需在英文输入的条件下键入），即为“a”输入端的列表加上“x”字符再加上“b”输入端的列表并后缀“mm”字符代表单位，所以“a[0]”的“450”与“b[0]”的“600”经过程序运行后会成为“450 mm×600 mm”，整体节点配置如图 4-74 所示。

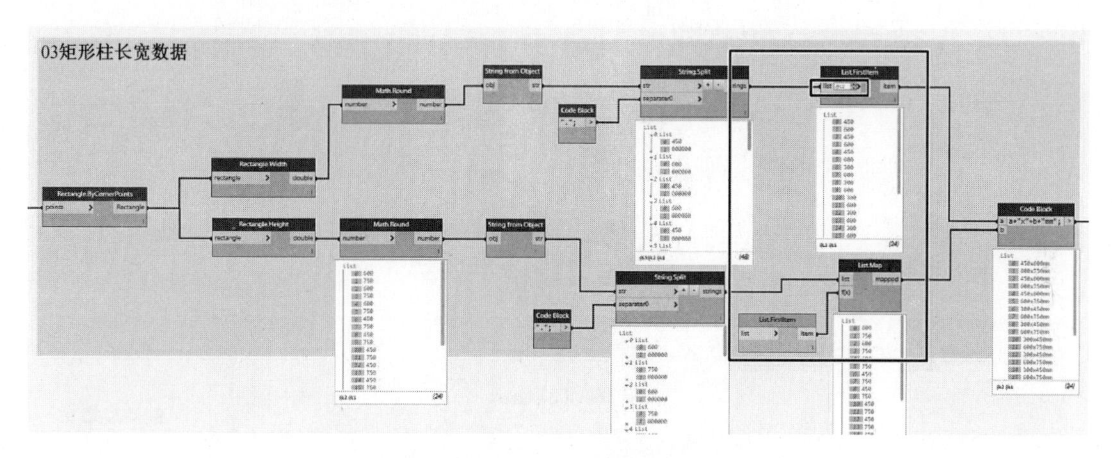

图 4-74　矩形柱长宽数据产出

●TIPS　为何要使用 CAD 中围成矩形的曲线重新创建矩形，再提取长、宽的做法在此作出说明。有两种做法可处理此问题，一个是直接取出 CAD 中线段长度转化为矩形长和宽的数值，另一种即为本范例中的做法。如使用线段直接获取长宽，则可能出现无法找出非矩形的四边形的图元的情况，而产生误判。而创建新矩形的做法则可避免此类问题如图 4-75；当然须在此针对 null，即空值项次进行筛选。03 节点组中，若向“Rectangle.ByCornerPoints”节点输入的 4 个点无法生成矩形，则会输出空值“null”，使用“List.FilterByBoolMask”排除空值。

另外即便是矩形，会因 CAD 图中曲线方向而产生排序的差异，如图 4-75 中间列表示意。但考虑矩形生成时大多使用矩形图块批次放置，故同文档中矩形线段长短排序方式都相同，如最后排序方式为先大后小，如“600×450 mm”，长度在前，宽度在后，诸如此类的情况，可将组 03 最后的“a”“b”输入端互调即可得到正确结果，或使用“sort”相关节点进行排序。

●STEP 04　本组连接 03 组输出结果，如“450 mm×600mm”等字符串列表，此组的功能是将此字符串与结构柱类型对应。首先使用“Family.ByName”，赋予结构柱族名称“M_混凝土-矩形-柱”字符串，后续连接“Family.Types”与“FamilyType.Name”节点，即可获取该族所有类型的名称，接着连接到“List.FirstIndexOf”的 list 输入端作为索引列表，并将 03 组结果连接至 item 输入端取得索引值。接下来将此结果连接至“List.GetItemAtIndex”的 index 输入端作为要提取的索引，而“Family.Types”输出结果连接至 list 作为需提取索引项目的列表，即为对应的结构柱类型，节点配置如图 4-76 所示。

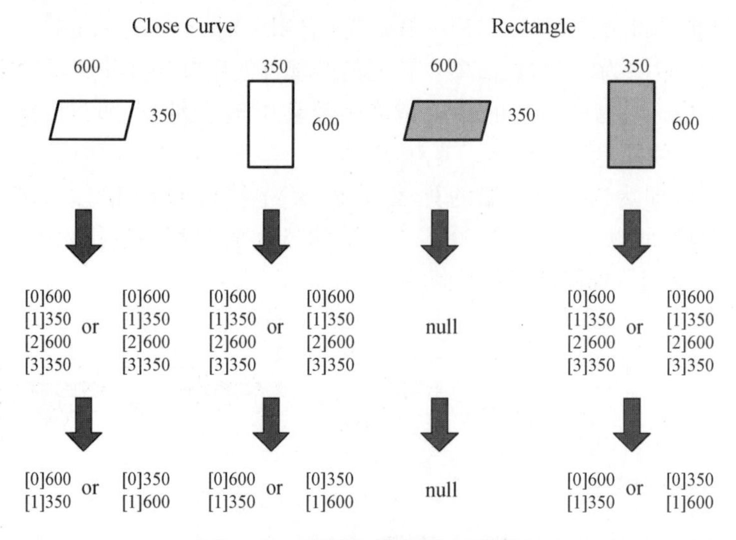

图 4-75　线段与矩形(见彩图十)

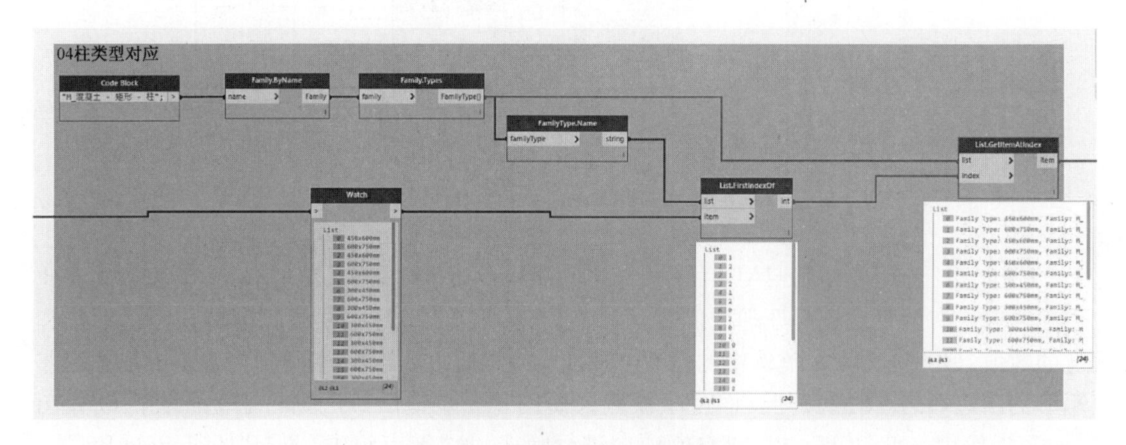

图 4-76　字符串对应类型名称

STEP 05　本组节点的重点是创建结构柱实例,调用"FamilyInstance.ByPointAndLevel"并指定柱类型(04 组)、柱中心点(02 组),然后再使用" Levels"选取对应的楼层标高,都连接完毕后,点击运行即可创建结构柱实例,节点配置可参考图 4-77。但心细的读者可以发现,部分结构柱需要进行直角旋转才正确,如图 4-78 左上示意。而哪些是需要旋转的结构柱呢? 我们有几个方式可判断,如根据线段对应于"X"与"Y"轴的长度来判断,但此处使用另外一个思路,参考图 4-77。目前是原 CAD 中的曲线"Curve"与"Col"的图元进行比较,如两者有交集则会产生一个新的面"surface",如两者方向相同则新的"surface"与组 2 得到的"polycurve"面积相同,反之则两者面积不同则方向不同,可以此做为结构柱实例旋转的依据。

按照此思路,我们接着刚刚创建的结构柱的成果,后方连接"Element.Solids"获取柱的实体。另外将组 2"Curve.StartPoint"的结果连接到"Surface.ByPerimeterPoints"上,即为使用线段起始点创建多边形曲面,再将"Surface"与"solid"连到"Geometry. IntersectAll"作几何图形的交集运算,作为结构柱旋转判别,如图 4-78 所示。

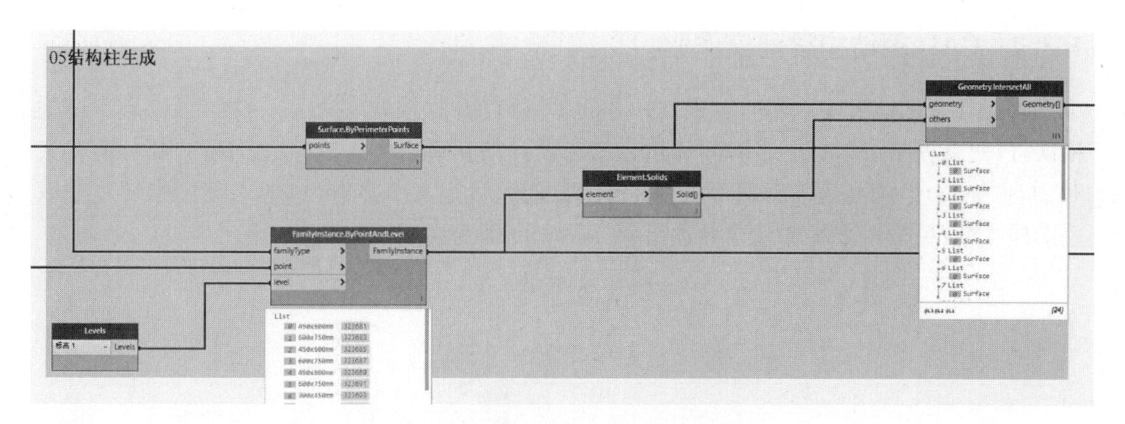

图 4-77　结构柱产出并与 2D 图元交集

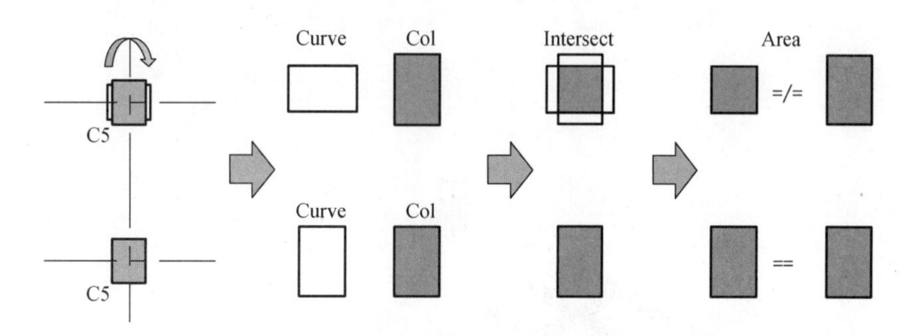

图 4-78　结构柱旋转判别方式(见彩图十一)

STEP 06　再将曲线生成的 surface、与柱相交得到的 surface 分别连接到“Surface. Area”节点求出面积。接着调用“==”节点,比较两者面积“area”值是否相同。“false”则表示需要实例旋转,由输出端“out”连接“FamilyInstance.SetRotation”的“familyinstance”,而在“degree”处则赋值“90”,运行程序完成结构柱的旋转,节点配置如图 4-79 所示,本范例至此。

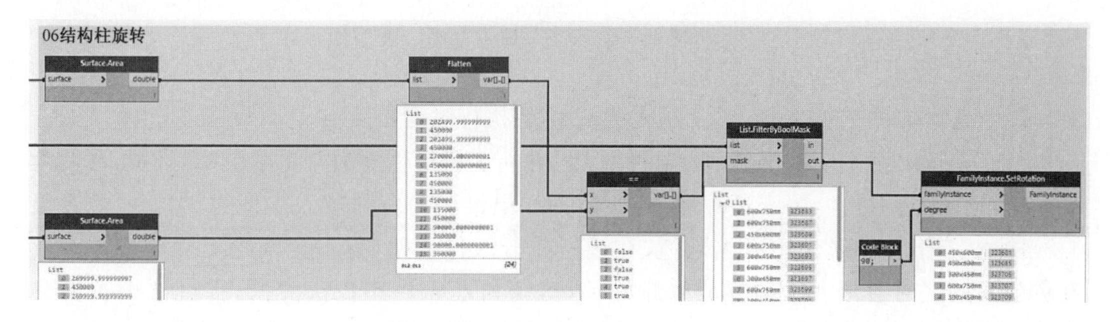

图 4-79　结构柱旋转判断与作业

TIPS　此范例中有几个较为挑战的部分,在此说明:1)使用线段长度与排序判断柱类型;2)辨别非矩形的多边形并排除;3)将对应文字注释内容填至结构柱的实例注释中,此部分可参考下章节范例;4)使用向量判别旋转与否。

4.3.2 CAD 图结构梁翻模作业

翻模自动化是很受欢迎的运用。一方面,可以提升建模效率;另一方面,可以减少建模错误,以便工程师可以把更多时间和精力放在设计的正确性上。自动化建模的部分需要先对 2D 图做整理,当然也有针对 CAD 图层做筛选的自定义节点开发,但本范例中还是建议手动检查,以免资料来源的差异导致错误,图 4-80 即为由 CAD 翻模成果。

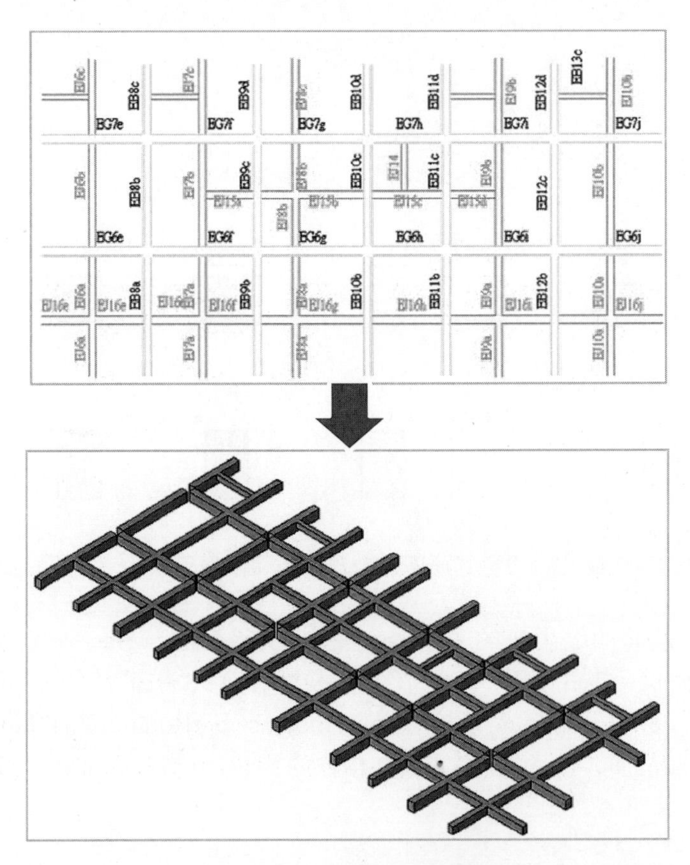

图 4-80　本小节成果范例

这个范例在中文的 Dynamo1.2 版无法使用,要执行时请切换到 0.9X 的版本,也就是 Revit® 2017 安装时预设的 Dynamo 版本,否则无法执行。翻模作业通常是逐层 2D 作业,在此需要注意 Dynamo 的特性,关于运算成果的部分,如果最后是资料填入类型的,例如 4.2.2 至 4.2.4等小节于实例属性填入编码值,在逐层或分区作业时,并不会互相干扰,但 Dynamo 在创建实例之时会把上次运算成果删除掉,这点目前软件中没法克服;唯有使用者创建完毕一层后就使用剪切与粘贴(与同一位置对齐)来规避 Dynamo 每次运行会自动删除的问题。

【范例说明】 打开本章节提供的范例 rvt 格式文档可扫封底二维码获取,预设为"1FL"平面,为了讲解方便,教材中已经将 CAD 导入并整理分解可直接使用,或读者也可删除整理好的曲线,重新使用 Revit®插入选项卡中的导入 CAD 功能,将范例的 CAD 图导入;插入的参数请参照图 4-81 设定。接着点击鼠标中键两次，使 CAD 图置于画面中央。

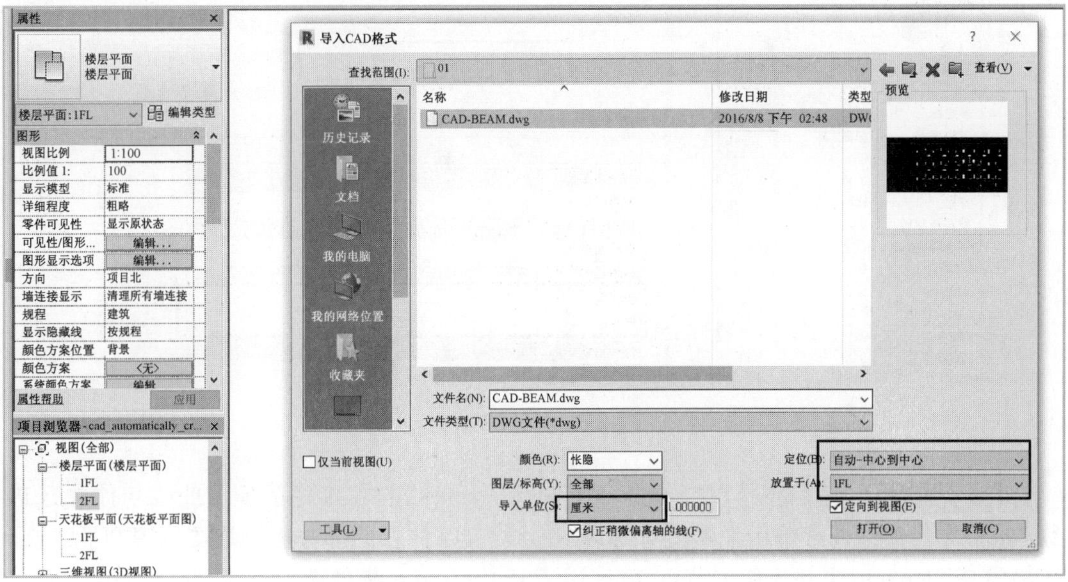

图 4-81　导入 CAD 设定

因本范例为梁翻模，首先针对 CAD 底图做整理，只保留梁边缘线与梁编号相关资料等，须将其余无关的图层删除，例如绿色的柱子图层等。整理完毕后使用导入实例面板的分解按钮，将 CAD 分解为 Revit® 中的曲线与文字注释，请参考图 4-82。此外尺寸的部分须先在 Revit® 中依据本项目所需的梁尺寸自行建立。此处是把梁类型直接命名为图上的梁名称，并设定相符的梁高度与宽度值，请参考图 4-83，至此，本范例的前置作业完成。

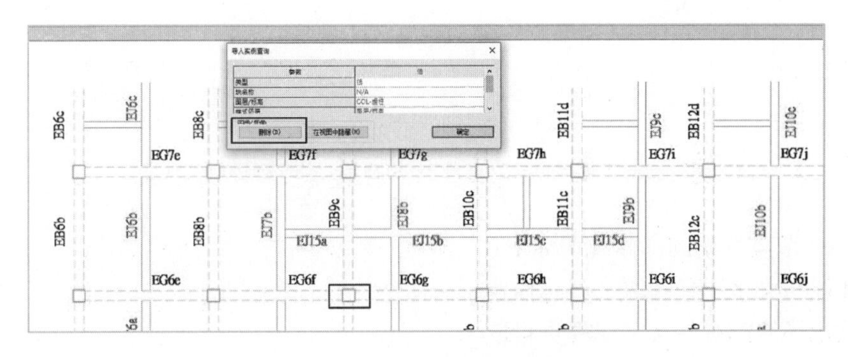

图 4-82　CAD 图层整理与分解

【节点思路】 在 Dynamo 中，梁创建节点需要三种输入信息：curve（梁中心线）、level（基准标高）与 structuralFramingType（梁类型）。梁中心线、基准标高与梁尺寸。基准标高依据图面相关标高设定，需要处理的是梁中心线的生成与尺寸指定，就是要在这多段线条中两两配对产生出中心线后再与最近的文字注释配对，再将文字注释的内容转换为梁类型，便提可提供 Dynamo 梁创建的要素了。

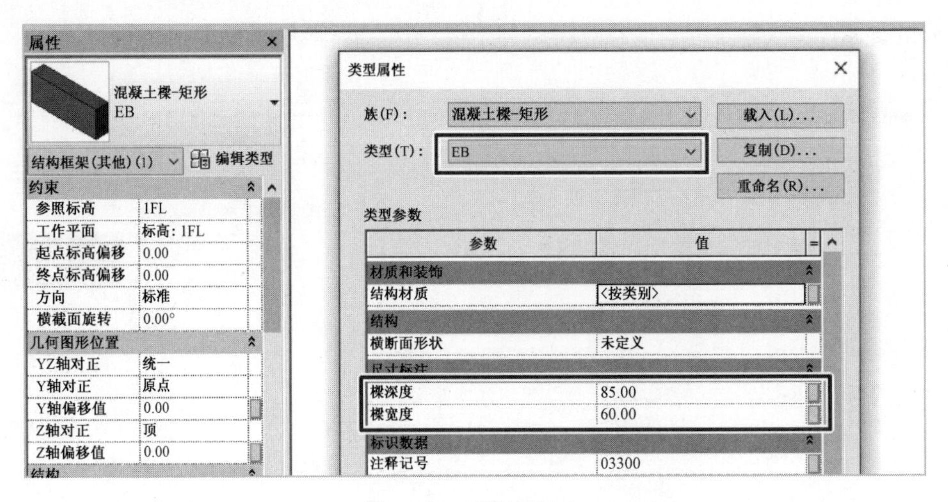

图 4-83　梁类型设定

【分步说明】 起手还是以“Select Model Elements”的方式将翻模的曲线与注释选进 Dynamo 中。曲线的部分用来做配对与求中心线，文字注释的部分用来取出内容与插入点，但 0.9 版 Dynamo 中并无相关节点，故使用了 Python 节点来处理。

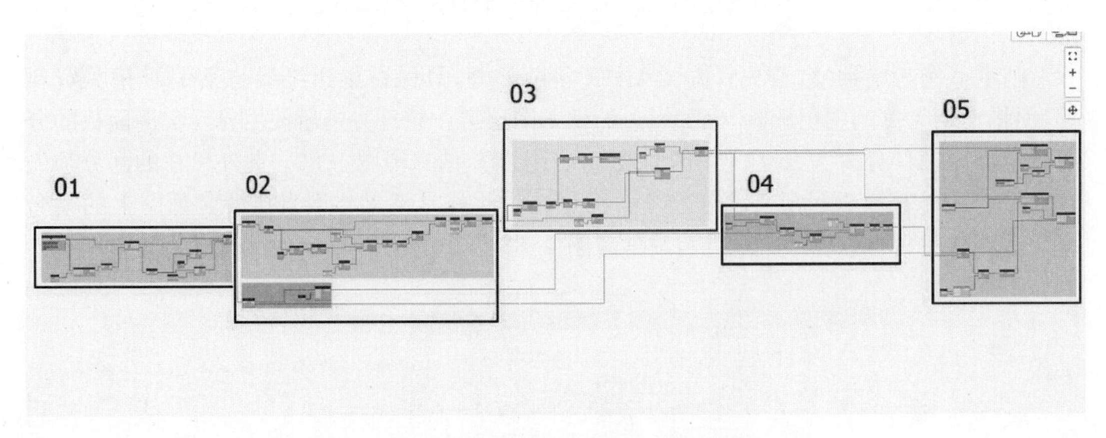

图 4-84　Dynamo 节点范例(请对照二维码附图 4-84)

图 4-84 节点群组的部分说明如下：

1. 曲线与文字注释选取及分组作业。
2. 梁边缘线配对与文字注释资料取出。
3. 创造梁中心线与梁分组。
4. 梁中心线与文字注释配对。
5. 创建梁与资料填入。

STEP 01 01 组首要目的为选取并分离参考曲线与文字注释，一开始调用“Select Model Elements”并框选目前平面图中所有实例，后面接“Element.GetParameterValue ByName”“parametername”的值为“类别”，并接上“String from Object”，将输出内容转换为字符串，连接“List.GroupByKey”的“keys”，“list”的输入端则连接选取 CAD 中元素的列表，如图 4-85 之 A 所示意。至此已将选取的元素依据对应的族分类。

接着再次调用"String from Object"并连接到前续节点的"unique keys"输出端，并调用"IndexOf"节点两次，"element"输入端分别连接"线"与"文字注释"的字符串，此节点用于定义此两类元素(曲线、注释)在列表中的排序，最后使用"Code Block"指定取出前方分组成果("groups"输出项)列表中的指定项目，如图 4-85 中 B 所示。

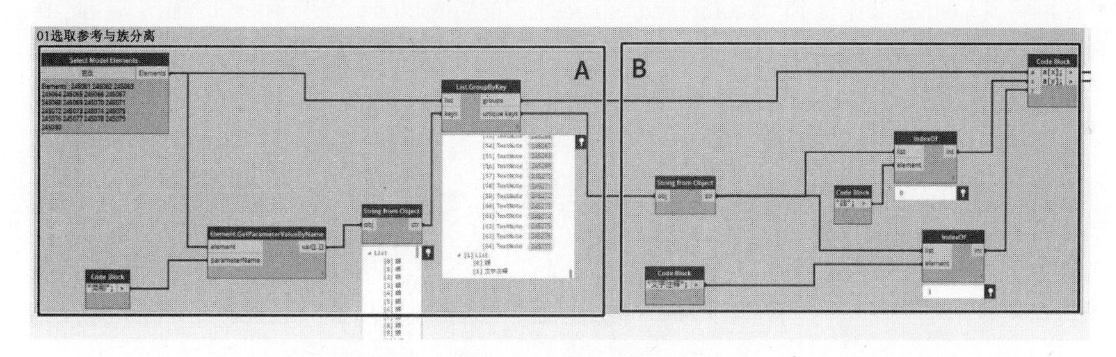

图 4-85　曲线与文字注释选取及分组作业

会使用此法筛选实例的原因是，可避免因选取到其他族构件，造成清单排序与后方选取列表的错误。也就是使用"IndexOf"求得分组的关键值字符排序后，以其排序值去分离出子列表，因关键值与子列表是唯一对应关系，故不会选取到其他实例而影响结果。另外最后使用"Code Block"的部分也可使用"List.GetItemAtIndex"得到相同的结果。

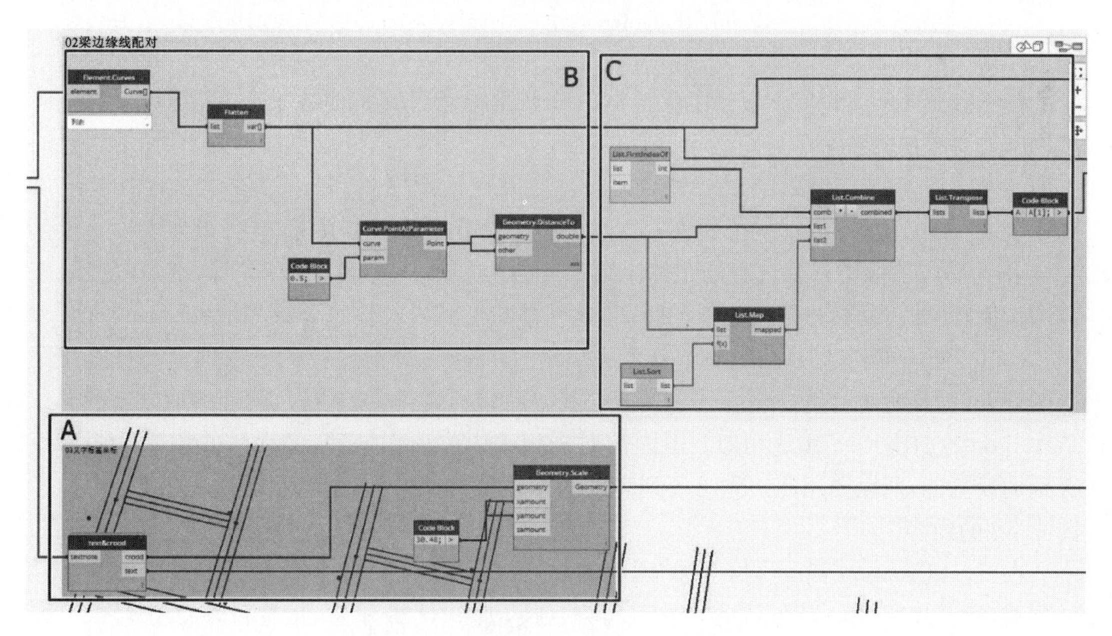

图 4-86　梁边缘线配对与文字注释资料取出

STEP 02　先说图 4-86 中 A，也就是文字标签信息处理的部分。此处使用一个自定义节点"text&crood"取出文字注释内容与坐标值。因 Revit® 核心使用的坐标系统是英制单位，后方调用“Geometry.Scale”节点，并在“xmount”与“ymount”的部分接上“30. 48”的值作公英制转换。

图 4-86 中 B 的接续“STEP 01”创建的曲线列表，使用“Element.Curves”与“Flatten”将实例中的曲线拍平为一维列表，接着将曲线连接到“Curve.PointAtParameter”的“curve”，同节点“param”输入端则赋值“0. 5”。至此执行运算可得到各个曲线的中点，接着再将其输出成果连接到“Geometry.DistanceTo”的“geometry”与“other”的输入端，此节点连缀状态需设定为叉积。结果如图 4-87 所示意，即为获得所有曲线中点间的距离(包含自身)。

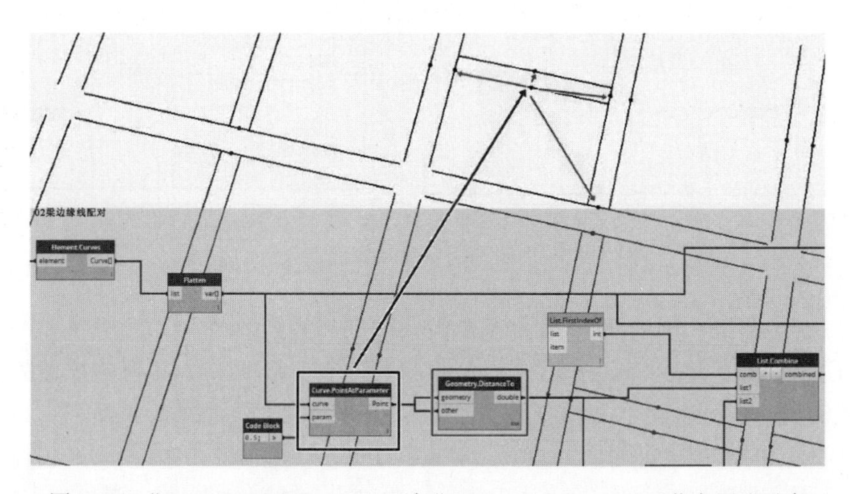

图 4-87 “Curve.PointAtParameter”与“Geometry.DistanceTo”节点用途示意

接着进行图 4-86 中 C 部分作业。本图中 B 部分已得到各曲线中心点之间的距离，而接下来是要求出到各个中点距离第二近的曲线中心点，因为最近点是自身到自身，第二近的点即为同一根梁的边缘线，所以要先处理排序。在此使用“List.Map”并将“List.Sort”连接到输入端“f(x)”上，即为针对子列表做自然排序。此节点的输出成果，所有子列表第一项都为 0，因为是各曲线中点到自身的距离。第二项则为“40. xx”或者“50. xx”等，都是很接近整数的数值，此即为到梁边线中心点的距离，这便是我们需要的信息。调用“List.Combine”节点，“comb”处连接到“List.FirstIndexOf”，“list1”与“list2”分别连接上原始列表与自然排序后的列表，这是针对自然排序后的子列表去找出原始列表对应的位置，此处的概念与前面章节中“List.SortByKey”用法相似。但因需对子列表内的项作处理，又无法使用 1. 2 版节点级别的新功能，所以要用此法先求子列表项的索引值再由索引值得到对应的曲线。可参考图 4-88 的内容。

在“List.Combine”节点得到点的索引值后，因我们要的是各个子列表中索引值为“01”的项目，所以使用“List.Transpose”将其行列互换，如图 4-89 示意，接着后方使用“a[01]”取出索引为“01”的子列表，此列表即为梁边缘线的索引值，将其连接到“List.GetItemAtIndex”的“index”，然后“list”输入端则使用原始的曲线列表，就得到对应于原曲线对应的梁边缘线。

后续调用“List.Create”并把原始曲线列表与上述步骤最后的对应曲线列表分别接至

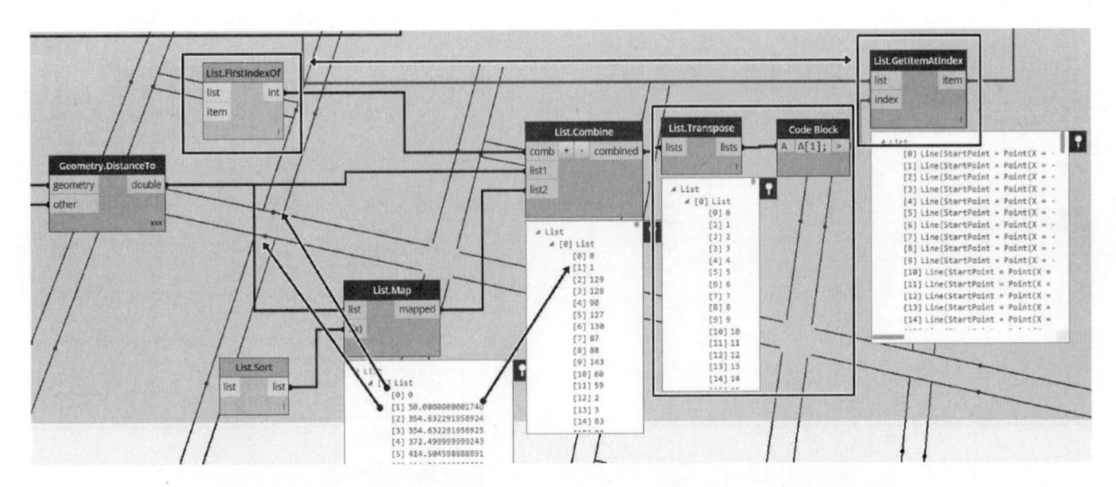

图 4-88　“List.FirstIndexOf”与“List.GetItemAtIndex”节点用途示意

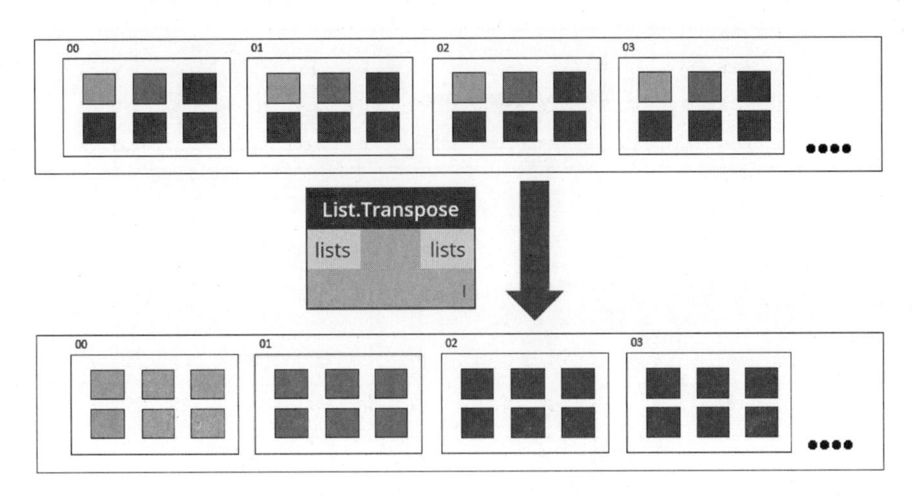

图 4-89　List.Transpose 节点用途示意(见彩图十二)

“item0”与“item1”的位置,接着再次使用“List.Transpose”将列表行列互换使子列表变为俩俩一组的结构,因此列表包含所有边线的组合,即有列表重复,所以再度使用“List.Map”,将“List.Sort”作为函数输入到“f(x)”,使子列表项目作自然排序。接着使用“List.UniqueItems”将列表中重复的子列表项删除,子列表数减半,即可解决列表项重复的问题,节点配置可参考图 4-90。

●STEP 03　04 组主要为求出梁中心线与主梁次梁分组。参考图 4-91 中 A 部分,主要是求各组梁边缘线的距离,如距离为 40 的,表示是次梁,就集中批次建立并给予相同的梁编号。其余数值就依据相对的文字注释给予尺寸与编号,所以这边使用“Geometry.DistanceTo”求得对应梁边缘线的距离,接着使用“Math.Round”等节点求出整数距离值,接续使用一个距离“/2”的式子,作为提供梁中心线偏移量之用。后续使用一个“==”以梁宽数值作为筛选主次梁分组之依据,后接“List.FilterByBoolMask”用来分离曲线。

图 4-91 中 B 部分亦是求中心线,所以开始先找梁边缘的中心点,接着调用节点“Vector.ByTwoPoints”,将两中心点值连接上“start&end”,以此两点创建向量,后方连接到“Ge-

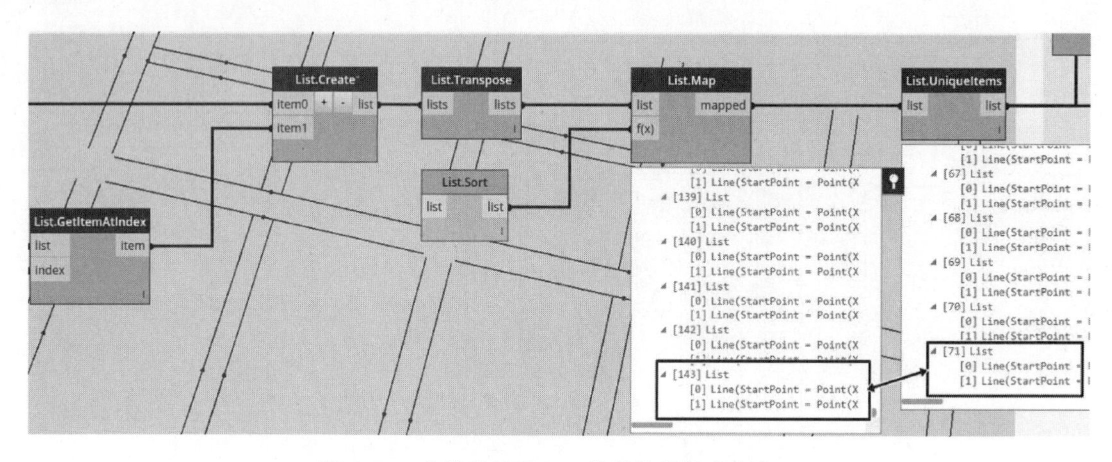

图 4-90 曲线配对后 sort 排序并使其成为唯一

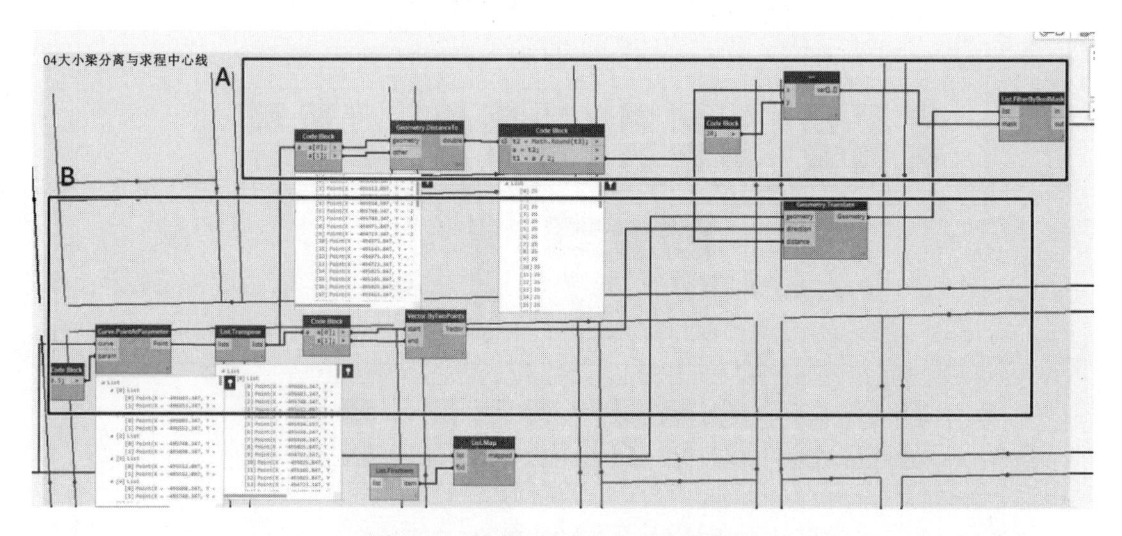

图 4-91 梁中心线产出与主次梁分离

ometry.Translate”的“direction”输入端作为偏移方向，接着把“STEP 02”得到的子列表的第一项曲线取出做偏移的项，连接到此节点的“geometry”，最后将 A 小组的偏移值连接到“distance”上，就会产生梁中心线。几个节点的效果可参考图 4-92 中的说明。

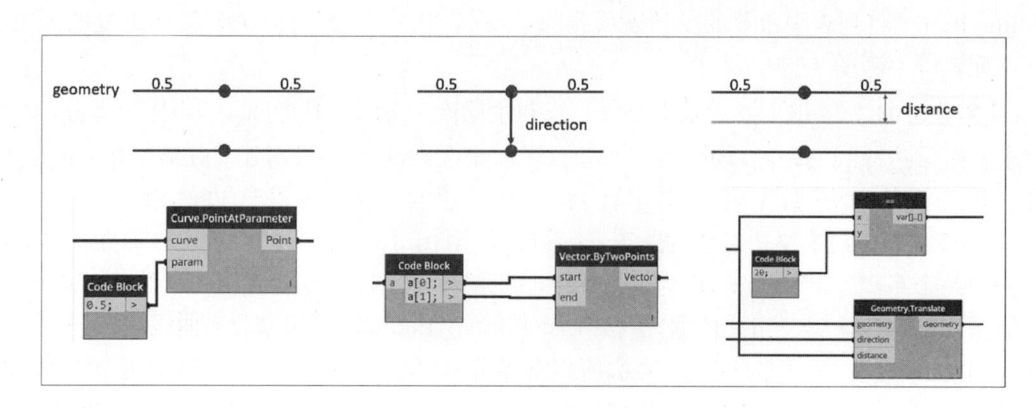

图 4-92 梁中心线产出思路

STEP 04　05 组是要把梁中心线与文字注解标签的“crood”做比对，再由注解内容对应正确的梁类型，节点配置和思路与之前寻找梁边缘线的概念相近，使用“Geometry.DistanceTo”求出所有文字注解与中心点的距离，使用“sort”自然排序找出最近之文字注解，再使用“List.FirstIndexOf”找出原索引值，最后使用“List.Transpose”行列互换后并取出索引值为“0”的子列表，如图 4-93 所示。

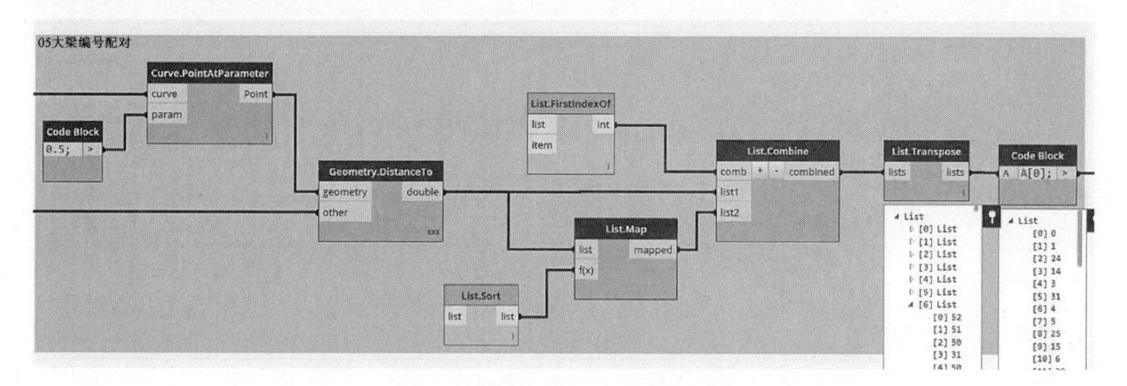

图 4-93　梁中心点与文字注释配对

STEP 06　06 组分为上下两段，但节点组合几乎是相同的。上面那组是处理次梁的生成，下面以这组主梁生成的部分来说明。在“STEP 04”中得到的标签距离排序连接到“List. GetItemAtIndex”的“index”，然后把文字标签内容连接到“list”就完成了梁中心线与文字标签的配对，然后因文字标签的内容编码只有首两位与梁编码对应，调用“String.Substring”取首两位，接着使用“FamilyType.ByName”转换为梁类型，调用“StructuralFraming. BeamByCurve”，curve 之接点连接到中心线，level 之接点依据目前标高给定，“Structural FramingType”由刚刚转换的梁类型连接，至此自动创建梁的作业便完成。另外后方调用“Element.SetParameterByName”是顺便将原先文字标注内容填入梁的注释当中，节点组合可参考图 4-94。

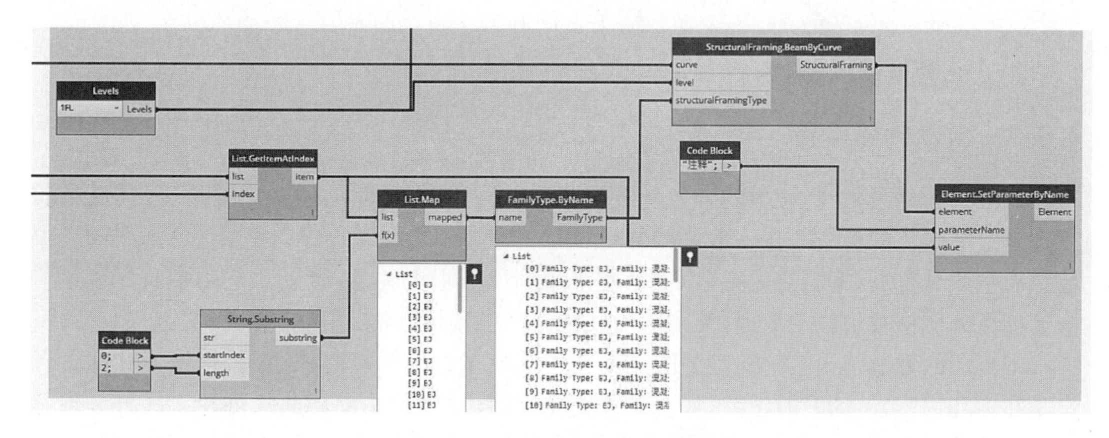

图 4-94　自动产生梁并填入编码

最后的成果如图 4-95 所示，提醒各位读者做到此步骤后，可将平面上创建的梁实例全

选后剪切并粘贴至同一位置对齐，再进行其他标高的翻模作业。在 Dynamo 中进行矩阵乘积作业时，因为使用的是相乘的命令，所以 2 倍的输入信息量，系统要分析的资讯可能是 4 倍以上，且多为无效的分析，例如跨标高获取距离等，因此一层一层作业是较可行的做法。

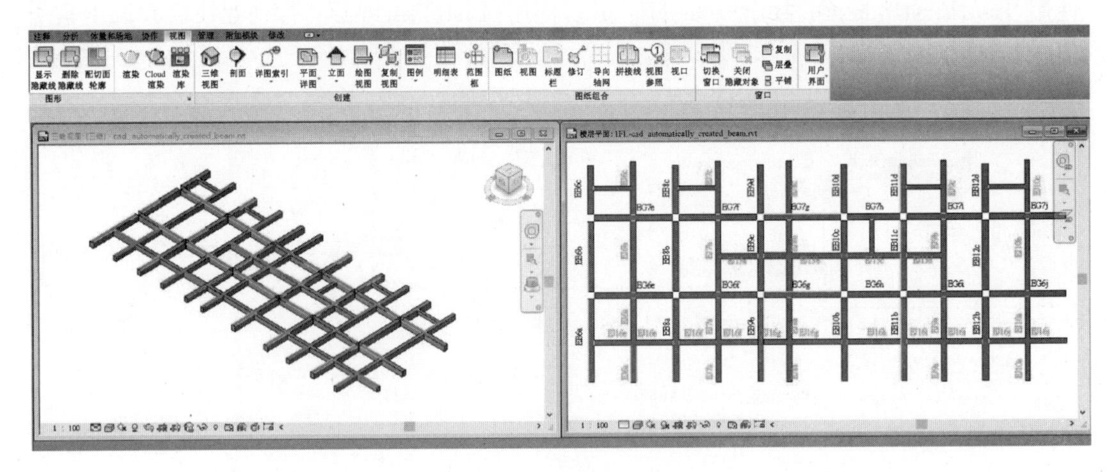

图 4-95　梁翻模成果

●TIPS　本小节至此结束，在此范例中有留下几个可以精进的部分给读者，大致说明如下。

1. 梁标高自动判定(提示：可由当前视图资料或 CAD 曲线的 z 轴高度判断)。

2. 曲线梁的做法，曲线毕竟少数，但如要作业也不是不行(中心线偏移的部分使用“Offset”作修正用)，但要注意“Offset”的方向性。

3. 由文字标签转换为梁族群的做法，一般梁类型名称多为“300 mm×600 mm”等，该如何转换较佳。此处脱离不了“Index”相关节点运用。

4. 另外，因为要写成范例，为方便解释的缘故，所以有部分节点重复，实际上原先开发时节点要少一些，读者们也可思考一下哪些节点可以简化或有其他替代的处理方式。

5. 另外虽有 BimorphNodes 等软件包可抽取特定图层中线条实例，但在中文环境下，Text Node 等注解实例除外，即无法采取本小节判别字串后建立对应实例的做法。

6. 更多使用技巧可扫封底二维码获取。

4.3.3　自动创建楼板

以结构物建模来说，楼板的建立是极为花费时间的，因创建的做法比较烦琐，需配合柱梁边缘绘制封闭的曲线。在一般翻模作业的工作流程中，板的边缘需整合 CAD 图的柱梁信息后辨认其范围，输出的成果与 CAD 图层规划也有很大关系，所以此范例中我们以结构框架的部分做楼板边缘的依据，使用结构柱梁来产生楼板，成果可参考图 4-96 示意。

本范例的做法是当结构模型的图元都在相同或接近的标高时才适用，楼板创建时的预设是在标高为“±0.000”的位置，如有高程变化，如坡道则无法使用此法创建。另外一般建筑物中楼板类型基本类似，一般地下室为一种、基础筏板为一种、地面以上为一种，同标高的楼板差异性不大。此案例中虽然也可使用前一范例中通过文字注释的内容来生成楼板，但意义不大，建议是整栋建筑物一次运行完程序后一边调整一边比对。

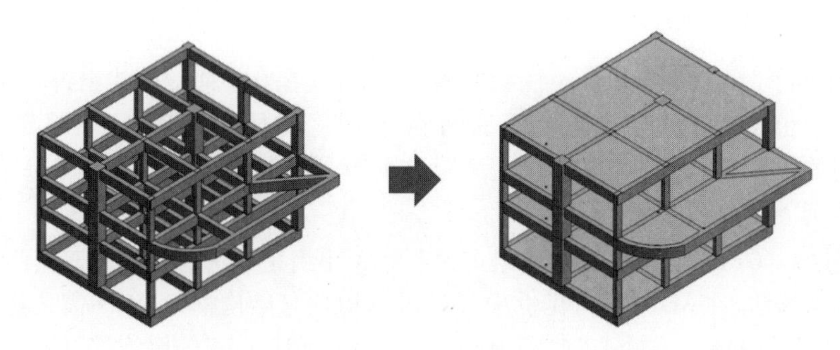

图 4-96　本小节成果范例

【范例说明】　打开本章节提供的范例 rvt 格式文档，预设为 3D 视图，直接此视图中作业即可。这个范例主要在处理几何物件的框架，并由其对应标高的边缘线中找出封闭曲线后创建楼板。所以只要是柱梁系统中有封闭框架的部分就可利用此法创建楼板，且因无需对应文字注释，所以可以使用一个程序创建整栋建筑的楼板。

【节点思路】　一开始要把结构柱梁的各实例的"solid"单元组合成一个实体，如图 4-97 左一。接着依据标高产生切面如图左二，然后将切面的"surfsce"转换为多个封闭的"polycurve"如图左三。最后使用曲线"curve"创建楼板。

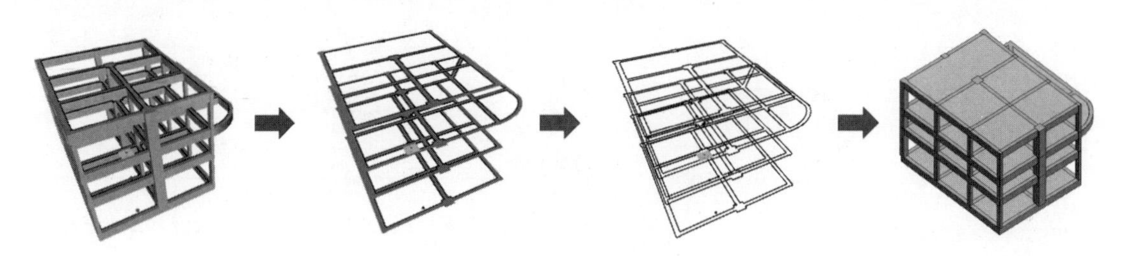

图 4-97　自动创建楼板流程(见彩图十三)

此范例起初在于处理结构柱梁"solid"与标高平面两几何图形相交的切面，并将切面转换为封闭曲线后删除最外围的框线。接着比较难说明的部分是将各曲线高度转换为标高信息用于后续创建楼板时给予正确的标高。最后使用封闭曲线、给定的标高与楼板类型创建楼板。

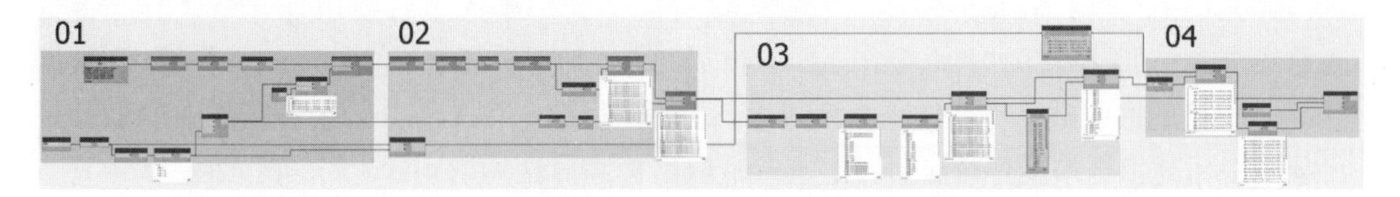

图 4-98　Dynamo 节点范例(请对照二维码附图 4-98)

图 4-98 节点群组的部分说明如下：

1. 选取要分析的结构柱梁并对应标高产生切面。
2. 各层切面转换为封闭曲线。
3. 封闭曲线高度与标高对应。

4. 创建楼板。

【分步说明】 此范例与 4.3.1 柱翻模做法类似，须在众多曲线中找出封闭曲线的组合，所以也使用了相同的 Python 节点处理，此外在对应标高的部分使用了“sort”与“index”等排序与索引相关的节点，此处处理的方式又跟之前有所不同，是以对应条件“z 轴高→标高高→标高实例”作为索引转换作业。

STEP 01 01 组分作 A 与 B 小组来说明。A 小组是先选取结构框架实例，使用在 3D 视图中框选的做法，在 3D 视图可见性中只显示结构柱与结构框架，就不需要进到 Dynamo 后筛选，后调用“Element.Solids”、“Flatten”与“Solid.ByUnion”依序连接，输出结构柱梁的实体组合。B 小组的部分调用“Categories”与“All Elements of Category”输出本项目中所有标高实例，后连接到“Level.Elevation”与“Math.Round”并将其运算结果接至“Point.By Coordinates”的 z 上，跟着连接“Plane.ByOriginNormal”origin 接点，normal 输入端则连接“Vector.ZAxis”。这作用为在各标高处产生一平面，所以先取出标高值，赋予高度与向量后产生平面，最后将图 4-99 中 A 与 B 所得的成果分别接至“Geometry. Intersect”的 geometry 与 other 接点上，最后得到各标高切面的 surface。

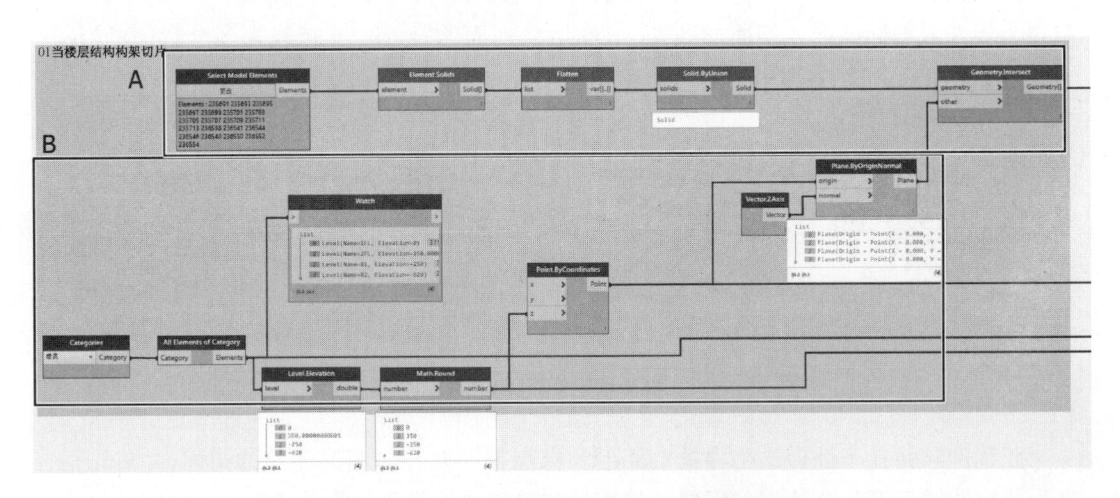

图 4-99 产出结构柱梁实体与对应标高切面

STEP 02 02 组主要在于得到楼板边缘线，接续 01 组成果的 surface，调用“Surface. PerimeterCurves”将 surface 转换为 curve，接着展平为一维列表后使用“python”节点将封闭曲线分组。接着调用“PolyCurve.ByJoinedCurves”将曲线组成“polycurve”，然后依据“polycurve”的曲线数量将曲线作自然排序，即为图 4-100 中 A 部分。接着该图中 B 部分是将项目中标高依据高度作排序，使用“count”取出标高后使用”CodeBlock”取负值。

接下来将图 4-100 中 B 的结果连接到“List.DropItems”的“amount”上，也就是会依据标高值删除构成曲线线段最多的一条曲线，可用下图来解释这几个节点的功用。图 4-101 左侧是单一楼层的楼板轮廓线，可以发现最外围那圈轮廓线需要排除，留下内层轮廓线作为产出右侧楼板之参考，如不移除最外围轮廓线，会跟内部的重叠产生错误；移除的做法有两种，其一为寻找构成封闭曲线的线段数最多者，或该封闭曲线长度总和最长者。此处采用构成线段最多的做法，而对于这一问题，各个标高皆要处理，也就解释了为何是以标高数量作

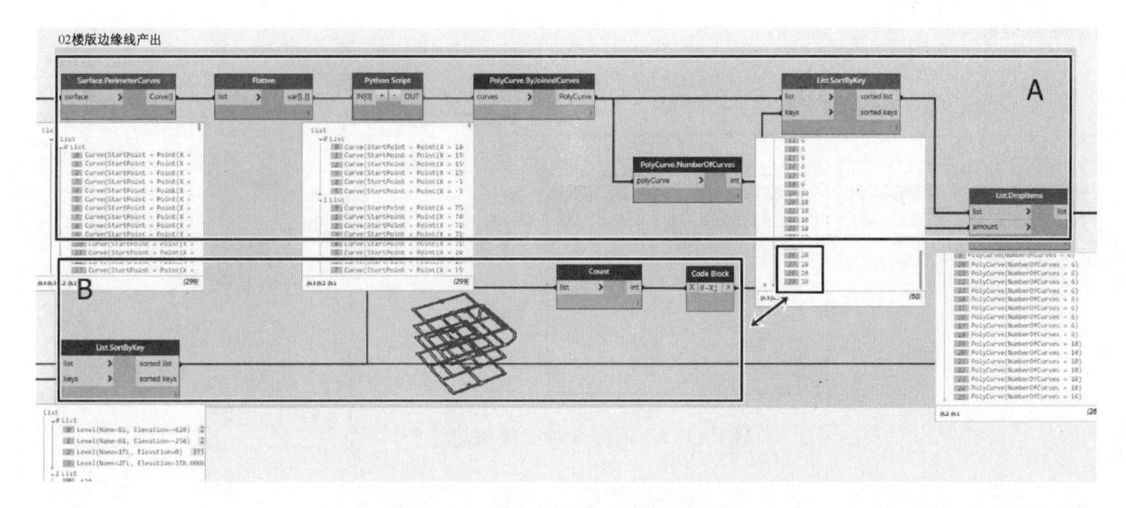

图 4-100　由曲面产出楼板边缘线

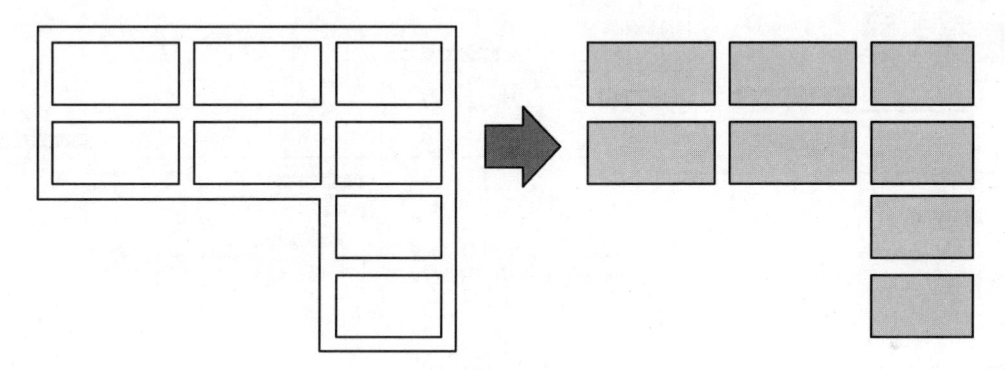

图 4-101　楼板边界曲线处理思路

为删减数量。

STEP 03　03 组的重点在于获取 polycurve 的对应标高，先调用“PolyCurve.BasePlane”连接 Plane.Origin 获得各 polycurve 的 xy 平面，接着使用“Point.Z”与“Math.Round”节点获取平面 z 轴高度。因 Revit®核心是英制，所以转换数值时会有些计算差异的产生，而在筛选列表项时就会产生错误，所以使用“Math.Round”将数值取整数避免单位转换的差异。此处可观察两个列表项中索引 0 到 2 的数值，转换前后的差异。转换后将成果连接到“List.SortByKey”的 keys 上，而“STEP 02”中最后的 polycurve 列表连接到 list 上，即以高度的自然排序对列表进行排序。而接着将“sortedkeys”得到的值连接到“List.GroupByKey”的 list 与 keys 上，即以数值作为分组依据，节点配置可参考图 4-102。

STEP 04　接续 03 组结果调用“Count”并使用节点级别<2>，可得到各个标高楼板数目，将此列表连接到“List.OfRepeatedItem”的 amount 上，“item”的部分则是项目中的标高实例列表。也就是将各标高依据对应高度的楼板数量进行列表重复，接着拍平列表得到对应标高后接至“Floor.ByOutlineTypeAndLevel”的 level 上。调用“Floor Types”接至“floortype”上，最后将组 02 的成果 polycurve 列表连接至 outline 上，执行运行即创建了楼板，节点连接方式如图 4-103 所示。

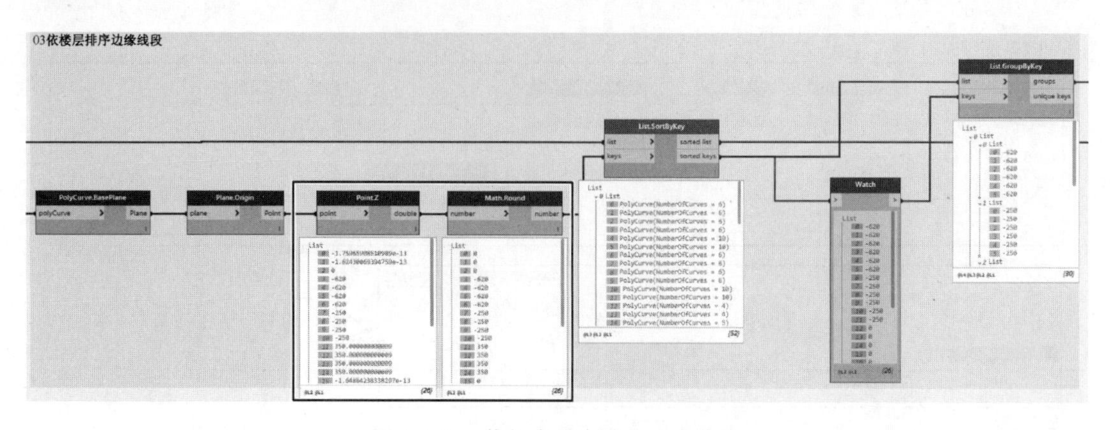

图 4-102 依标高排序楼板边缘曲线

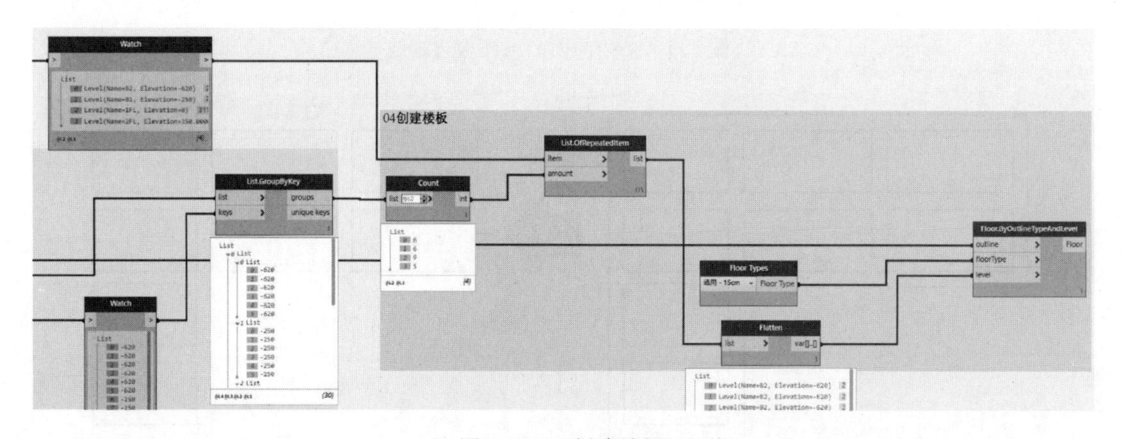

图 4-103 创建楼板

TIPS 本小节至此结束。在此范例中有留下几个可以改进与变化的部分说明如下：

1. 读取 CAD 中的楼板文字注释创建对应楼板(需使用 4.3.2 梁翻模作业的自定义节点)；
2. 考虑单个标高或两三个标高时,切面平面与后续标高排序做法的修正；
3. 排除最外围曲线的手段改为曲线长度判定。

4.4 几何分析类

图形辨识是几何学中重要的一环。而计算机中,也有专门科学地研究计算机内图形的表现方法,以及利用计算机来做图形计算、处理和显示的相关原理与算法,被称为是计算机图形学。其广泛地运用在 CAD、Photoshop 等绘图工具中,当然 Revit® 与 Dynamo 也不例外。本小节即以利用 Dynamo 来分析空间图形与曲面泄水斜率等。

4.4.1 多边形辨识与面积计算

在建筑面积测量与计算时,往往会将其面积分割成可用计算公式计算的图形,例如正方形、长方形、平行四边形等。本节为使用 Dynamo 进行图形辨识与产生计算式的范例,此部分涉及到从 Revit®中取出图元的 Solid 与 Dynamo 中进行图形辨别与计算式等，图 4-104 即为成果。

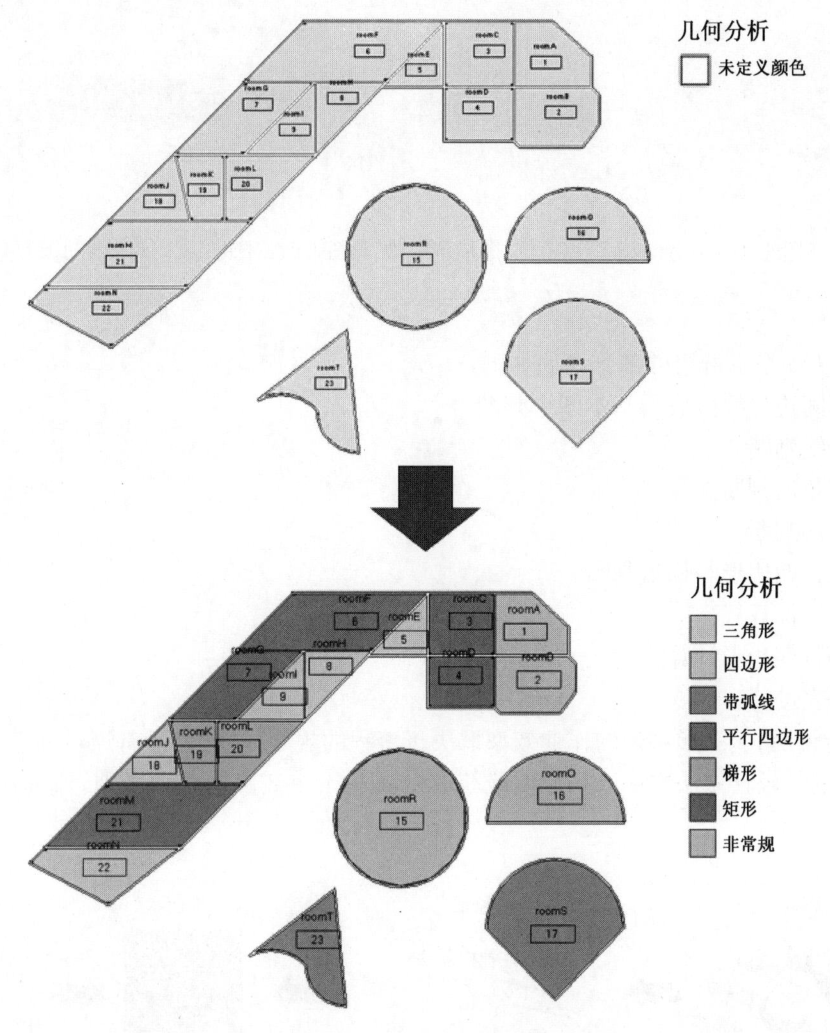

图 4-104　本小节成果范例

在建筑项目中，不论是规划设计或工程建设阶段，算量的工作都是不可少的。在土地、房产面积或装饰工程中，工程量计算处处可见，所以算量相关软件往往是销量最好的，没有其他缘由，提升效率减少错误便是硬道理。

【范例说明】　打开本章节提供的范例 rvt 格式文档，预设视图为“标高 1”。已经开启了房间内部填充，包含圆形、扇形、半圆、三角、矩形等多种图形。另点击房间明细表，已经使用编号、名称、面积等内建字段，另外针对此范例，我们新建了“几何图形”和“计算式”这两个参数。

【节点思路】　此范例一共有 8 个节点组，其中 a 组为筛选列表之用，图 4-105 中与 a 组相同绿底之群组皆为此类。其余 01 至 05 组皆为几何图形辨识之用，06 与 07 是矩形与平行四边形计算式创建，分析工作流程的节点组往往都很繁复，考验使用者的逻辑与几何

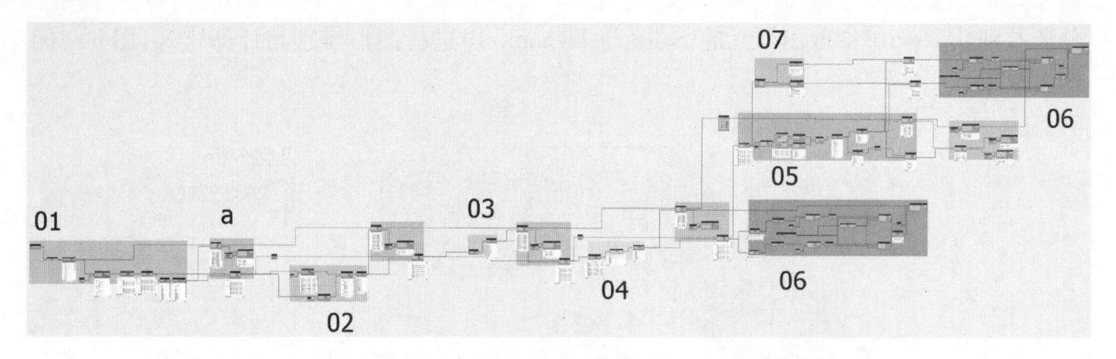

图 4-105 Dynamo 节点范例,图形辨别(见彩图十四,对照二维码附图 4-105)

能力。

图 4-105 节点群组的部分说明如下:

1. 房间边界线生成与基本图形判断。
2. 弧线判断。
3. 三角形判断。
4. 矩形判断。
5. 平行四边形与梯形判断。
6. 图形计算式。
7. 平行四边形计算式。

a. 列表过滤。

【分步说明】 图形辨识的作业效率取决于流程的规划,而此处没有绝对的先后顺序,但此范例规划是较佳做法之一。初始曲线获取做法与 4.3.3 翻模作业类似,流程如图 4-106 所示。

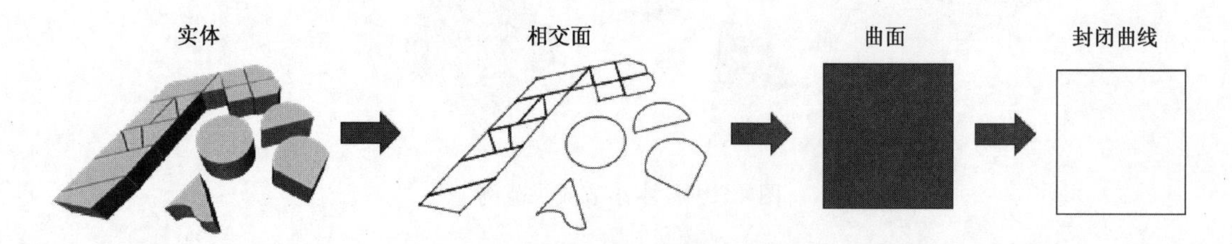

图 4-106 房间边缘曲线产生流程

获取封闭曲线后,将其转换为曲线列表。接着依据列表元素筛选图形与设置对应的参数值,图 3 说明整个筛选顺序,初步先排除边数小于 3 与大于 4 的,接着使用曲线法向量判别直线与否,依据边数分离三边与四边形,再使用矩形检测是矩形与否。最后使用对应边平行测试辨别平行四边形、梯形与不规则四边形,如图 4-107 所示。

STEP 01 01 组的主要工作如图 4-106 所示,即为从房间实体取得房间边缘线。所以初始调用"Categories""All Elements of Category"与"Element.Geometry"获得实体,接着调用"Geometry. Intersect"以房间实体与 xy 平面相交获取,如有不同标高的房间则需依据标高设置平面,接着使用"Surface.PerimeterCurves"将曲面转换为曲线,并使用"Flatten"节

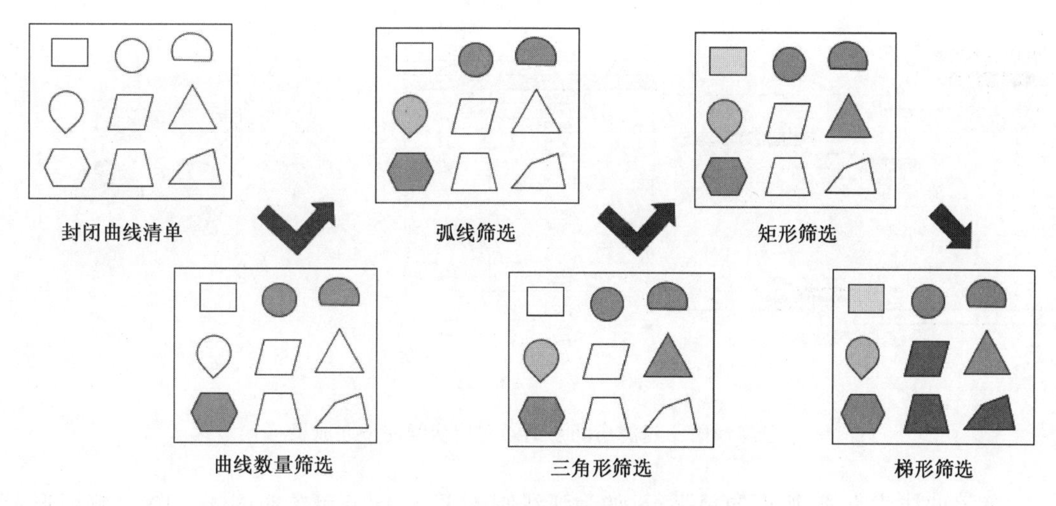

图 4-107　几何图形辨识流程(见彩图十五)

点级数<@L2>将列表拍平为 2 维。接着调用“Count”节点级数<@L2>获得子列表的项数。小于 3 边的只有两种情况,圆形与半圆,大于 4 边的没有对应的计算公式,故此处使用“Formula”键入使用的函数“2<co && co<5”,即为项数大于 2 且小于 5 者返回 true,此外返回 false;节点布局见图 4-108。

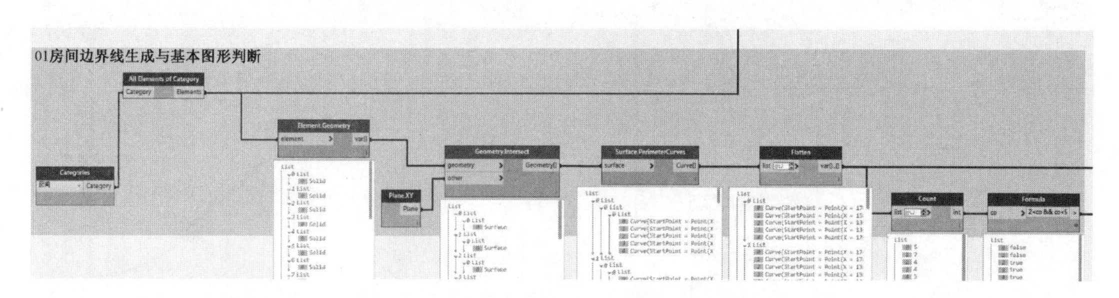

图 4-108　依据类型删除非指令列表成员

STEP 02　接着进入 01a 组作业,a 组的节点作用都是过滤列表与设定图元参数值。此处讲解第一次使用的情况,后续练习时请读者参照执行。过滤的作业是依据前方函数产出的布尔列表,因房间图元与线段列表皆需要过滤,所以起始调用两次“List.FilterByBoolMask”并连接 01 组成果至 mask 输入端。左上角的节点连接所有房间列表信息,作为过滤线段数不符合的房间,下方的节点则连接房间边缘线段,将不符房间的曲线列表排除,维持两列表保持对应排序,而用于过滤房间的“List.FilterByBoolMask”节点 in 输出之列表即为后续可继续分析的房间图元,off 输出的列表即为线段数不符合的房间图元,于此进行标注。在房间实例的几何图形参数中赋予非常规”的文字说明。至此点击运行,待完成后返回 Revit®项目中,发现明细表对应房间栏位处已有文字,其文字将影响颜色方案平面,整体上可参考图 4-109。

STEP 03　接续 01a 成果进行 02 组作业,此组主要是过滤弧线,使用“Curve.TangentAtParameter”,在 param 输入端赋值 0.4、0.7,表示在曲线指定的点位,取得该处切线的向

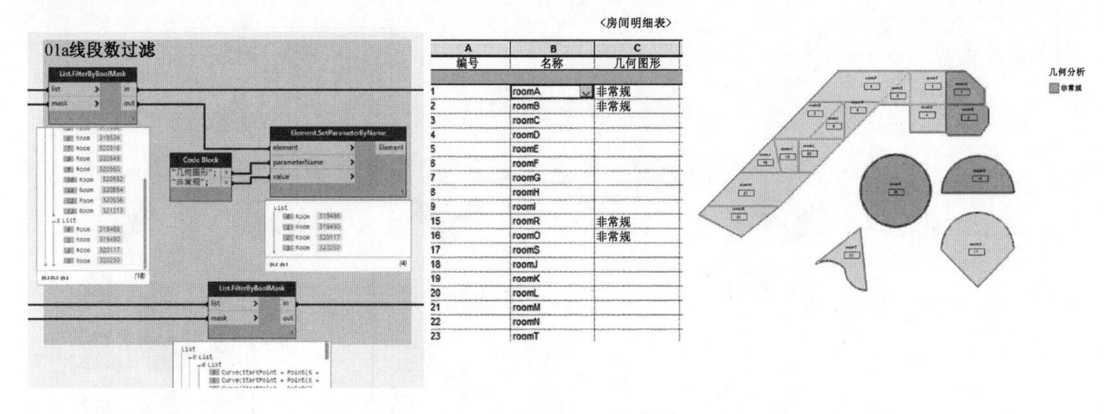

图 4-109　过滤房间与给予对应房间注记之成果

量。如该曲线为直线，则两向量平行，如为弧线则不平行，此处可参照图 4-110 右侧图形示意。接着调用“AllTrue”节点级数<@L2>检查子列表的项是否皆为 true，如否即为该曲线组带有弧线；后续过滤步骤参考 STEP 01，备注房间几何图形参数为带弧线。

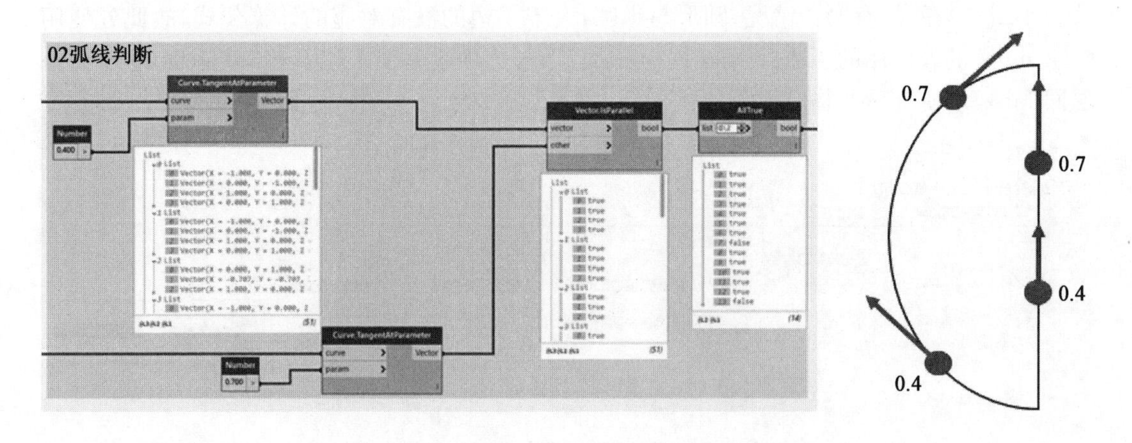

图 4-110　依曲线不同点位之切线向量值过滤弧线

STEP 04　03 与 04 组用于过滤三角形与矩形，节点组都相当短。先说 03 组的部分，经由 02 组过滤弧线之后，曲线列表中皆为直线，故项数为 3 者便为三角形，此处的做法与 01 组相同，使用“Count”节点级数<@L2>，“Formula”函数设定为“co == 4”作为布尔列表的依据，节点配置可参考图 4-111。04 组的部分有几种方法，此处使用节点较少的方式，首先调用“Curve.Start Point”获取曲线的起始点，连接上“Rectangle.ByCornerPoints”由这四个点建立矩形。唯有初始即为矩形的曲线的起始点才能创建矩形，其余四边形皆无法创建，而无法生成矩形的项则为空值 Null，所以后方连接“Object. IsNull”以空值作为掩码产生布尔列表，思路可参考图 4-112。

STEP 05　连接 04 组输出成果，调用“List.Transpose”和“Curve.TangentAtParameter”即为列表行列互换后拾取直线对应参数处的切向量。接着“[0]”“[2]”与“[1]”“[3]”两两判断是否平行。如皆为平行即是平行四边形(因矩形已在 04 组排除)，单一平行则为梯形，皆不平行就是四边形，思路可参照图4-113，至此所有图形辨识完成，节点配置请参照图 4-114。

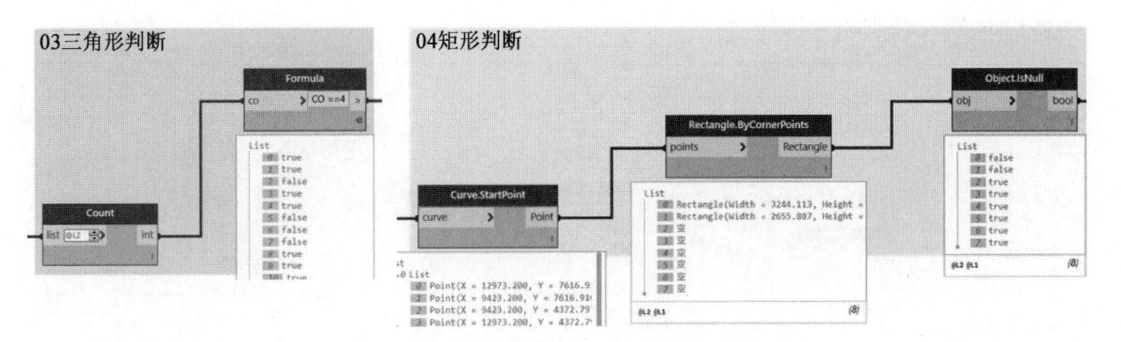

图 4-111　图形的三角形与矩形判断

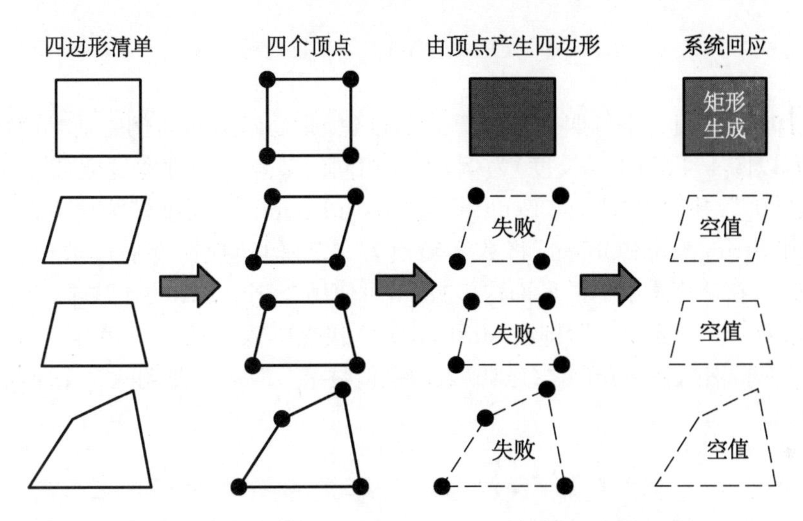

图 4-112　RectanglebyCornerPoints 判断矩形流程

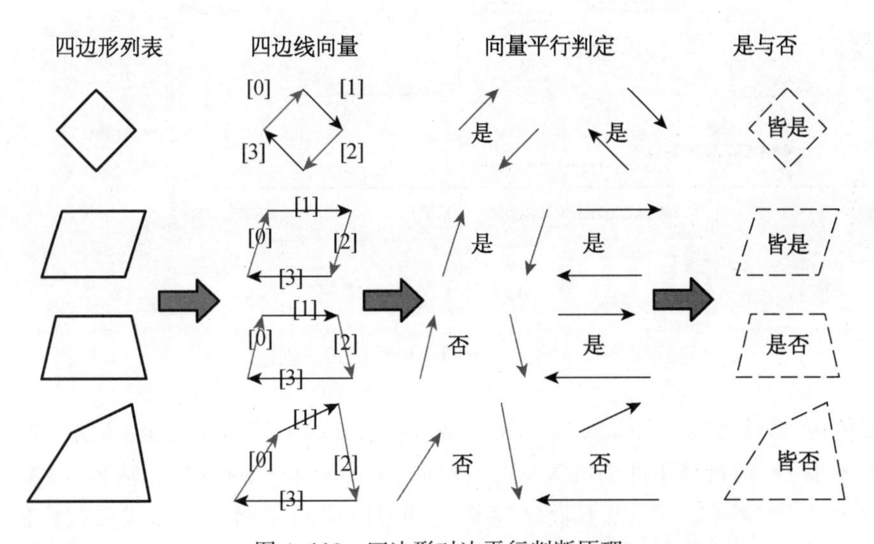

图 4-113　四边形对边平行判断原理

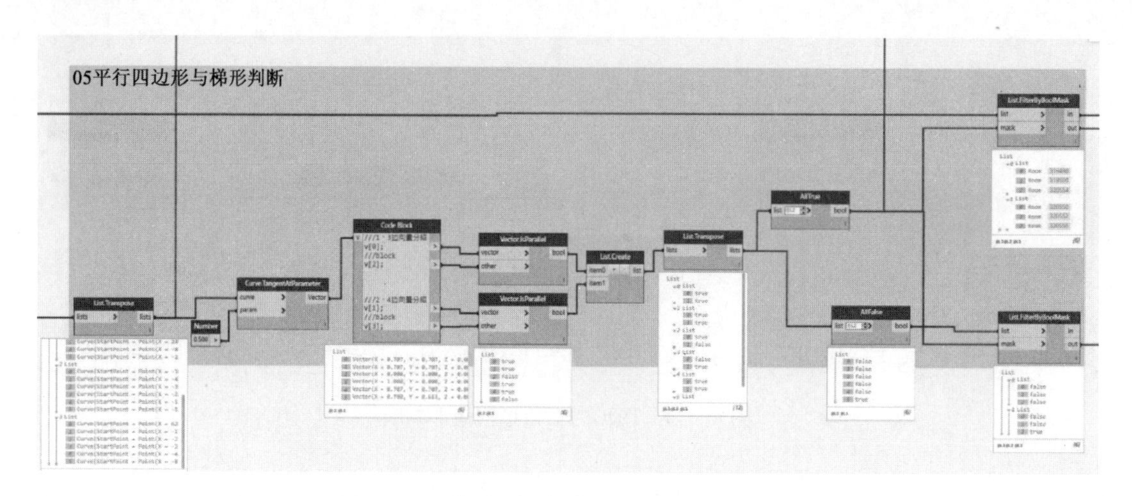

图 4-114　使用对边直线是否平行判断四边形

STEP 06　06 组为平行四边形计算式的创建，此处以矩形为例。前半段部分分为长与宽的处理，以图 4-115 的 a(长度)为例，下方相同的节点为处理宽度数值。起始汇入 04 组矩形曲线“[0]”，并调用“Curve.Length”与“Math.Round”将长度转为含有两位小数的数字，接着使用“String from Object”将数字转换为文字，但转换文字后小数位会补齐，例如 3 500.000 000，在计算式中不需后面这串数字，可使用“String.Remove”移除小数点与“0”等字串，要移除的字符个数为“7”，即在 startindex 之接点输入端赋值数字“−7”，表示从后方起算第七个字符，然后在 count 之接点输入端赋值数字“7”，表示要删除 7 个字符，使字符串返回成 3 500。

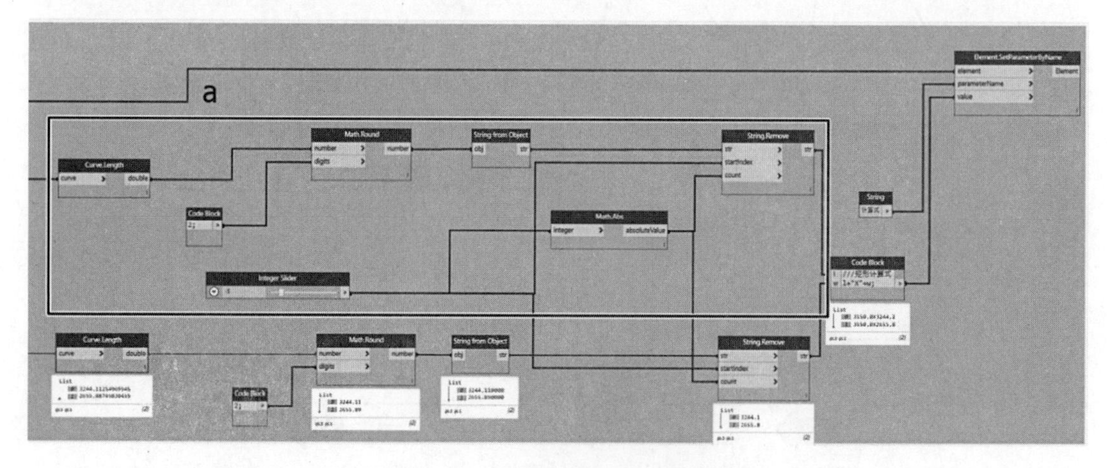

图 4-115　平行四边形计算式的创建

接着使用“Code Block”，键入“l+‘X’+w”，将长度的字符串连接至 l 接点，而宽度的字符串接至 w 接点，运行结果即为“l X w”。例如 l 输入 3 500 字符串、w 输入 3 244 字符串，转换后成为“3 500×3 244”。后续将文字设置到对应房间实例的计算式参数栏位，此处就不再重复叙述了。另外 07 组的部分为平行四边形计算式值，使用“Geometry.DistanceTo”获得两平行线段间距离，其余部分参考矩形计算式做法，最后成果请参考图 4-116。

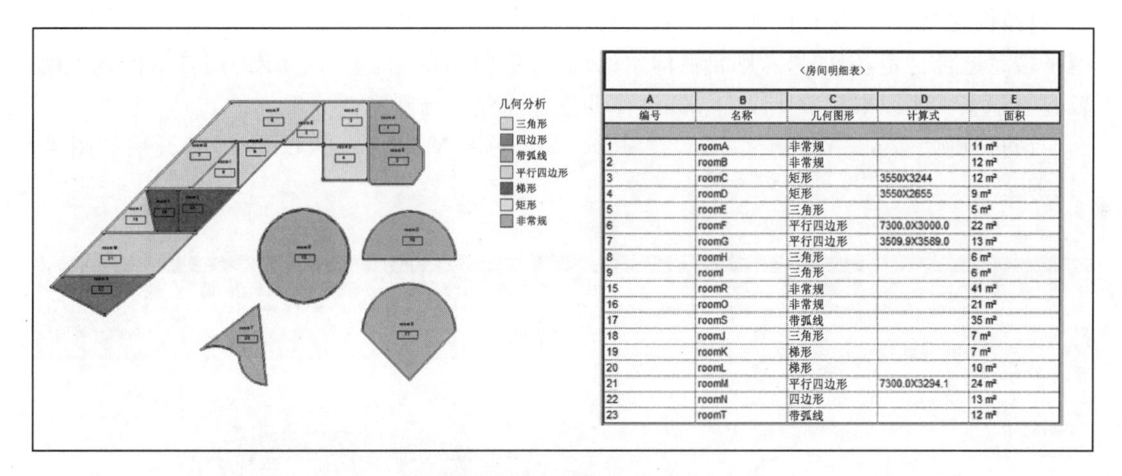

<房间明细表>

A	B	C	D	E
编号	名称	几何图形	计算式	面积
1	roomA	非常规		11 m²
2	roomB	非常规		12 m²
3	roomC	矩形	3550X3244	12 m²
4	roomD	矩形	3550X2655	9 m²
5	roomE	三角形		5 m²
6	roomF	平行四边形	7300.0X3000.0	22 m²
7	roomG	平行四边形	3509.9X3589.0	13 m²
8	roomH	三角形		6 m²
9	roomI	三角形		6 m²
15	roomR	非常规		41 m²
16	roomO	非常规		21 m²
17	roomS	带弧线		35 m²
18	roomJ	三角形		7 m²
19	roomK	梯形		7 m²
20	roomL	梯形		10 m²
21	roomM	平行四边形	7300.0X3294.1	24 m²
22	roomN	四边形		13 m²
23	roomT	带弧线		12 m²

图 4-116　图形辨识成果

TIPS　本节至此结束，以建筑空间面积计算常见的图形的方法皆已介绍完毕。图形辨识上可精进的部分是直角三角形的过滤，此处可使用勾股定理或线段交角的方式进行。计算式的部分，三角形、梯形等皆有公式，此处就留给读者们继续探索。

4.4.2　曲面坡度与斜率分析

现在各类曲面建筑设计百花齐放，除了造型几何分析与节能分析之外，与气象信息相关的分析也十分重要。而泄水方向与坡度分析就是一个重要的课题，本章节范例介绍如何在一个几何曲面上分析泄水方向以及进行斜率的判断，整个范例成果如图 4-117 所示。

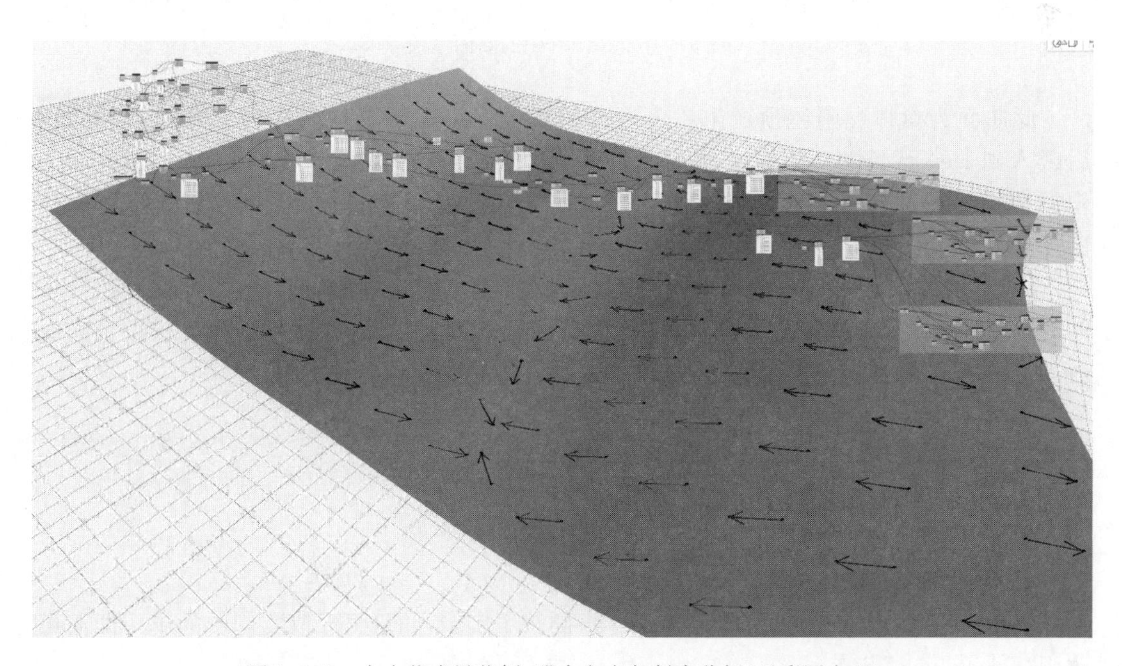

图 4-117　本小节成果范例，泄水方向与斜率分析(见彩图十六)

【**范例说明**】 在建筑设计中，一般人行坡道的斜率要求是 1∶8(0.125=12.5%)以下，越平缓越适合行走，但如果考虑自然泄水的话，一般斜率在 5%左右，如果小于 2%的区域就较容易积水。所以本章节便以 Dynamo 作曲面泄水流向与斜率的分析。

请打范例“slope_Analysis.rvt”与“Slope_Analysis_Model_Select.dyn”，打开后如图 4-118 所示。

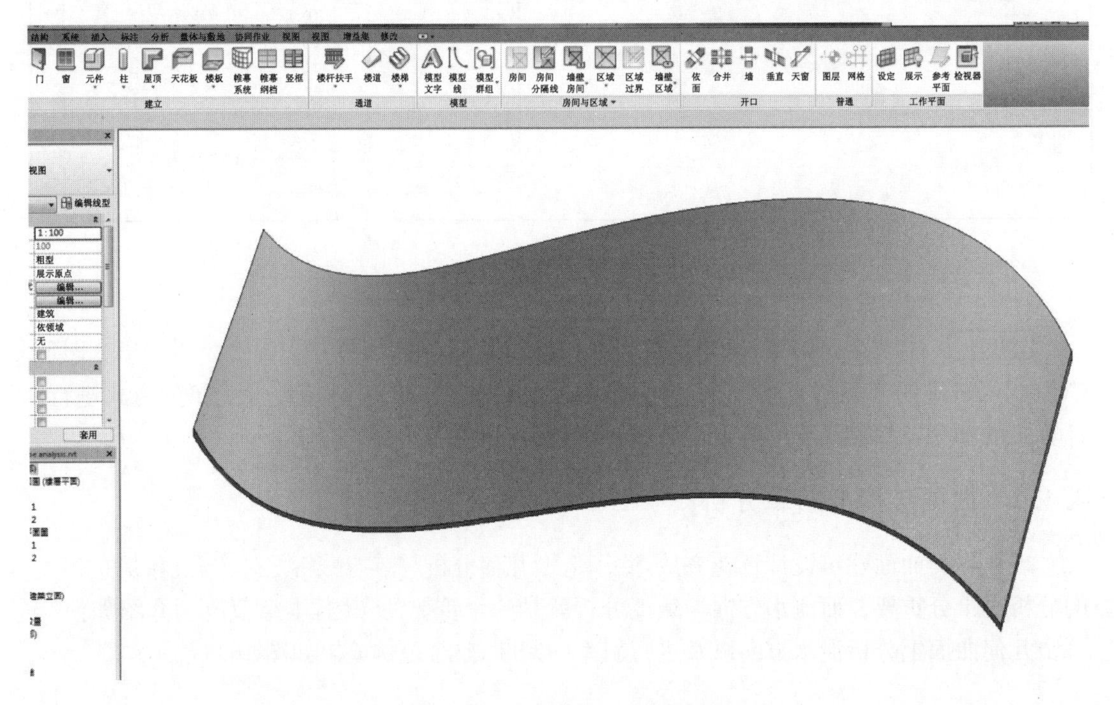

图 4-118 Revit® 中的曲面屋顶

此曲面为量体贴附屋顶产生。也可使用其他三维建模工具创建“Surface”或“Solid”后载入到 Revit® 当中。范例中使用曲面投影法作为判断斜率生成的基础，因 Dynamo 中的曲面投影只能使用单一曲面作目标，所以多重曲面需分割，以原始量体作分析基础比较好。

【**节点思路**】 此项运用是要分析在不规则曲面上的泄水方向与坡度，首先要确定分析的范围(曲面 xy 的最小至最大点)。单一分析区域的大小与投影点密度，曲线投影至曲面后，由投影曲线作流向判断与斜率分析的工作，节点大致如图 4-119 所示。

图 4-119 节点群组的部分说明如下：

1. 曲面汇入与分析区域、点密度与范围设定。
2. 曲线投影作业。
3. 曲面各区斜率判断作业。
4. 结果分组与上色。

【**Select Model Element**】 选取 Revit® 中的一个实例，如只想选取实例中的单一曲面可改用“Select Face”节点。

【**Element.Geometry**】 将对象关联的几何图形转换至 Dynamo 中。

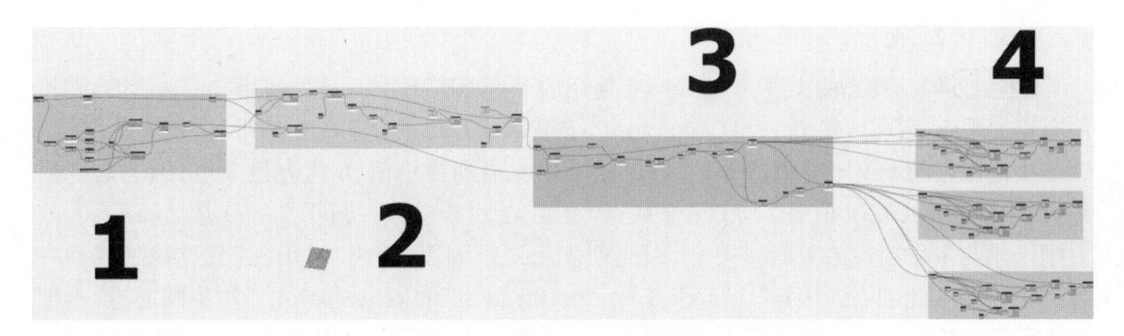

图 4-119　Dynamo 节点范例(请对照二维码附图 4-119)

Element.Boundingbox、Boundingbox.Minpoint、Boundingbox.Maxpoint：此处使用“boundingbox”来界定曲面的范围，并以最小点及最大点作为后续判断点布置的依据，这些节点连接方式如图 4-120 所示。

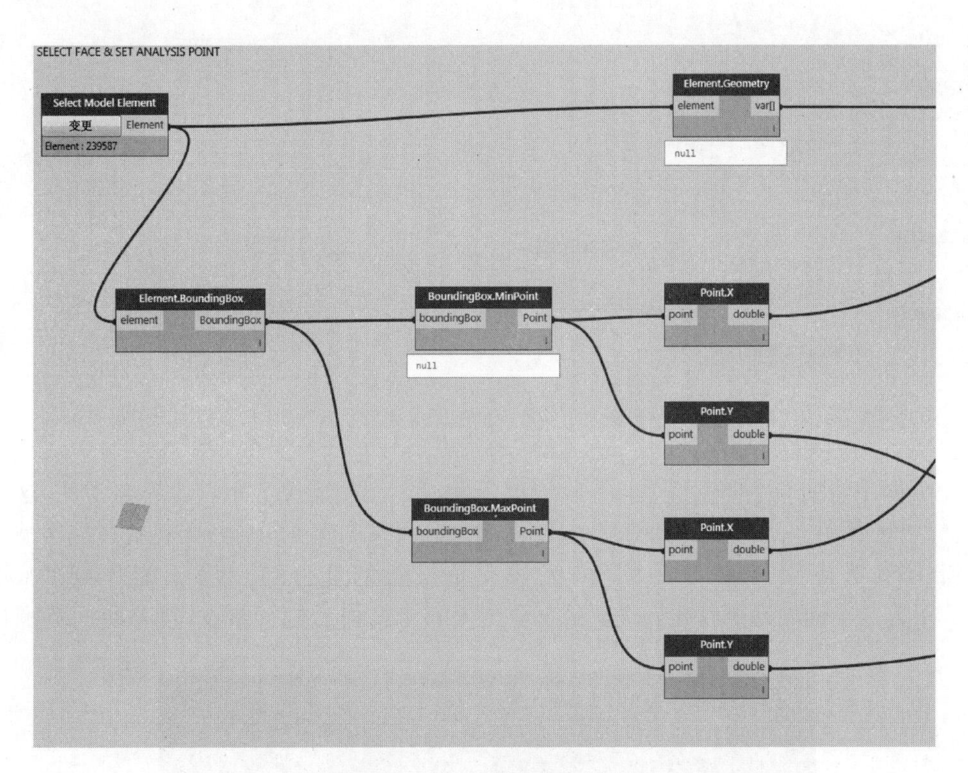

图 4-120　第一群组节点详图 1

【分步说明】　泄水坡度的分析时间会受到曲面大小与分析采样密度的影响。所以需在效率与精细度上取得一个平衡。通常来说，分析点的间距大多在 1 m 以上，但在 Dynamo 中建议不要一次运行太多点(如上万点)，可以先把边界定下来后，用数组控制点密度与数量较为妥当。

STEP 01　在作业区空白处点击鼠标右键检索，并调用下列节点“Select Model Element”“Element.Geometry”“Element.Boundingbox”(包含 minpoint、Maxpoint)，并依图

4-120 第一群组节点示意连结。

STEP 02 找出曲面最大与最小点，使用的节点如图 4-121，此处使用“integer Slider”控制布点的距离，后面连接了三个“Code Block”；R 代表半径可以设定在 0.5 到 0.7 之间，另外两个是决定布点的 x、y 坐标值，所以 a 等于该轴向布点的最小值，b 代表最大值，因为需要内缩，所以各自加、减 r 值作为起点与终点，然后点间距为 c。调用“point.Bycoordinates”并把 x 轴与 y 轴对应的节点连接上，因此列表为二维列表，使用“Flatten”节点拍平成为一维列表。接着此节点连接到“circle.Bycenterpointradius”的 centerpoint 上作为圆心点，再把前方 r 值连接到 radius 输入端上，投影点与范围便完成，如图 4-121 所示。

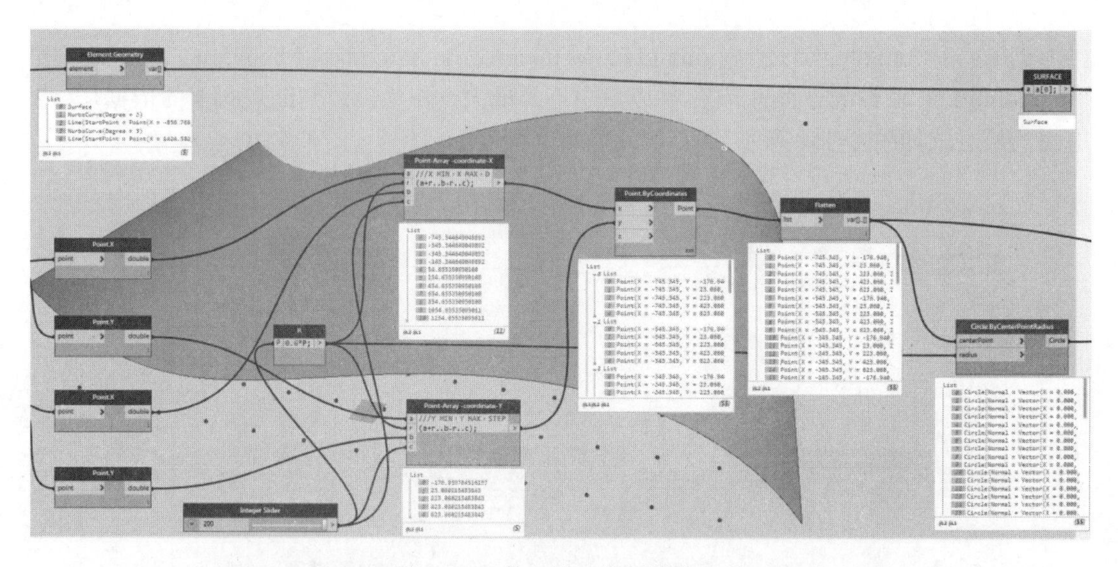

图 4-121　第一群组节点详图(2)

此处简单说明布点的逻辑，可参考图4-122示意。起初需决定布点边界与密度，这两件事是连动的，因为单点分析的范围越小（越精确），分析点的密度与分析半径就对应增减。而分析半径约为点距离的一半。另外无法完整投影的部分（边界）不能作判断（如图 4-122 下方 3 个圈处）。所以此处会从最大范围偏移半径值后进行布点，且若曲面范围近似

图 4-122　布点范围示意

与 x、y 轴平行的矩形，则可就此决定边界，但如果为斜向的带状曲面则会有不必要分析的空白区域被分析到而拖慢程序运行。此处有几个作法提供读者参考，如最后成果只需要在 Dynamo 中产出 jpg 格式图片而不需信息返回至 Revit® 项目中，可考虑在 Dynamo 中旋转曲面使其范围与 x、y 轴相贴近。反之则建议可以在布点完毕后将曲面挤出为包含投影点的实体，并先以实体与点作干涉分析，取出有干涉的点后作坡度分析即可。建议在测试布点位置与范围之前可以把“circle.Bycenterpointradius”节点冻结，把布点位置确定好之后再执行投影与分析工作，以节约程序运行的时间。

STEP 03　回到最左边“Element.Geometry”处，点开下拉列表检视数据内容。确认 surface 排序位置，如此例中为索引值为“0”的数据。所以后方使用“Code Block”键入“a[0]”，表示获取索引为“0”的项。这是准备作投影目标使用，请参考图 4-123 说明。

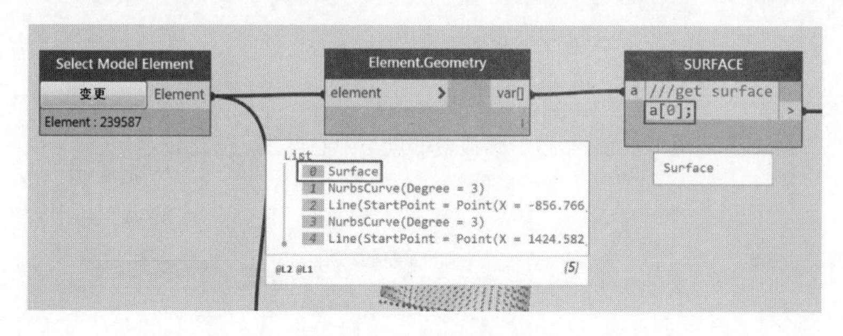

图 4-123　投影曲面

STEP 04　开始投影作业，此处需要调用“Surface.ProjectInputOnto”节点两次，分别投影 circle 与 point（圆弧与圆心），节点左侧 surface 接点连接 STEP 03 中的成果 surface。“geometryToProject”连接要投影的几何形体，分别连接 circle 与 point。接着 point 的部分连接到“Flatten”与“Point.Z”拍平并取出点的高程。circle 的部分需要判断投影至曲面之 circle 最低点，所以使用“Geometry.ClosestPointTo”的节点，投影至曲面上的 cruve 连接至节点输入端 geometry，使用节点级别为＜@L2＞，other 输入端接上一个 xy 平面，如果曲面的最低点之 z 值大于“0”，可使用“Plane.ByOriginNormal”，直接与预设 xy 平面做分析，否则需要在“Plane.ByOriginNormal”节点的 origin 输入短设定一个更低的点，使平面降低。

到此处可以先保存并执行程序，可以发现投影后，circle 列表比 point 列表多上一笔。这是因离最低点产生 circle 在投影时被分割导致（因无法完整投影，故曲线被分割，此会随布点与半径参数变化），可调用“List.Firstitem”节点级数＜L2＞移除多余项目保持两列表结构对称，取出每个曲线的最低点，接着用 circle 最低点与中心点的 z 值作大小比较。调用“＞”节点，此处可以发现列表第一项是 false，表示中心点比较低，true 的部分表示中央点比较高。节点配置可参考图 4-124。

STEP 05　接着前面得到的结果，此处调用“List.Create”与“List.Transpose”来连接中心点与边缘点，并使用行列互换，每一个中心点匹配一个边缘点成为一组子列表。接着使用“List.Reverse”节点级数为＜@L2＞，使子列表项目反转。接着调用“If”节点，把前面“＞”节点比较的结果连接到 test 接点，“List.Create”连接到接点 true，“List.Reverse”连接到 false 接点，接着再次使用“List.Transpose”置换列表，此时列表中会有两个子列表，分别

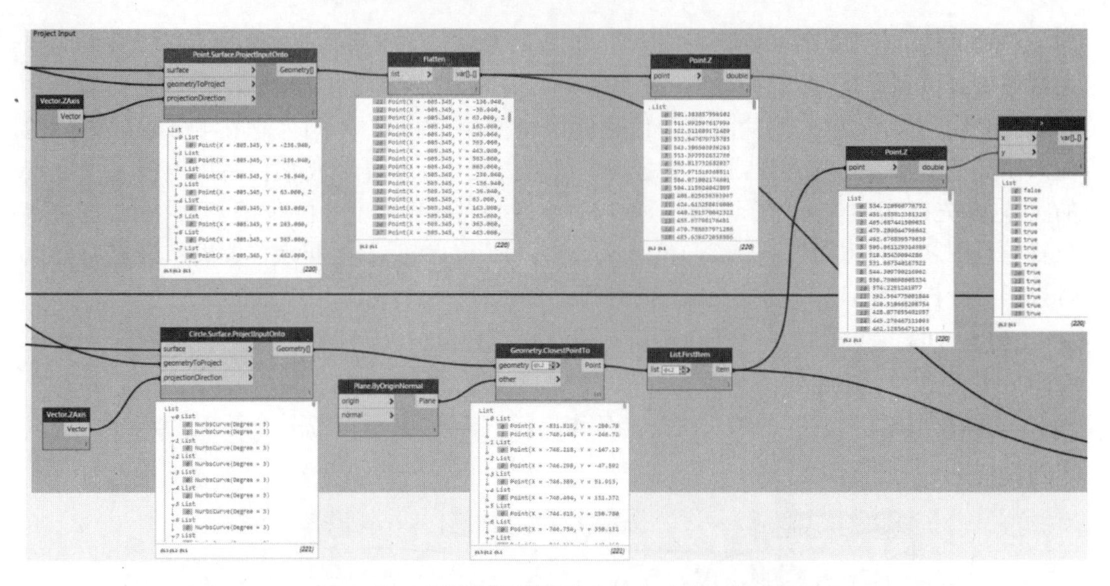

图 4-124　投影圆弧最低点与中心点之 z 值比较

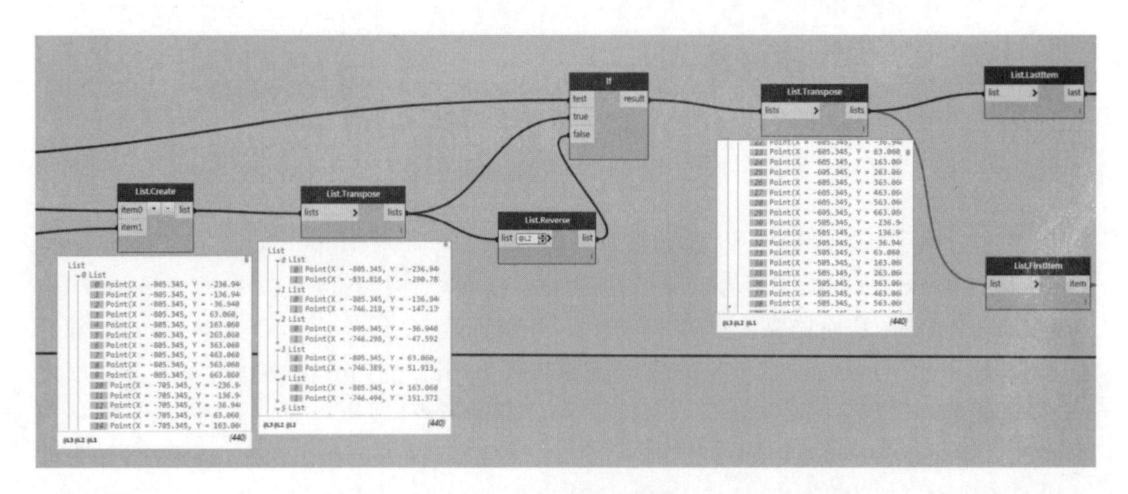

图 4-125　投影点排序

是低点与高点。后方连接"List.LastItem"与"List.FirstItem",分别提取两列。如图 4-125 所示意;此处作用为将每个圆弧的投影点与投影线最低点比较之成果依据 z 值高低分组,避免流向相反。

●STEP 06　03 组的目的在于泄水斜率的分析,连接 02 组的成果。各分析范围的投影点与圆弧上的最低点分别连接到"Point.Z"并将成果相减后连接到"Math.Round"取至小数点后 3 位(此处依据分析精确度需求),再将结果除以半径,即求得泄水斜率值。接着就是依据斜率值分组,故此范例曲面落差较大以利观测,这处使用斜率 30%, 20%与 10%做区段,一般实际项目中以可以 2%与 1%作为区段,通常大于 2%可视为排水良好,1%~2%为尚可,以下为排水不良。

将斜率数值连接到"＞"节点之 x 接点,y 接点输入端赋值"0.3",将成果连接到"List.FilterByBoolMask"的 mask 接点作为过滤列表。另一部分将 02 组的投影中心点与圆弧最低点接至“Line.ByStartPointEndPoint”的 startpoint 与 endpoint 上，作为泄水曲线。再将此曲线列表连接到“List.FilterByBoolMask”的 list 上作为要过滤的列表，并将斜率值依样画葫芦进行过滤，将其成果再与 02 的数值比对，最后得到三个区间的曲线列表，提供 04 组作分组与上色之用，节点布置可参考图 4-126。

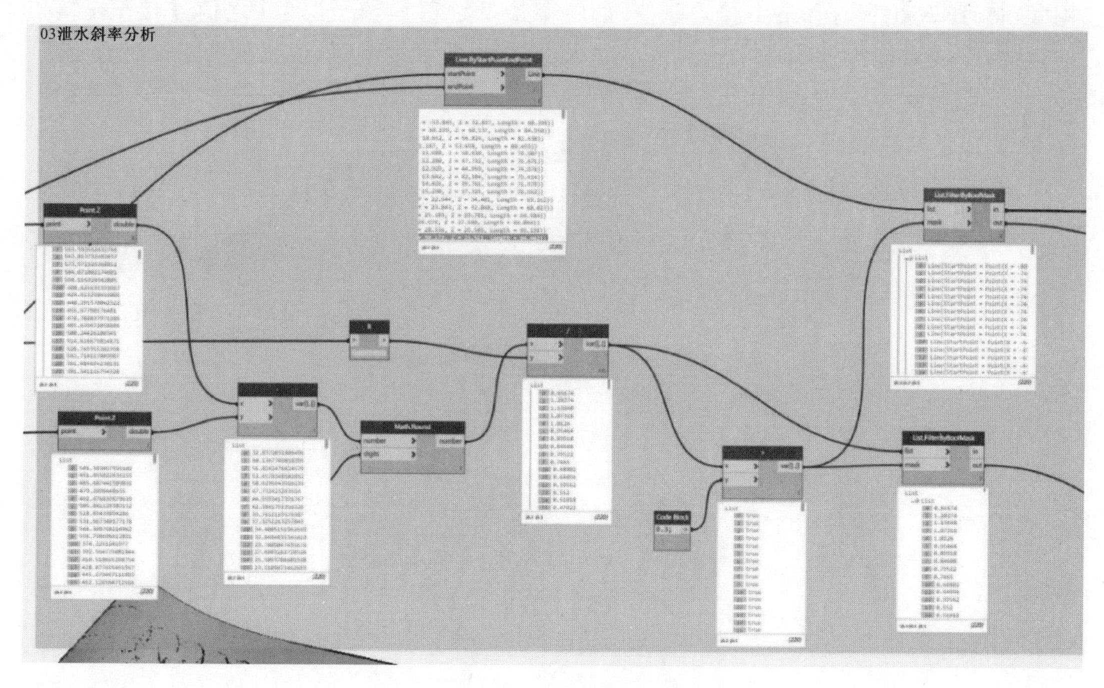

图 4-126　点位高程差与斜率生成

STEP 07　04 组的目的为生成泄水方向曲线与依据坡给予颜色识别，参考图 4-127 的节点配置。在此调用一个“Line.ByStartPointEndPoint”，并把“STEP 06”最后的高点与低点分别接上 startpoint 与 endpoint，产生泄水线。接着调用“Curve.PointAtParameter”，

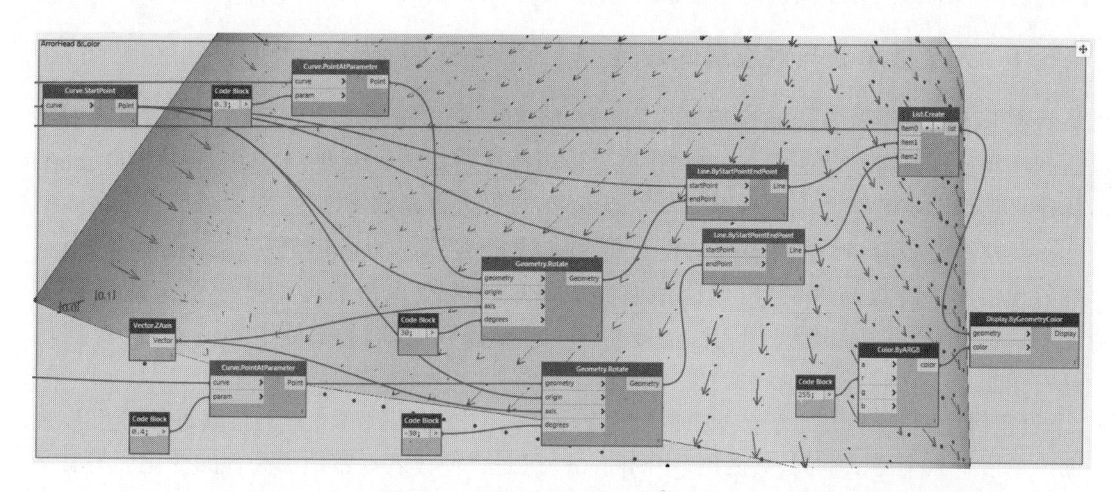

图 4-127　泄水方向箭头与颜色建立

curve 连接“li”泄水线的成果，param 接点赋值“0.3”(此为箭头长度，需依成果调整)，后连接“Geometry. Rotate”的 geometry 接点，axis 接点连接“Vector.ZAxis”的向量，degrees 接点赋值“30”的数值(即箭头旋转角度)绕参考点旋转。接着再使用“Line.ByStartPointEndPoint”节点，建立箭头曲线，调用“List.Create”连接泄水方向线与箭头左右翼列表，最后调用“Color.ByARGB”于 r、g、b 接点赋值，如斜率最低之区段给予”255”之值连接至 r 接点(红色)，将成果连接“Display.ByGeometryColor”赋予泄水线颜色，成果如图 4-128 所示。

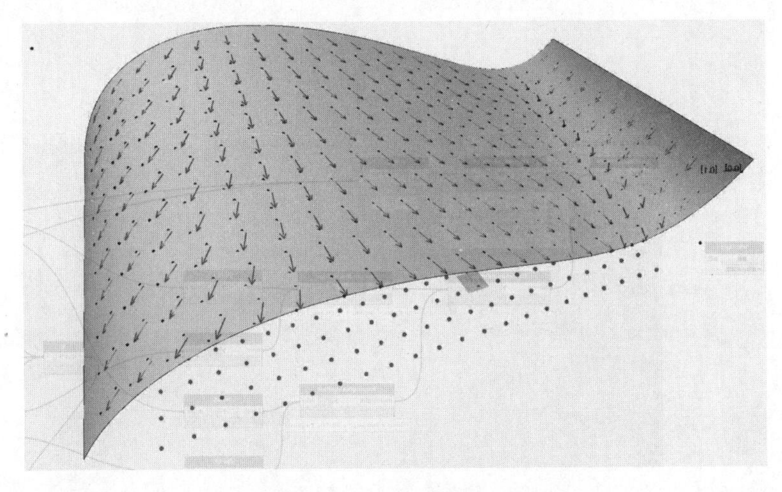

图 4-128　最终成果展示

4.5　干涉判断类

设计图纸中的问题简单概括就是错漏碰缺，本小节即介绍以 Dynamo 来辅助设计检讨与干涉等，这也是 BIM 的一大优势，借由三维模型进行净高与干涉检讨等，下面两个范例分别为房间与阶梯上方净高检讨，亦可延伸至坡道、车道等有斜率之空间净高辨别等。

4.5.1　天花板净高与对应房间数据

在 Revit®项目中天花板高度是依据标高为基准，所以无法反映空间净高的信息。但是空间净高一直都是设计的重点，也在建筑设计规范有所规定。因此，本范例即通过 Dynamo 程序来求得净高数据并检验是否符合规范要求，成果可参考图 4-129。

在建筑物设计中，空间净高是设计师和业主最为关注的指标之一，虽然 Revit® 中有提供楼层与天花板高度信息，但因地面完成厚度或架空地板高度而产生的地面装修厚度，其减少的空间净高信息却无法直接在 Revit® 中得到，我们尝试使用 Dynamo 计算获得这一信息。

【范例说明】 打开本章节提供的范例 rvt 格式文档可扫封底二维码获取，预设为 3D 视图。单层有六个测试空间，共两层，中间间隔一层是方便读者观察地面高程的变化。另有一天花板明细表可用于执行 Dynamo 前后开启视图，比对信息填入后差异。

【节点思路】 此范例依旧是三段式架构的节点配置；其中最为关键的节点是“Ray-

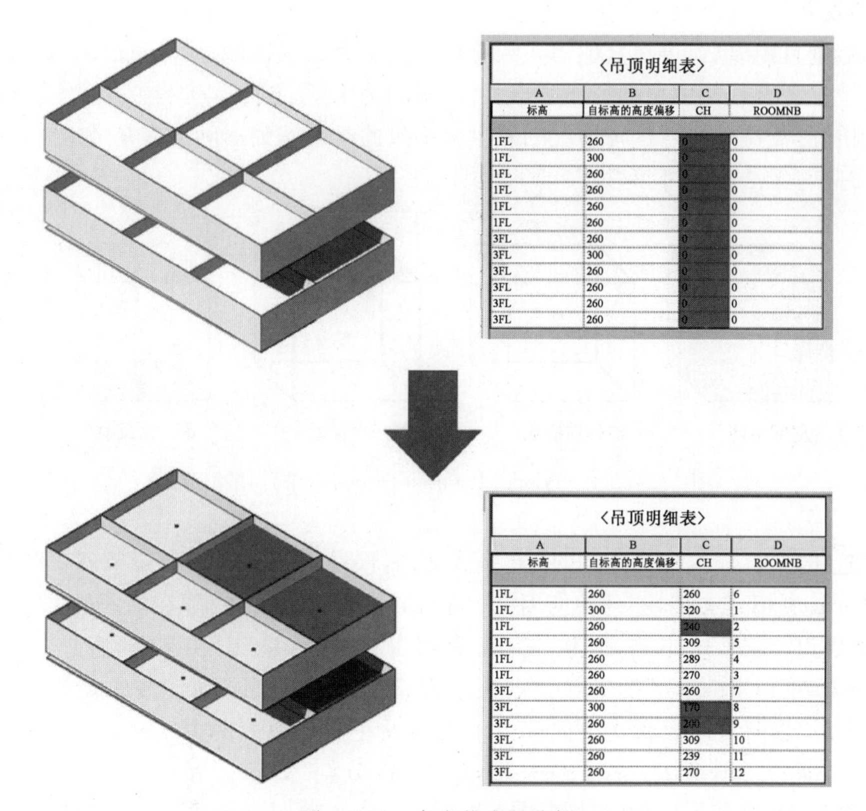

〈吊顶明细表〉

A	B	C	D
标高	自标高的高度偏移	CH	ROOMNB
1FL	260	0	0
1FL	300	0	0
1FL	260	0	0
1FL	260	0	0
1FL	260	0	0
1FL	260	0	0
3FL	260	0	0
3FL	300	0	0
3FL	260	0	0
3FL	260	0	0
3FL	260	0	0
3FL	260	0	0

〈吊顶明细表〉

A	B	C	D
标高	自标高的高度偏移	CH	ROOMNB
1FL	260	260	6
1FL	300	320	1
1FL	260	240	2
1FL	260	309	5
1FL	260	289	4
1FL	260	270	3
3FL	260	260	7
3FL	300	170	8
3FL	260	200	9
3FL	260	309	10
3FL	260	239	11
3FL	260	270	12

图 4-129　本小节成果范例

Bounce.ByOriginDirection”，返回与从指定原点和原方向反弹的光线相交的位置和图元，即向此节点输入原点和向量后可得到首次相交的实例物体与交点，由此原理取得天花板与地面的图元实例与参考点，再由此进行净高分析并将结果与房间编号回填到天花板的实例参数。我们将指定的方向称作激光方向。

图 4-130 节点群组的部分说明如下：

1. 空间信息汇入与求取关联的实例。
2. 依据关联实例分析其距离。
3. 净高资料回填与规范检查。

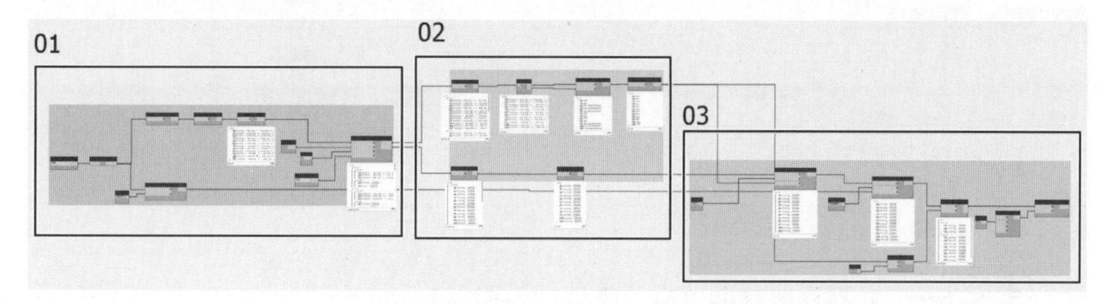

图 4-130　Dynamo 节点范例(请对照二维码附图 4-130)

【分步说明】 此范例是以房间为基础，分析相对应的地面与天花板的实例，并分析此两实例参考点垂直距离后，再将其值写入天花板的实例参数；且针对净高过低的部分部分提出警告。由于参考点是使用房间的质心点，所以房间为 L 型或质心点不在房间实体内则会产生误判的情况，需特别注意这种情况的发生。不过此类形状的房间大多是通道，可用房间名称作筛选判断，做法思路可参考图4-131说明。

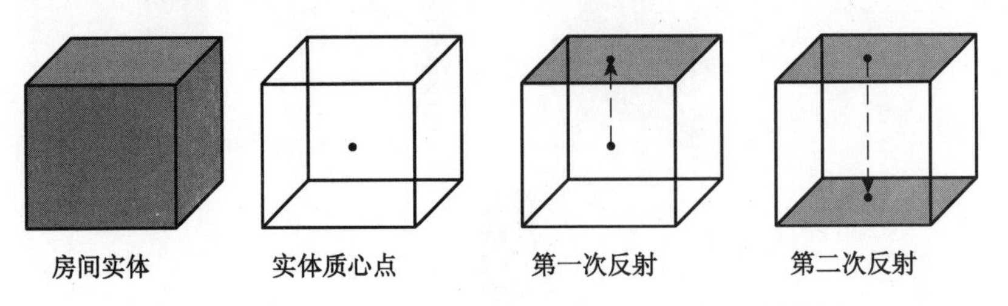

图 4-131 RayBounce.ByOriginDirection 节点用途解释

STEP 01 打开本章节范例的 rvt 格式文档，预设为 3D 视图，此章节就于此视图进行演示。打开 dyn 格式文档，一开始使用"Categories"取出实体的过程在前面的 4.2.2 停车位排序中介绍过，这里便不再赘述。接着调用"Solid.Centroid"并拍平后连接到"RayBounce.By OriginDirection"的 origin 输入端以指定原点。direction 输入端连接"Vector.ZAxis"，即以 z 轴向量作为激光方向。由于需要天花板与地面两个实例，所以"maxBounces"赋值"2"，即为反射两次，最后 view 输入端连接节点"Views"并于下拉列表选取{3D}。这里需提醒读者，此节点反射物件范围为视图中可见的实例，倘若天花板下有一吊灯，则此处光反射有可能先触及吊灯而非天花板，所以在"view"的部分需要将所有会影响正确性的族或实例隐藏，例如灯具或家具等。

激光反射节点作用可参考图 4-131 示意，由房间实体求出质心点，由质心点一次反射求得天花板实例，二次反射求得地面实例，至于先求得哪个则凭起初光线方向(direction)而定，此范例为 z 轴正向起，即为先上再下，整体接点布置可参照图 4-132。

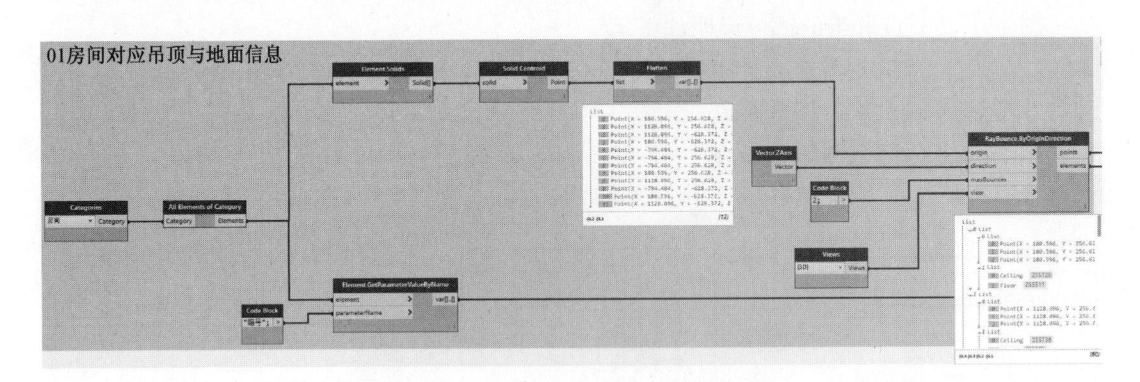

图 4-132 01 房间对应天花板与地面资料

STEP 02 此处先解释此节点产生的结果，分为 points 与 elements 两列表输出，points 输出列表第一项[0]是指定原点，[1]是第一反射点，[2]为第二反射点，而 elements

输出列表第一项[0]是第一反射实例(此范例为天花板),[1]为第二反射实例(此范例为地面),可参考图 4-132A 的列表结构。

02 组的部分如图 4-133 所示分两部分说明。本图的 A 部分将前步骤成果 points 连接到"List.Transpose"互换行列,会得到三个子列表。这里用第一与第二反射点(天花板与地面)列表连接"Code Block",键入 a[1]、a[2]取出反射点,连接到"Geometry.DistanceTo"得到距离,即天花板距地面之净高值,再用"Math.Floor"取整数。图 4-133 的 B 也是行列互换后取出天花板的子列表,做法与 A 小组类似,此处就不再加以说明。

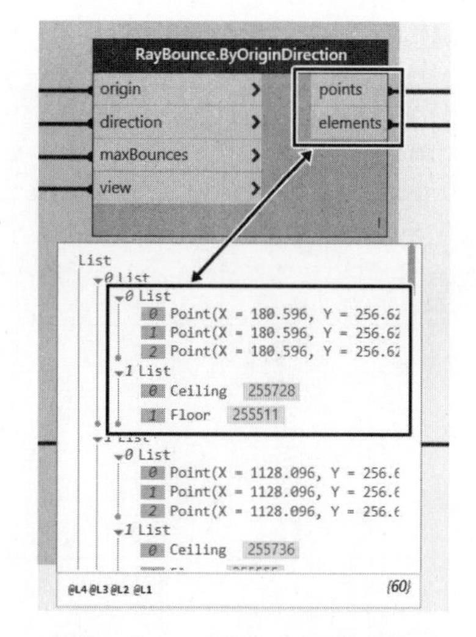

图 4-132A　节点成果列表说明

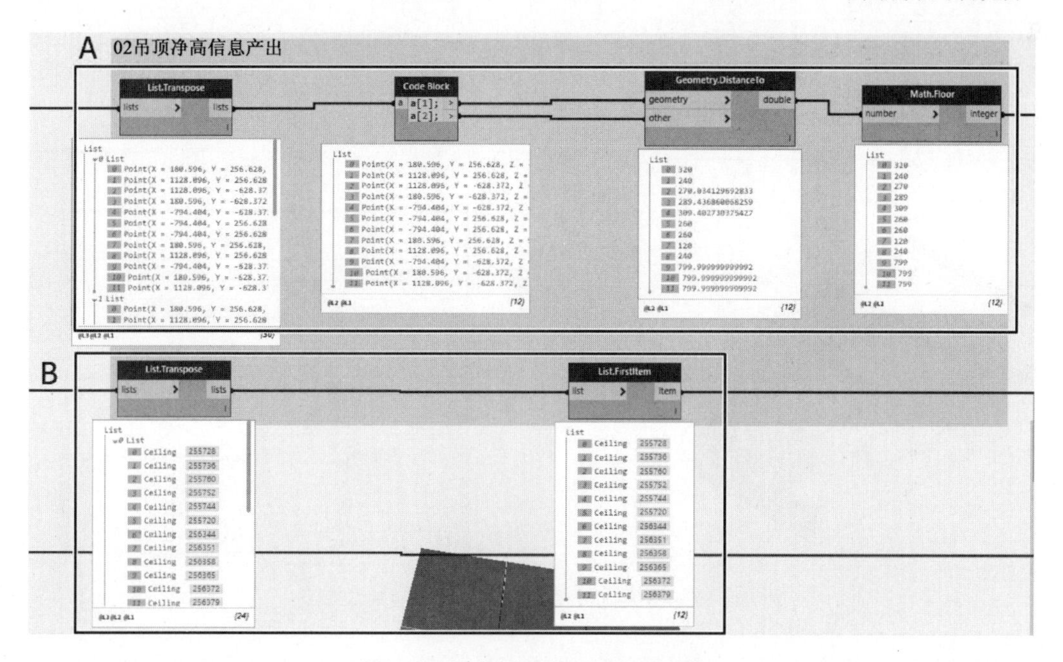

图 4-133　房间对应天花板及净高

STEP 03　此范例在设计时,我们在天花板类别中添加了"CH"与"ROOMNB"两个项目参数,分别代表净高与对应房间编号。03 组便是将之前产生的距离与房间编号信息回填至天花板实例中。所以使用"Element.SetParameterByName"将对应资料回填,如图 4-134A 示意。图 4-133 的 B 的部分,首先使用一个判定"小于或等于"的节点,比较值此处使用"240",代表天花板净高限制为 240 cm,可依据项目实际或业主要求调整;将其成果连接到"List.FilterByBoolMask"的 mask 作为筛选依据,list 接点则使用 A 步骤处得到的天花板列表,将输出端 in 连接到"Element.OverrideColorInView"的 element,而输出端 color 连接至"Color.ByARGB"。并在 r 赋值 255,即为红色。此处作用为当天花板净高低于设定值时,在目前视图中会以红色显示,即为图 4-135 所示。

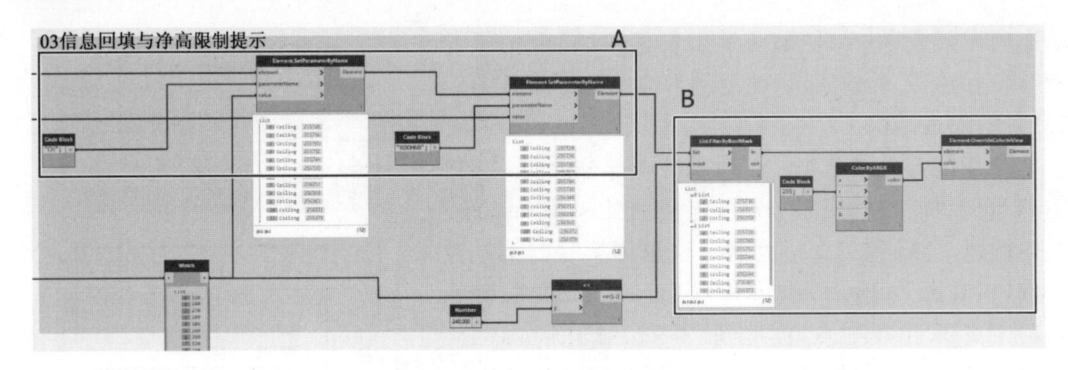

图 4-134　净高资料回填与检测

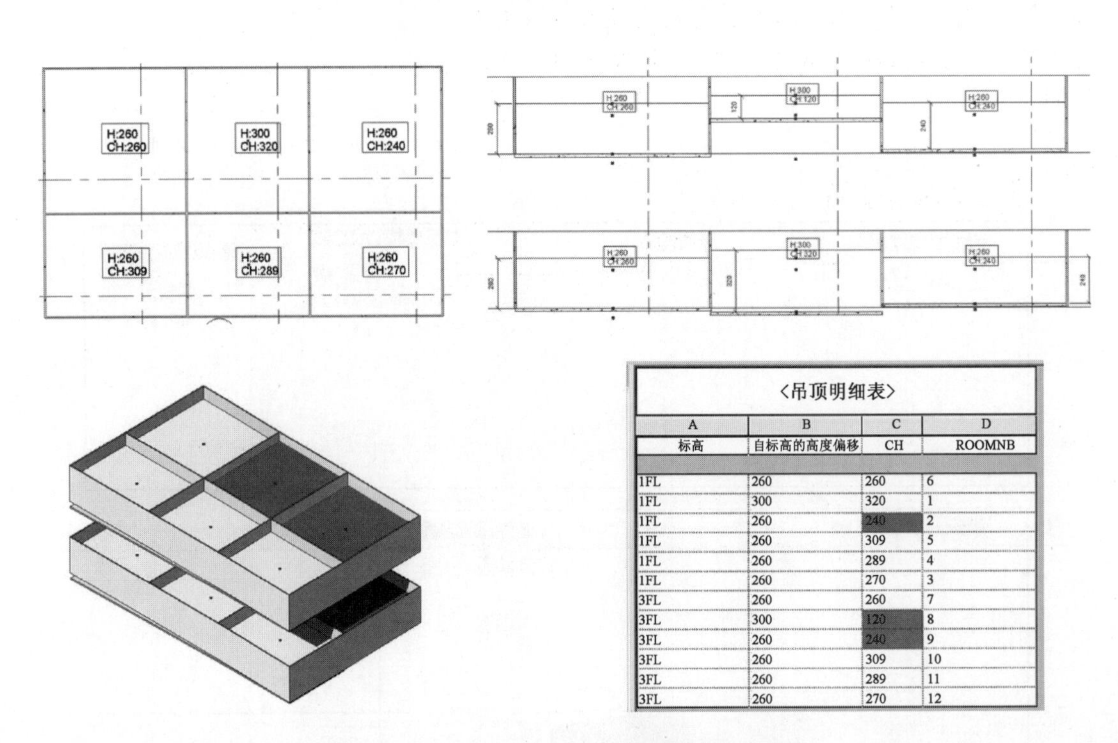

<吊顶明细表>

A	B	C	D
标高	自标高的高度偏移	CH	ROOMNB
1FL	260	260	6
1FL	300	320	1
1FL	260	240	2
1FL	260	309	5
1FL	260	289	4
1FL	260	270	3
3FL	260	260	7
3FL	300	120	8
3FL	260	240	9
3FL	260	309	10
3FL	260	289	11
3FL	260	270	12

图 4-135　与天花板相关视图与明细表对应变化

运行程序后，返回 Revit® 中观察 3D 视图可发现有几块天花板变为红色，即是净高不足，此时可开启剖面 S1 视图，各天花板皆有标记与尺寸标注，尺寸标注值为天花板净高值，可与标记 CH 数值比对，或打开天花板平面 1F、3F 天花板明细表等视图，检视发现天花板净高与对应房间编号都已填入，成果可参考图 4-135 本范例到此结束。

●TIPS　此范例从房间开始，利用激光反射原理的节点求得天花板与净高；该节点指定的视图状态是该程序成功运行的关键。当然可以在视图可见性中设定只显示楼板与天花板，这样是最稳妥的，但仍需注意某些房间没有天花板的状况，此时第一次反射的实例会变成上方楼板，我们可使用“List.FilterByBoolMask”筛选天花板，以及其对应高度与房间编号。另在规范净高的部分，不同的空间用途净高规定也有不同，所以也可利用房间名称进行分组后，再按类别进行净高检查。

4.5.2　楼梯踏步平台上部净高检查

楼梯的功能是上下两层空间的通道，在现在的多层和高层建筑中都是不可少的元素，而在建筑标准与规范中也有相关规定，例如梯段净宽、踏步净高或者栏杆高度等等。而其中较难检验的便是楼梯平台与踏步上部或楼梯结构下方空间净高的检查，此范例便是辅助设计师进行此部分的校验，成果可参考图 4-136。

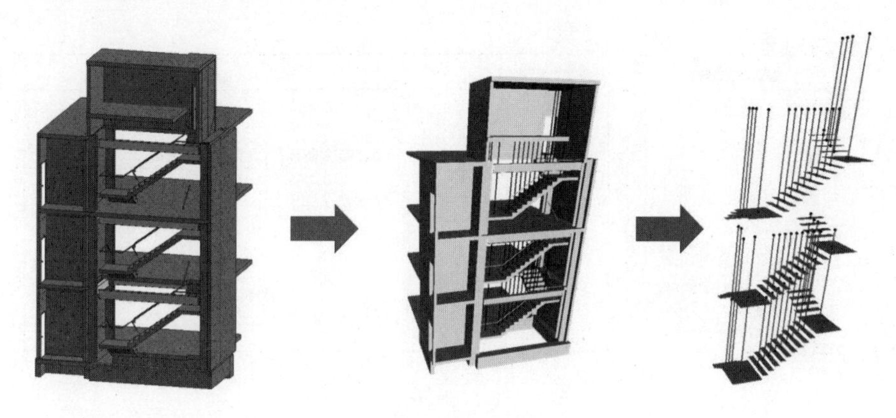

图 4-136　本小节成果范例（见彩图十七）

在建筑设计中楼梯的净高通常定义为楼梯结构底部的通道高度或踏步上方的空间净高，因楼梯是垂直通道，故每一个踏步的情况皆有不同，一般来说可以通过绘制相关位置的 2D 剖面进行检查，但往往设计调整后又需反复检查，工作量较大且易犯错。此范例是用来计算楼梯踏步上方空间净高的数值，帮助设计师提升检查效率。

【范例说明】　打开本章节提供的范例 rvt 格式文档，预设为 3D 视图。项目是一个四层楼的建物内的楼梯空间，其中标高 3FL 的楼板并未开洞，而标高 4FL 处则有一夹层楼板，我们将在此空间条件检查楼梯踏步上方净高。

【节点思路】　此范例仍然旧以“RayBounce.ByOriginDirection”作为检查空间净高的用途。比较困难的部分在于原点的选定；因要找出踏步的曲面，需使用曲面向量方向作为判断依据，其他部分的节点都不难理解。

图 4-137 节点群组的部分说明如下：

1. 选中楼梯及踏步曲面筛选。
2. 获取踏步曲面质点垂直高度干涉点。
3. 踏步上方净高与规范检查。

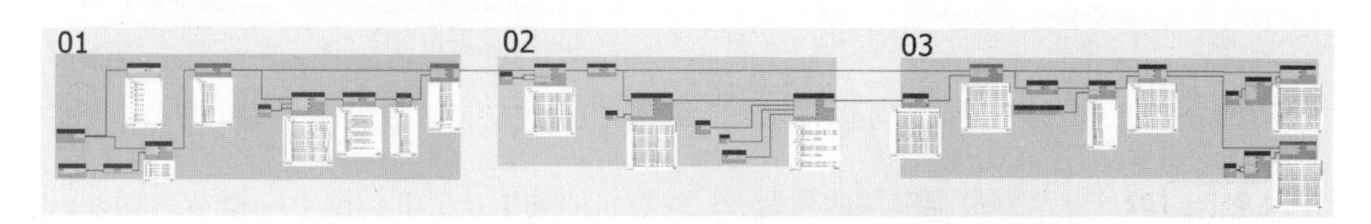

图 4-137　Dynamo 节点范例（请对照二维码附图 4-137）

【分步说明】　一开始，重点在于求得楼梯踏步与平台顶部的曲面，接着便是激光反射节点的运用，最后依据条件赋予线段颜色。

STEP 01 01 组用于求得踏步曲面。使用“All Elements In Active View”获得活动视图中所有图元；另使用“Categories”选中楼梯，后方连接“All Elements of Category”获得项目中所有楼梯图元。接着要获得上述两个列表的交集列表，连接到“SetIntersection”节点，即获得活动视图中所有楼梯，可在“All Elements In Active View”后方接续“Element. Solids”作为观察干涉的用途，唯此节点并不影响输出结果，节点布置可参考图 4-138 所示。

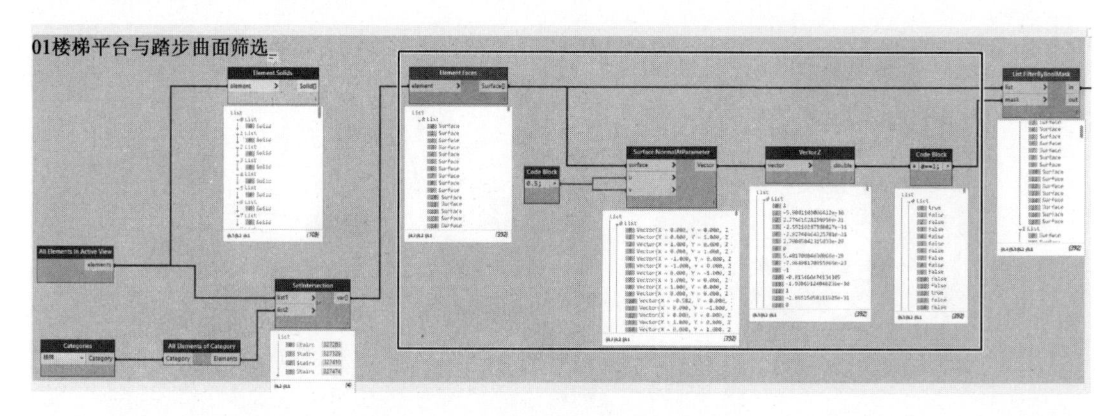

图 4-138　楼梯汇入及踏步曲面筛选

在楼梯列表后方接上“Element.Faces”获得构成楼梯的曲面，使用节点“Surface.Normal AtParameter”，并在 u、v 分别赋值 0.5，即为求得曲面中点处的法向量；可参考图 4-139 说明，图片最左边为楼梯曲面，中间图片为各曲面中心点，右图为中心点位置之曲面法向量示意，而踏步对应的曲面中心点法向量的 z 轴分量等于 1，所以调用“Vector.Z”求得各个向量的 z 轴方向分量值，接着使用“Code Block”键入“a==1”作为筛选条件，后续将成果连接到“List.FilterByBoolMask”的 mask 输入端，并把构成楼梯的曲面连接到 list 接点上，至此筛选踏步曲面的工作既完成。

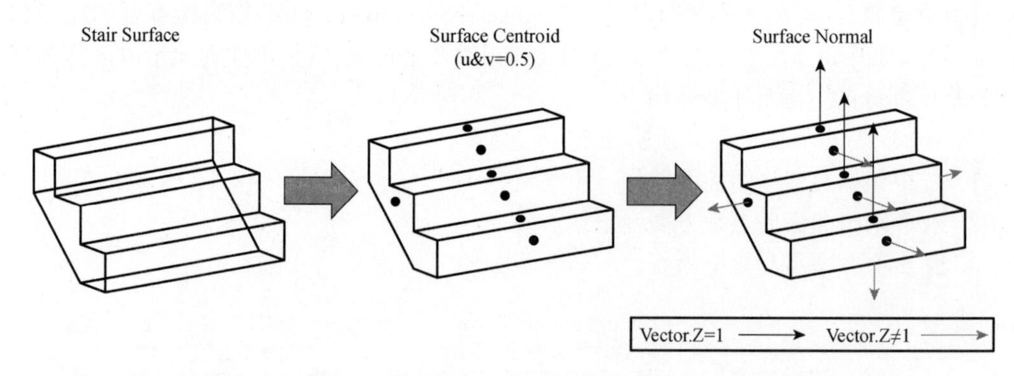

图 4-139　楼梯曲面中心法向量方向说明（图中中心点为假设并非真实位置，见彩图十八）

STEP 02 此范例最难理解的便是 01 组踏面的选取，02 组套用上一章节的做法；使用 01 的成果，即为筛选后的踏步曲面，调用“Surface.PointAtParameter”求出曲面中心点，接着使用“Flatten”拍平列表，并连接“Geometry.Translate”，在 zTranslation 输入端赋值 10。如把偏移值设定为 0，则后续使用激光反射节点时，有部分的指定原点会自身干涉，即为光线与楼梯自体干涉，这可能是两图元太接近导致，所以这里赋予一个 z 轴正方向 10(mm)的偏移，使点比踏步稍高一些，即可避免此现象。

后续的节点使用大家便不陌生了，“RayBounce.ByOriginDirection”节点输入上步中得到的指定原点，向量使用“Vector.ZAxis”。因踏面位置已知，故反射的部分输入“1”，最后参考视图设定为当前的三维视图，运行之后可得到踏步质心点上方垂直干涉点的位置，节点布置详见图 4-140。

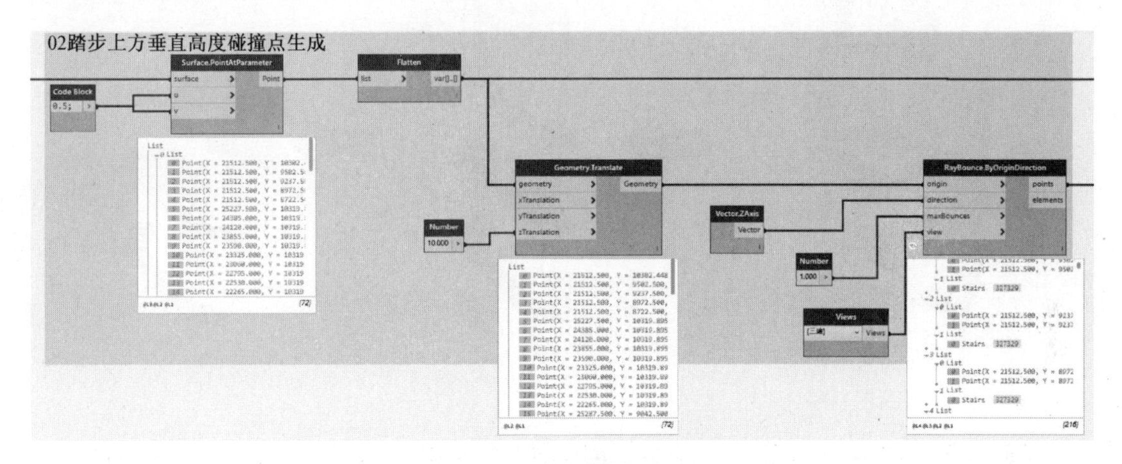

图 4-140　踏步曲面质点垂直高度干涉点产生

STEP 03　接着 02 组的成果，将输出端 point 连接到“List.LastItem”并使用节点级别<@L2>，调用“Line.ByStartPointEndPoint”并将干涉点连接到输入端 endpoint，然后 02 组曲面质心点连接到输入端 startpoint 部分，即为个踏步质心点至干涉点的线段。接着分析曲线长度与规范限制，调用“Curve.Length”求出曲线长度并使用“<=”节点，使用“Integer Slider”将滑块移动到数值 2 200(mm)的位置，即线段长度会以 2 200 mm 作为分界进行判定，节点配置可参考图 4-141。

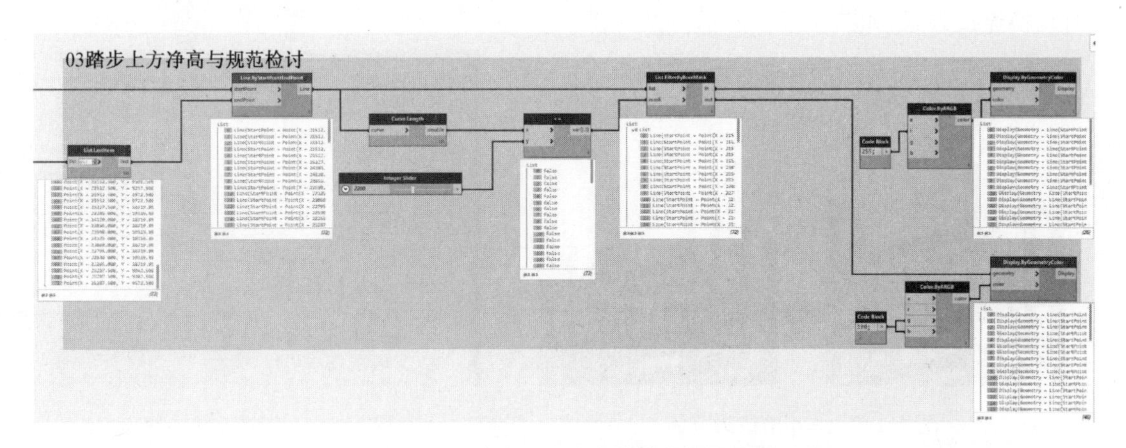

图 4-141　踏步上方净高数值与规范检查

将成果连接到“List.FilterByBoolMask”的输入端 mask 作为筛选依据，并将生成的曲线连接到输入端 list 上，输出端 in 之列表即为长度小于 2 200 mm 的线段，out 列表则为超过

2 200 mm的线段。后续分别连接“Display.ByGeometryColor”节点并连上“Color.ByARGB”，并根据显示颜色赋予数值，例如范例中过短的曲线为红色，即“r”赋值“255”，而净高合格的曲线赋值蓝绿色，故 g 与 b 赋值 100。运行程序即可在 Dynamo 中获得踏步上方净高的判定成果。

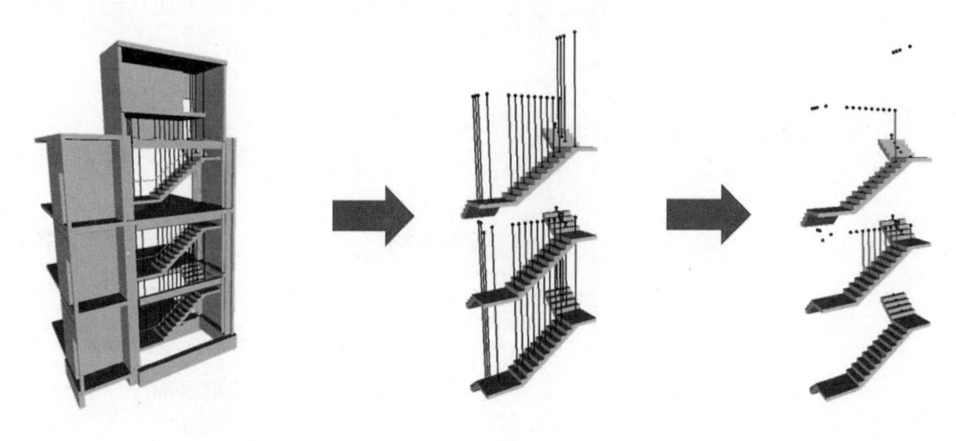

图 4-142　最终成果示意

TIPS　此范例已经很完整，不易再做改动。但仍有几点可供思考：1）踏步宽度与高度数值检查；2）楼梯结构平台下缘至人行通道的净高检查。

4.5.3　批量结构连接并指定连接顺序

在目前的 Revit® 版本中，当用户在默认的情况下绘制柱、梁、墙、板等结构图元时，图元间连接的顺序并不是完全按照行业所常用的方式，例如墙与柱连接的时候，出现墙打断柱，而非柱打断墙的情况。手动切换连接顺序相当费时且无效率。本节将介绍如何借由 Dynamo 对结构图元进行批量连接操作，并按照指定顺序逐一检查连接是否符合绘图习惯，并适时切换连接方式，如图 4-143 所示。

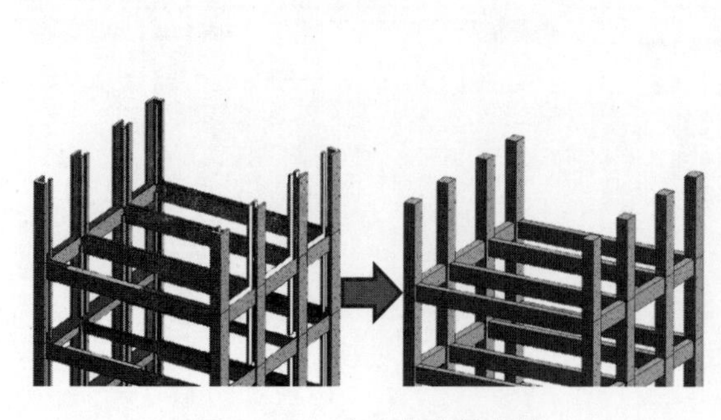

图 4-143　本小节成果范例

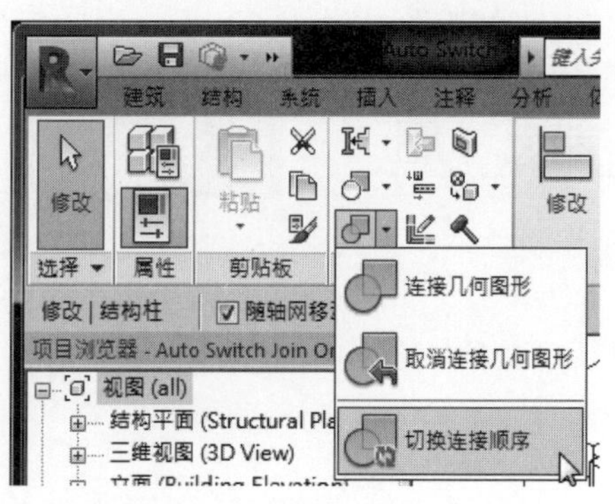

图 4-144　切换连接顺序

【范例说明】 Revit® 提供了连接几何图形以及切换连接顺序这两项功能，当我们在绘制模型的过程中，如果发现图元间并未连接，或图元间连接顺序错误时，能够使用手动方式予以修正，该功能如图 4-144 所示。

但任何一个实际项目中的结构图元都是成百上千,手动修正不仅耗时,更有可能因人为疏忽而遗漏,造成后续出图及施工上的错误与纠纷。

我们希望通过 Dynamo 自动化的方式,检查项目中的所有结构图元,若发现结构图元间尚未连接,则自动将其连接。在批量连接结构图元后,接着逐一检查结构图元间的连接顺序,若发现连接顺序不符合我们所指定的连接顺序,则立即切换到常用顺序。

【节点思路】 在开始编写节点程序前,我们必须先了解边界框(Bounding Box)所代表的意义。

边界框可以理解为几何形体所占空间位置区域内的 X、Y、Z 坐标的最大与最小值,分别以最大点(Max Point)及最小点(Min Point)所储存。当载入项目的族并未定义其原点时,边界框中心为默认原点。

边界框更重要的意义是对几何图形是否相交进行判断。以图 4-145 为例,在项目中分别绘制墙、钢结构柱及书桌,并将三者进行旋转,调整角度使其不平行于 XYZ 任一坐标轴,且墙与书桌相交。

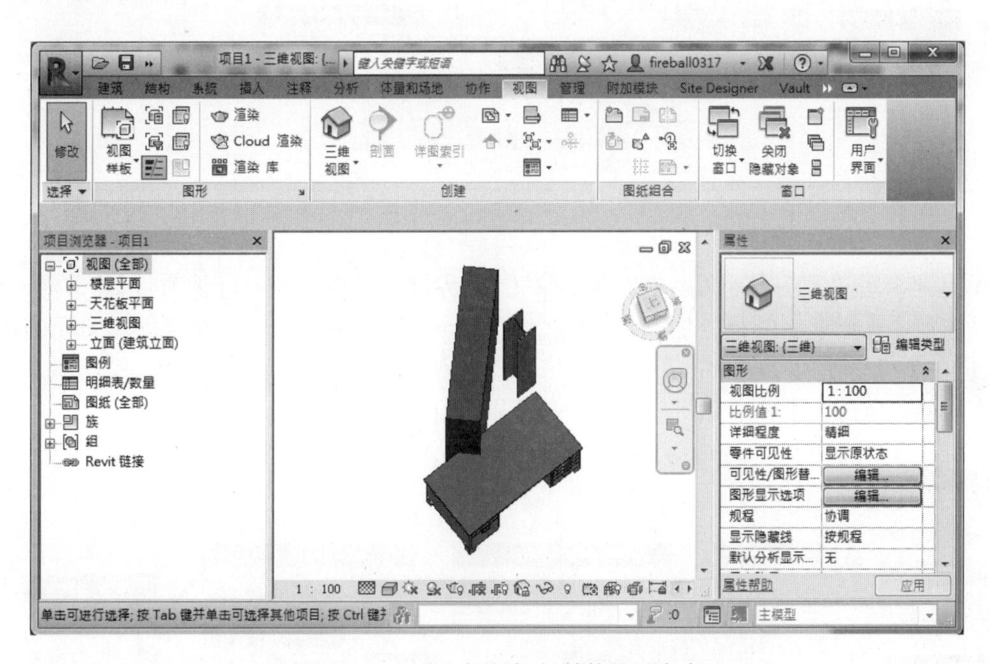

图 4-145 项目中的墙、钢结构柱及书桌

使用"Geometry.DoesIntersect"节点,可得知两种图元的几何形体(Geometry)间是否相交,下图显示墙与书桌的部分实体(Solid)相交,所以此节点所得到的列表中,有部分值为 true。而"Geometry. Intersect"节点可取得墙与书桌相交的几何形体,并且利用"Color. ByARGB"节点及"Display.ByGeometryColor"节点的组合,将相交的实体以绿色表示,如图 4-146 所示。

事实上三维环境下的几何形体的显示与相交的判断,相当耗费系统运算资源,必须将几何形体分解至各个曲面,然后判断各个曲面间是否相交。在项目图元数量少时并不容易察觉其效能差异,一旦图元数量增多时,直接将所有图元进行相交判断,会变得非常费时。

此时边界框就具有非常重要的意义。先前提到边界框储存了几何形体所占位区域内

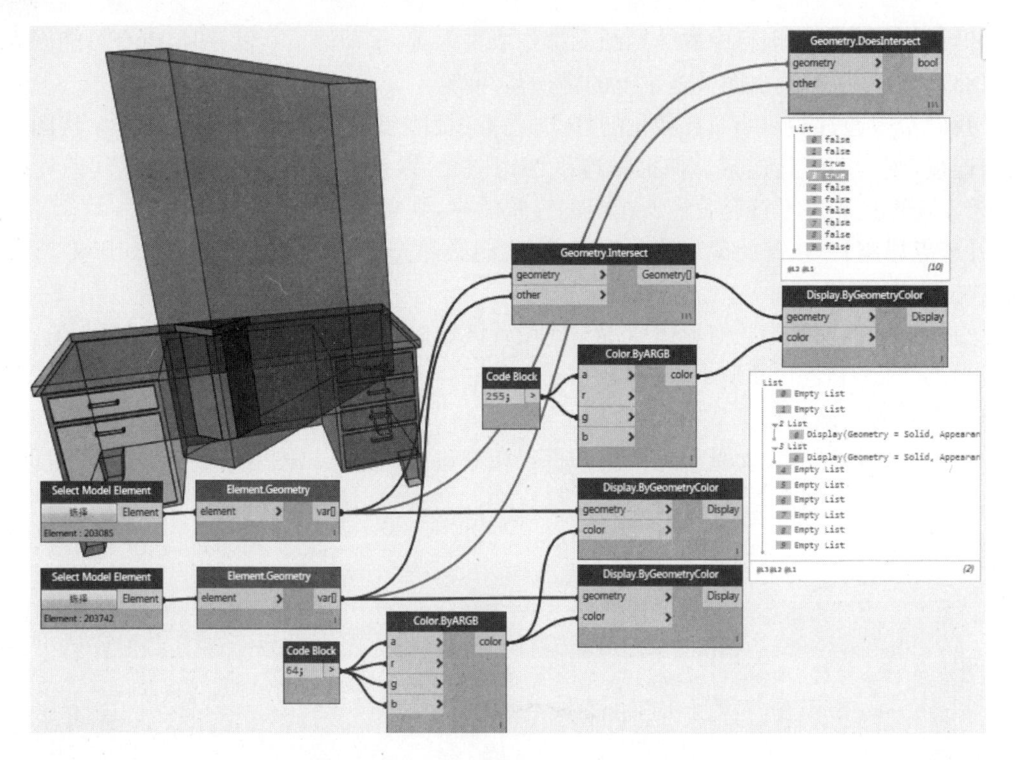

图 4-146　几何图形相交(见彩图十九)

X、Y、Z 坐标的最大与最小值。在几何意义上,边界框可以视作为平行于项目 XYZ 坐标轴,并完整包覆几何形体的长方体,我们可利用“Element.BoundingBox”节点取得图元的边界框,进一步可以使用“BoundingBox.ToCuboid”节点将边界框转换为长方体;这也就是说边界框所涵盖范围大于等于几何形体所涵盖范围,如图 4-147 所示。

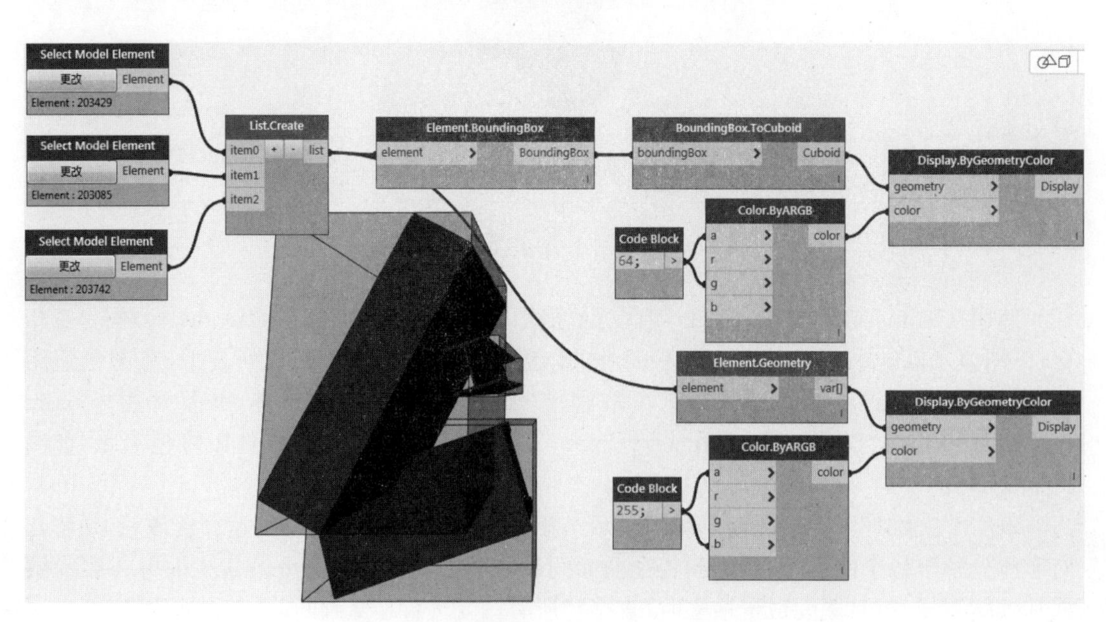

图 4-147　几何图形及其边界框(见彩图二十)

而边界框与边界框间的相交判断，可以利用简单的数学几何运算得出，相较于直接利用几何图形判断是否相交，速度快上数百甚至数千倍。

利用边界框来判断几何图形是否相交，虽然说有程序运行速度上的优势，但毕竟其范围有可能比直接使用几何形体判定相交要大上许多，因此有一定机率会发生边界框相交，但对应的几何形体却没有相交的情况。

如图 4-148 模型中，蓝色部分为墙、钢结构柱及书桌的几何形体，绿色半透明的部分即为其边界框。可以很明显看出，当墙并未平行坐标轴绘制时，其边界框将会涵盖相当大的空间范围，与其相交的书桌，或是与其并无相交的钢结构柱，它们的界框都与墙的边界框相交。也就是图中利用“BoundingBox. Intersection”节点取得的红色部分。

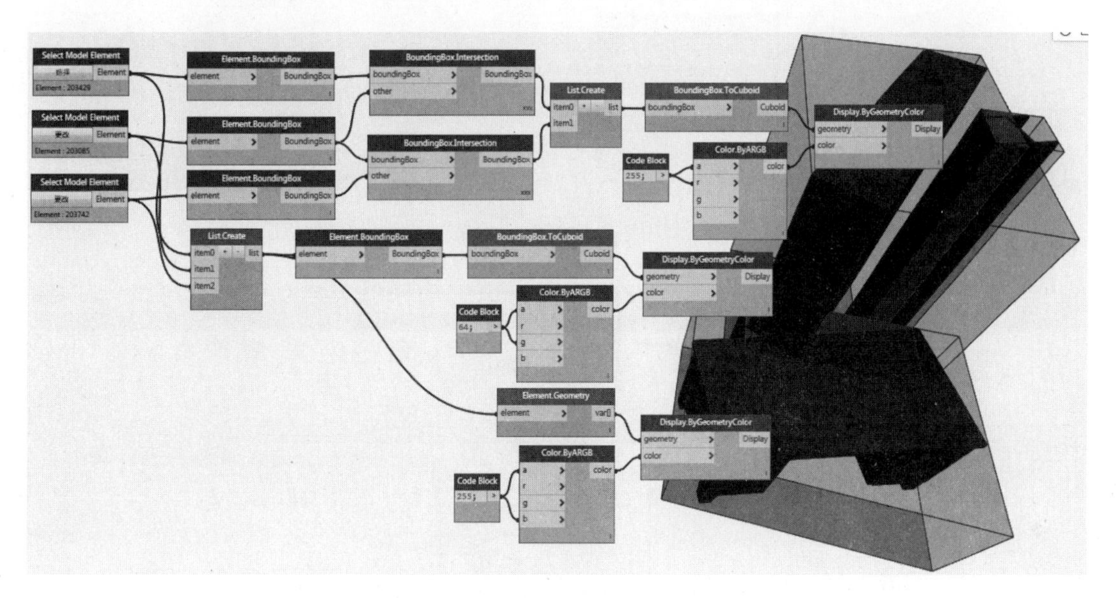

图 4-148　几何图形、边界框以及边界框间相交处(见彩图二十一)

当然，边界框也能够辅助判断图元是否处于房间中，以及根据路径进行图元编号等应用。图 4-149 中我们利用“Element.GetLocation”节点取得书桌所放置的位置的坐标点，接着使用“BoundingBox.Contains”节点判断该坐标点是否位于房间的边界框中。

因此使用边界框进行几何运算时，无论是判断图元是否相交、是否碰撞、是否位于房间中或是依路径进行图元编号，都必须注意，边界框的相交或判定坐标点是否包含在边界框中，仅能推断为两图元间较为接近，而非图元相交。

此例子最重要的思路，即先用边界框判断相邻的图元，再用图元的几何形体判断是否相交。

接下来，我们来尝试使用上述思路进行图元的连接顺序的判定与修改。请参考范例文档 Chapter 4. 5 中 4. 5. 3 文件夹可扫封底二维码获取，打开 Revit® 范例 Auto Switch Join Orders by Sequence. rvt 与 Dynamo 范例 Auto Switch Join Orders by Sequence. dyn。

由图 4-150 冲突报告中可知，此项目有部分的梁与柱的连接顺序有错误，因而被墙与楼板所切割。更有许多图元之间没有形成连接，造成在执行碰撞检查时，引起程序的误判；

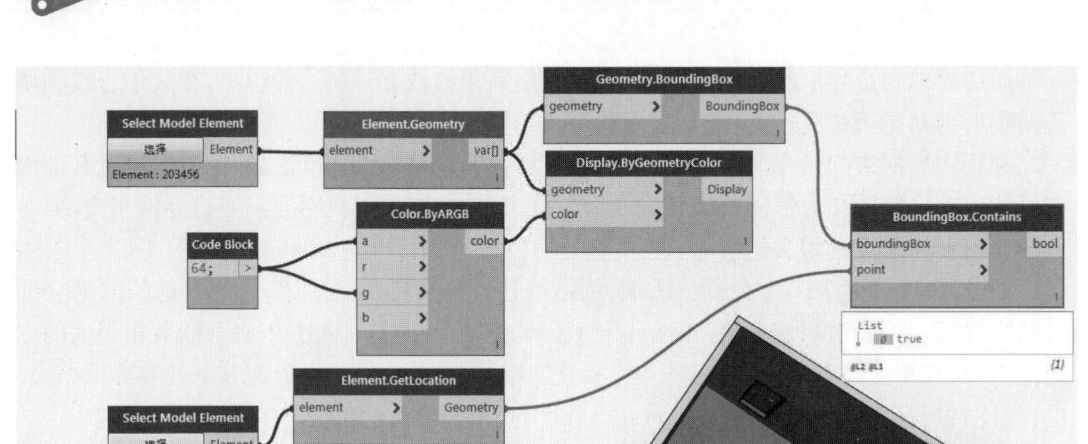

图 4-149　利用边界框判断图元是否位于房间中

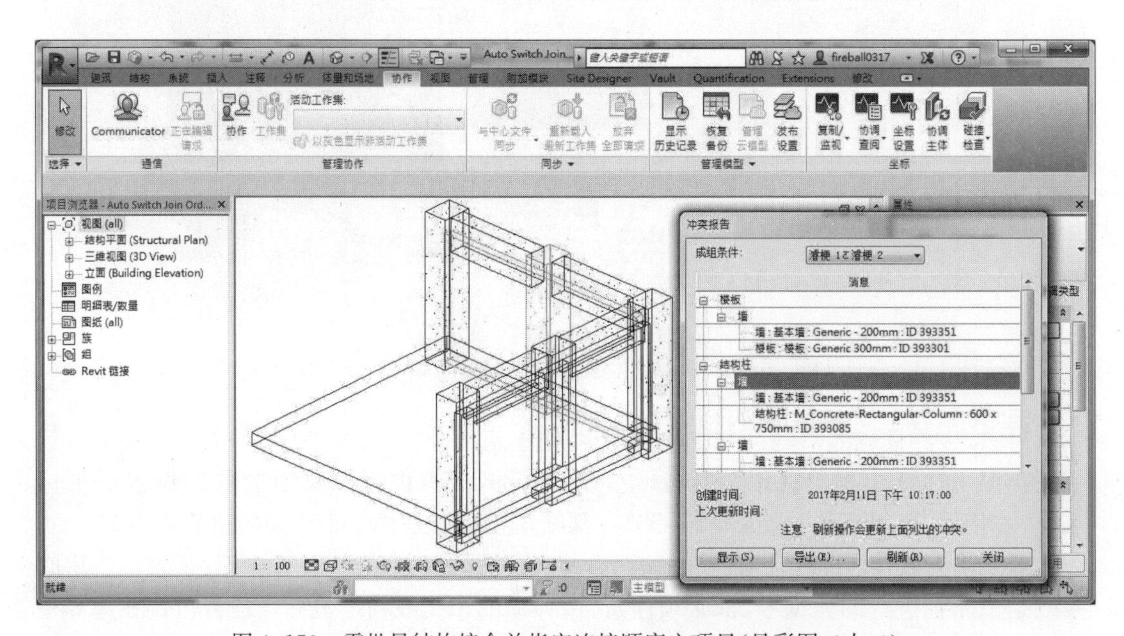

图 4-150　需批量结构接合并指定连接顺序之项目(见彩图二十二)

在执行完 Dynamo 程序后，所有结构图元皆已连接，并且调整至正确的连接顺序，如图 4-151 所示。

【分步说明】 我们通过这个案例了解 Dynamo 对边界框以及几何形状的相交处理。，如图 4-152 分为下列几个步骤。

1. 依照指定的图元类别顺序，如结构柱、结构框架、楼板、墙，按照顺序取得项目中所有指定类别的图元。

2. 利用边界框快速筛选出相邻图元。

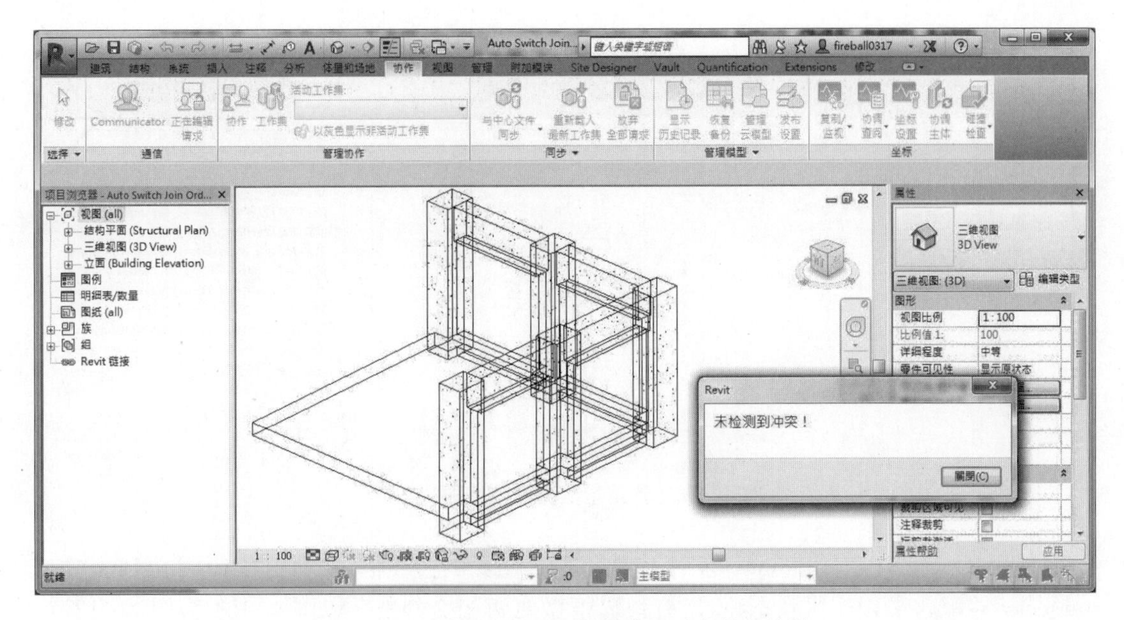

图 4-151　利用 Dynamo 批量修正后之执行结果

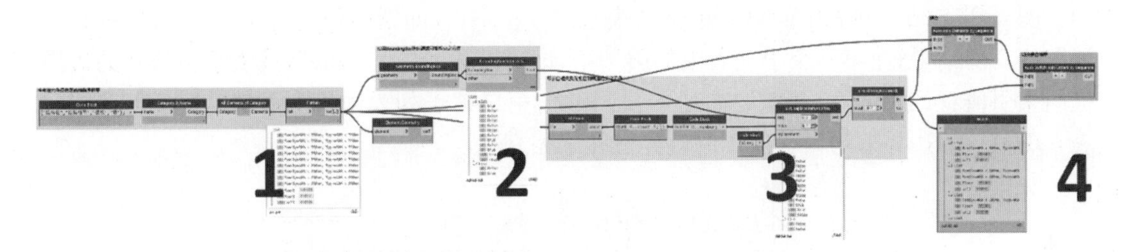

图 4-152　批量结构接合并指定连接顺序脚本(请对照二维码附图 4-152)

3. 去除自相交与重复的相邻图元判断。

4. 执行连接并适时切换连接顺序。

STEP 01　首先在“Code Block”节点中，依序输入希望取得的图元类别，形成一个字符串行表。在列表中处于越前面，代表在连接顺序判定上会越主要。当然，也可以通过此方法，判断建筑、设备的图元类别。

接着使用“Category.ByName”节点，依照指定的字符串行表内容，依序找出所对应的类别。然后利用“All Elements of Category”将项目中所有指定类别的图元，依照类别顺序取得，并由“Flatten”节点拍平为一维列表，节点配置可参考图 4-153。

STEP 02　可以利用多种方式，将 Revit® 项目中的图元显示在 Dynamo 的三维视图中，如“Element.Curves”取得图元中的曲线、“Element.Faces”取得图元中的曲面、“Element.Solids”取得图元中的实体、“Element.Geometry”取得图元中的几何形体。

虽说以上这几种方式可以很方便地将 Revit® 的图元显示在 Dynamo 的三维视图中，但由于三维图形的绘制使用的系统资源相当大，且 Dynamo 并不像 Revit® 在每一版不断地大幅增强三维显示效能，因此我们建议，除非取得图元的几何形体是为了后续的几何运算时使用，否则尽量少用以提高程序运行速度。

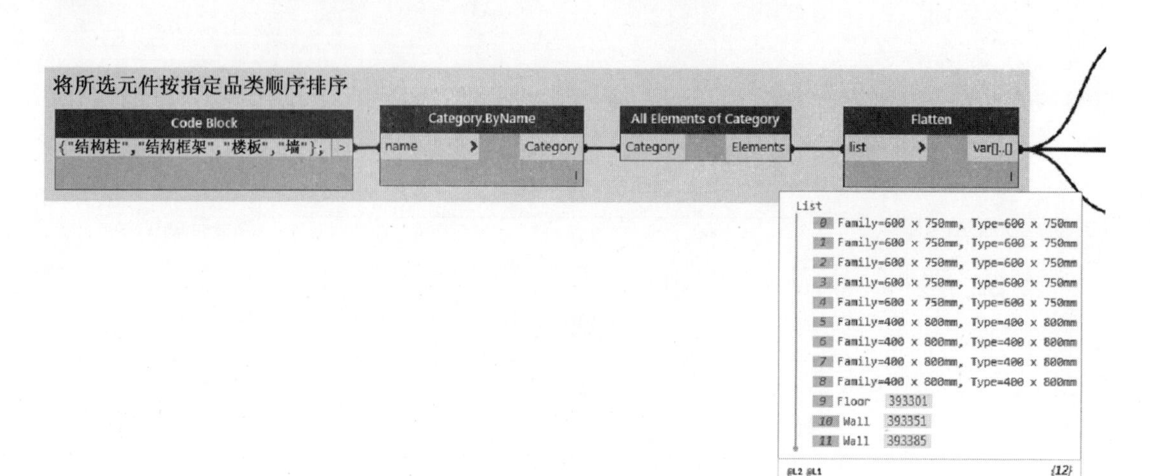

图 4-153　依指定之类别顺序取得图元

使用“Geometry.BoundingBox”节点取得所选图元的边界框，并利用“BoundingBox. Intersects”并配合叉积连缀状态，将所有边界框做两两相交判断。以图 4-154 为例，由 12 个图元得到 12 个边界框，并两两相交，得到 12×12＝144 组相交结果。

图 4-154 结果列表中的第一个子列表，即“[0]List”，即索引值为 0 的边界框与所有边界框相交的结果；而第一个子列表中的第一项，即最上面的“[0] true”，代表索引值 0 的边界框与索引值 0 的边界框（也就是自己本身）相交；第二个子列表中最上面的“[0] false”则代表索引值 0 的边界框与索引值 1 的边界框并未相交。

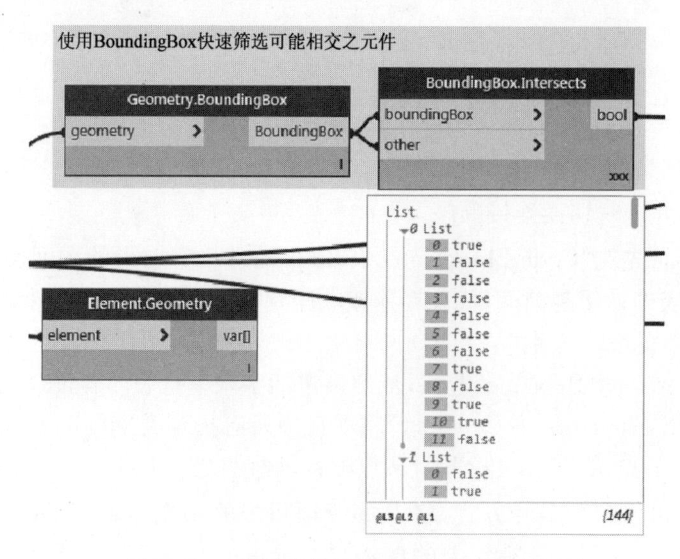

图 4-154　利用边界框快速筛选出相邻图元

STEP 03　将前一步骤中由边界框相交的结果绘制成图 4-155 的边界框相交矩阵。图中“O”代表经由前一步骤所得到这两个图元相邻，需进一步判断连接及连接顺序。由图 4-155可知，12 个图元间原本需做 144 次连接及连接顺序判断，经由前一步骤的筛选，仅需

主　次	图元0	图元1	图元2	图元3	图元4	图元5	图元6	图元7	图元8	图元9	图元10	图元11
图元0	O							O		O	O	
图元1		O						O	O	O	O	
图元2			O				O			O		O
图元3				O		O	O			O		O
图元4					O	O			O	O	O	O
图元5				O	O	O	O		O		O	O
图元6			O	O		O	O					O
图元7	O	O						O	O		O	
图元8		O			O	O		O	O		O	O
图元9	O	O	O	O	O					O	O	O
图元10	O	O			O	O		O	O	O	O	O
图元11			O	O	O	O	O		O	O	O	O

重复的相交　　自相交

图 4-155　需做连接及连接顺序判断的执行矩阵(见彩图二十三)

做 74 次连接判断。

在这个步骤中,我们进一步去除边界框自相交与重复的相交判断。以图 4-155 为例,图元 5 边界框与图元 5 边界框相交,此为自相交;图元 5 边界框与图元 3 边界框相交,而图元 3 边界框亦与图元 5 边界框相交,此为重复的相交。

因此只需将自相交与重复的相交所形成之下三角矩阵内所有值,均改为 false 即可。先运用"List.Count"节点取得所有图元的个数,并在"Code Block"节点中输入"0.. count-1",得到由 0 至 11 的数字列表做为图元索引值,接着在下游的另一个"Code Block"节点输入"0.. number",得到指向上图三角区域中所代表的全部图元的索引值。

接着利用"List.ReplaceItemAtIndex"节点,并配合使用节点的级别设定,调整为<@L2>,将原两层列表中每一子列表,依照三角矩阵的两层列表中每一子列表,逐一取代为 false。当然这样的取代方式也能使用"List.ReplaceItemAtIndex"节点配合"List.Combine"节点的组合取得。

最后使用"List.FilterByBoolMask"节点将所有 true 的部分转换为图元列表。同样的由于前述得到的结果是两层列表,而最原始的 12 个图元为单层列表,因此将前述结果使用级别<@L2>设定,使这 12 个图元能套用至前述结果的每个子列表。

由图 4-156 中得到此步骤的结果,可解读为和这 12 个图元相邻图元的列表。比如"[0] List"代表索引值为"0"的图元,与其相邻的图元有一根梁、一块楼板与一面墙。

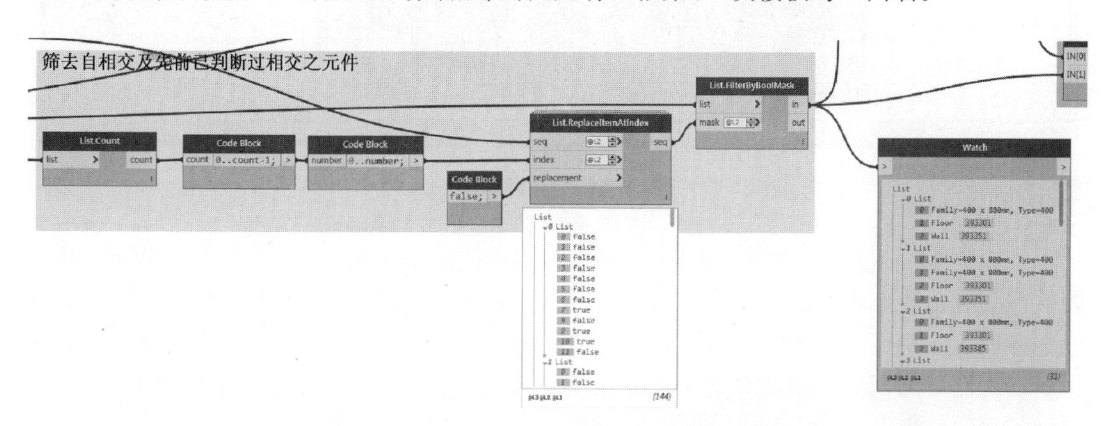

图 4-156　去除自相交与重复的相邻图元判断

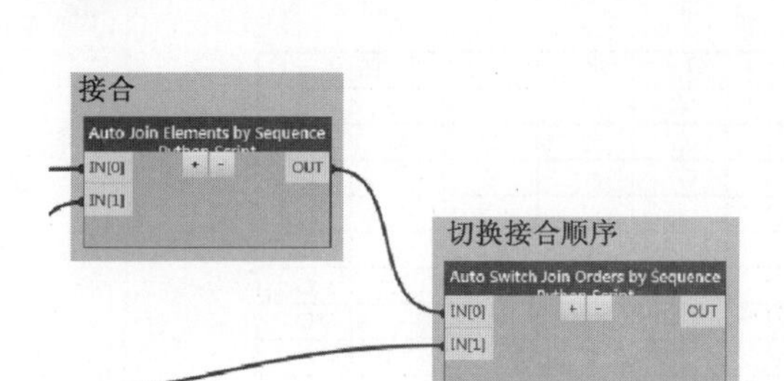

图 4-157　执行连接并适时切换连接顺序

STEP 04　最后我们利用两个自行撰写的“Python”节点，分别输入所有图元列表及须做判断的图元矩阵，进行图元连接与判断图元连接顺序的步骤，如图 4-157 所示。

由于本书定位为基础与实战教程，所以不详细说明其运作原理。简单来说，利用 Revit® API 中“Autodesk®.Revit®.DB.JoinGeometryUtils”类别内“JoinGeometry”方法连接图元，并使用“IsCuttingElementInJoin”方法判断连接顺序，当连接顺序与所设定顺序不符时，利用“SwitchJoinOrder”方法切换顺序。

STEP 05　或许由前面所提供的例子中，感受不出程序运行速度上的差异。接下来，请打开 Revit®范例 Test Project. rvt，如图 4-158 所示。项目中包含 30 层楼共 624 个结构图元。我们可以检查项目中使用默认的方式绘制的结构，项目中的柱与梁皆被墙所切割，接着我们执行 Dynamo 程序，结果详见图 4-158。

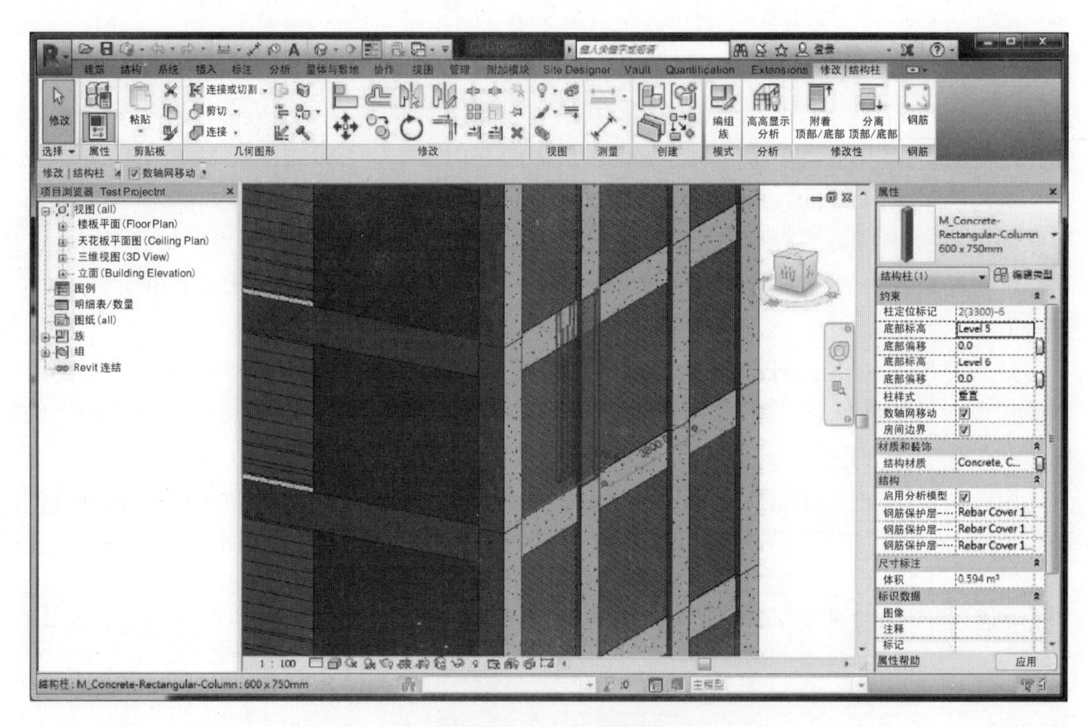

图 4-158　测试案例

原先需执行 389 376 次连接判断。经过边界框筛选，尚需做 12 516 次连接判断。再经过去除下三角形矩阵，最后仅需做 5 946 次连接判断，与原先的判断次数相比，快了 65. 5 倍。我们实际找到一台计算机测试该例子，运行时间由原本超过 1 小时加速到仅需不到 1 分钟。由此可见，Dynamo 程序的简化和相应的技巧，对于提高运行速率及用户体验，有着非常重要的意义。

我们逐一检查项目中的柱、梁、墙、板，都如预期中的形成了两两连接，并且连接顺序也按照我们原先所设定的顺序，如图 4-159 所示。这样的方法，基本排除了人为错误，提高了建模效率。

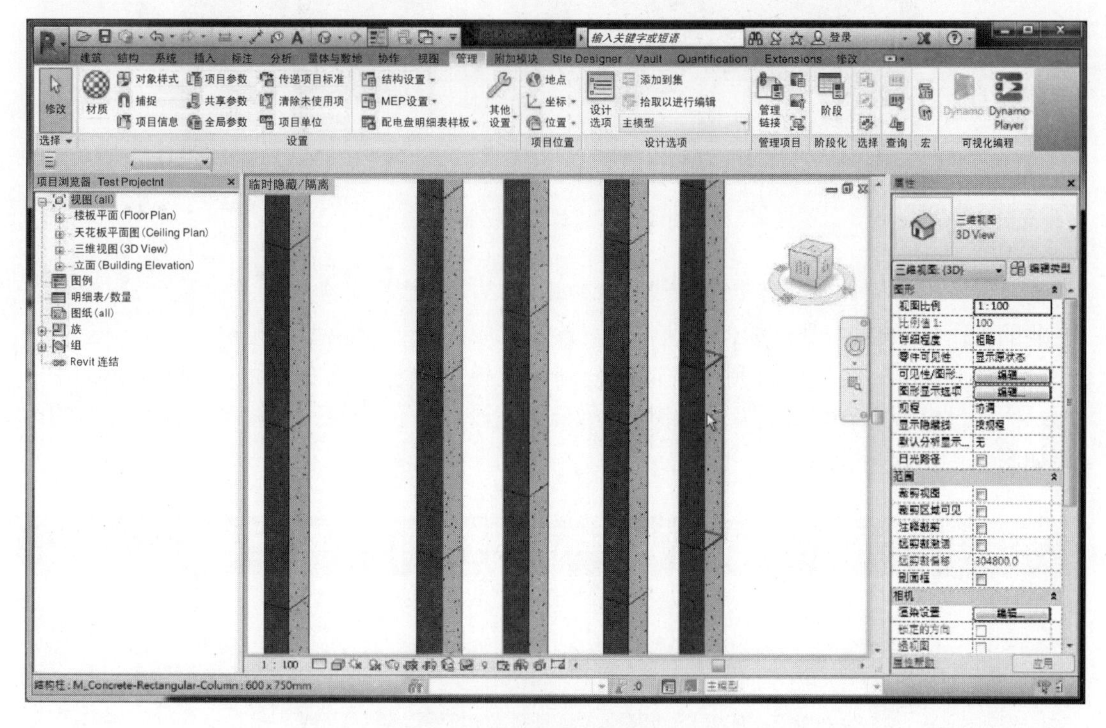

图 4-159　测试案例执行结果

较为细心的读者可由前面的示例中看出，去除下图元三角矩阵，仅仅需处理一个大矩阵，所以速度快；使用边界框判断图元是否相邻，需逐一对边界框进行两两判断，速度较慢。因此若是将两个步骤顺序对调，就能够提高不少程序运行效率。

另外这个案例只有针对不同类别做先后排序，并未进一步对同类别间的不同族类型（如主梁需打断次梁）排序，因此同类别的连接切换有可能会误判。

4.5.4　批量生成穿墙套管

BIM 作为一种用于建筑设计乃至施工的优化流程，有一项重要的优势，即在设计的同时能够通过碰撞检查，快速地找出各专业间的不一致性，并及时进行修正，从而避免问题延伸至施工阶段而造成不必要的成本浪费，提高设计与施工的质量。

在碰撞无可避免的情况下，部分设备管线需从建筑或结构构件中穿过，如在梁与墙上开洞并放置套管。目前 Revit® 中实现上述目标的方式，是一个个以手动方式开洞并放置套管，相当耗时。本章节将介绍如何使用 Dynamo 取得链接的 Revit® 设备模型数据，并在建筑或结构模型相应构件处，批量开洞并放置套管，如图 4-160 所示。

【范例说明】　当进行模型协调时，除了通过碰撞检查功能来发现模型中各图元间的碰撞问题，更重要的是当发生了碰撞时，该如何在最短的时间内、最节省成本并保证设计质量

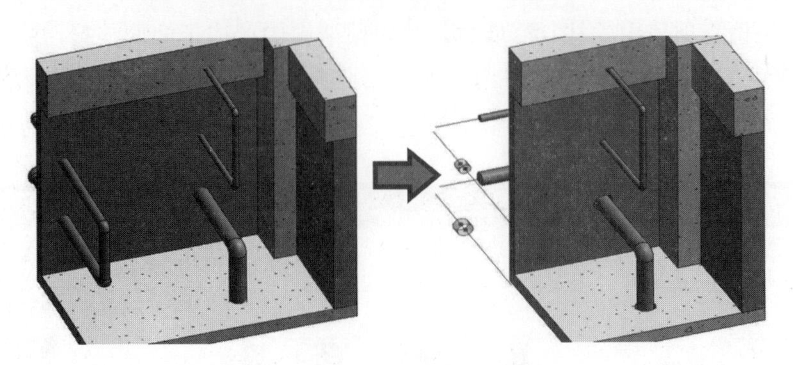

图 4-160　本小节成果范例

的情况下解决碰撞。假如各专业管线综合协调的结论是结构必须开洞并放置套管，使设备专业的管线从中穿过，那该如何快速将这一改动反应在 Revit®模型中呢？

通过 Dynamo 我们可将利用自适应公制常规模型族样板所创建的套管，批量放置于 Revit®项目模型中墙与管线发生碰撞的位置，保证设计的正确性。开洞和放置套管后的结果如图 4-161 所示。

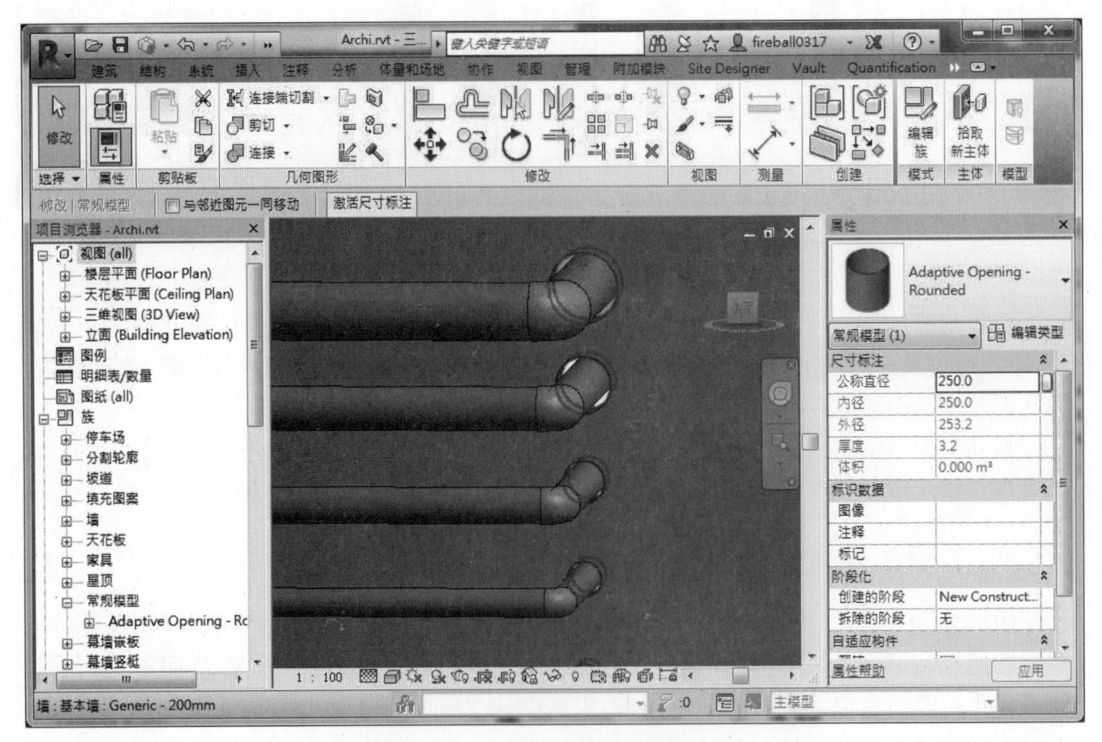

图 4-161　批量生成穿墙套管成果

【节点思路】　在开始这个案例的 Dynamo 编程前，我们必须了解如何通过 Dynamo 生成所需要的模型。模型生成方式主要有下列几种：

1. 如何将由 Dynamo 绘制的几何形体导出至 Revit®：

i. 利用“将模型导出为 STL 格式”导出网面至 STL 格式文档；

ii. 利用“ExportToSAT”节点导出实体至 SAT 文档；
iii. 利用“DirectShape.ByGeometry”节点导出实体至 Revit®项目；
iv. 利用“ImportInstance.ByGeometries”节点导出实体至 Revit®项目或族；
v. 利用“ModelCurve.ByCurve”节点导出模型线至 Revit®项目或族；
vi. 利用“ModelCurve.ByCurve”辅助复杂造型绘制；
vii. 利用 FormIt 360 将 Dynamo Studio 几何图形导入 Revit®成为体量。
2. 通过 Dynamo 对 Revit®族实现的操作：
i. 放置并旋转图元；
ii. 复制图元；
iii. 按面放置图元；
iv. 放置自适应图元；
v. 利用自适应图元控制放置方向；
vi. 其他放置自适应图元方式。
接下来就以“曲面冲孔板”为例，分别就这几种几何形体的导出方式来做说明。

STEP 01　利用”将模型导出为 STL 格式”导出网面至 STL 文档。

在 Dynamo 中绘制完成图 4-162 所示三维形体后，可使用“将模型导出为 STL 格式”功能导出为图 4-163 所示 STL 文档供后续三维打印使用。STL 文档为网面形式(mesh)，因此难以在 Revit®中后续应用，可使用 Autodesk® Inventor 或类似软件打开并编辑。

图 4-162　将模型导出为 STL 格式功能

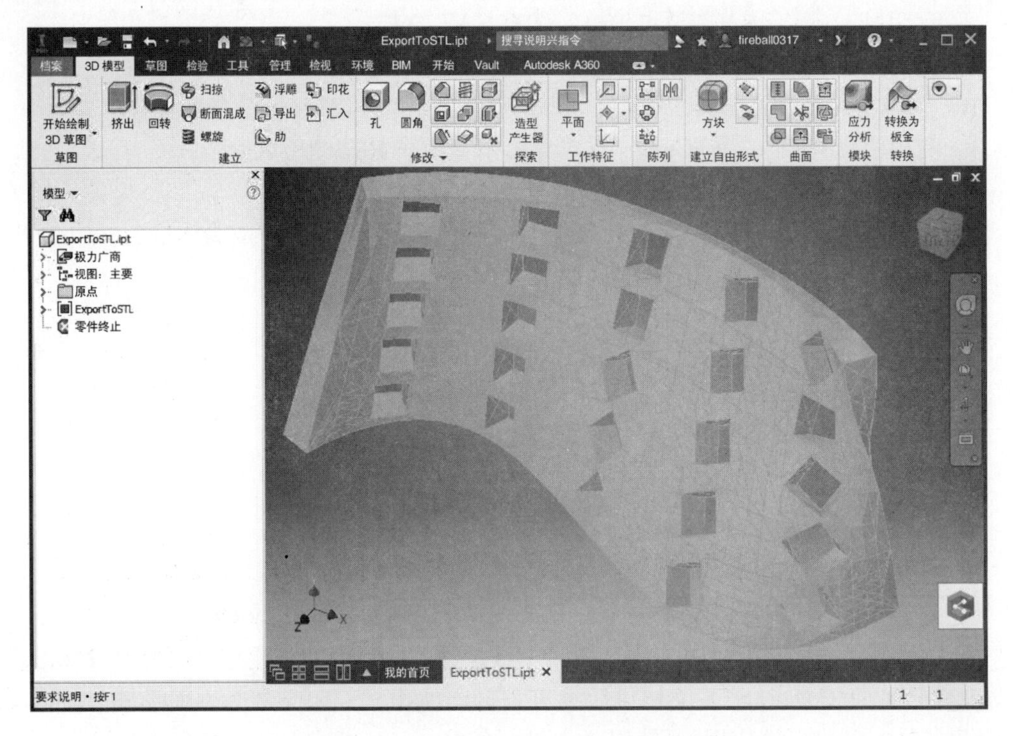

图 4-163　使用 Inventor 开启 STL 文档

STEP 02　利用“ExportToSAT”节点导出实体至 SAT 文档。

由图 4-164 使用“ExportToSAT”节点导出为 SAT 文档后，再由图 4-165 中利用 Revit® 的“导入 CAD”功能导入到 Revit® 项目或族中，并设定其类别，如图 4-166 所示。当 SAT 造型较为复杂时，导入至 Revit® 后形体显示可能有所差异。

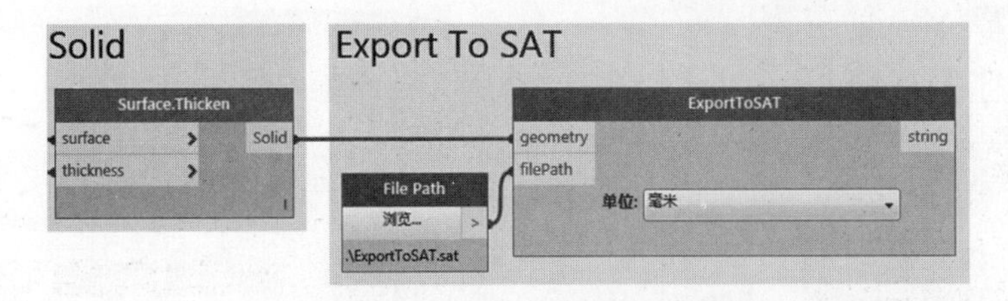

图 4-164　利用“ExportToSAT”节点导出实体至 SAT 文件

STEP 03　利用“DirectShape.ByGeometry”节点导出实体至 Revit® 项目。

使用“DirectShape.ByGeometry”节点直接导出实体至 Revit® 项目，可在节点中对其类别、材质以及名称进行设定，如图 4-167 所示。

STEP 04　利用“ImportInstance.ByGeometries”节点导出实体至 Revit® 项目或族。

若使用“ImportInstance.ByGeometries”节点导出实体至 Revit® 项目，则会在 Revit® 中作为导入符号，因此建议导入至 Revit® 族，并在族中添加属性，以方便后续在项目中的应用，如图 4-168 所示。

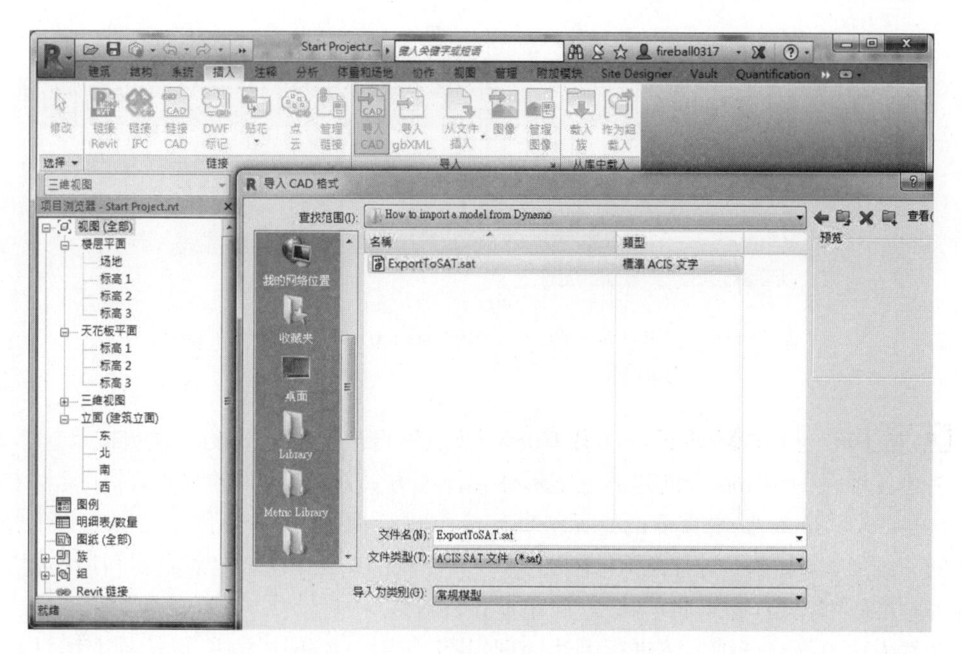

图 4-165　Revit® 中"导入 CAD"功能

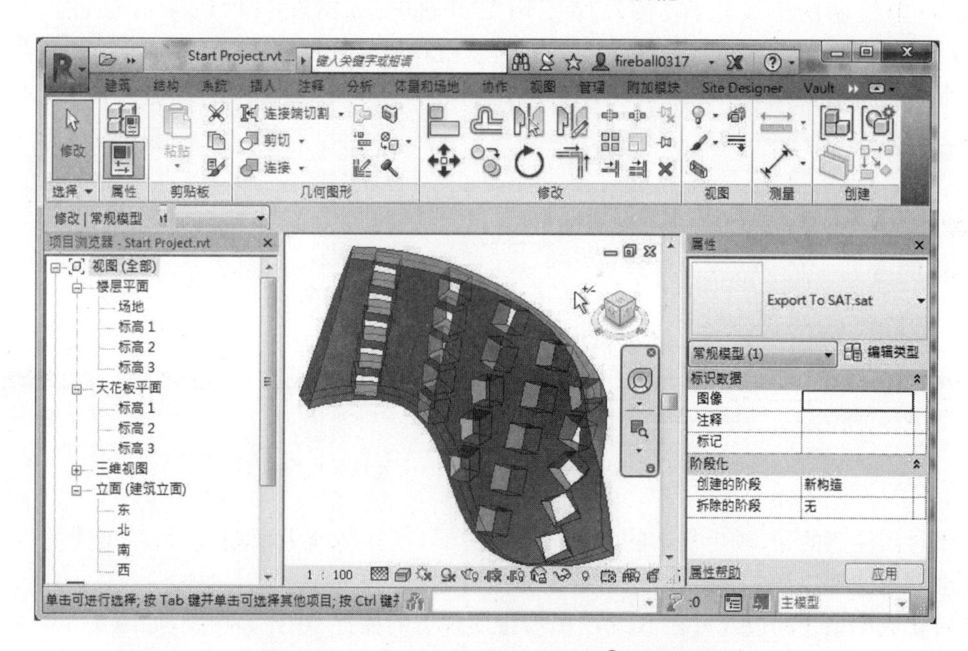

图 4-166　将 SAT 文档导入 Revit® 后的成果

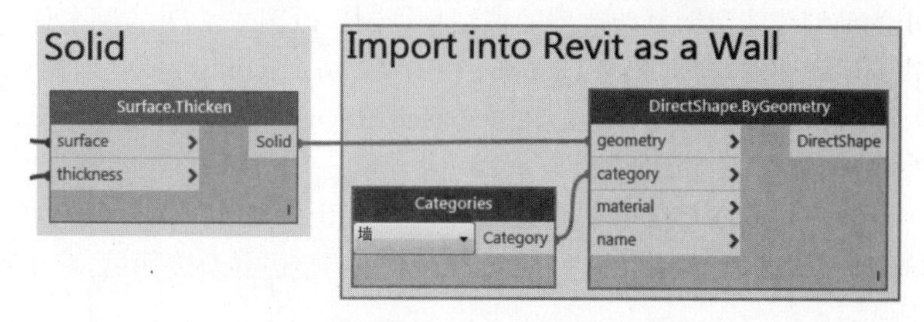

图 4-167　"DirectShape.ByGeometry"节点导出实体至 Revit® 项目

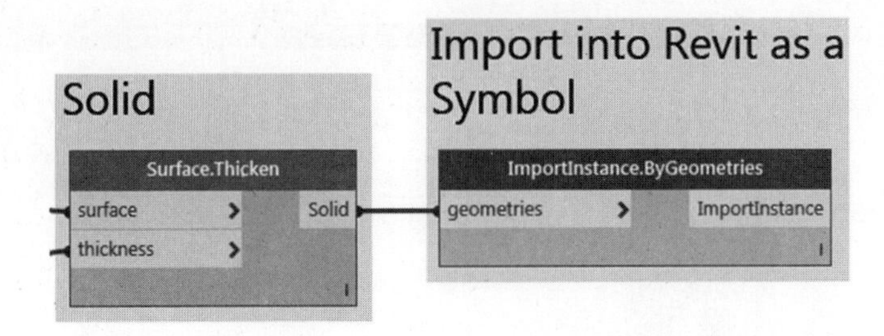

图 4-168　利用“ImportInstance.ByGeometries”节点导出实体至 Revit® 中

STEP 05　利用“ModelCurve.ByCurve”节点导出模型线至 Revit® 项目或族。

上述各种将 Dynamo 所创建的三维形体导出的方式，都有共同的缺点，除了无法在 Revit® 中再修改其造型外，更重要的是无法利用模型进行捕捉、对齐操作。一般通过 Dynamo 生成的三维形体，大多不会有在 Revit® 中修改其形状的需求，但却常常需要利用捕捉功能，以其为基准新增模型，如添加零部件、设定连接件等。

既然无法直接对三维形体进行上述处理，我们使用一个折中方法，以达到上述目的。将 Dynamo 中绘制的三维形体，按顺序使用“PolySurface.BySolid”“PolySurface.Surfaces”“Face.Edges”“Edge.CurveGeometry”节点，分步骤将原几何形体拆解为边线，并取得边线的曲线形状。接着使用“ModelCurve.ByCurve”将其转换为 Revit® 中的模型线，如图 4-169 所示。

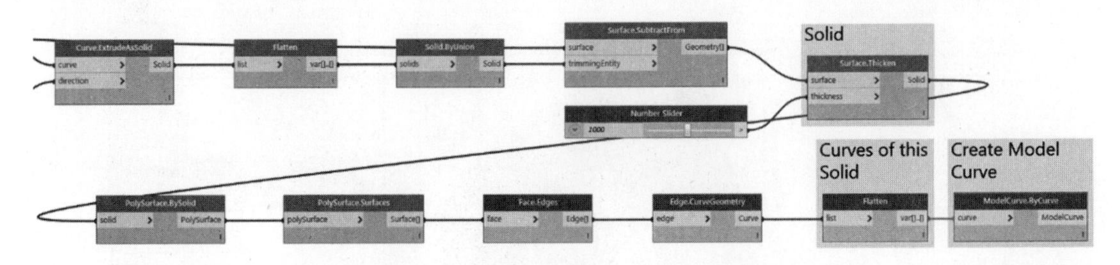

图 4-169　“ModelCurve.ByCurve”节点导出模型线

不过需注意的是，较为复杂的曲面造型的边线，当其转换为模型线后，模型线的位置有可能会与原造型边线有所差异，这需要在转换后进行人工检查。

转化成模型线的边线可在 Revit® 模型中实现点的捕捉、对齐等功能，如图 4-170 所示。

STEP 06　利用“ModelCurve.ByCurve”帮助复杂造型绘制。

利用导出的模型线能帮助复杂造型的精细化绘制。以图 4-171 的例子作为说明，目标是要将楼梯边界贴齐曲墙，即可利用 Dynamo 中的“Geometry. Intersect”取得曲墙与楼梯相交区域，是一个实体，逐步拆解实体为边线并转换为 Revit® 中的模型线，即可取得绘制楼梯边界所需的参考线，如图 4-172 所示。

利用 Dynamo 取得曲墙与楼梯相交处的模型线后，由图 4-173 在草图模式下编辑楼梯时，即可使用该模型线做为绘制楼梯边界线的参考，并调整边界及踢面后，获得理想的结果，如图 4-174 所示。

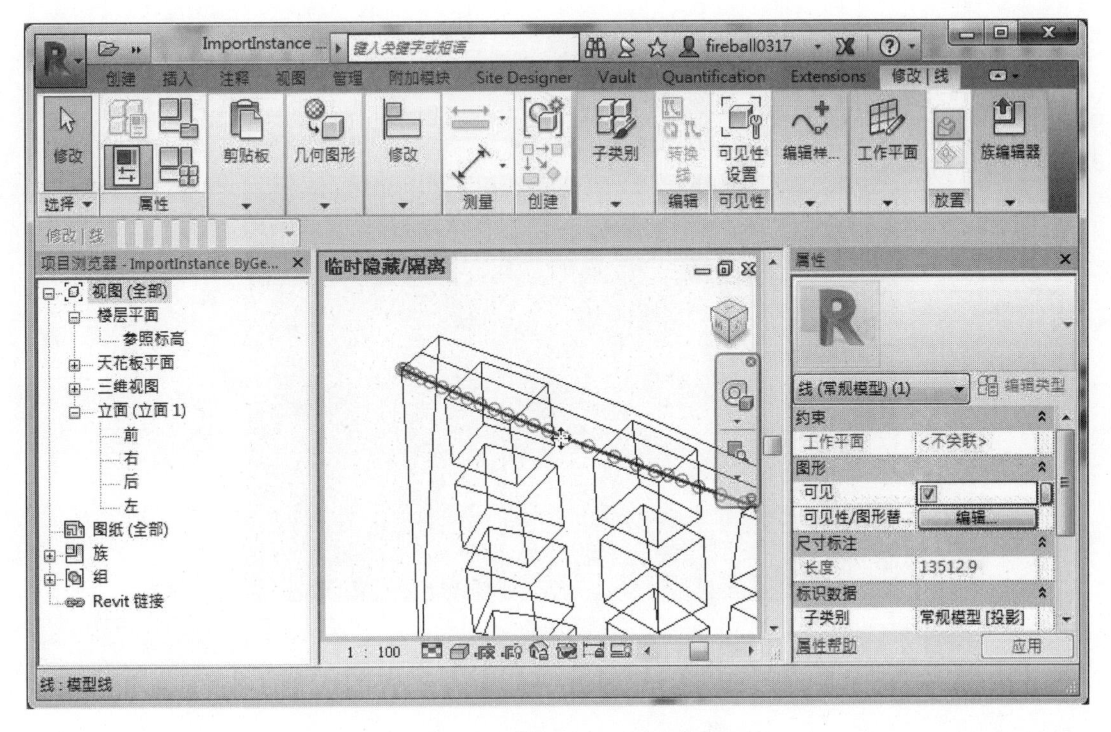

图 4-170　Revit®中查看已导出的模型线

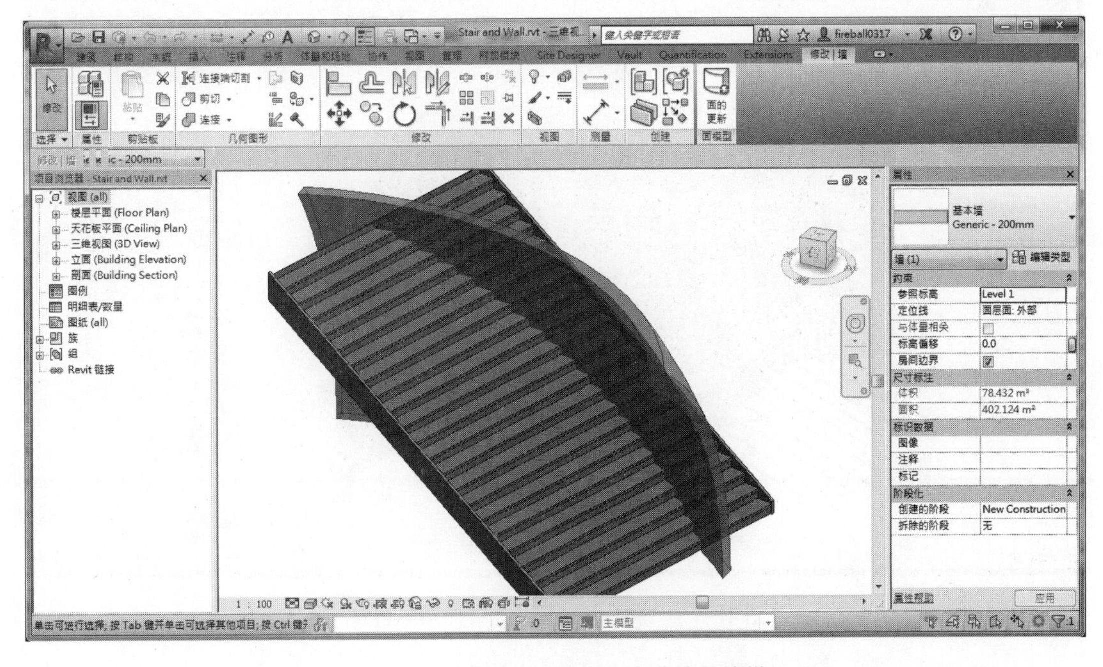

图 4-171　边界尚未贴齐双向曲墙的楼梯

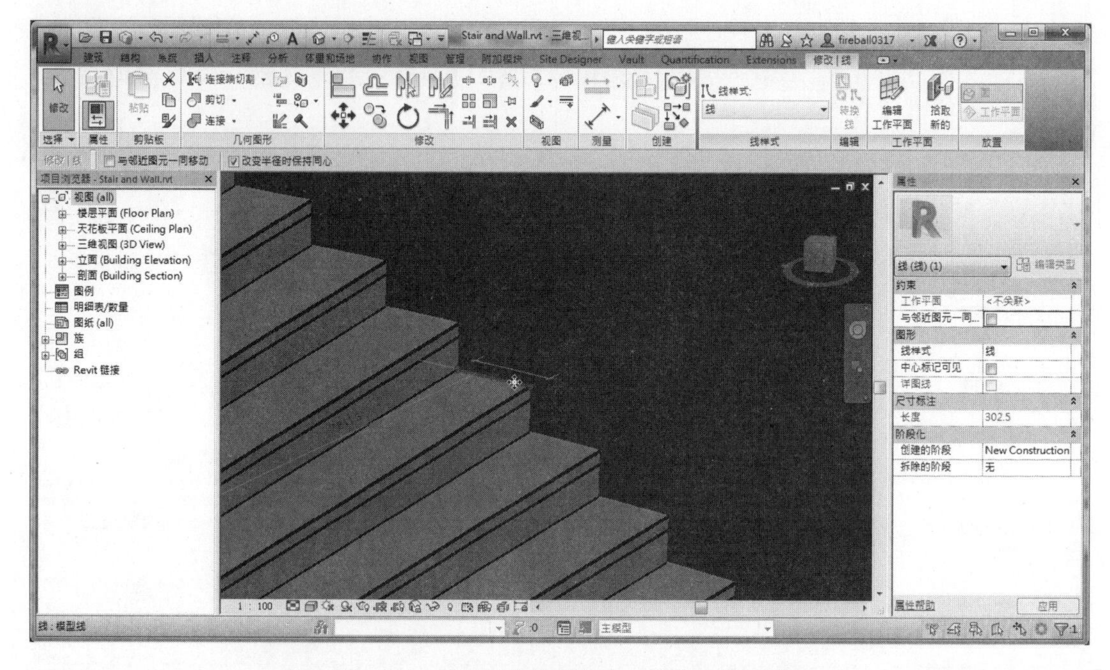

图 4-172　将曲墙与楼梯相交处转换为模型线

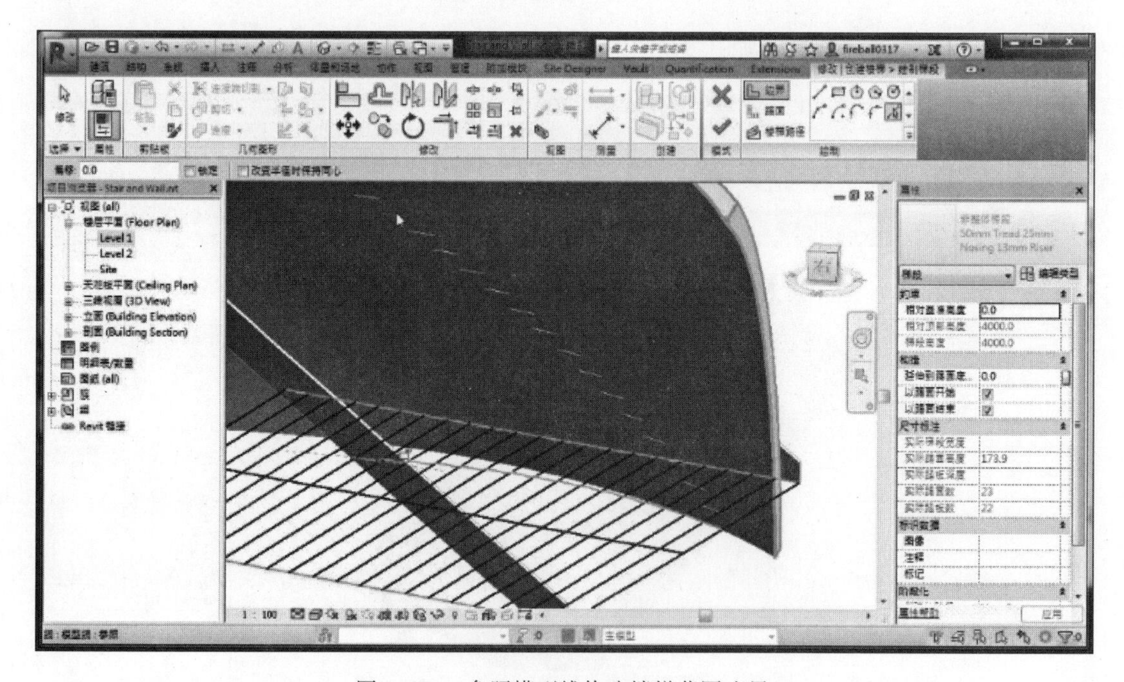

图 4-173　参照模型线修改楼梯草图边界

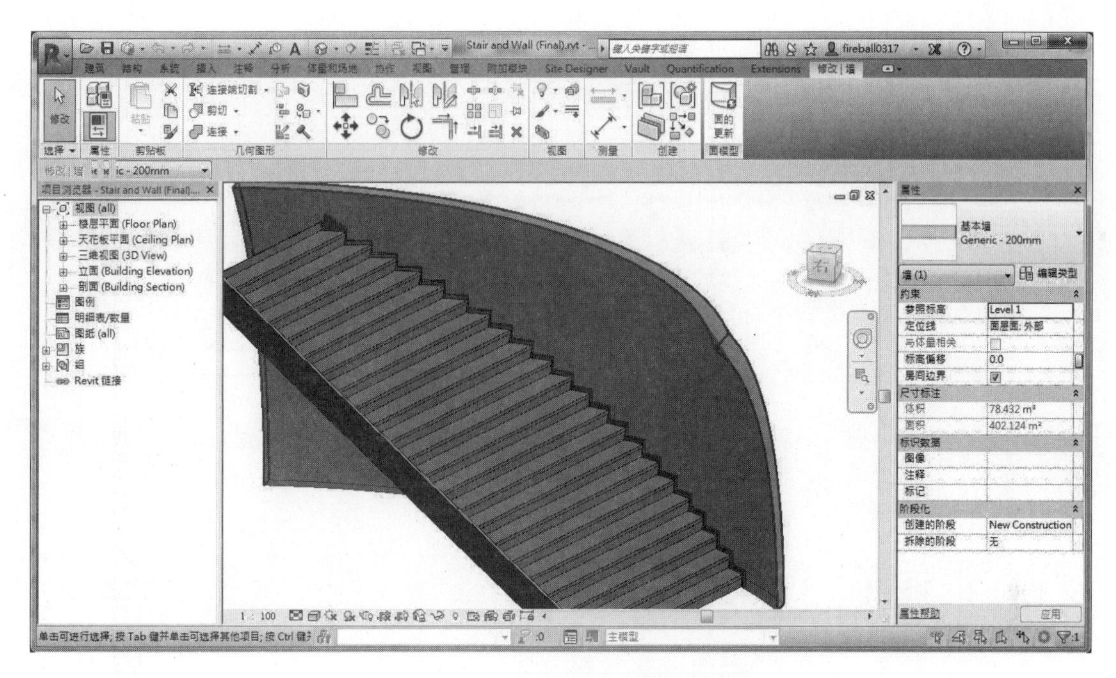

图 4-174　边界贴齐双向曲墙后的楼梯

STEP 07　利用 FormIt 360 将 Dynamo Studio 几何图形导入 Revit® 成为体量。

若所设计的造型，是单纯由 Dynamo 节点所生成，而不导入导出任何外部文档时，可使用 Dynamo Studio 的"Send to Web..."功能发布至 Dynamo 网页，如图 4-175 所示。

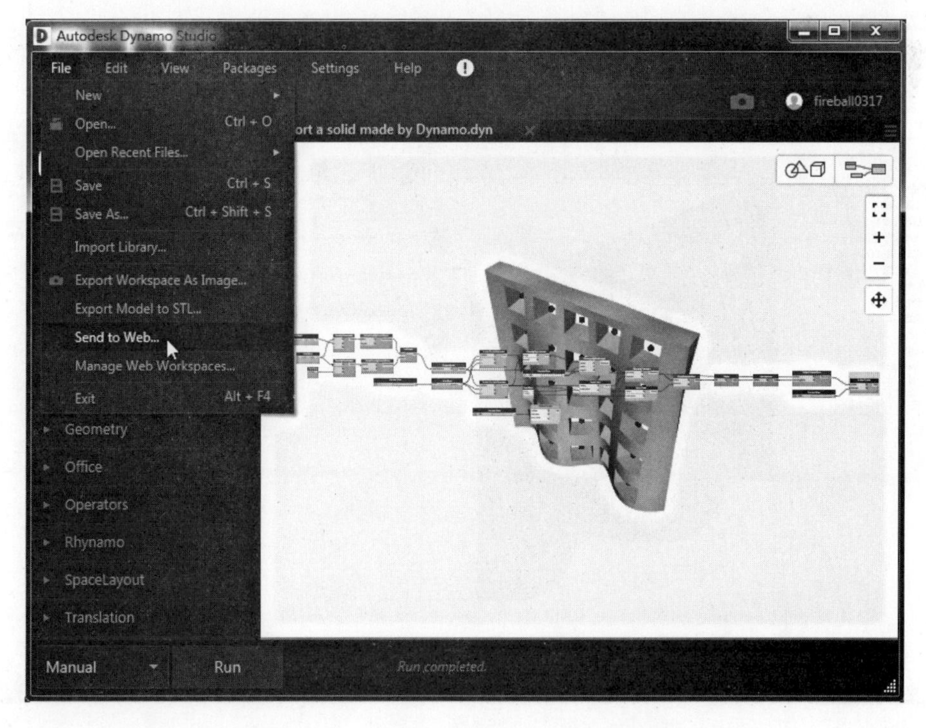

图 4-175　由 Dynamo Studio 发布至网页

然后由图 4-176 利用 FormIt 360 导入并储存后，最后于 Revit® 利用“Import FormIt 360 to RVT”功能导入 Revit® 成为体量，并做后续修改，如图 4-177 所示。

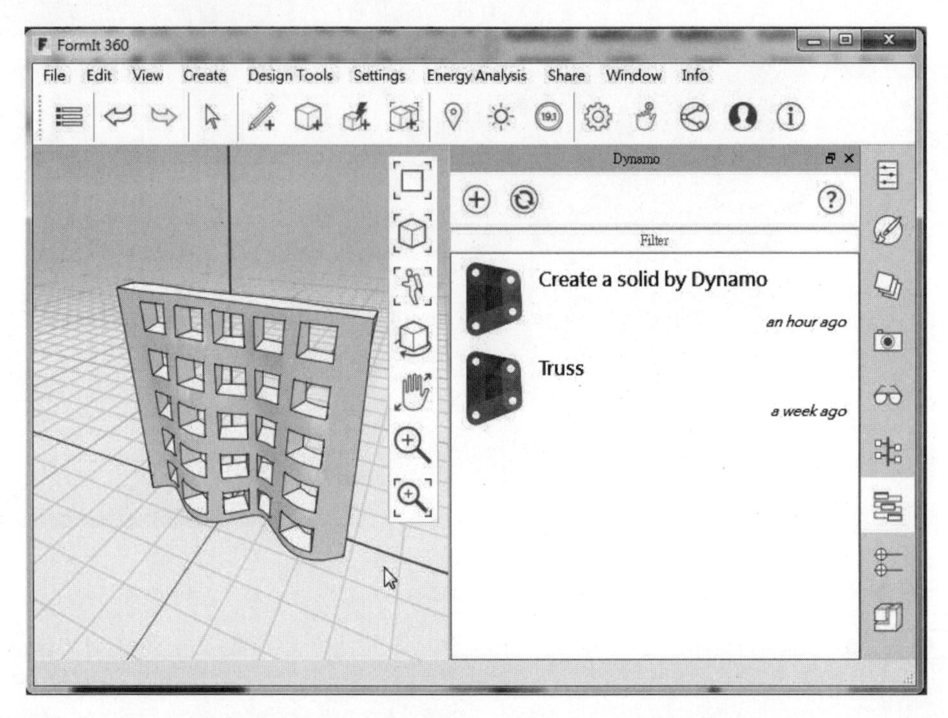

图 4-176　FormIt 360 导入 Dynamo Studi 所发布的脚本

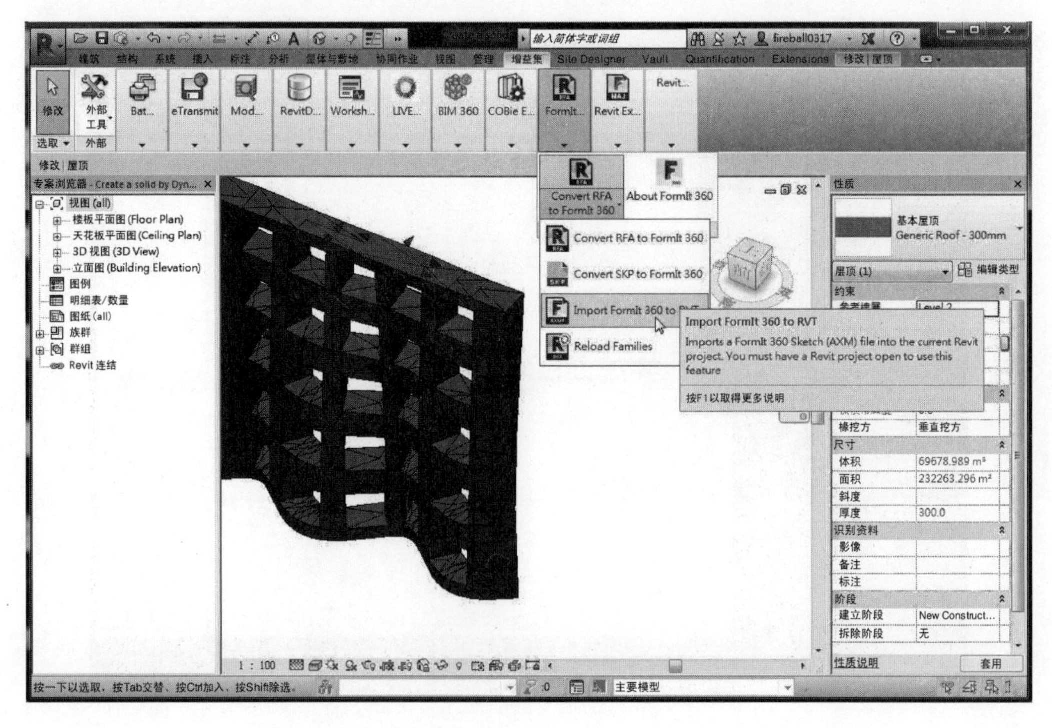

图 4-177　于 Revit® 中导入 FormIt 360 造型成为体量

STEP 08　放置并旋转图元。

放置并旋转图元是使用“FamilyInstance.ByPoint”节点，将所指定的族类型图元按照我们所指定的坐标点位置放置，并使用“FamilyIstance.SetRotation”按照其默认旋转中心进行旋转。我们还可使用“FamilyInstance.FacingOrientation”取得图元的方向向量，并利用“Vector.AngleAboutAxis”节点取得其旋转的角度。例如图 4-178 中，通过程序运行，我们将办公椅放置于办公桌南面一米处并旋转一定的角度与办公桌朝向一致。

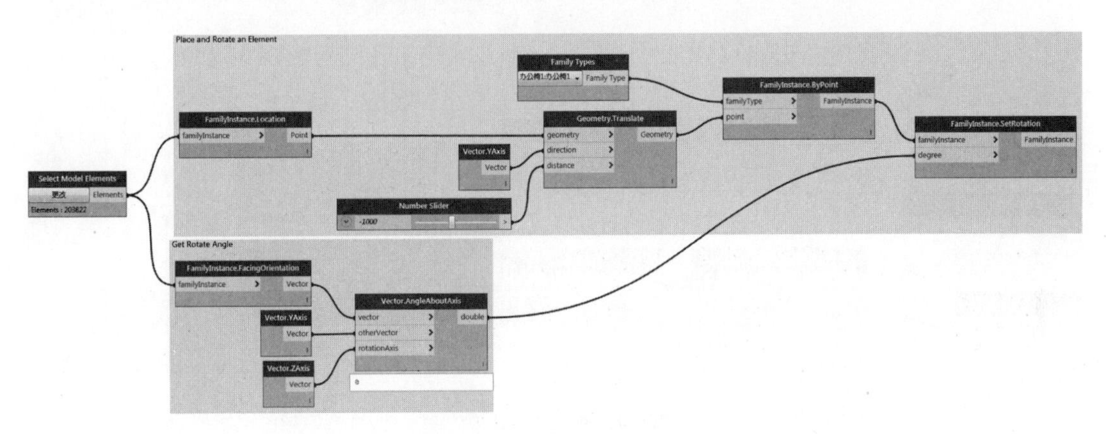

图 4-178　放置并旋转图元

如需按照自定义的旋转中心旋转，可使用“Archi-lab. net”软件包所提供的“Rotate Family”节点定义其旋转轴位置，如图 4-179 所示。

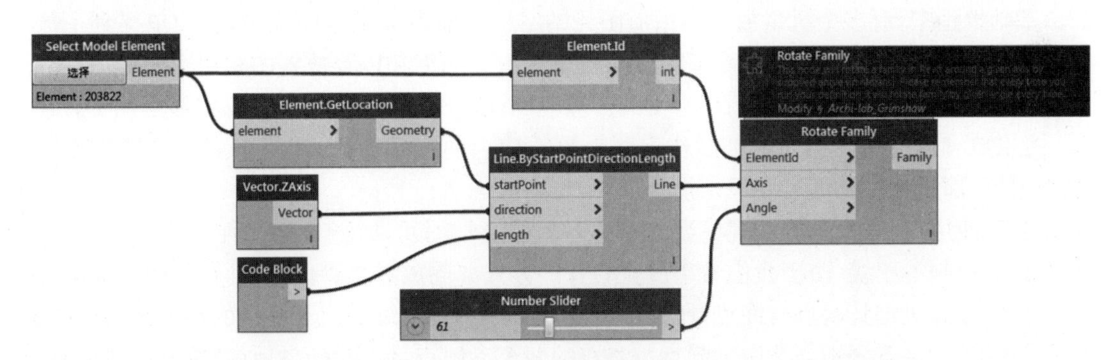

图 4-179　Archi-lab. net 软件包所提供的”Rotate Family”节点旋转图元

STEP 09　复制图元。

若无需手动调整原始图元的旋转角度，仅需以复制的方式移动至所需放置的位置，而角度与原始图元的角度保持一致，可使用“Clockwork”软件包中的“Element.CopyByVector”节点复制，并使用“FamilyInstance.SetType”变更图元所属的族类型，如图 4-180 所示。

STEP 10　按面放置图元。

使用“Spring Nodes”软件包中的“Springs.FamilyInstance.ByFacePoints”节点，按面放置图元，如图 4-181 所示。

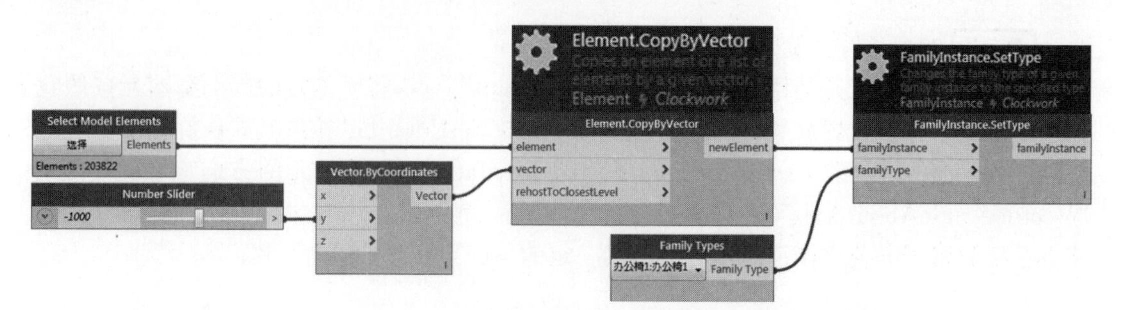

图 4-180　Clockwork 软件包的"Element.CopyByVector"节点复制图元

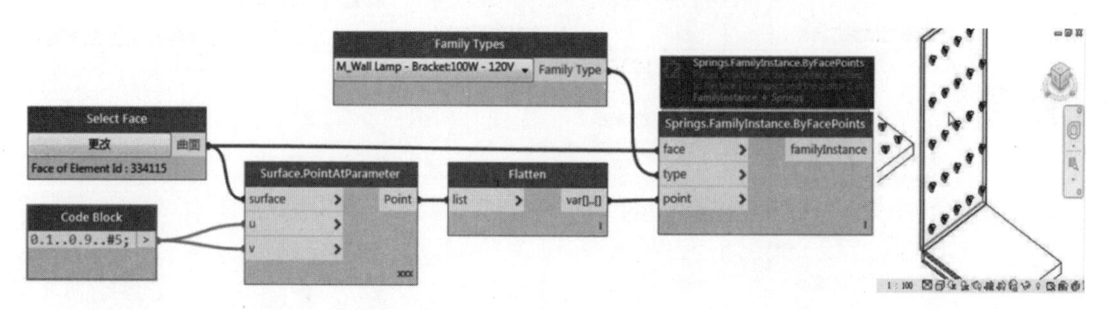

图 4-181　Spring Nodes 软件包的"Springs.FamilyInstance.ByFacePoints"依面放置图元

STEP 11　放置自适应图元。

Dynamo 针对于 Revit®造型上最大的优势，是批量放置自适应图元这一功能。Dynamo 官方网站（http://dynamobim.org/wp-content/links/Intro%20Workshop%20Day%201.zip)基础教程中，有多个批量放置自适应图元的案例。前述基础入门篇中，也简单提到了放置自适应图元的节点功能。本章节将介绍自适应图元的创建以及放置的实用案例。

先以套管为例，说明如何制作基本的自适应图元，在稍后的案例中讲解如何运用 Dynamo 批次放置适应图元。无论是制作有两个自适应点的线性套管，或是有多个自适应点的玻璃幕墙，都是使用类似的原理来设置。

首先使用"自适应公制常规模型.rft"样板新建套管图元，如图 4-182 所示。

接着绘制参照线，由于我们希望放置套管的方式如同放置直管，以鼠标在绘图空间内点击两次的方式决定其起点与终点，所以仅需建立一条包含三维起点与终点的参照线，并勾选"三维捕捉"。接着分别点选做为起点与终点的两个参照点，设定"使自适应"成为自适应点，并修改点属性为"放置点(自适应)"，如图 4-183 所示。

接着将工作平面设置为与两自适应点连线垂直的平面，并绘制代表套管外径与内径的圆，如图 4-184 所示。

制作并导入套管规格的 Excel 表格，如图 4-185 与图 4-186 所示。通常来说，设备零部件(如套管)的尺寸一般都有规格，因此内径与外径的长度均可根据公称直径和查找表格设置，并自动调整。这部分的功能是 Revit®的基础内容，在此不再赘述。

接着设置公称直径、内径、外径、厚度以及长度等共享参数实例属性，如图 4-187 所示。值得一提的是，由于长度是由两个自适应点位置所决定，不允许自行输入该属性，因此设定为报告参数。

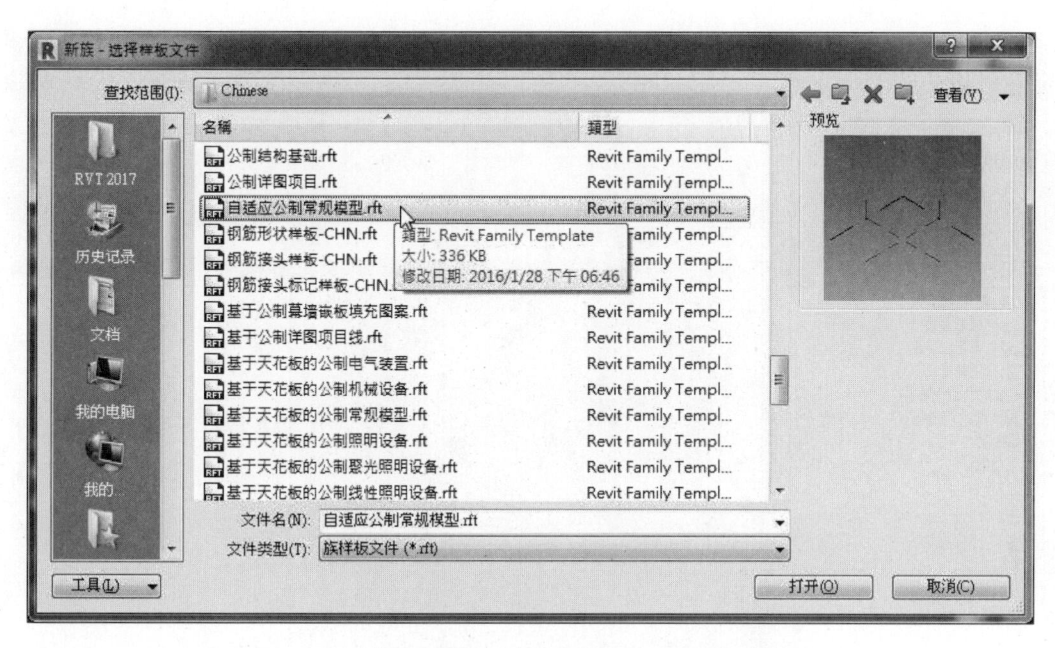

图 4-182　使用自适应公制常规模型. rft 样板新建套管

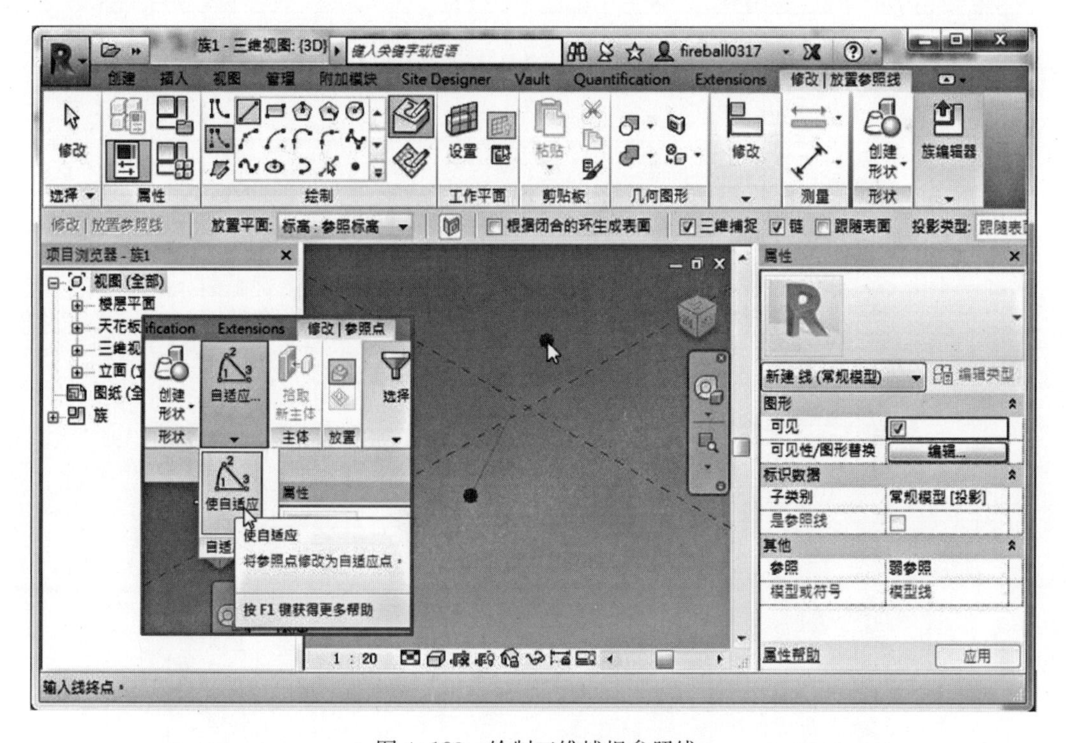

图 4-183　绘制三维捕捉参照线

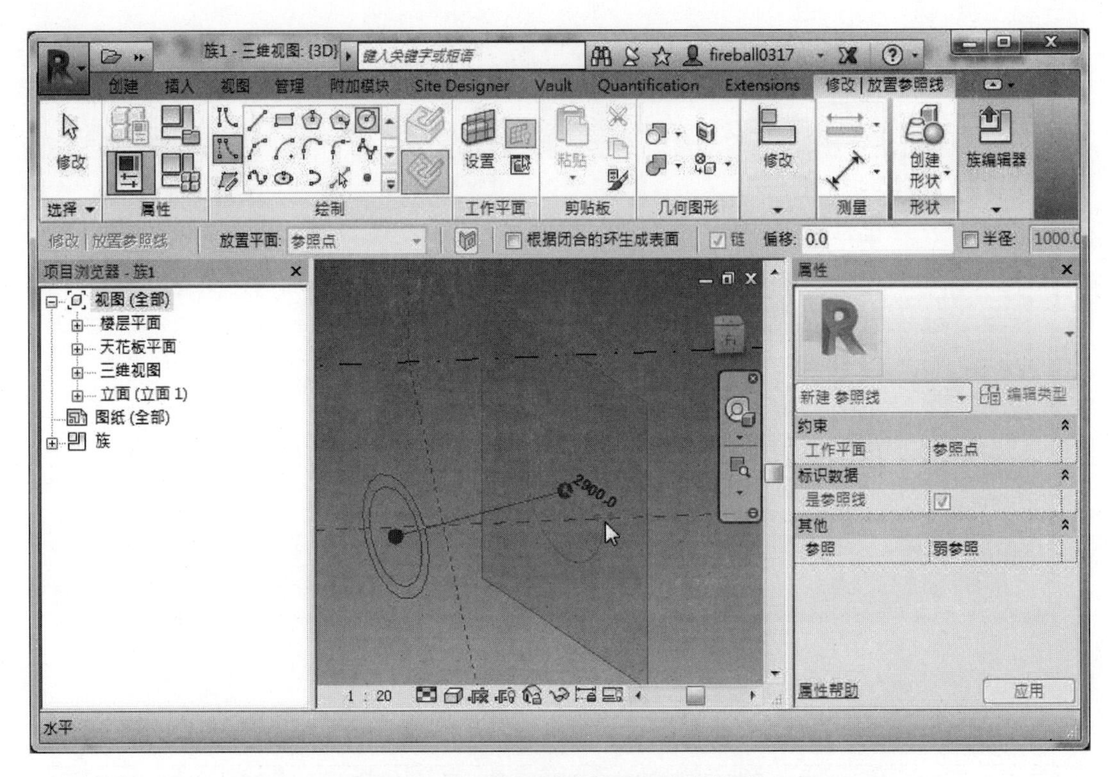

图 4-184　绘制代表管外径与内径的圆

Pipe - PVC.csv - Excel

FILE　HOME　INSERT　PAGE LAYOUT　FORMULAS　DATA　REVIEW　VIEW

A1

	A	B	C	D
1		ND##length##millimeters	ID##length##millimeters	OD##length##millimeters
2	0.125	6	4.53	6.35
3	0.25	8	6.12	7.94
4	0.375	10	7.48	9.52
5	0.5	15	10.66	12.7
6	0.75	20	16.21	19.05
7	1	25	22.56	25.4
8	1.25	32	28.49	31.75
9	1.5	40	34.84	38.1
10	2	50	47.54	50.8
11	2.5	65	60.24	63.5
12	3	80	72.14	76.2
13	3.5	90	84.84	88.9
14	4	100	97.54	101.6
15	5	125	122.94	127
16	6	150	147.12	152.4
17	8	200	197.92	203.2

Pipe - PVC

READY　100%

图 4-185　制作查找表格

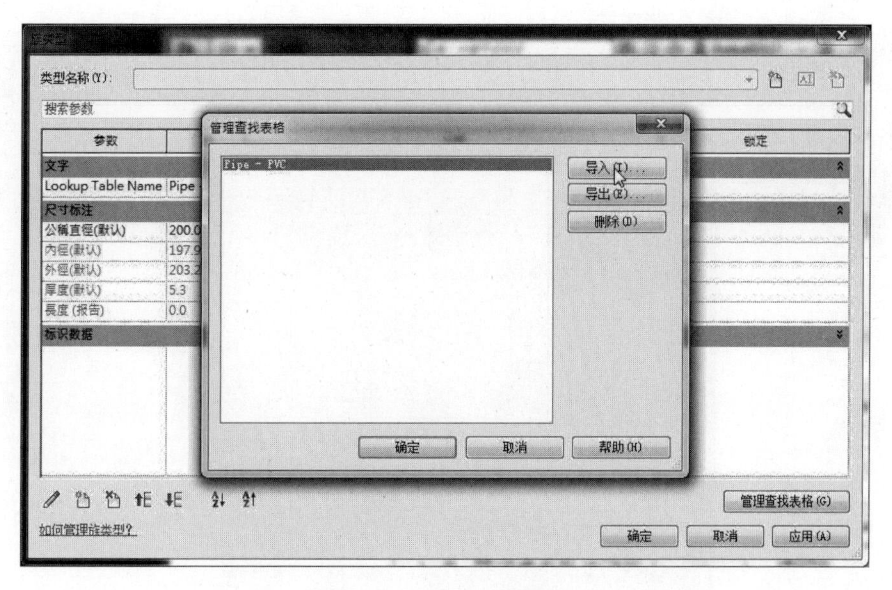

图 4-186　导入查找表格

类型名称(Y):

搜索参数

参数	值	公式
文字		
Lookup Table Name	Pipe - PVC	=
尺寸标注		
公称直径(默认)	200.0	=
内径(默认)	197.9	=size_lookup(Lookup Table Name, "ID", 公称直径, 公称直径)
外径(默认)	203.2	=size_lookup(Lookup Table Name, "OD", 公称直径 + 3.2 mm, 公称直径)
厚度(默认)	5.3	=外径-内径
长度(报告)	0.0	=

图 4-187　设置共享参数实例属性

分别将先前绘制的圆形以及参照线设定尺寸标注，并将其设为参数，参数名为内径、外径和长度，如图 4-188 所示。

选中两外侧圆创建为空心形状，再次选中两外侧圆创建为实心形状，最后选中两内侧圆创建为空心形状，并默认与实心形状切割。由于该套管之后会放置于项目中的墙上，需将墙在套管放置处开洞，因此需在族属性中勾选“加载时剪切的空心”，并再次选中两内径圆形生成为空心形状，如图 4-189 所示。

最后将此自适应图元导入项目中并使用“剪切几何图形”功能测试是否设置正确。正确则得到图 4-190的结果。

STEP 12　控制自适应图元的放置方向。

前面所提到放置并旋转图元的方式，由于需要计算每个图元的旋转角度，使用 Dynamo 进行批量放置并不是那么方便。在 Dynamo 官方网站的基础教程中，介绍了另一种方式，即利用点选两次位置的方式放置椅子并指定方向。

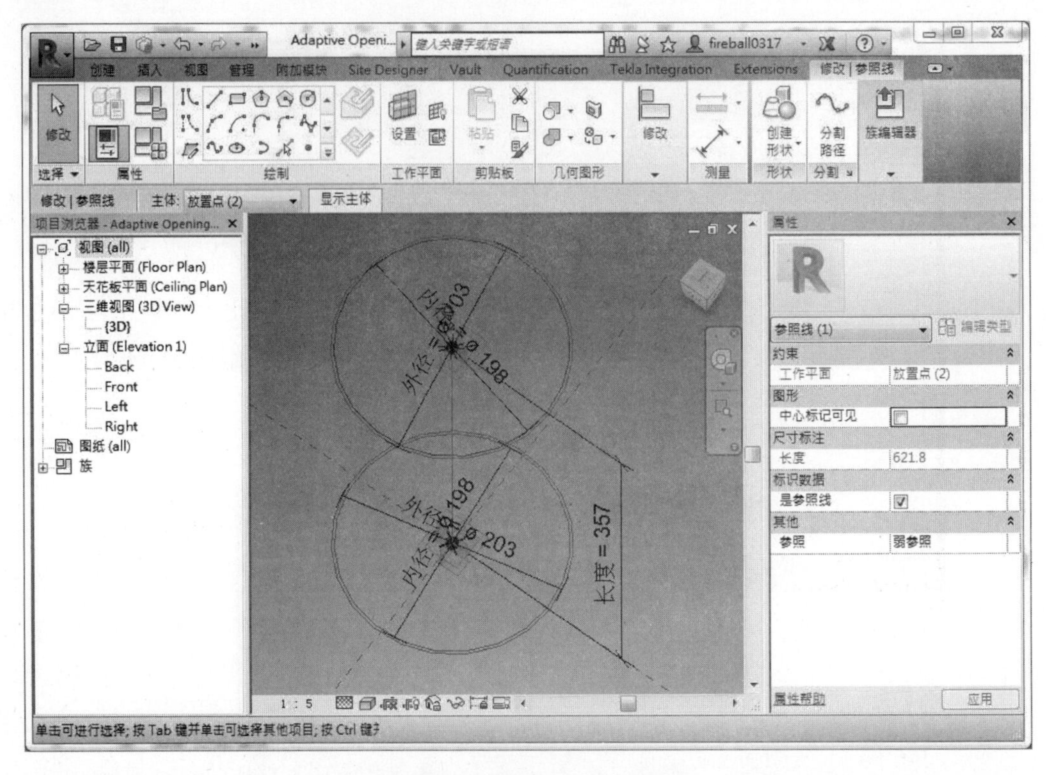

图 4-188　设定直径尺寸标注

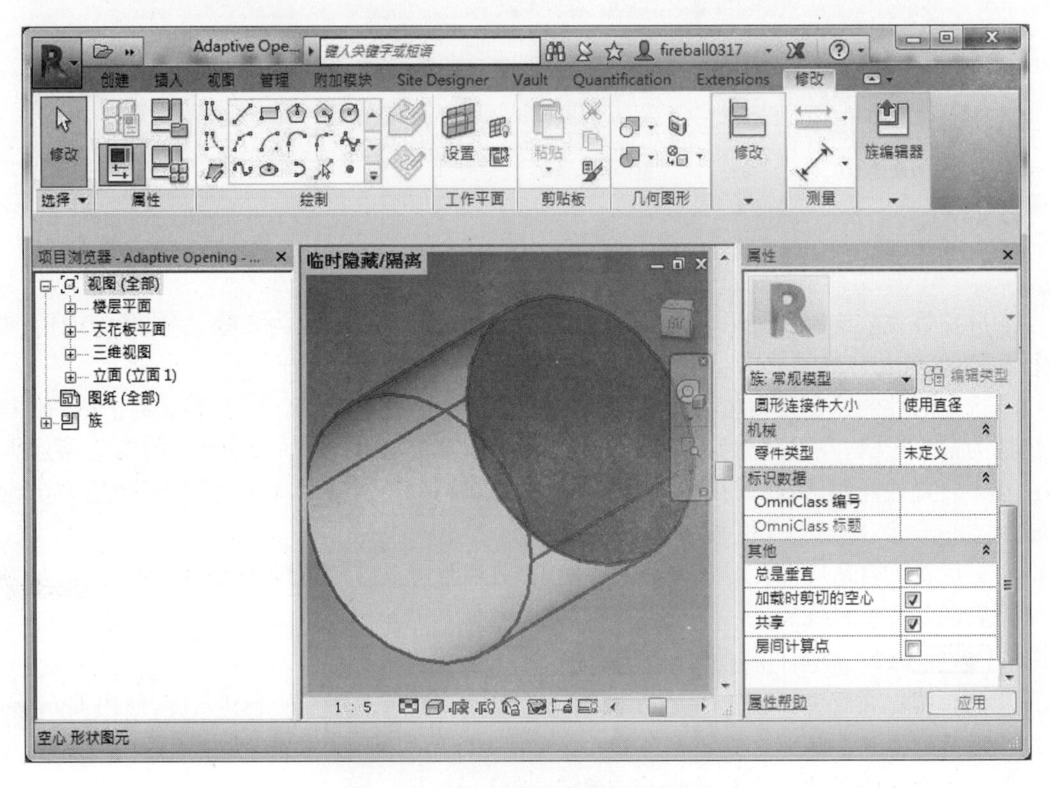

图 4-189　勾选“加载时剪切的空心”

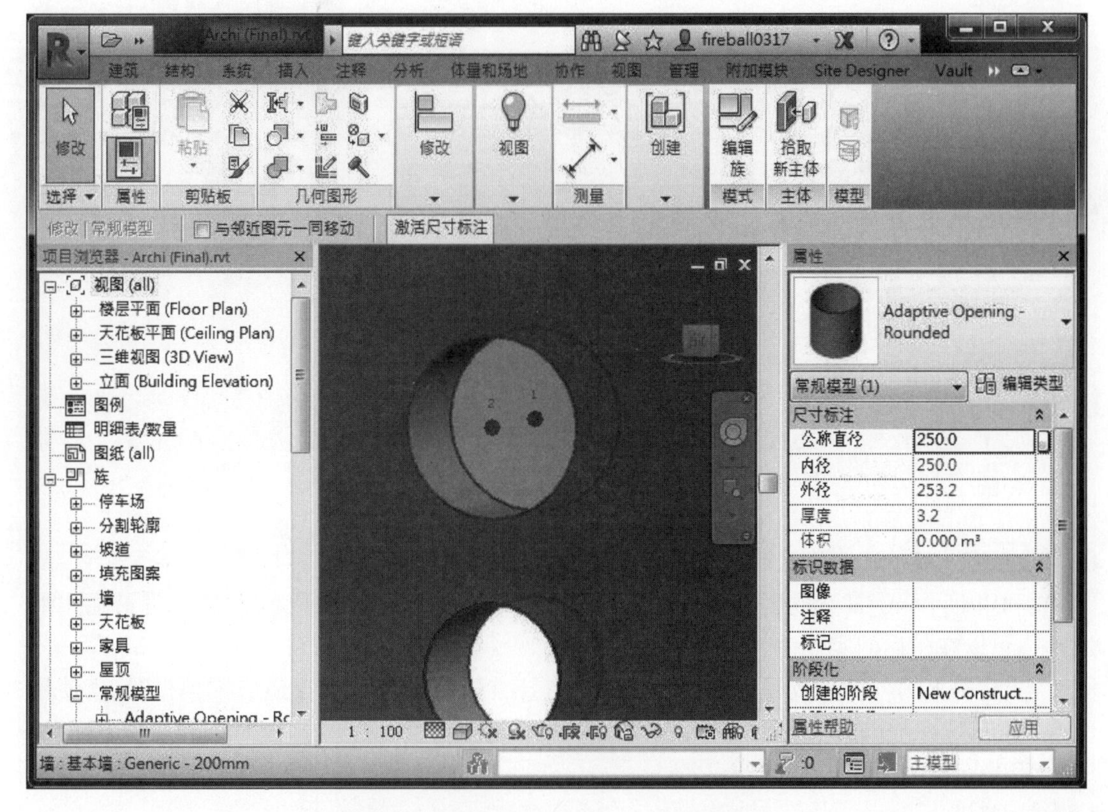

图 4-190　将自适应图元导入项目中测试

这种自适应图元的制作方式相当简单。与前一个例子相同，将原始的椅子族图元放置于自适应公制常规模型. rft 样板中，储存成为单击放置的自适应椅。再由“自适应公制常规模型. rft”样板建立三维参照线与参照点，并将参照点转换为自适应点。接着设定参照线的水平平面为工作平面，将单击放置的自适应椅导入并放置于工作平面上，并移动与旋转至自适应点 1 后，即可完成其设置。具体步骤如图 4-191 所示。

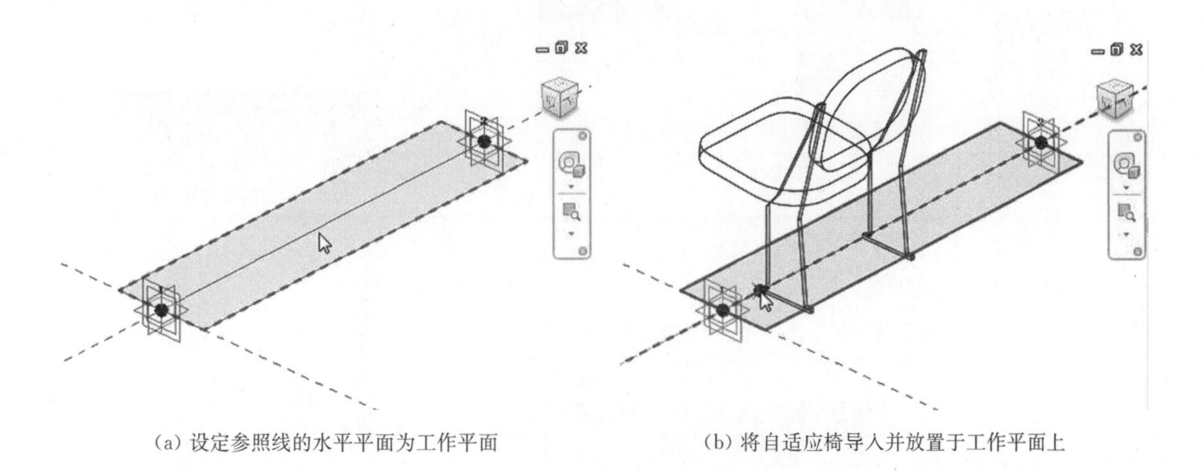

(a) 设定参照线的水平平面为工作平面　　(b) 将自适应椅导入并放置于工作平面上

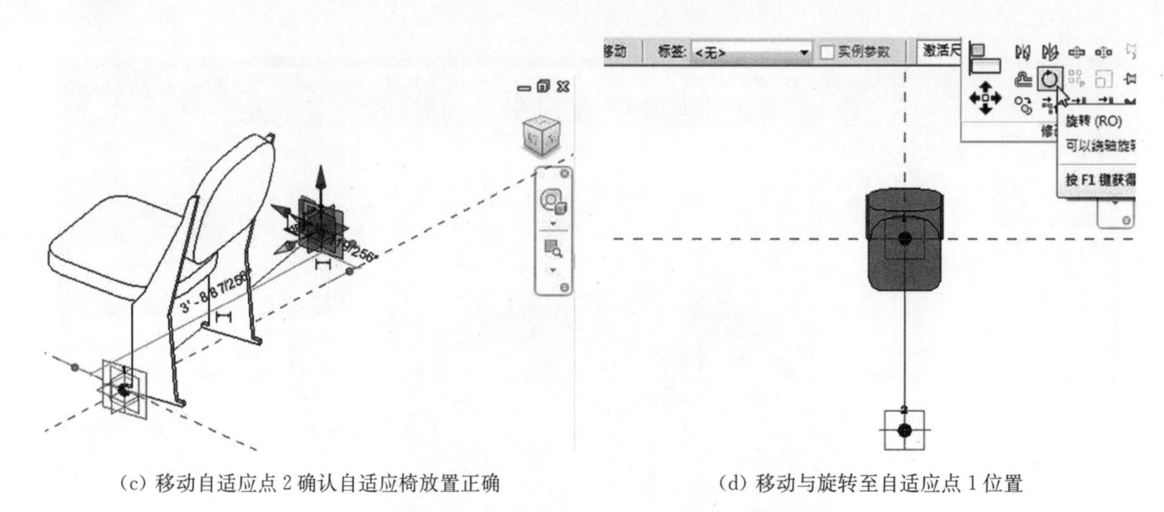

(c) 移动自适应点 2 确认自适应椅放置正确　　(d) 移动与旋转至自适应点 1 位置

图 4-191　利用自适应图元控制放置方向

STEP 13　其他放置自适应图元方式。

利用 Dynamo 批量放置自适应图元,“AdaptiveComponent.ByPoints”节点是最通用的方式,可以在稍后的实作说明中学习到。

这边补充另外两种放置自适应图元的节点。首先是批量放置自适应帷幕板时,若使用“AdaptiveComponent.ByPoints”的方式,需在事前分别计算每个帷幕板四个端点的坐标点。若使用“AdaptiveComponent.ByParametersOnFace”节点放置,则只需要计算曲面中的各参数线网格即可。

当然利用“UV.ByCoordinates”节点制作参数线时,会发现其输出结果是依其 u 轴(即图元本地参考坐标 x 轴)为母列表、v 轴(即图元本地参考坐标 y 轴)为子列表,这并不是我们要的数据排列结构。这时可以使用 Ampersand 软件包的“List.QuadsFromGrid”节点,转换为放置帷幕板所需的四边参数线,即可做为“AdaptiveComponent.ByParametersOnFace”节点的输入参数,如图 4-192 所示。

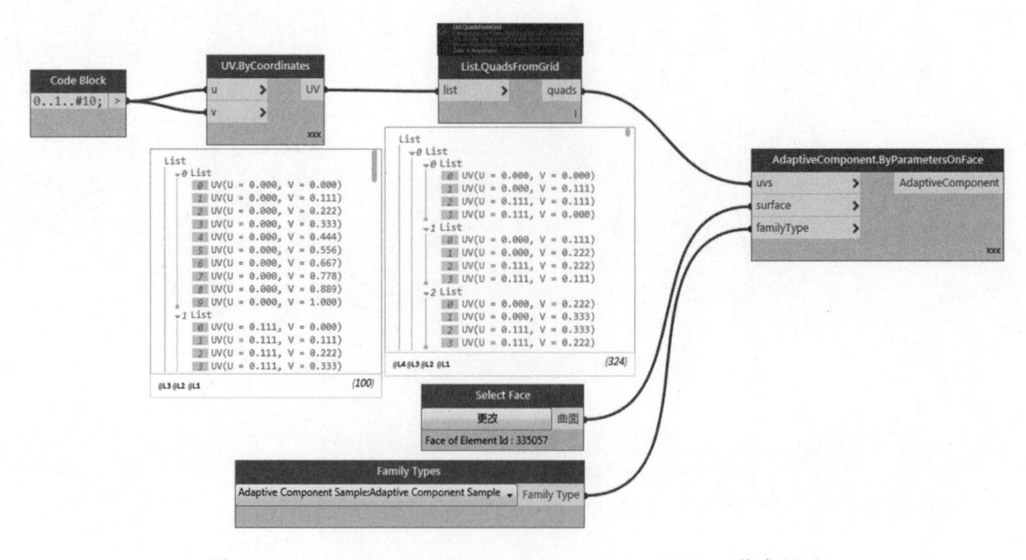

图 4-192　AdaptiveComponent.ByParametersOnFace 节点用法

依照曲线放置自适应图元相对较简单，只要选择需要放置自适应图元的曲线以及要放置的图元，以“AdaptiveComponent.ByParametersOnCurveReference”节点再配合所放置的自适应组件需要多少个参考点，即可批量沿曲线绘制，如图 4-193 所示。

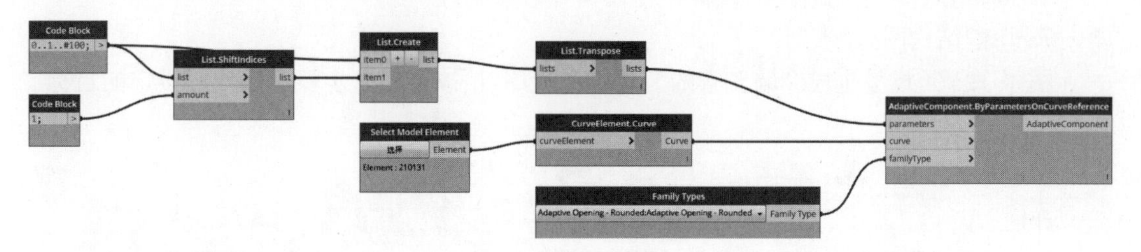

图 4-193　AdaptiveComponent.ByParametersOnCurveReference 节点用法

最后可在 Revit® 中查看这两种方式放置自适应图元的成果，如图 4-194 所示。

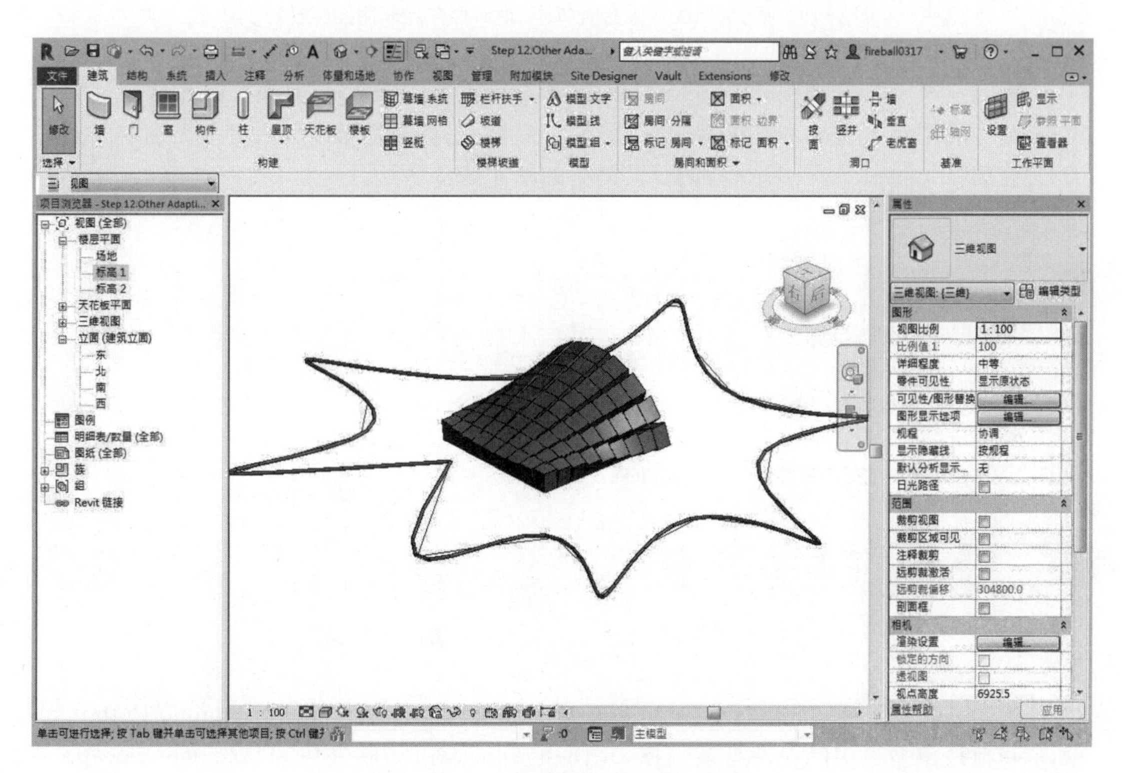

图 4-194　批量放置自适应图元成果

【分步说明】

本案例由 Dynamo Nodes Facebook（https://www.facebook.com/DynamoNodes/）社群的创建方形墙开孔案例改写而来。基于这个案例，我们了解了如何利用 Dynamo 取得链接模型的图元数据，并根据几何相交的结果放置自适应图元。分为下列几个步骤：

1. 取得当前项目中需放置套管的结构类别；
2. 取得 Revit® 链接模型当中的设备管线的数据；

3. 取得设备管线与当前结构模型的相交线段；
4. 取得设备管线直径数据；
5. 依照相交线段放置套管；
6. 调整套管尺寸比通过的设备管线大一号；
7. 切割结构图元。

图 4-195 是批量生成穿墙套管的 Dynamo 程序，按以上七个步骤达到我们设定的目标。

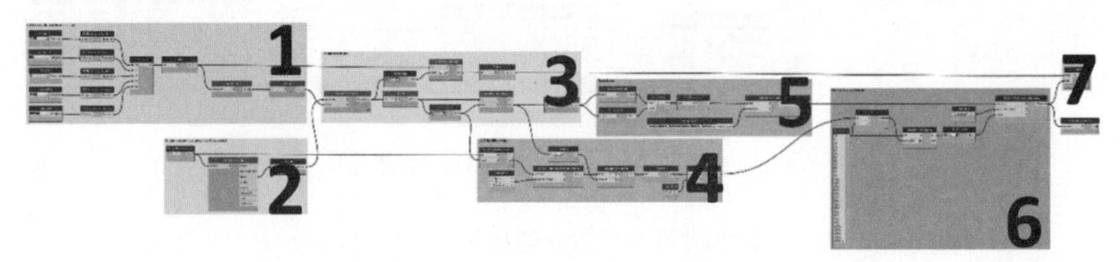

图 4-195　批量生成穿墙套管脚本(请对照二维码附图 4-195)

STEP 01　首先使用"All Elements of Category"节点，取得当前项目中和套管相关的建筑、结构的图元类别，如结构框架、墙、楼板。当然在必要时也可以加入更多类别的图元进来，并使用"Element.Solids"取得其几何形体，如图 4-196 所示。

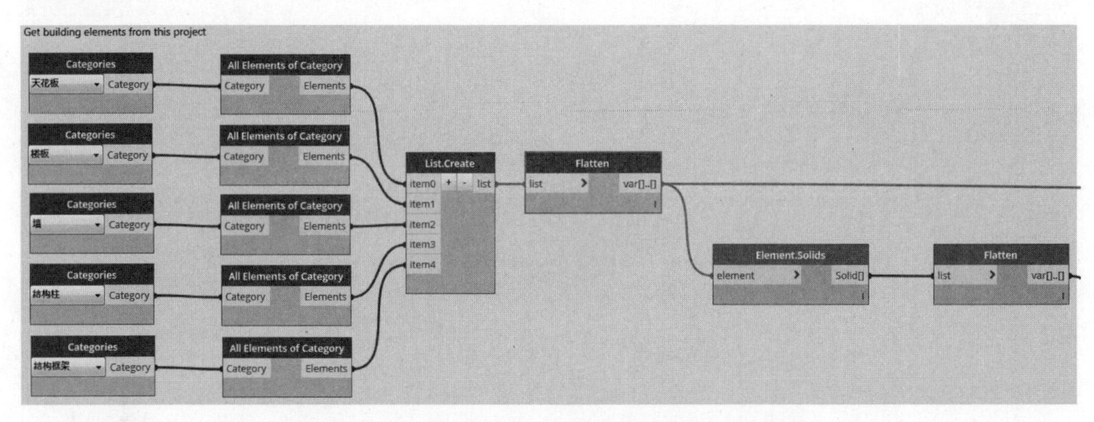

图 4-196　取得当前项目中需放置套管的结构类别

STEP 02　接下来使用"Dynamo Nodes"所提供的"Get all Pipes from link"Python 节点，取得链接模型当中的设备管线数据，并使用"Clockwork"软件包的"Element.Location"节点，获得各管线的形状曲线，如图 4-197 所示。

STEP 03　将管线的形状曲线与结构图元相交，并去除未相交得到的空值结果，进而得到每条管线的曲线分别和结构图元相交线段的列表，如图 4-198 所示。

STEP 04　也可由上述相交线段列表，反推得知哪一些管线与结构图元发生了相交，并得到其管线直径。需注意的是，由于一条直管段可能与两个以上的结构图元相交，也就是在后续需放置两个以上的套管，因此可使用"List.Count"节点获得每一条直管段与多少结构图元相交，并利用"List.OfRepeatedItem"重复，这样才能得到最终需要放置的套管的数量与尺寸。

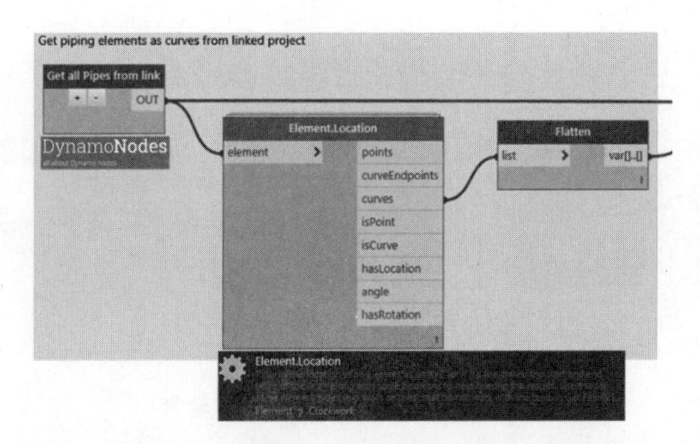

图 4-197 取得 Revit®链接模型当中的管数据

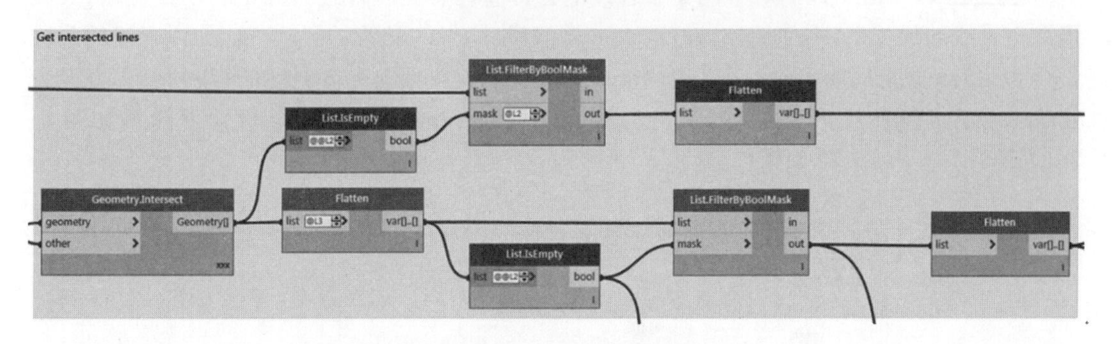

图 4-198 取得管线与当前结构模型相交线段

另外还有一点需要注意，虽然 Revit®可设定项目单位，但实际在本例中，Revit®项目中储存的长度单位 ft。所以在 Dynamo 中若需要直接指定长度，建议由其他属性带入，尽量避免直接作单位换算，以免降低精确度。本案例中，直接将 ft 乘以 304.8 得到近似的 mm 数值，作为选择套管规格的参考，如图 4-199 所示。亦可使用“Convert Between Units”节点转换单位。

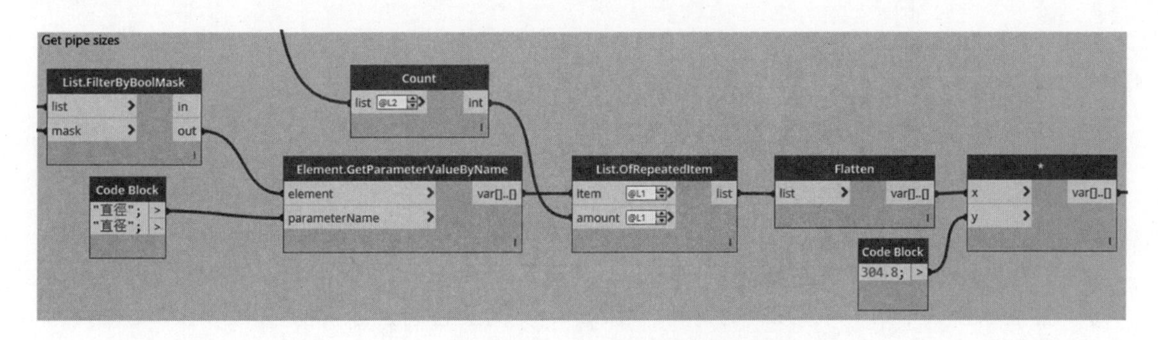

图 4-199 取得管直径数据

STEP 05 在我们获得的设备管线与结构图元相交线段列表中，取得曲线的起始点与终点，做为放置自适应套管图元的放置点，接着使用“AdaptiveComponent.ByPoints”节点放置套管，如图 4-200 所示。

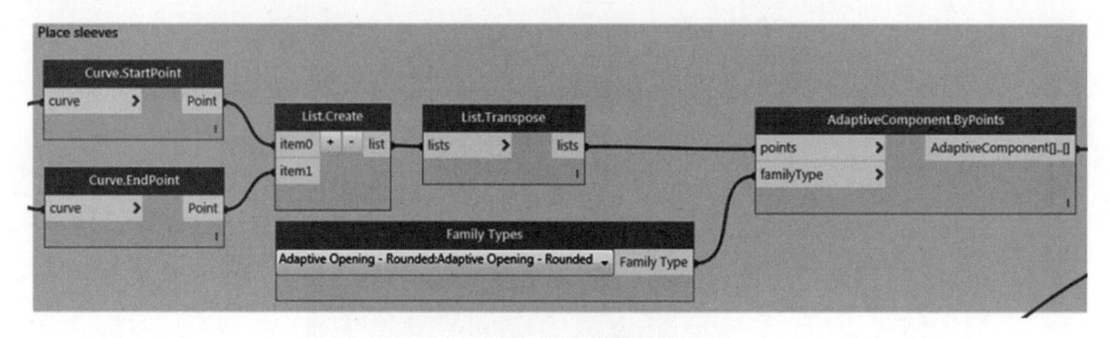

图 4-200　按照相交线段放置套管

STEP 06　由于我们对不同类型管线的公称直径、内径、外径有固定的设置规则，因此当取得管线的尺寸后，需使用比该管线大一号的尺寸，做为套管的尺寸。比如说管线的公称直径为 32mm，那么匹配此尺寸管线的套管的公称直径即为 40mm；比如管线的公称直径为 15mm，那么匹配此尺寸管线的套管的公称直径即为 18mm。Revit® 管线尺寸设置如图 4-201 所示。

机械设置

隐藏线
风管设置
角度
转换
矩形
椭圆形
圆形
计算
管道设置
角度
转换
管段和尺寸
流体
坡度
计算

管段(S): Copper - A
属性
粗糙度(R): 0.00254 mm
管段描述(T):
尺寸目录(A)
新建尺寸(N)... 删除尺寸(D)

公称	ID	OD	用于尺寸列表	用于调整大小
6.000 mm	4.530 mm	6.350 mm	☑	☑
8.000 mm	6.120 mm	7.940 mm	☑	☑
10.000 mm	7.480 mm	9.520 mm	☑	☑
15.000 mm	10.660 mm	12.700 mm	☑	☑
18.000 mm	13.440 mm	15.880 mm	☑	☑
20.000 mm	16.210 mm	19.050 mm	☑	☑
25.000 mm	22.560 mm	25.400 mm	☑	☑
32.000 mm	28.490 mm	31.750 mm	☑	☑
40.000 mm	34.840 mm	38.100 mm	☑	☑

确定　取消

图 4-201　Revit® 管线尺寸设置

因此我们新建一个“Code Block”节点，当中由小到大列出不同管线的尺寸，作为一个列表。接着找出比每条管线尺寸大一号的套管尺寸列表。比如某条管线的公称直径为 1 050 mm 时，可以从套管尺寸列表中找出 1 200 mm、1 350 mm、1 500 mm、1 800 mm 这几个尺寸。然后取得其中第一个元素，也就是1 200 mm，做为套管的公称直径，如图 4-202 所示。

STEP 07　最后使用自行撰写的“Python”节点“Cut.Element”，调用 Revit® API 中“Autodesk®.Revit®.DB. InstanceVoidCutUtils”类别的“AddInstanceVoidCut”方法，剪切结构图元的几何形体。我们可以在 Dynamo 或 Revit® 三维视图中，看出套管所放置的位置，以及剪切结构图元的开洞，如图 4-203 所示。

上述例子演示了如何从链接的 Revit® 模型中取得设备管线图元数据，并根据此数据在

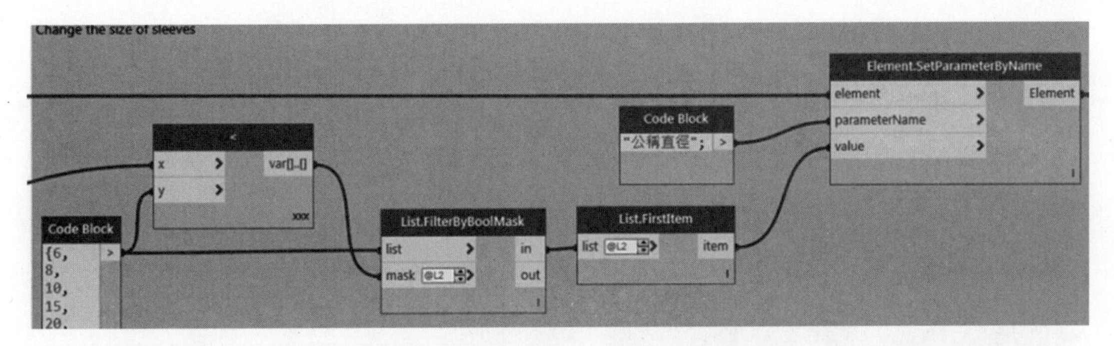

图 4-202　调整套管尺寸比管线大上一号

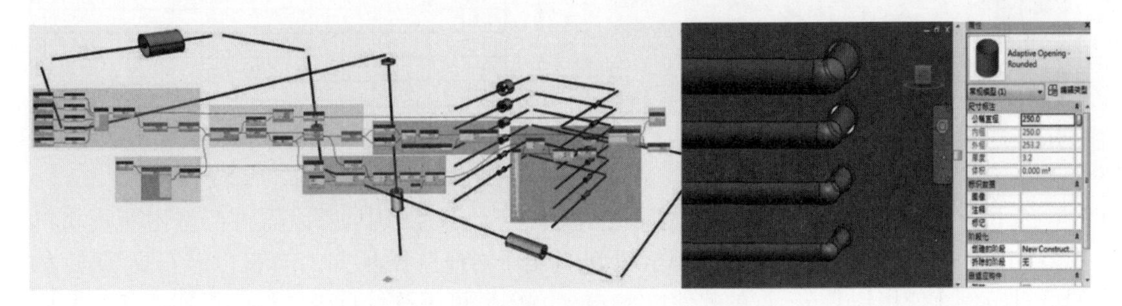

图 4-203　最终得到的成果(见彩图二十四)

结构模型中放置目标尺寸的套管。实际使用时可试着改写此案例,为风管或电缆桥架的穿过的结构图元开洞。

另外管线尺寸列表也可改写为从项目中读取,而非直接写在"Code Block"节点中。当然更重要的是,这样的放置套管的方式是为了提高建模的效率。实际项目中,是否开洞或放置套管的决定,以及套管的尺寸和位置,都需经过详细的多专业协同,而非设计师个人可以自行决定的。

而套管的建立方式除了使用自适应图元外,各位亦可试着使用其他方式建立套管,并比较其与自适应图元的优缺点。

4.6　资料抛转类

本小节虽写是资料抛转类,但并非单纯的 Excel 表单与 Revit® 间信息的导入,例如 4.6.1 就包含空间天地墙辨别与开口等面积计算,4.6.2 则是使用 Excel 表单进行 Revit® 图纸创建并给予相对硬编码,而 4.6.3 是将 Revit® 模型图元属性导出至 Excel 表单中,这些作业使用相当多列表处理的节点,亦为本小节重点所在。

4.6.1　房间天地墙面层面积计算

在 Revit® 中,使用 Autodesk® 官方提供的插件都可以提取房间中天地墙面层的面积,但有些问题需要克服。如使用 Revit® 中房间面积作为天花板与楼板面积之值,此值并没有扣除房间中柱子部分,而墙面的面积 Revit® 并没有提供。使用官方插件的问题在于需创建天地墙的面层后方能计算，也需花费相当多的时间。本小节介绍一个简单又快捷的方法，通过 Dynamo 得到天地墙面的数量，成果可参考图 4-204。

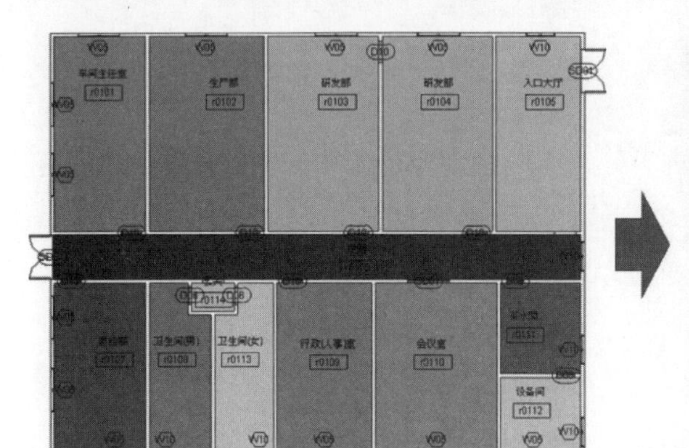

房间编号	天花板/楼板面积(m^2)	墙面面积扣开口(m^2)
r0101	31.7975	56.50665
r0102	39.6225	67.8211
r0103	38.005	66.69555
r0104	38.2375	61.10555
r0105	29.17625	76.60399
r0106	41.9025	98.38138
r0107	27.34	45.79825
r0108	17.1175	41.06399
r0109	27.665	48.94715
r0110	36.835	53.34555
r0111	12.9375	29.2016
r0112	10.5225	25.81215
r0113	16.4225	40.58399
r0114	2.1275	9.29739

图 4-204　本小节成果范例

先说重点，此范例最终的输出成果会填写至 Excel 文档中，所以需将范例中所提供的“Room_Finish_Measure. xls”文档复制至硬盘，并给予对应路径；此外计算机也需安装 Excel 软件。此范例有使用到 Dynamo 的软件包“SteamNodes”，可用软件自带的搜索界面或从互联网上下载，如 https://dynamonodes. com/网页检索获得，取得方式可参考图 4-205。

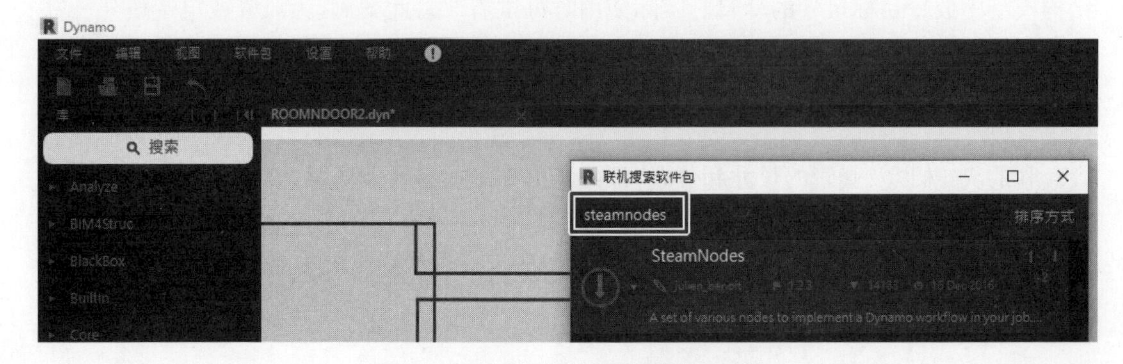

图 4-205　Dynamo 联机搜索软件包

【范例说明】　打开本章节提供的范例文档，预设为写字楼标高 1 平面，项目中有柱、墙、房间与门窗。另外点击房间明细表可获得房间的各项数据，此处的重点为高度偏移值，因为其会影响墙面面层的面积，所以在实际项目操作时需注意高度参数是否正确。

【节点思路】　此范例先在 Revit® 中获取房间的实体与相关联的门窗，由实体的表面取得天地壁的面积，再扣除开洞，即获得房间实际粉刷的面积，在系统中将房间名称的列表与面积列表对应并将数据填至明细表中。

图 4-206 节点群组的部分说明如下：

1. 选取房间与关联门窗图元。
2. 房间表面积筛选。
3. 天花板、楼板与墙面面积计算。

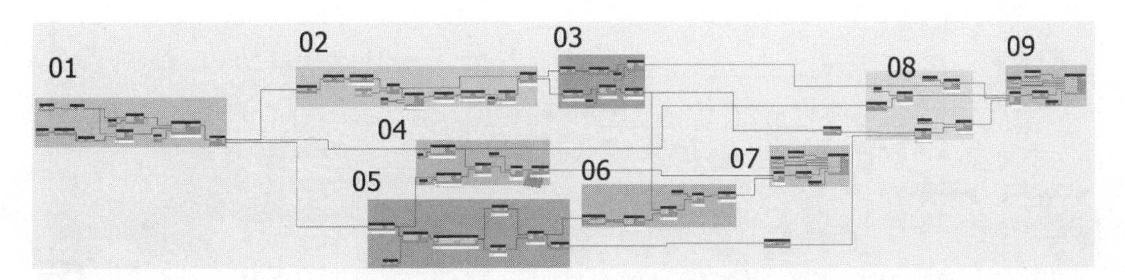

图 4-206　Dynamo节点范例(请对照二维码附图 4-206)

4. 房间与门窗编号列表。

5. 门窗开洞面积计算。

6. 房间门窗开洞面积总和。

7. 获取房间与关联门窗面积列表。

8. 房间天花板、楼板与墙面层面积列表。

9. 房间面层面积导出。

其中7与9两节点组都是将数据写入Excel文件,本范例仅以第7组作为范例进行讲解。

【分步说明】 此范例首先找出房间和相关联的门窗,接着分别计算房间表面积与门窗开洞面积,数据与房间、门窗名称列表应一一对应,并将其成果写回至Excel电子表格。

此范例实际上只需设置对应标高与文档路径,其余部分皆无需设置即可获得成果,是本书范例中需读者调整设定最少的一个,但也是极其实用的范例。

STEP 01 打开本章节范例的dyn格式文档;节点组01的作用是找出门窗与相关联的房间,首先调用"Levels"和"All Elements at Level"选取标高1的所有图元。要取出当前标高的门窗与房间,先使用"RemoveIfNot"并赋值Room的字符串,将房间以外的类型排除,由此取得标高1的所有房间。另外使用"Category.ByName"与"All Elements of Category",取出项目中所有门窗的图元,在最前端使用"Code Block"并填入"{"门","窗"}",接着使用指定标高的所有图元,与所有门窗做交集运算,使用"SetIntersection"取出指定标高的门窗。接着使用"SteamNodes"软件包中的节点"Tool.GetSurroundingElements",将房间列表连接到Element接点,门窗列表则连接到输入端ElementCheck,另一输入端Tolerance赋值0.5作为公差值。至此点击运行则产生三维列表,而子列表为相关联的房间与门窗,也就是每个房间中有多少开洞的列表。最后使用"List.Deconstruct"节点级别＜@L2＞将子列表的第一项与其他项分离,如图4-207所示。"Tool. GetSurroundingElements"此节点为使用房间边界与门窗的Solid干涉,所以如果门窗位置靠近两个以上房间边界,则容易产生误判,需调整Tolerance赋值,但还是允许一定的误差。

STEP 02 接着01组获取的房间图元,此组节点的功能为取出房间的面surface并将其按照天花板、楼板、墙三类进行分离。调用"Element.Solids"、"PolySurface.BySolid"与"PolySurface.Surfaces"等节点取出房间的实体(solid)并转换为多重曲面(PolySurface)的列表。转换完毕后得到四维列表,连接"List.Map"并将"Flatten"作为函数输入,将其转降为三维列表。接着使用"Surface.NormalAtParameter",将输入端u、v赋值0.5,求出曲面中心点的法向量。连接"Vector.Z"与"Formula"并填入"vec＝1 or vec＝－1",判定法向量是否

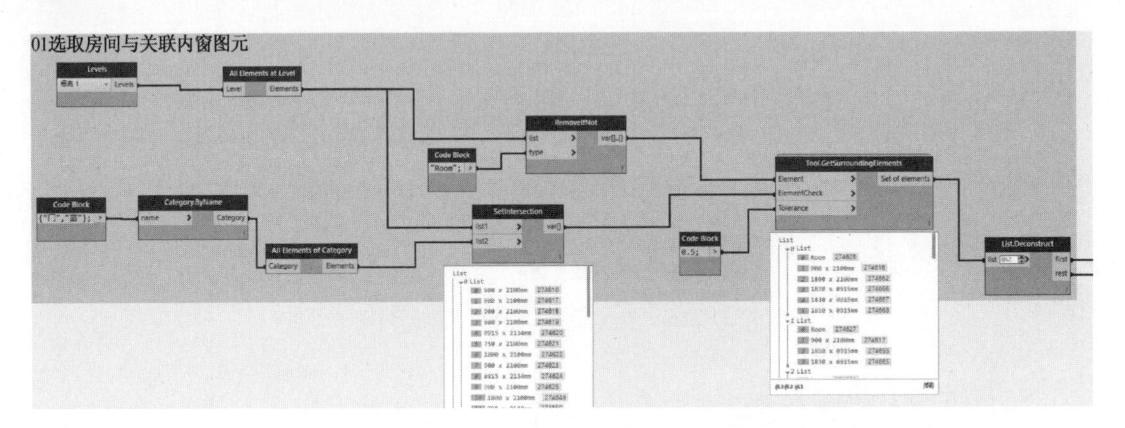

图 4-207　选取指定标高的房间与门窗

为 1(天花板)或者－1(楼板),如非 1 或－1 即为墙面。接着使用“List.Filter ByBoolMask”来分离天花板、楼板与墙面的曲面(surface)。这里如有概念不清楚,可参考4.5.2中楼梯踏面筛选的思路,唯一差异点在于“Formula”的使用,节点布局可参考图 4-208。

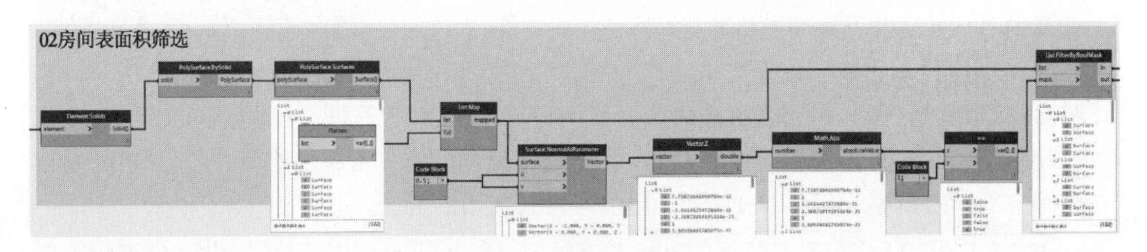

图 4-208　房间表面积筛选

STEP 03　接着 02 组的成果,“List.FilterByBoolMask”in 输出端列表为天花板与地面,out 输出列表则为墙面。因每个房间天花板与地面面积相同,所以使用“List.FirstItem”连缀状态选择“最长”,即为取出每个房间天花板的曲面。接着使用“Surface.Area”取出天花板的面积,但需注意此处的测量单位为 cm^2,要转换为 m^2 则要除以“10 000”,故使用“/”节点。下方的部分为墙面,做法与上方相似,唯一差异在测量单位转换后,使用“Math.Sum”节点级数使用<@L2>,输出的值为每个房间的墙面的面积总和,最后使用“Math.Round”取得小数点后两位的四舍五入面积值,可参考图 4-209 的节点范例图片。

STEP 04　04 组的作用是产出房间编号与门窗类型编号的列表,准备后续写入 Excel 表格中。所以调用“Element.GetParameterValueByName”来取得编号等参数值;房间的部分为实例编号,故可以直接由图元抓取,但门窗因使用类型标记,需使用“FamilyInstance.Type”获得实例的族类型后再取得其参数值。可参考图 4-210 上 a 的节点配置,接着使用“List.AddItemTo Front”将房间编号值加到门窗类型标记编号的列表开头。这里因两列表分别为一维与二维列表,故两节点分别使用节点级数<@L1>与<@L2>。最后使用“List.Create”在列表前方加上“房间/门窗编号”的文字,并连接“Flatten”将其拍平,可参考图 4-210 上 b 所示。

STEP 05　05 组的作用是,根据门窗族类型取得其面积并按照房间取得面积总和,所以连接 04 组最开始得到的门窗族类型列表。调用“Element.GetParameterValueByName”

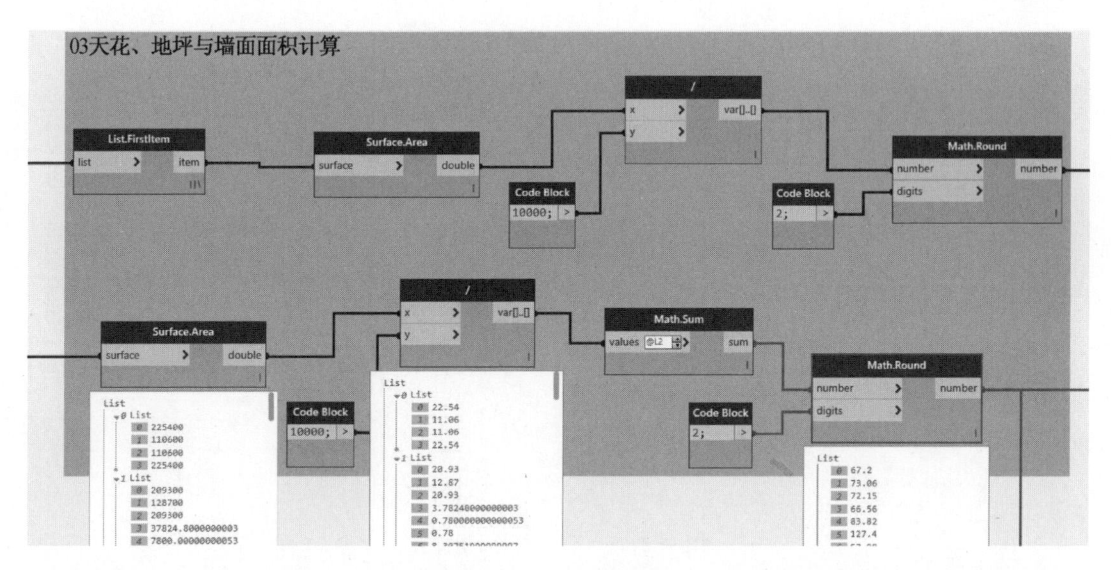

图 4-209　天地墙面积

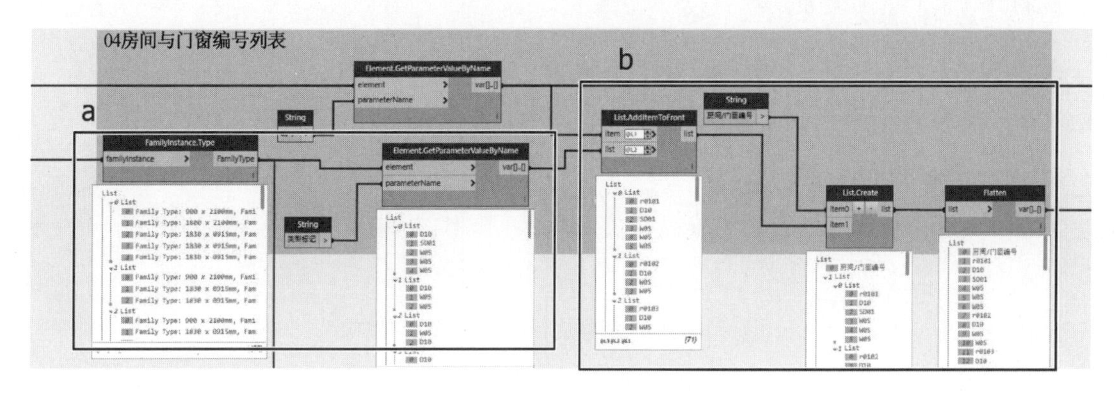

图 4-210　房间与门窗编号列表生成

在“parameterName”输入“{“宽度”,“高度”}”,同时取得门窗宽度与高度的参数值,记得连缀状态需设置为叉积。后方连接“Convert Between Units”将单位由 cm 转换为 m,此节点用途与 03 组的“长度/10 000”的意义相同。接着使用“ * ”节点级数<@L2>通过长与宽度的乘积求出面积,最后使用“Math.Sum”节点级数<@L2>对其子列表求总和,即得到各房间门窗面积的总和,其节点配置可参考图 4-211。

STEP 06　06 组的部分与 04 组节点思路类似,组合房间墙面与门窗开洞面积的列表。稍有不同的是门窗开洞面积应当作为负值参与后面的求和运算,所以使用“Code Block”键入“0-doorarea”将其转换为负值,后连接“Math.Round”取小数点后两位的数值,接着使用“List.AddItemToFront”节点将房间墙面面层面积数值添加至门窗开洞数值列表开头,后连接“List.Create”在 item0 输入“墙面/门面积(m^2)”的文字,最后使用“Flatten”将列表拍平,此列表与 04 组列表完全对应,读者可参考图 4-212 的说明。

STEP 07　07 组与 09 组节点的作用完全相同。“Excel.WriteToFile”为此组核心节点,其作用在基础入门篇已作详细解释,此处不再赘述。至此点击运行,如指定文件路径无误,则 Dynamo 会将数据写入 Excel 表格,节点配置请参照图 4-213。

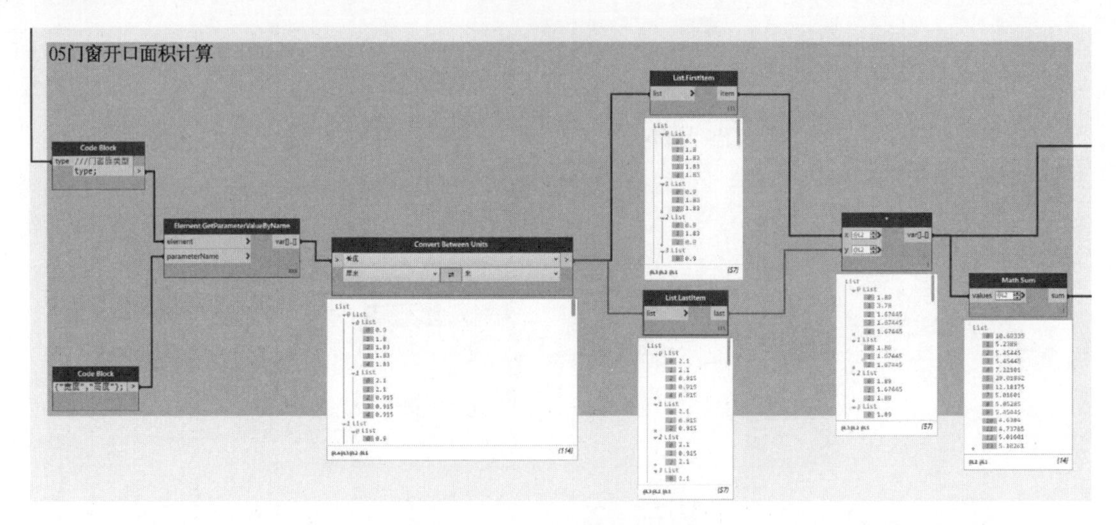

图 4-211　门窗开口面积计算

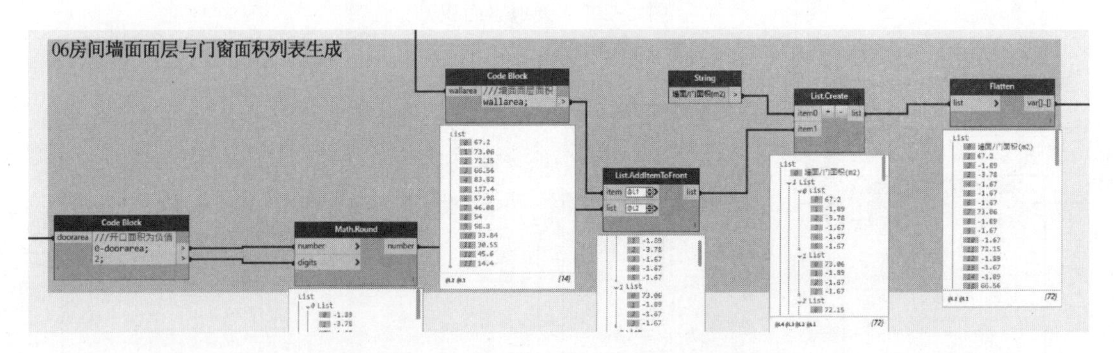

图 4-212　房间墙面层与门窗面积列表生成

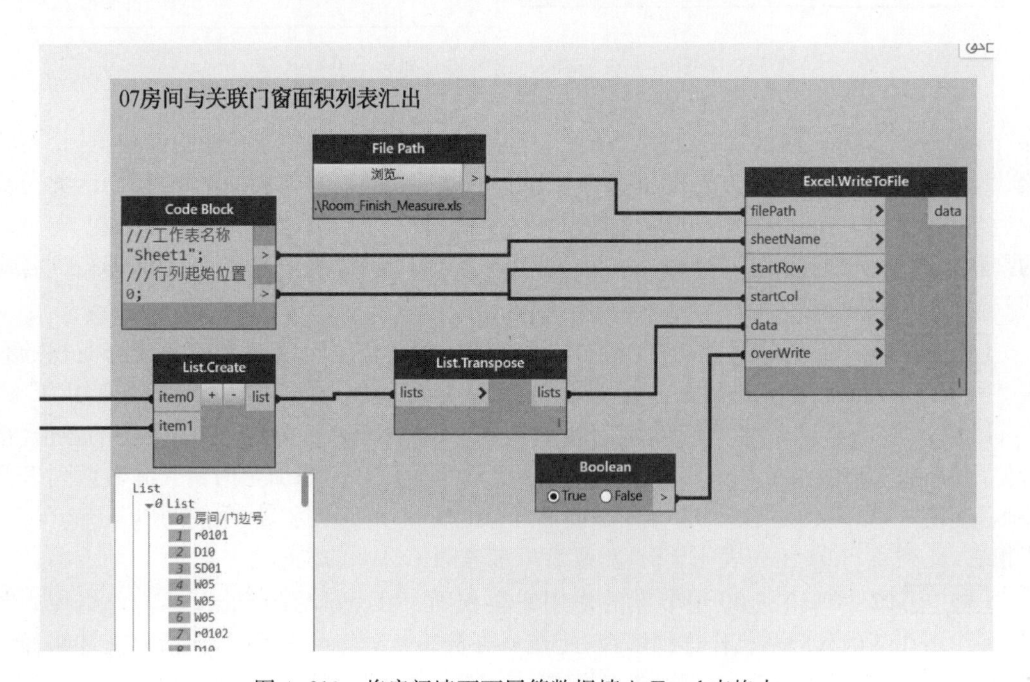

图 4-213　将房间墙面面层等数据填入 Excel 表格中

STEP 08　08 组用途为将房间的天花板、楼板面积与墙面扣除开洞后的面积进行整理。所以分别将“房间编号”“天花/楼板面积”与“墙面面积扣开洞”的列表加上标题即可，节点组可参考图 4-214 示意。此组与 04 或 06 组功能类似，但较简化，09 组的部分便参考“STEP 07”的步骤进行，图 4-215 即为成果表格。

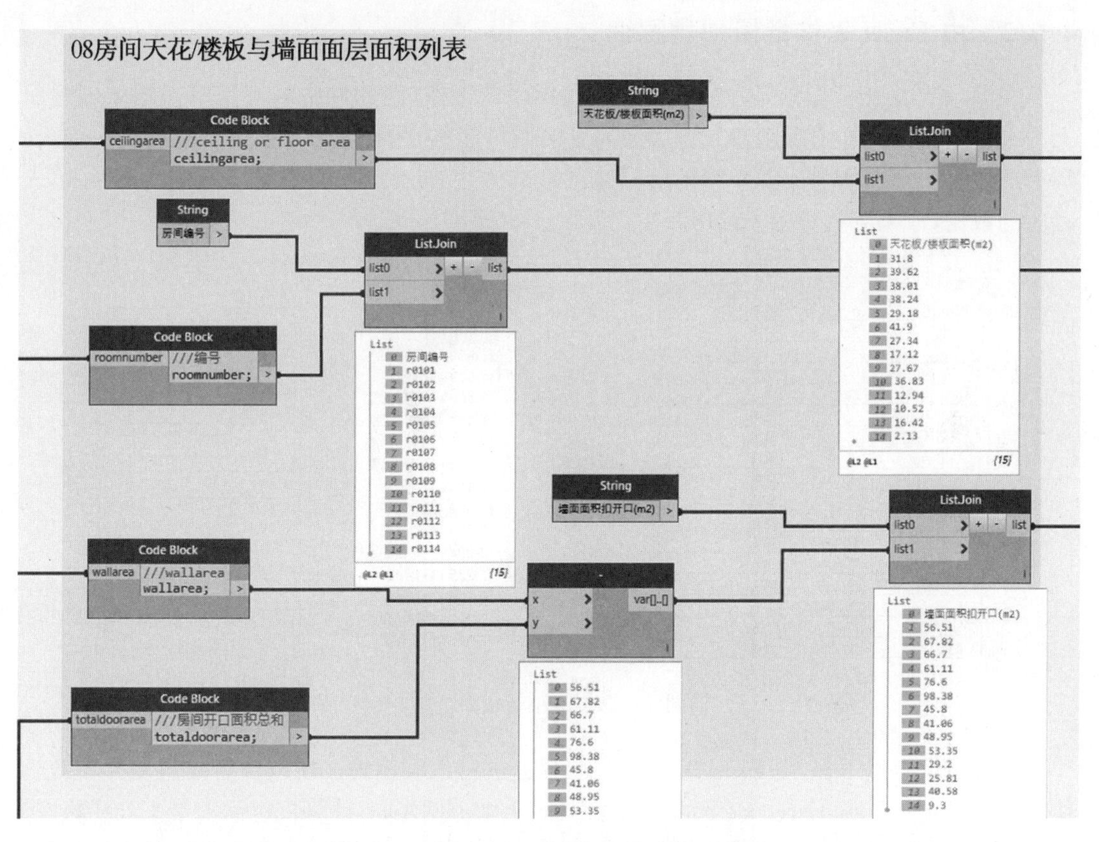

图 4-214　房间天花/楼板与墙面面层面积列表

	A	B	C
1	房间编号	天花板/楼板面积(m²)	墙面面积扣开口(m²)
2	r0101	31.8	56.51
3	r0102	39.62	67.82
4	r0103	38.01	66.7
5	r0104	38.24	61.11
6	r0105	29.18	76.6
7	r0106	41.9	98.38
8	r0107	27.34	45.8
9	r0108	17.12	41.06
10	r0109	27.67	48.95
11	r0110	36.83	53.35
12	r0111	12.94	29.2
13	r0112	10.52	25.81
14	r0113	16.42	40.58
15	r0114	2.13	9.3

	A	B
1	房间/门窗编号	墙面/门面积(m²)
2	r0101	67.2
3	D10	−1.89
4	SD01	−3.78
5	W05	−1.67
6	W05	−1.67
7	W05	−1.67
8	r0102	73.06
9	D10	−1.89
10	W05	−1.67
11	W05	−1.67
12	r0103	72.15
13	D10	−1.89
14	W05	−1.67
15	D10	−1.89

图 4-215　数据填入 Excel 表单成果

此范例操作时务必将 Excel 文档复制至硬盘中并重新选择“File Path”对应的路径，此处最容易犯错，请读者留意。此外，还有可能遇到计算机无法呼叫 Excel 程序，进行数据填入，这种情况容易发生在 Excel 2010 版本以下，升级至 2013 以上版本即可。这是 Excel 登机码的问题。

4.6.2 由 Excel 表格批量创建图纸

在 Revit® 中创建图纸是一件极为烦琐又缓慢的工作，因软件中只支持单一图纸创建而无法批量生成。此外图纸创建完毕后还需针对图纸名称、图纸编号与图类等数据一一输入。本书最后一个范例便为读者介绍批量创建图纸的方法，使用 Dynamo 自动创建图纸并填入对应的数据，成果可参考图 4-216。

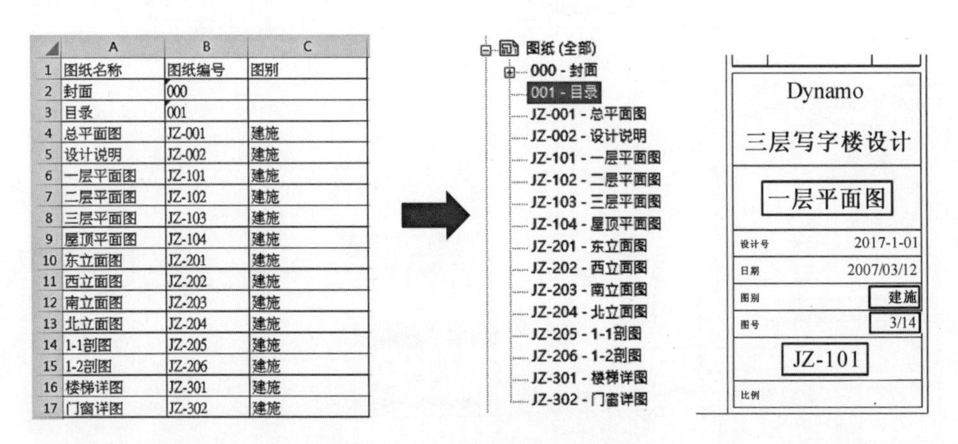

	A	B	C
1	图纸名称	图纸编号	图别
2	封面	000	
3	目录	001	
4	总平面图	JZ-001	建施
5	设计说明	JZ-002	建施
6	一层平面图	JZ-101	建施
7	二层平面图	JZ-102	建施
8	三层平面图	JZ-103	建施
9	屋顶平面图	JZ-104	建施
10	东立面图	JZ-201	建施
11	西立面图	JZ-202	建施
12	南立面图	JZ-203	建施
13	北立面图	JZ-204	建施
14	1-1剖图	JZ-205	建施
15	1-2剖图	JZ-206	建施
16	楼梯详图	JZ-301	建施
17	门窗详图	JZ-302	建施

图 4-216 本小节成果范例

此范例节点组不多，由 Excel 表格中获取数据进行编辑运算。所以读者需重新指定范例中“Auto_Sheet_From_Excel. xlsx”的路径，此外与上个范例相同，计算机也需安装 Excel 软件。

【范例说明】 打开本章节提供的范例文件，预设为“a103”图纸，观察图签中有“图纸编号”“图纸名称”“图别”与“图号”等内容需填入，如图 4-216 右侧图示。打开 Excel 表格后可发现表格中有图纸名称、图纸编号与图别等数据，如图 4-216 左侧图示，此范例即为将 Excel 数据读入 Dynamo 中进行图纸创建后，将其对应参数数据填入图元。

【节点思路】 此范例先读入 Excel 表格，并针对数据进行列表处理，例如除去表头与排序对正等操作。接着根据图纸编号与图名数据创建图纸，再设置图别与图号等参数。

图 4-217 节点群组的部分说明如下：

1. 读取 Excel 表格数据。
2. 创建 Revit® 图纸。
3. 设置图别参数值。
4. 设置图号参数值。

【分步说明】 首先整理读入的 Excel 表单数据，需注意行列对准以免造成填入数据偏移，而产生错误，如图纸量很大时，这种数据偏移造成的错误就是对工程师极大的困扰。

STEP 01 打开本章节范例 rvt 格式文档，预设为 a102 图纸。读者可将其删除或不使用，接着打开 dyn 格式文档。参考图 4-217，节点组 01 作用为读取 Excel 表格数据，调用

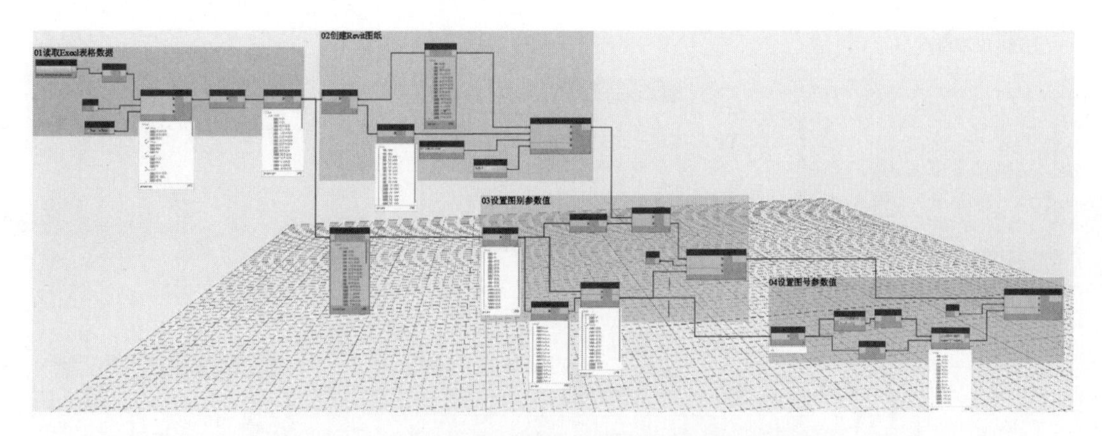

图 4-217　Dynamo 节点范例(请对照二维码附图 4-217)

“File Path”和“File.From Path”获取到 Excel 文档。接着使用“Excel.ReadFromFile”，sheetName 输入 Sheet1 字符串，readAsStrings 则使用 False 值。点击运行则得到二维列表，第一项子列表[0]为图纸名称、[1]图纸编号与[2]图别，此三项为表头而不是我们需要的数据，故使用“List.RestOfItems”删除第一项。接着调用“List.Transpose”行列互换，检查列表后可得知第一项子列表为图名、第二项为图纸编号，最末项为图别，节点配置可参考图 4-218。

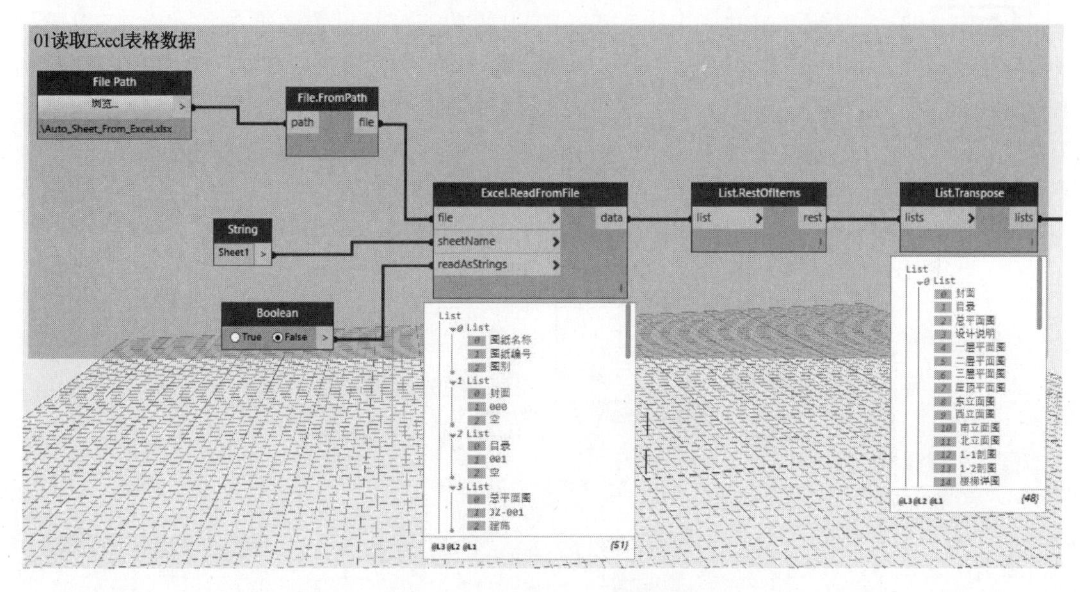

图 4-218　读取 Excel 表格数据

STEP 02　02 组节点的目的是创建图纸。连接 01 组的列表，使用“List.Deconstruct”分离出第一项子列表，即为 first 输出的列表，此列表为图纸名称，而 rest 输出的列表连接到“List. FirstItem”则取得原列表中的第二项子列表，即为图纸编号。调用“Sheet.ByNameNumber TitleBlockAndView”将名称与编号的列表连接到 sheetName 与 sheetNumber 输入点，另外设定图纸的族类型，使用“Family Types”节点选定图纸族类型并连接到“titleBlockFamily Type”。最后“view”则赋予任意视图，后续还是需手动进行版面配置，此处设定为图纸列表。节点配置可参照图 4-219 所示，在此处配置完成后点击运行即可批量创建图纸。

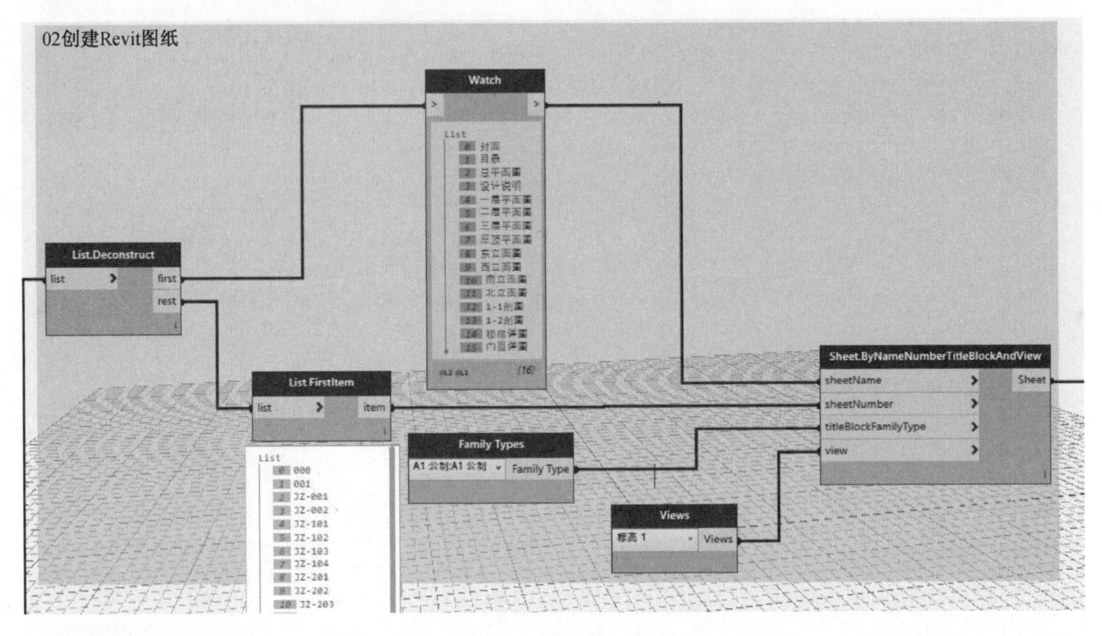

图 4-219　创建 Revit®图纸

STEP 03　连接 02 组的成果，03 组与 04 组的功能都是设置图纸参数。由 01 组成果列表连接“List.LastItem”取得最后一项子列表，即为图别数据。因需排除无图别信息的图纸，如封面与目录，调用“Object. IsNull”与“List.FilterByBoolMask”过滤序列，分别过滤生成图纸与图别列表，out 输出成果即为需写入的数据与图纸，所以调用“Element.SetParameter ByName”节点并将图纸与图别列表连接至对应节点，并于 parameterName 输入端赋值“图别”字符串，节点配置如图 4-220 所示。

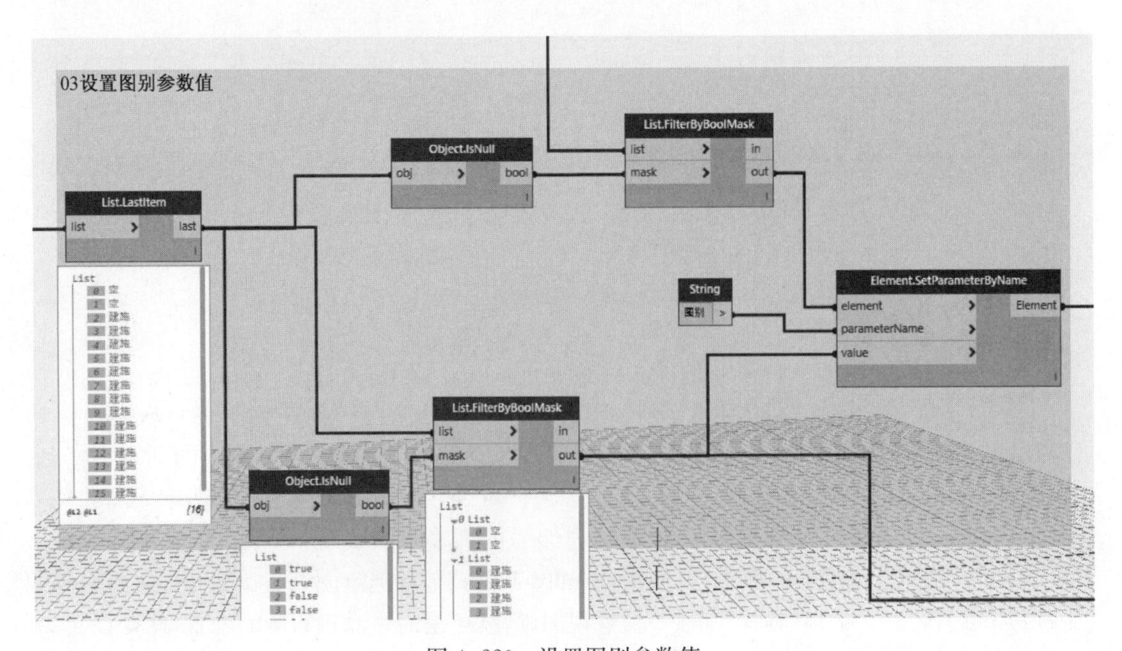

图 4-220　设置图别参数值

STEP 04　04 组为给定图号参数，图号格式为“图号/总图纸数”。故需先提出总图纸数，这里扣除目录与封面，所以直接使用 03 成果的图纸列表。调用“Count”取得图纸数目，接着使用“Code Block”键入“1.. co.. 1”取得连续编号。接着调用“String from Object”将两数值列表转换为文字列表，接着使用“Code Block”并键入“num＋‘/’＋den”，将数列连至 num 输入端，而总数连接至 den 输入端，此节点得到的列表为“1/14，2/14，3/14…”连续图号值，调用“Element.SetParameterByName”节点并将图纸与图号列表连接至对应节点，parameterName 输入端赋值“图号”字符串，节点配置如图 4-221 所示。

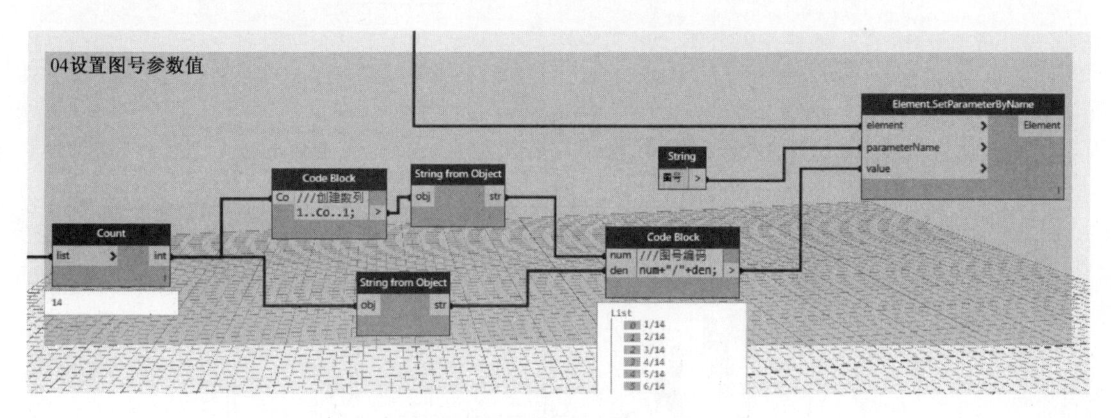

图 4-221　设置图号参数值

此时点击运行，则会自动生成图纸，接着返回 Revit® 选择封面图纸，则可见图纸列表置于其上，图纸编号、图纸名称与图号皆按照 Excel 表格数据生成，而图号则按照图纸数量生成。需注意此范例只能用于一开始大批量设置图纸，如名称与编号变更，或删除则使用节点“Element.SetParameterByName”处理，如新增的图纸数量不多，手动创建后批量修改参数数值也可行。最后成果如图 4-222 所示。

图纸列表

图纸编号	图纸名称	图号	图别
a103	a102		
000	封面		
001	目录		
JZ-001	总平面图	1/14	建施
JZ-002	设计说明	2/14	建施
JZ-101	一层平面图	3/14	建施
JZ-102	二层平面图	4/14	建施
JZ-103	三层平面图	5/14	建施
JZ-104	屋顶平面图	6/14	建施
JZ-201	东立面图	7/14	建施
JZ-202	西立面图	8/14	建施
JZ-203	南立面图	9/14	建施
JZ-204	北立面图	10/14	建施
JZ-205	1-1剖图	11/14	建施
JZ-206	1-2剖图	12/14	建施
JZ-301	楼梯详图	13/14	建施
JZ-302	门窗详图	14/14	建施

Dynamo
三层写字楼设计
封面
设计号　2017-1-01
日期　2007/03/12
图别
图号
000
比例

图 4-222　图纸批量生成成果

4.6.3 模型图元属性导入导出 Excel

Revit®提供了明细表的功能，用以导出图元属性。而 Revit® DB Link 附加模块也能导入导出项目中所有数据。但大部分的情况下，我们需要的仅仅是特定类型图元的属性，甚至是筛选后的图元中的某几项特定的属性。通过 Dynamo 用户可针对各种需求进行筛选，将想要的数据导入导出，如图 4-223 所示。

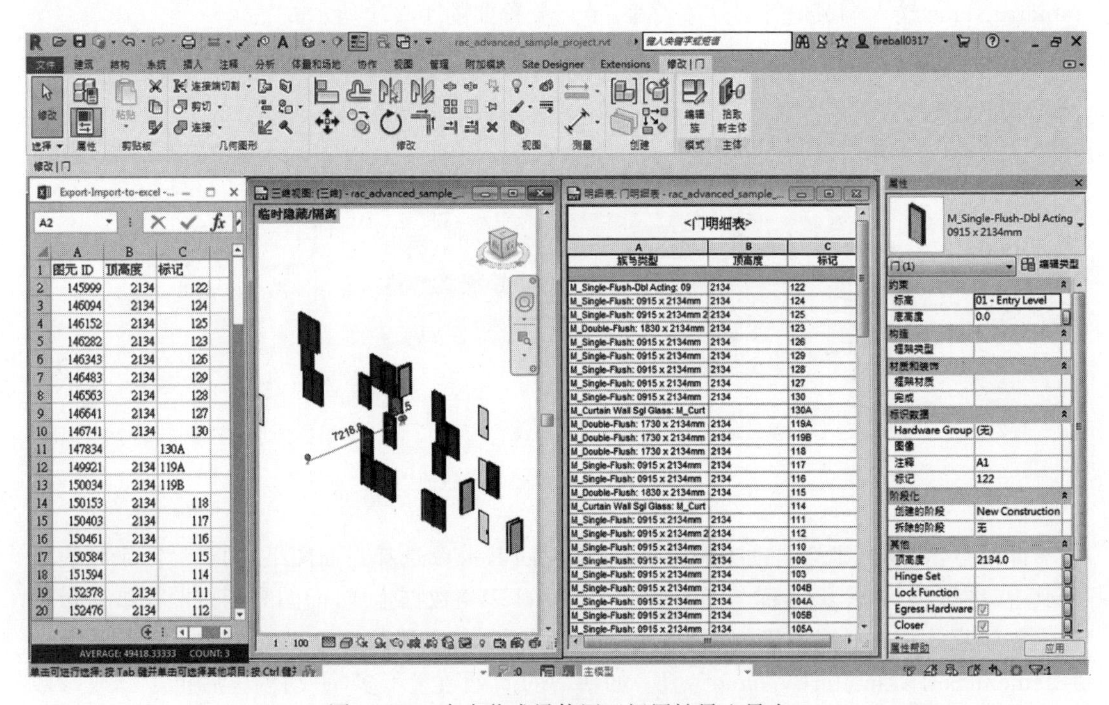

图 4-223　本小节成果使用于门属性导入导出

【范例说明】 请开启范例文档 Chapter 4.6 中 4.6.3 文件夹，打开 Revit®范例 Revit® 2017 Test Project. rvt 与 Dynamo 范例 Revit® Synchronize with Excel via Dynamo. dyn，打开后如图 4-224 所示；我们希望能将此项目中所有图元的角度、注释和标记等实例参数导出至 Excel，并在 Excel 修改内容并储存后，实时回写至 Revit®项目中。

【节点思路】 在开始进行 Dynamo 程序的编写前，我们必须先了解 Revit®属性架构。以单扇门为例，只要是属于单扇门这种造型的图元，其"OmniClass"的编号皆为 23. 30. 10. 00，因此我们将"OmniClass"编号也作为族参数的一种，如图 4-225 所示。

而单扇门这种造型的门，又分为许多不同的尺寸，以"0 915 mm×2 134 mm"这种尺寸的单扇门为例，其宽度为 915 mm、高度为 2 134 mm，因此我们将宽度、高度这类的属性归在类型属性，如图 4-226 所示。

我们将"0 915×2 134 mm"这种尺寸的单扇门放置于项目中，当然需要了解这扇门实际所在位置以及其编号，以便后续采购及施工之用。在项目中许多"0 915×2 134 mm"这种尺寸单扇门的标高、注释、标记等肯定不尽相同，因此我们将其归为实例属性，如图 4-227 所示。

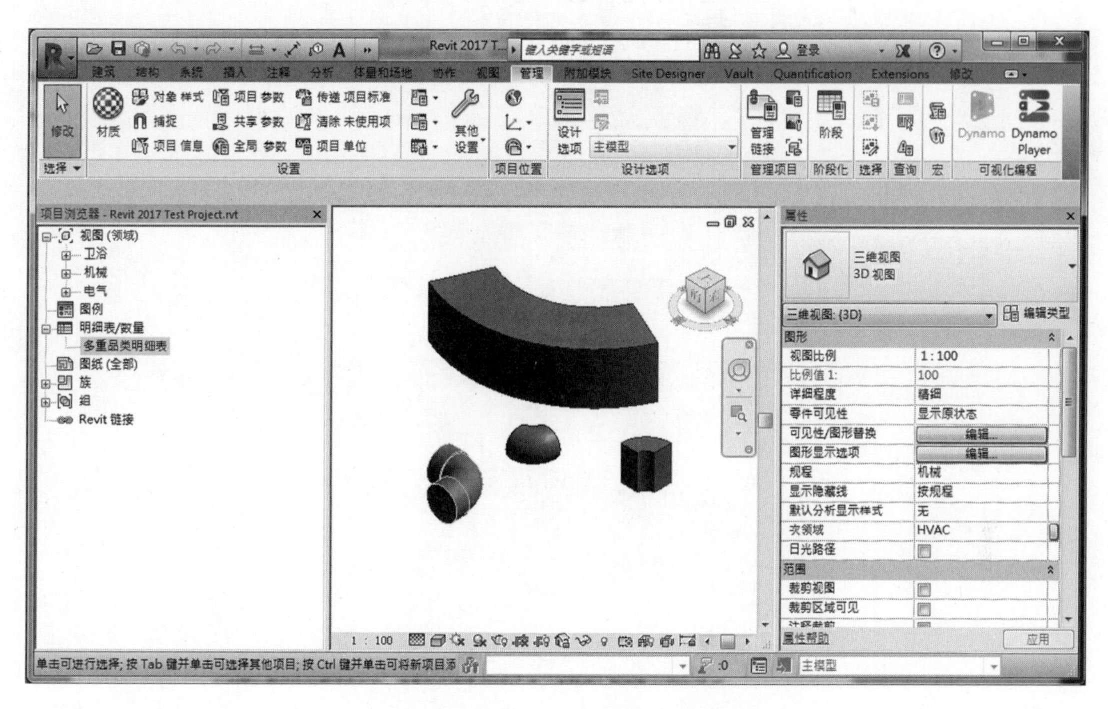

图 4-224　需做导入导出的 Revit®图元

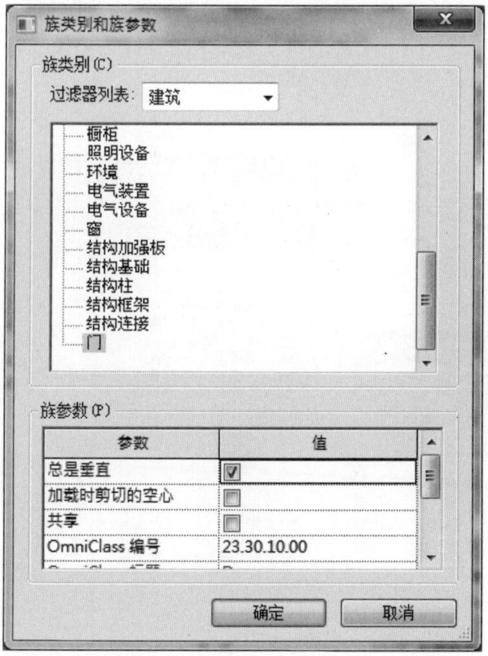

族类别和族参数

族类别(C)

过滤器列表: 建筑

- 橱柜
- 照明设备
- 环境
- 电气装置
- 电气设备
- 窗
- 结构加强板
- 结构基础
- 结构柱
- 结构框架
- 结构连接
- 门

族参数(P)

参数	值
总是垂直	☑
加载时剪切的空心	☐
共享	☐
OmniClass 编号	23.30.10.00

确定　取消

图 4-225　族属性

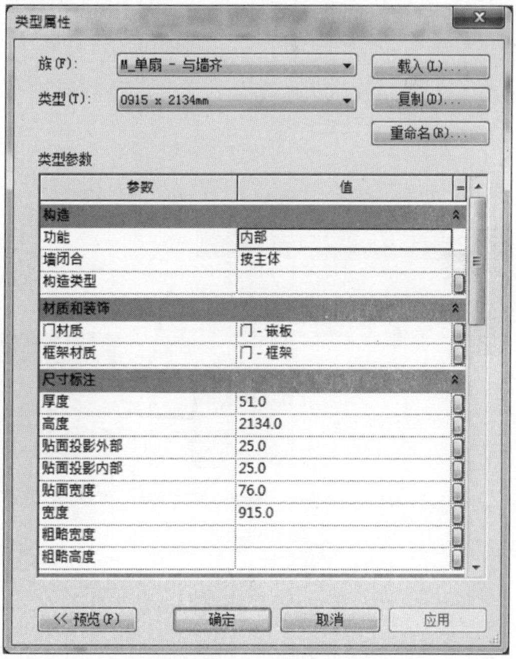

类型属性

族(F): M_单扇 - 与墙齐　　载入(L)...

类型(T): 0915 x 2134mm　　复制(D)...

重命名(R)...

类型参数

参数	值
构造	
功能	内部
墙闭合	按主体
构造类型	
材质和装饰	
门材质	门 - 嵌板
框架材质	门 - 框架
尺寸标注	
厚度	51.0
高度	2134.0
贴面投影外部	25.0
贴面投影内部	25.0
贴面宽度	76.0
宽度	915.0
粗略宽度	
粗略高度	

<< 预览(P)　确定　取消　应用

图 4-226　类型属性

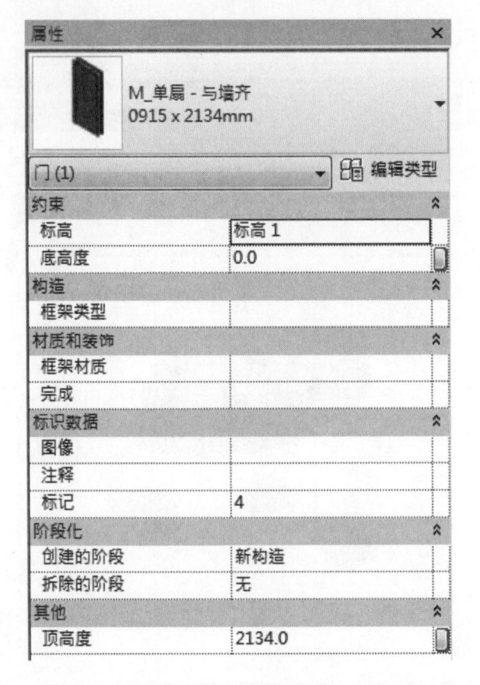

图 4-227 实例属性

如何使用 Dynamo 取得及修改族属性、类型属性以及实例属性，是此例子的关键。

STEP 01 在开始编程前，我们必须先了解如何读取实例属性，先利用“Select Model Elements”节点框选中所需图元，接着利用“Element.Parameters”取得其所有的实例属性。不过在实际项目中，为了方便后续数据的处理，我们较常使用“Element.GetParameterValueByName”节点读取特定的实例属性，如图 4-228 所示。

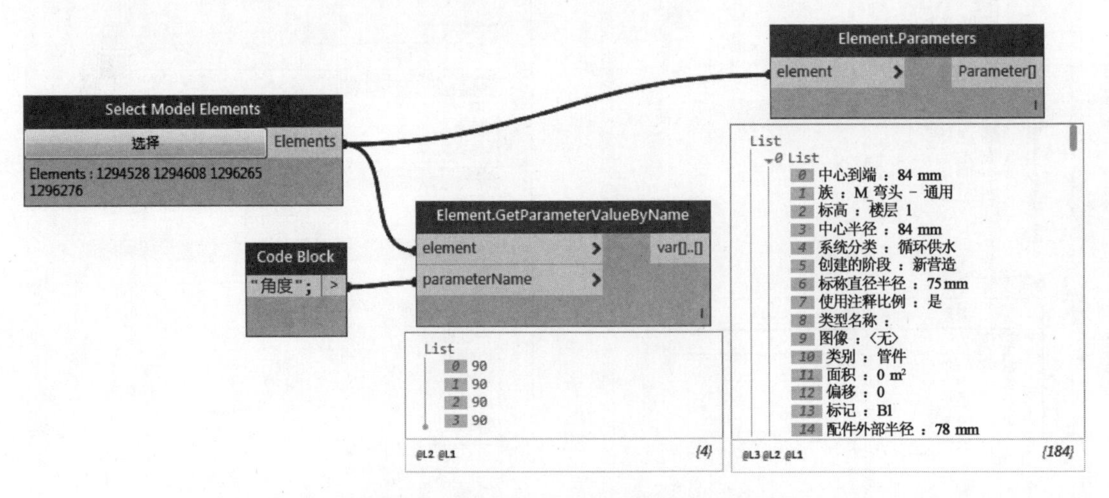

图 4-228 Dynamo 读取实例属性

STEP 02 接着我们尝试修改 Dynamo 程序，将“Code Block”节点中的内容改为类型，得到名称为“类型”的实例参数值，如图 4-229 所示。

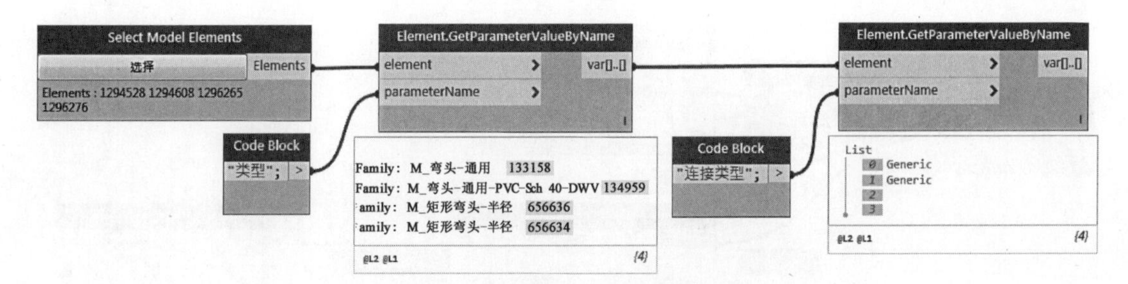

图 4-229　Dynamo 读取类型属性

STEP 03　如需取得族属性，则可利用"FamilyType.Family"节点得到其类型所属族，再运用相同方式得到"OmniClass 标题"及其他族属性，如图 4-230 所示。

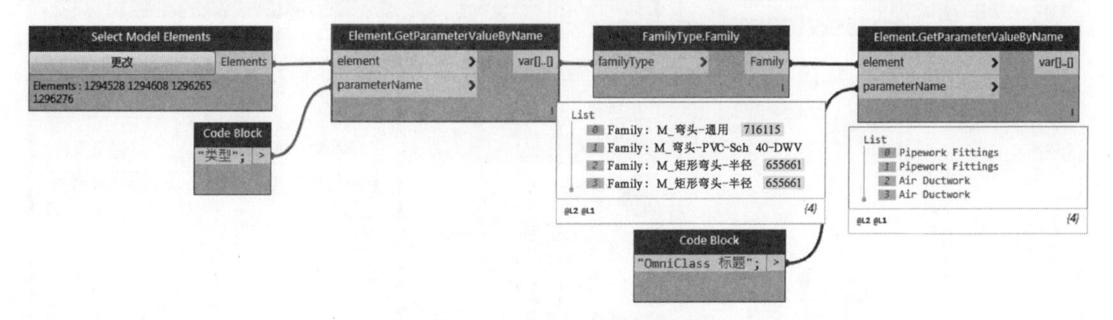

图 4-230　Dynamo 读取族属性

STEP 04　对于墙、屋顶、楼板等系统族，亦可使用上述方式取得其属性，不再赘述，如图 4-231 所示。

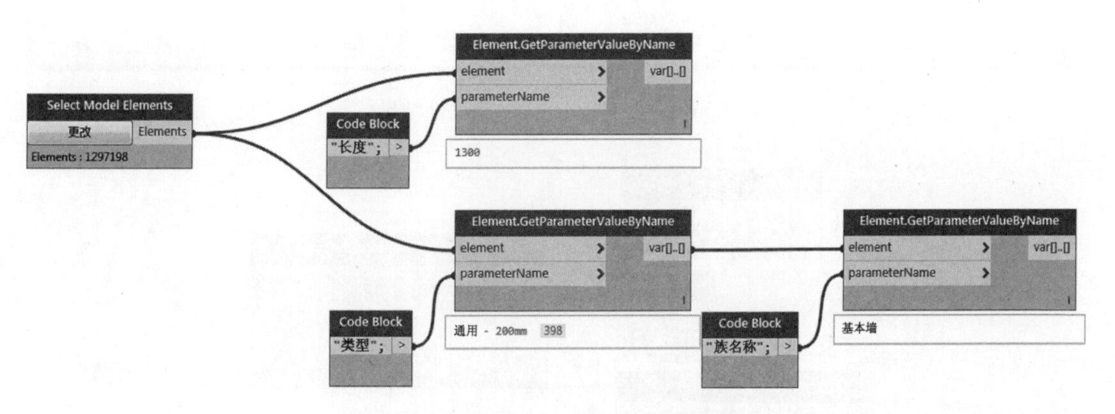

图 4-231　Dynamo 读取系统族属性

STEP 05　了解如何读取图元属性后，编辑图元属性也不再是难事。只要针对可编辑的属性，由图 4-232 利用节点"Element.SetParameterByName"进行修改即可。编辑族属性的结果如图 4-233 所示。

STEP 06　如需替换为其他族类型，也可使用相同方式，只要将输入值改为"Family Types"节点即可，可参考图 4-234 所示。

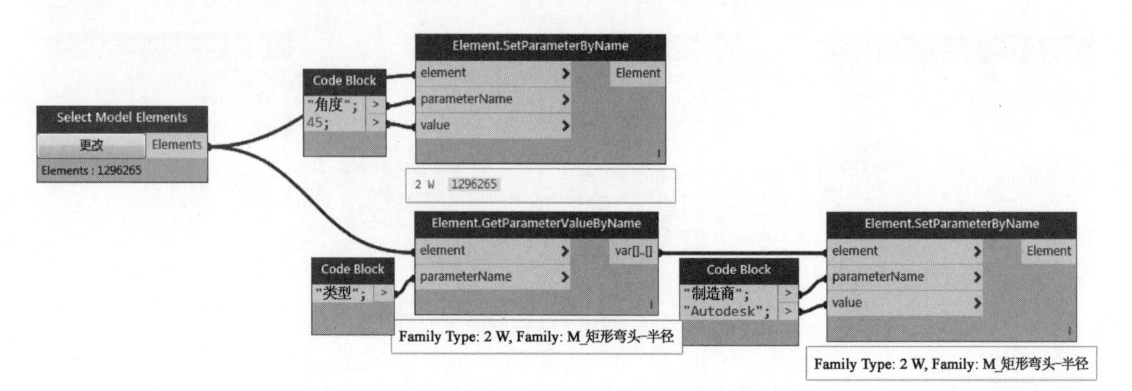

图 4-232　Dynamo 编辑族属性

图 4-233　Dynamo 编辑族属性结果

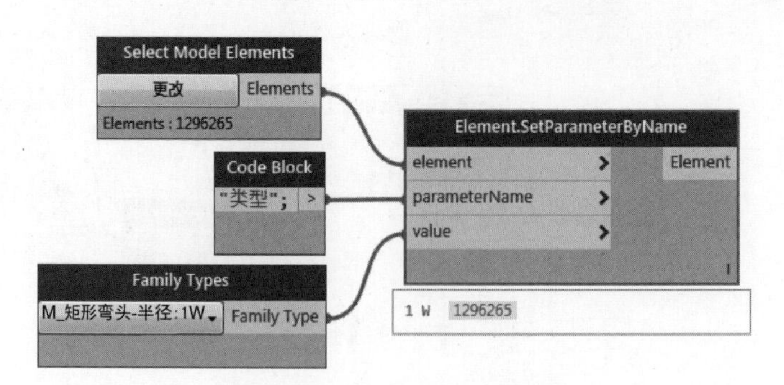

图 4-234　Dynamo 替换族类型

STEP 07　有时使用"Element.SetParameterByName"节点修改属性时，比如图 4-235 中标高，明明该属性并非只读，却常常得到该属性为只读的警告。例如图 4-236 所示，修改风管弯头的标高属性，Dynamo 程序会出现报错。

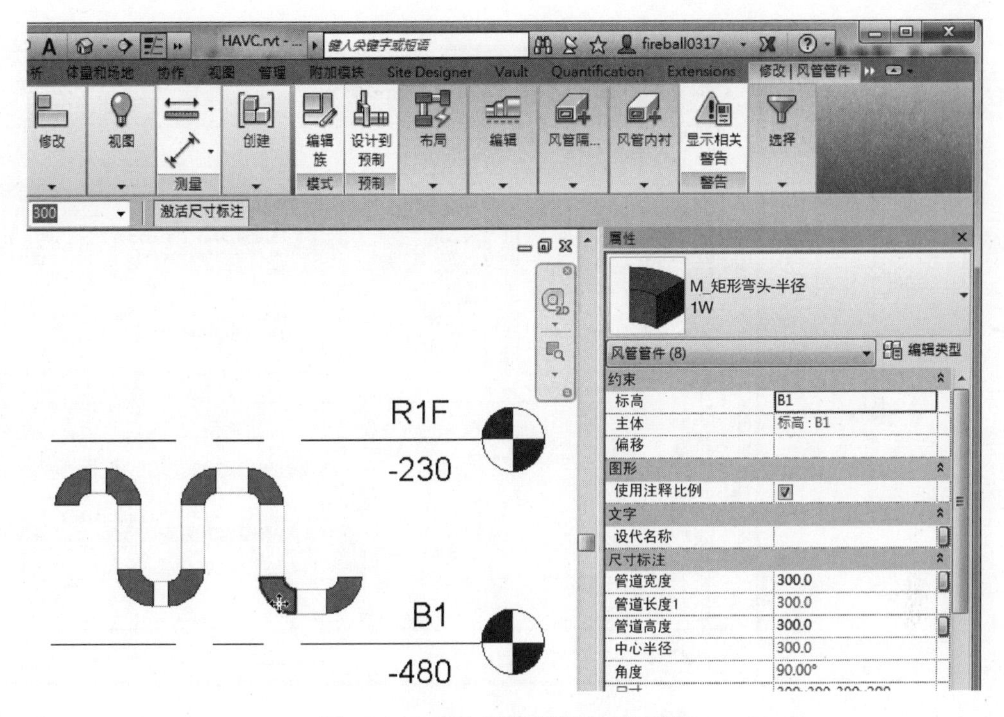

图 4-235　修改风管弯头的标高属性

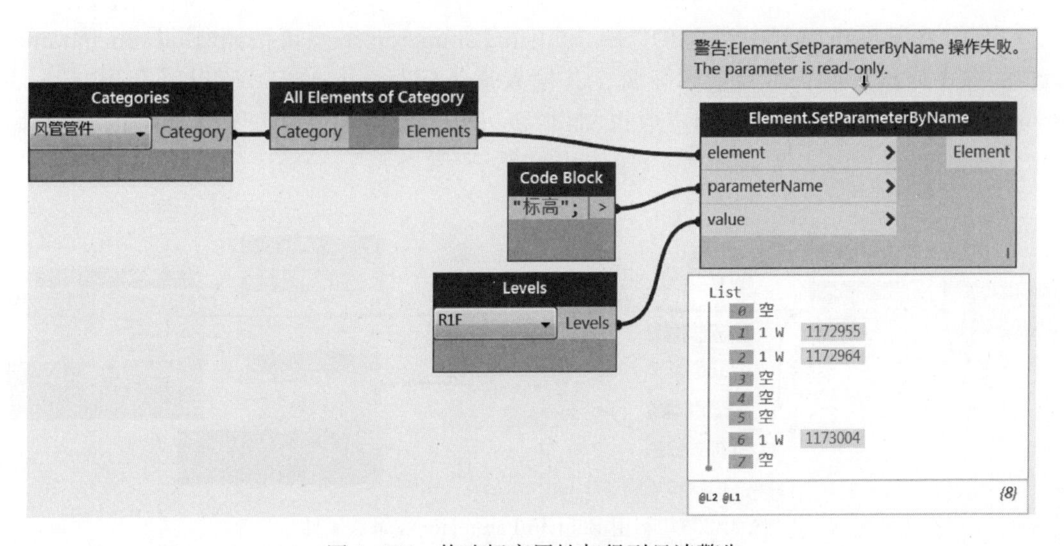

图 4-236　修改标高属性却得到只读警告

我们利用图 4-237 所示“Revit® Lookup”附加模块查看风管弯头的属性，发现有两个名为标高属性，其“Built In Parameter”分别为“SCHEDULE_LEVEL_PARAM”（只读）及“FAMILY_LEVEL_PARAM”(可写入)。

若对 Revit® API 有初步认识，会了解利用“Built In Parameter”的方式来读取或编辑属性，除了能够避免 Revit®在不同语系的属性名称切换问题，也能够避免上述一个图元有多个同名属性的编辑问题。

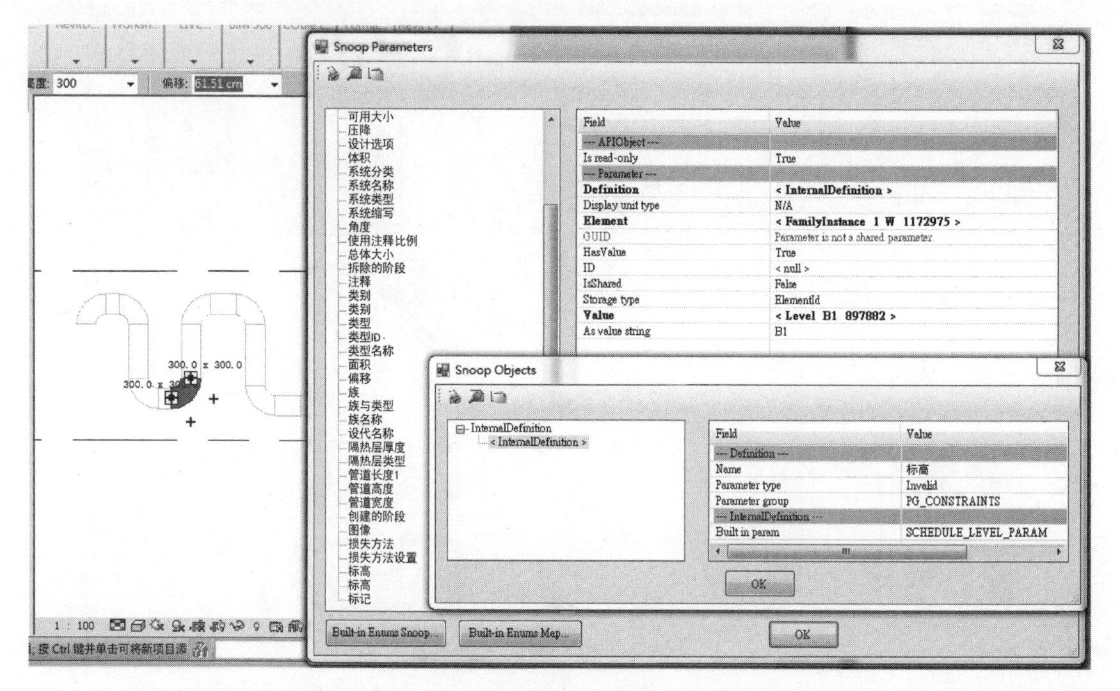

图 4-237　利用 Revit® Lookup 查询属性 SCHEDULE_LEVEL_PARAM(只读)

利用“Archi-lab. net”软件包的“Set BuiltIn Parameter”节点可按照“Built In Parameter”的方式编辑属性。而由于标高属性其输入值为标高图元的 ID，所以可利用“Clockwork”软件包的“Element. ID”节点取得，而非 Dynamo 提供的会将 ID 转为整数的节点，如图 4-238 所示。

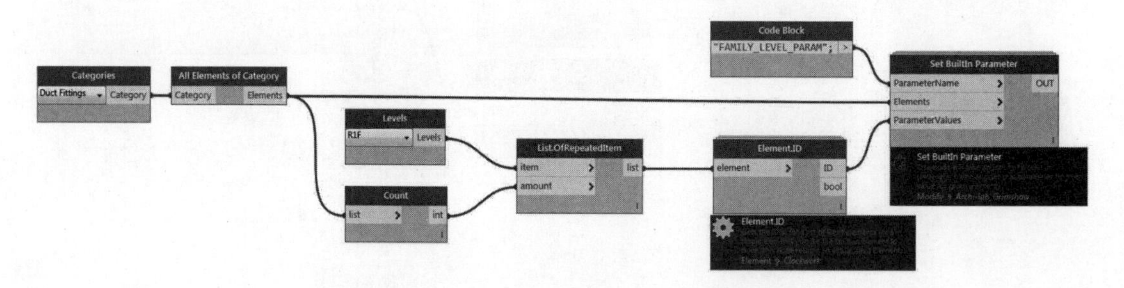

图 4-238　利用 Built In Parameter 编辑族属性

【分步说明】

我们通过这个案例了解 Dynamo 对 Revit®图元属性的读取与导出的操作方式，以及与 Excel 的联动，如图 4-239 所示。

STEP 01　首先将图元属性输出至 Excel。此部分包含了输入需取得的属性名称及图元、取得图元之属性值以及输出至 Excel 等三个步骤，我们分别对这三个步骤说明。

STEP 02　首先创建一个“Code Block”节点并填入需编辑的实例属性列表，例如“角度”“注释”“标记”，并做为输出 Excel 的标题行。注意列表中的第一个元素“Element ID”并

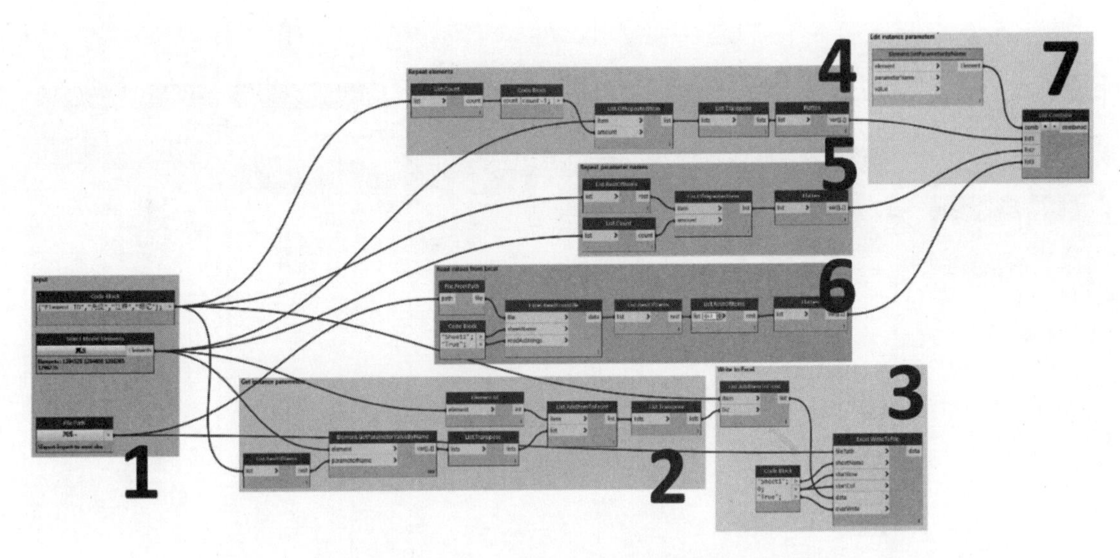

图 4-239　模型图元属性导入导出 Excel 脚本(请对照二维码附图 4-239)

非属性,后续会在此栏中填入图元 ID,由此得知需修改哪个图元的属性。

接着利用“Select Model Element”节点框选需编辑属性的图元,如图 4-240 所示。

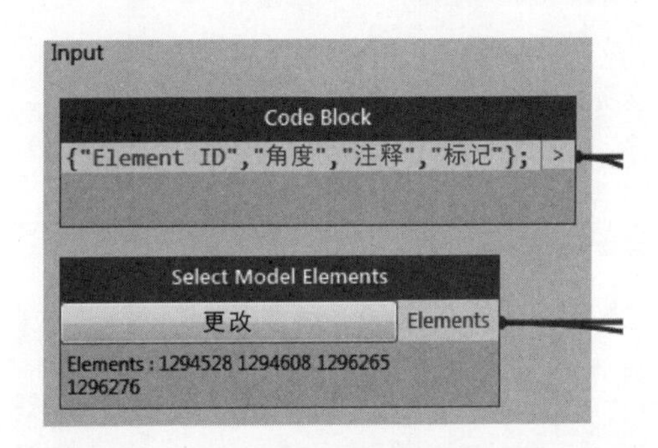

图 4-240　输入需取得的属性名称及图元

STEP 03　利用“Element.GetParameterValueByName”节点取得所有图元的属性后,将“Element. Id”节点得到的图元 ID 列表通过“List.AddItemToFront”节点加入至列表开头。

在将图元 ID 列表加入前,注意原先的属性列表是以图元为一个母列表,下属再列出这个图元的“角度”“注释”“标记”属性子列表,如“90”“A1”“B1”。

为使图元 ID 列表中的每个元素能分别加入这些群组的开头,这里提供一个简易的方式,就是利用“ List.Transpose”节点将原列表行列互换,成为以属性为分组的子列表,如“90”“90”“90”“90”,再将图元 ID 列表加入至原列表的开头,最后再利用“List.Transpose”节点互换为初始的以图元为分组的子列表的结构,如图 4-241 所示。

STEP 04　将整理好的属性列表,利用“List.AddItemToFront”节点加入标题栏,并利用“Excel.WriteToFile”节点写入至“File Path”节点所指定的 Excel 文档路径中,由“Sheet1”

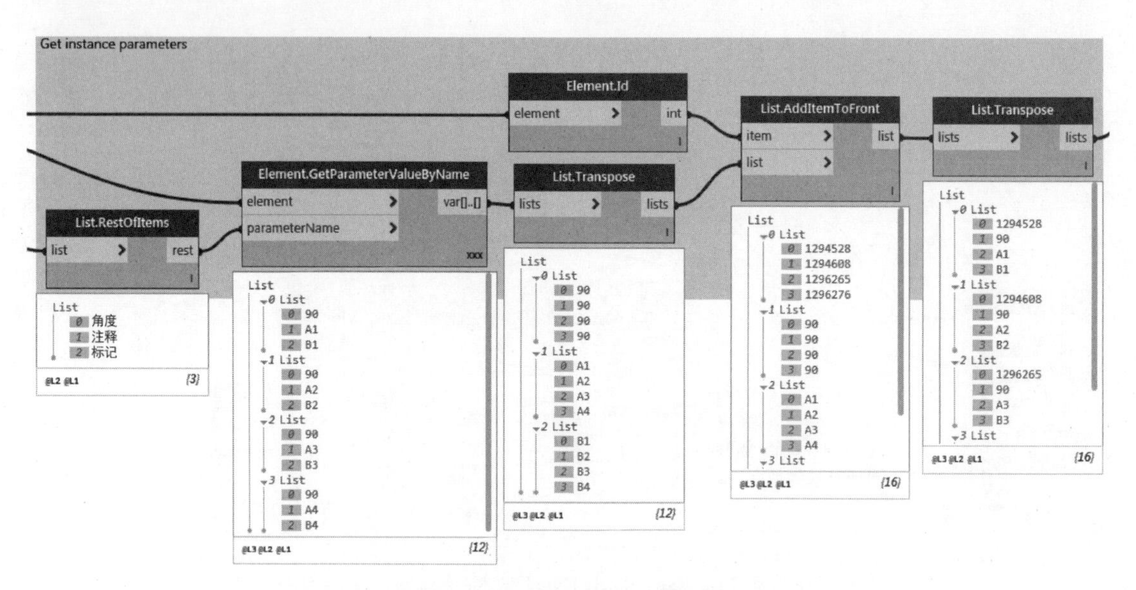

图 4-241　取得图元的属性值

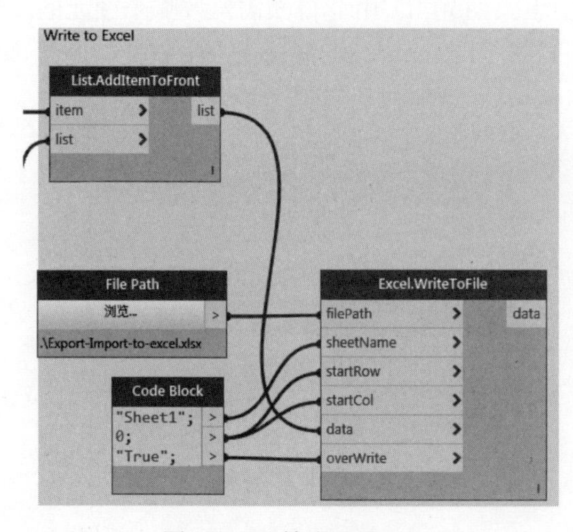

图 4-242　输出至 Excel

页面的第 0 栏、第 0 列开始取代原 Excel 中的内容，如图 4-242 所示。

STEP 05　至此完成了图元属性输出至 Excel 的部分，接着要处理 Excel 数据输入至图元属性。在输入的部分，除了前面提到的填入需编辑的实例属性与图元列表外，还要利用“File Path”输入需读取的 Excel 文档。

接着是重复图元及属性名称列表。一般我们在控制节点中各输入端参数的匹配方式，是使用连缀 Lacing（意思是匹配或对映方式）。如两字符串行表间相加，在不同的 Lacing 方式会得到不同的结果，如图 4-243 所示。

我们可以使用生活化的方式来理解连缀状态。最短连缀就像大甩卖，一人限购一组，售完为止，晚来就买不到的概念；最长连缀则像饭馆保留一个等位区，晚来的客人都去等位区；叉积连缀则是人人皆可购买所有类型商品，不过要注意叉积连缀的结果是二维列表，

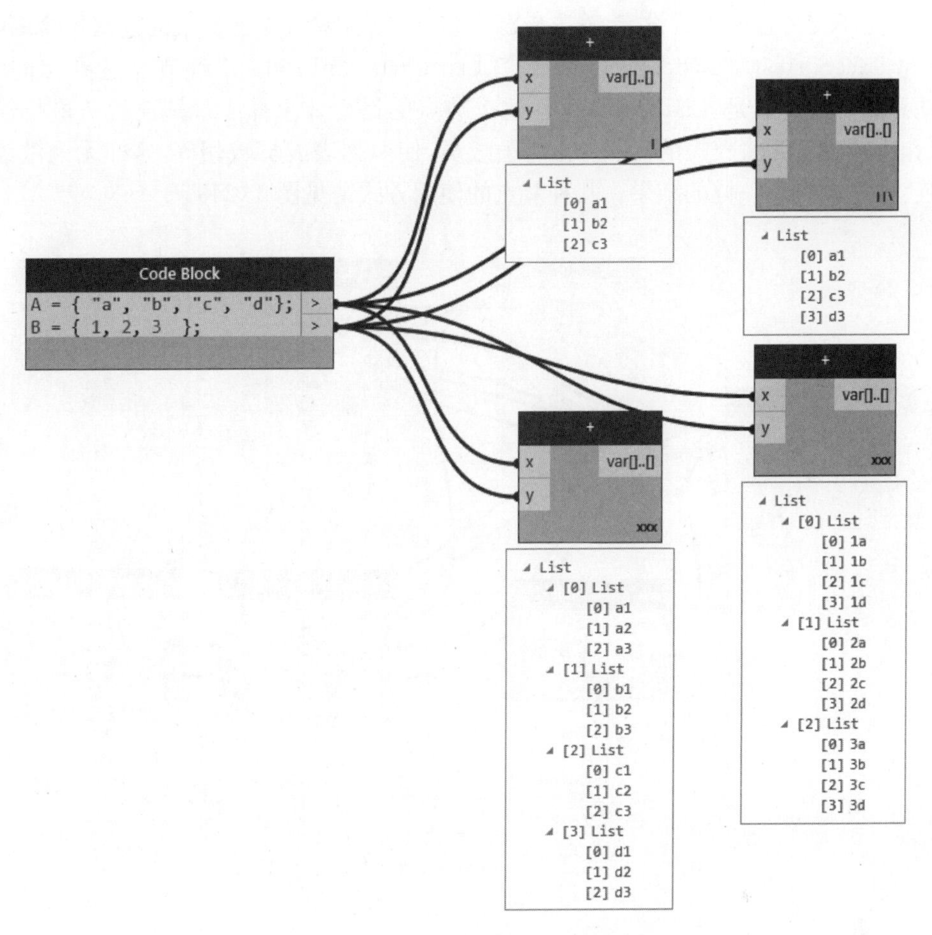

图 4-243　两字符串行表间相加结合方式

因此输入参数的顺序会决定何者为外层列表、何者为子列表。也就是以每个人买哪些商品、或是每样商品被哪些人买，是不同的分组结构，如图 4-244 所示。

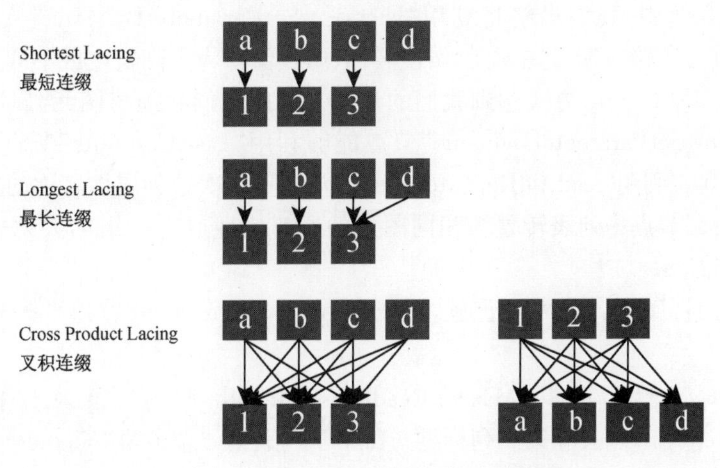

图 4-244　连缀方式

当节点不支持连缀方式设定，输入来源为多层列表，或需要更复杂的连缀组合时，可运用“ List.LaceSortest”“List.LaceLongest”“List.CartesianProduct”等节点达到相同目的。值得注意的一个节点是“List.Combine”，这个节点的运行效果介于最短连缀与最长连缀之间，其作用可理解为将较短的列表补上空值成员，使两列表成员数相等，这样无论做最短或最长连缀，都会得到一样的结果。几种节点的使用方式请见图 4-245。

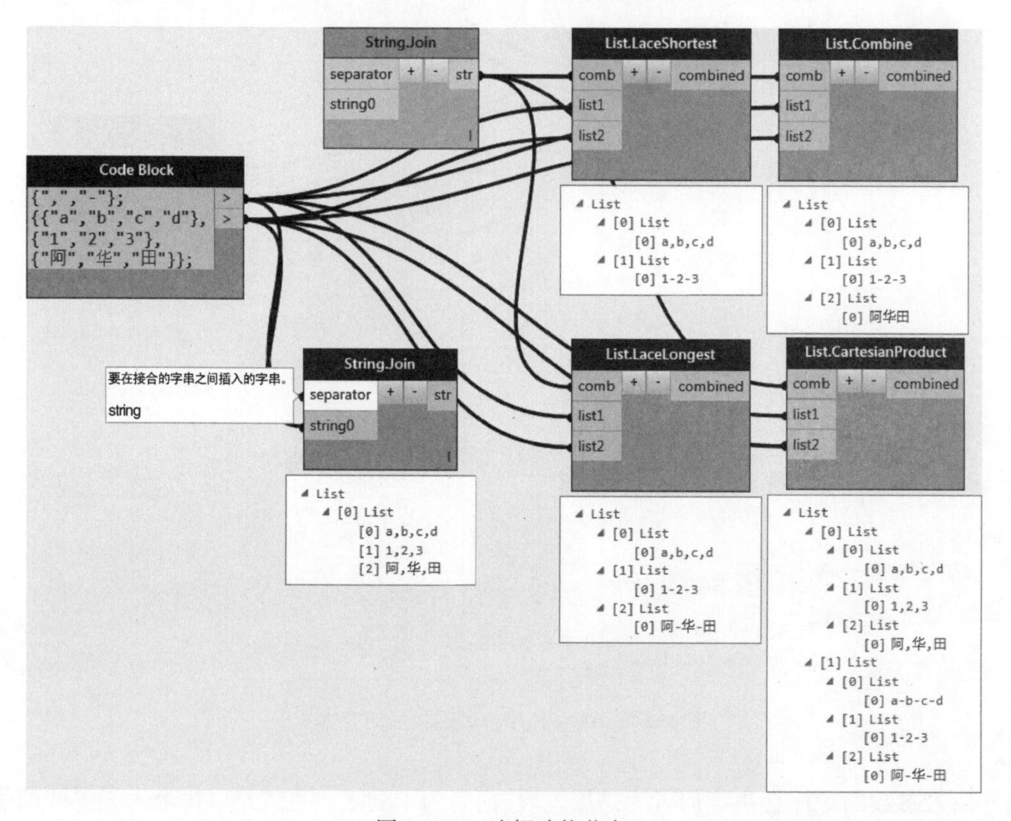

图 4-245　连缀功能节点

但在这个案例中，我们最终将利用“Element.SetParameterByName”节点写入图元属性，这个节点有三个输入端。在图元、属性名称、属性值皆为不同长度或不同层数之列表时，无法利用任何一种 Lacing 方式达到我们的目的。因此我们必须将图元、属性名称、属性值整理成“Element.SetParameterByName”节点能够利用“List.Combine”节点输入的数据结构。因此图元列表利用“List.OfRepeatedItem”重复，重复次数为属性名称的数量，接着利用“List.Transpose”节点将列表转置为相同图元的所有属性成为一组的大列表，最后拍平列表，如图 4-246 所示。

同样地我们将属性名称列表重复，重复次数为图元数量，最后拍平列表，如图 4-247 所示。

STEP 06　然后利用“Excel.ReadFromFile”由 Excel 导入数据，分别利用“List.RestOfItems”节点去除第一列标题与每个子列表第一个成员“Element ID”值后，拍平成为输入“Element.SetParameterByName”节点所需使用的属性值列表，如图 4-248 所示。

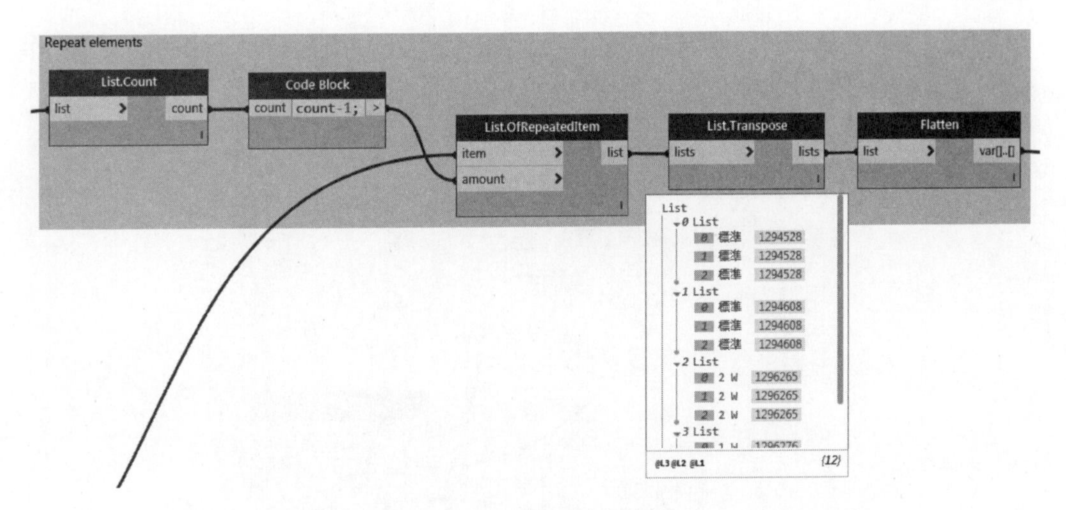

图 4-246　重复图元列表

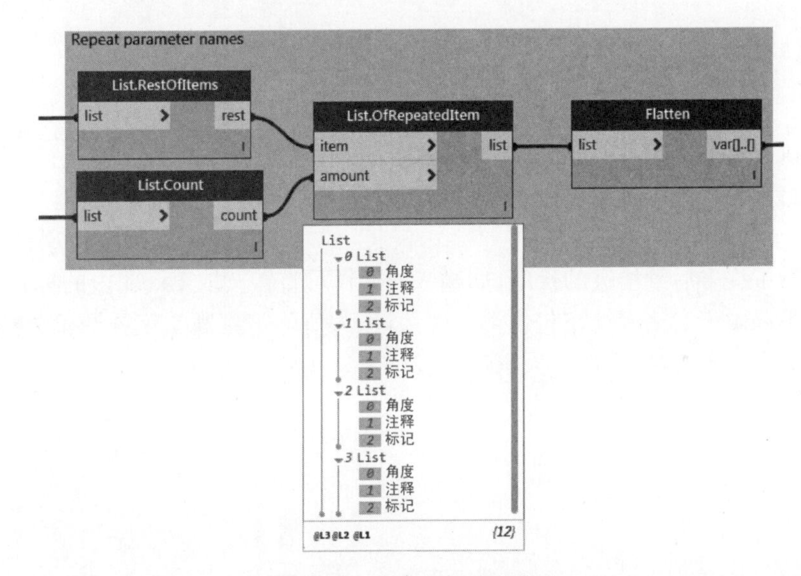

图 4-247　重复属性名称列表

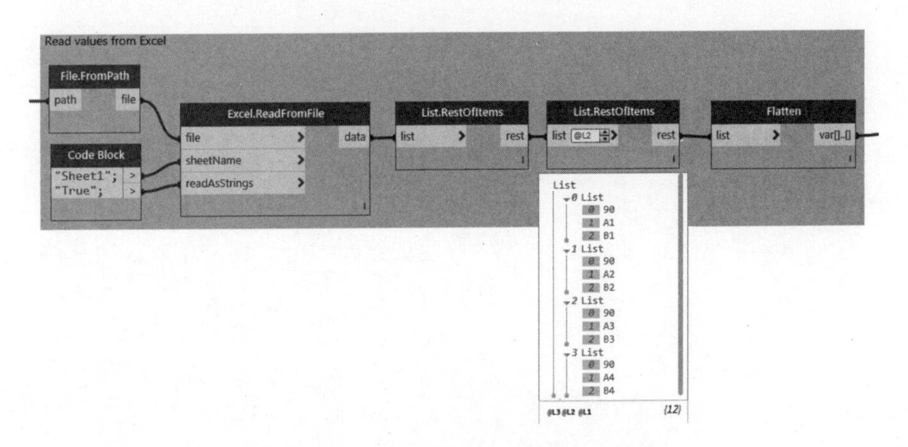

图 4-248　由 Excel 取得须输入的属性值

STEP 07 最后利用“List.Combine”节点将上述三个列表的每一个项目输入至“Element.SetParameterByName”节点，完成图元属性值的输入，如图 4-249 所示。

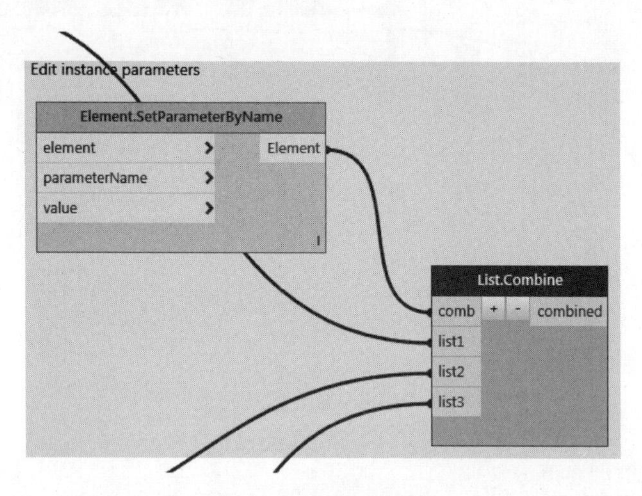

图 4-249 输入属性

虽然在执行此范例时，Dynamo 会由节点建立顺序去判断哪些节点先执行，但在实际应用时，建议放置一布尔节点，控制读取属性至 Excel，或由 Excel 写入至属性，以确保执行结果如预期。

本例留下了许多后续增进的伏笔，如输入的属性可直接读取 Excel 内的标题，且能够同步的属性也不局限于实例属性还包含类型属性，输入值除需判断文字或数值外还能包含其他图元如标高属性等，这些都能供大家进一步练习。

第5章

Dynamo 学习资源

本章将向各位读者推荐互联网上 Dynamo 的学习资源。除了前面介绍过的 Dynamo Primer 以外，最主要的学习资料都集中在 Dynamo 官方论坛上，其次就是各软件包的作者和程序开发者的博客等。在这里推荐给各位，帮助 Dynamo 的爱好者在具备一定的可视化编程能力的基础上，进一步探索和挖掘 Dynamo 的潜能。

No.01 Dynamo 官方网站(图 5-1)

网站地址：www. dynamobim. org

适用性：服务于 Revit®的 Dynamo 插件的官方网站及用户社区。

内容：软件下载、作品分享、学习资源、用户交流。

重要性：★★★★★

图 5-1 Dynamo 官方网站

No.02 官方教程 Dynamo Primer(图 5-2)

网站地址：www. dynamoprimer. com

适用性：Dynamo 入门和中级功能的学习，包括节点介绍和案例解析。目前提供英文版、日文版、繁体中文版等。

内容：学习教程、案例下载。

重要性：★★★★★

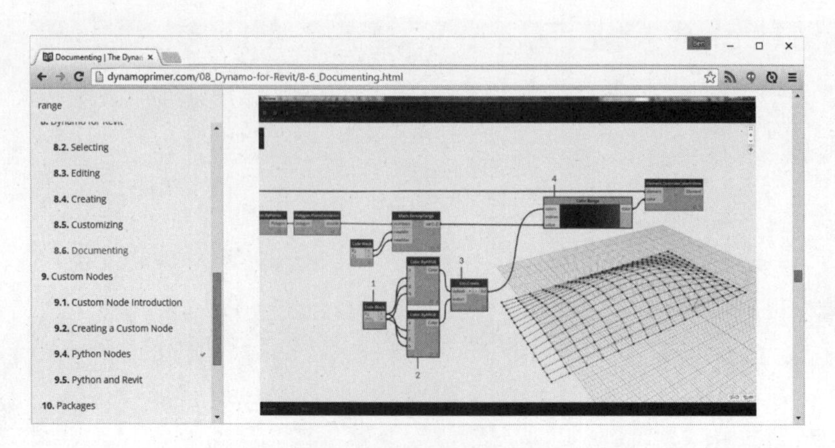

图 5-2 Dynamo Primer

No. 03 软件包教程 Dynamo Package Manager(图 5-3)
网站地址：www. dynamopackages. com
适用性：Dynamo 软件包官方网站。
内容：软件包下载、上传与更新。
重要性：★★★★★

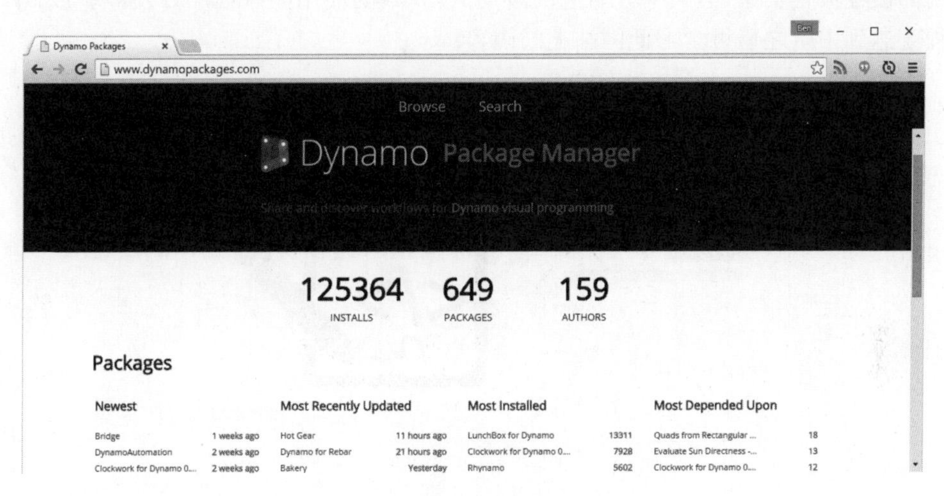

图 5-3　Dynamo Package Manager

No. 04 Dynamo 全球用户案例视频讲解(图 5-4)
网站地址：www. au. autodesk. com 在 Online Learning 中搜索 Dynamo
适用性：从 Dynamo 入门到高级应用的学习资料。
内容：来自 Dynamo 的研发人员、技术经理、客户的精彩视频讲解。
重要性：★★★★★

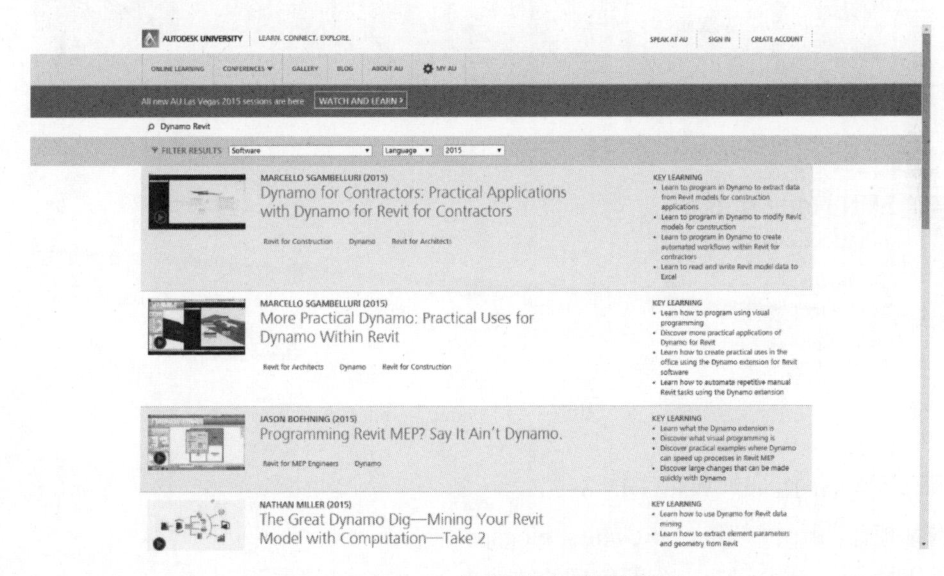

图 5-4　Dynamo 全球用户案例视频教程

No. 05 archi-lab(图 5-5)

网站地址:http://archi-lab.net/

适用性:Dynamo 高阶运用、程序开发的范例。

重要性:★★★★★

Dynamo 最重要的扩充软件包开发者 archi-lab,相当重量级的 Dynamo 学习网站,介绍的运用都很经典且实用,但大部分的范例涉及 Python 的使用。有程序开发经验或 dynamo 熟练程度达到中阶之后可学习此网站上的内容。

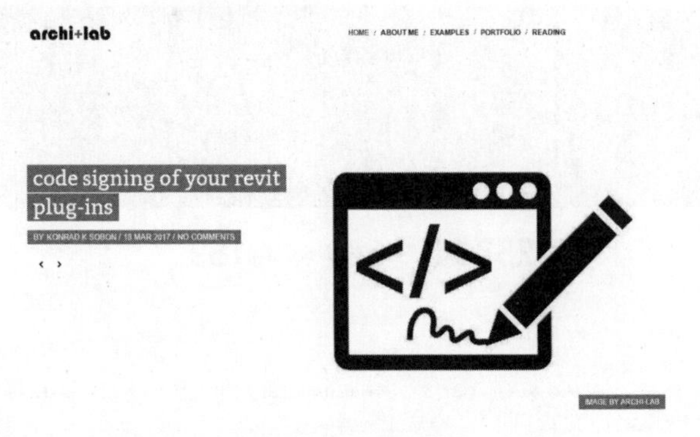

图 5-5 archi-lab

No. 06 Dynamo Nodes(图 5-6)

网站地址:http://dynamonodes.com/

适用性:Dynamo 软件包与自定义节点资料库。

重要性:★★★★★

Dynamo Nodes 的用途在于将重要软件包中的自定义节点名称详列,可以用于关键字检索。

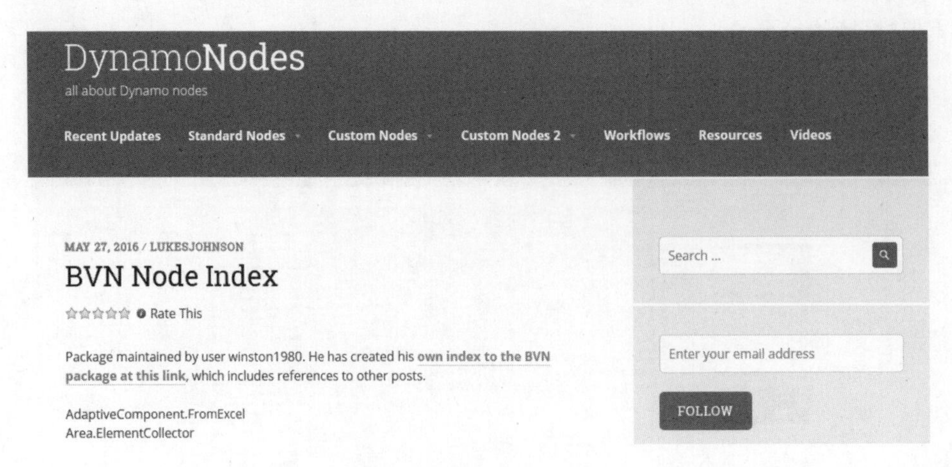

图 5-6 Dynamo Nodes

No. 07 What Revit® Wants(图 5-7)

网站地址:http://whatrevitwants.blogspot.com/

适用性:Revit® 与 Dynamo 新信息的转载。

重要性：★★★★☆

老牌的 Revit®综合新闻网站，大多转帖其他博客或网页上的资料，更新速度很快，想了解 Revit®与 Dynamo 的新鲜消息不妨多浏览此站。但信息海量的缺点便是干货不多。

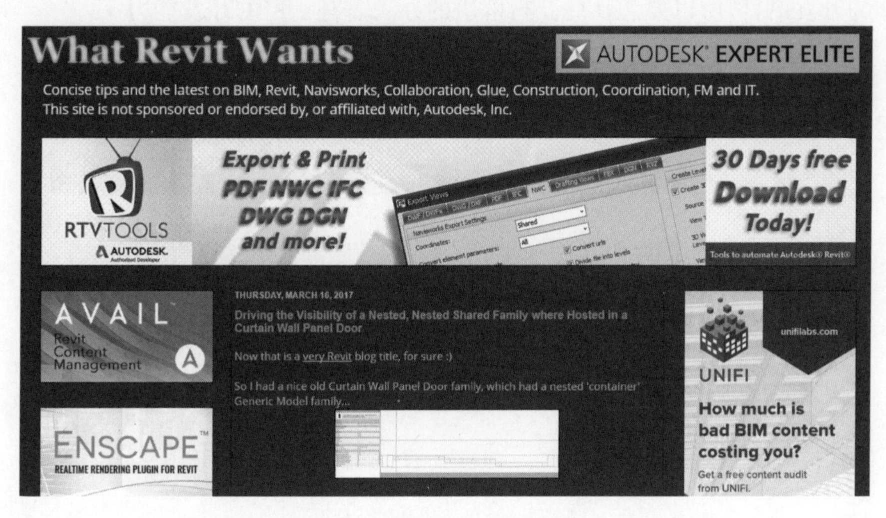

图 5-7　What Revit® Wants

No.08 The Simply Complex Blog(图 5-8)

网站地址：http://therevitcomplex.blogspot.com/

适用性：Dynamo 节点运用与范例教学

重要性：★★★★☆

以 Dynamo 教学范例为主，核心观念部分会有图解，也发表了不少实用的节点运用博文，对于 Dynamo 观念建立有很大的帮助。

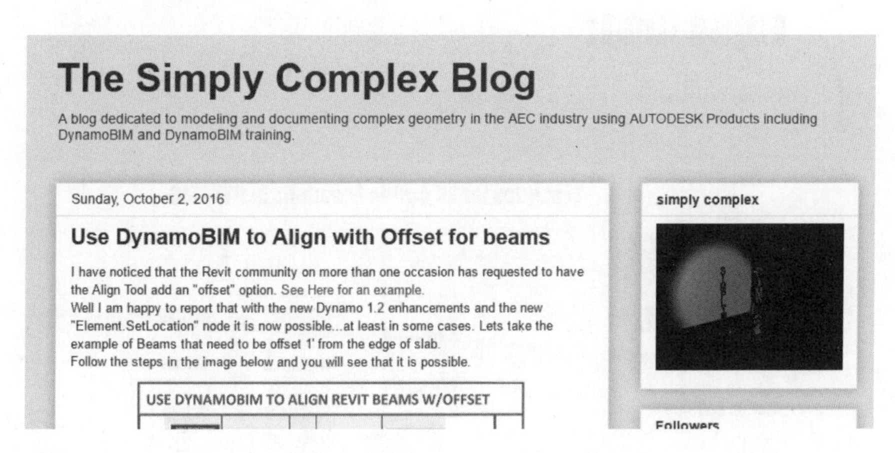

图 5-8　The Simply Complex Blog

No.09 The Building Coder(图 5-9)

网站地址：http://thebuildingcoder.typepad.com/

适用性：Revit® API 二次开发相关

重要性:★★★★☆

欧特克首席开发顾问 Jeremy Tammik 的博客,通常是在 Dynamo 软件包中检索不到解决问题的自定义节点后,我们下一步可以寻求解决办法的地方。但这里的学习资料主要是以 C# 作为开发语言,所以要想从此获得解决的办法需有一定的开发能力。

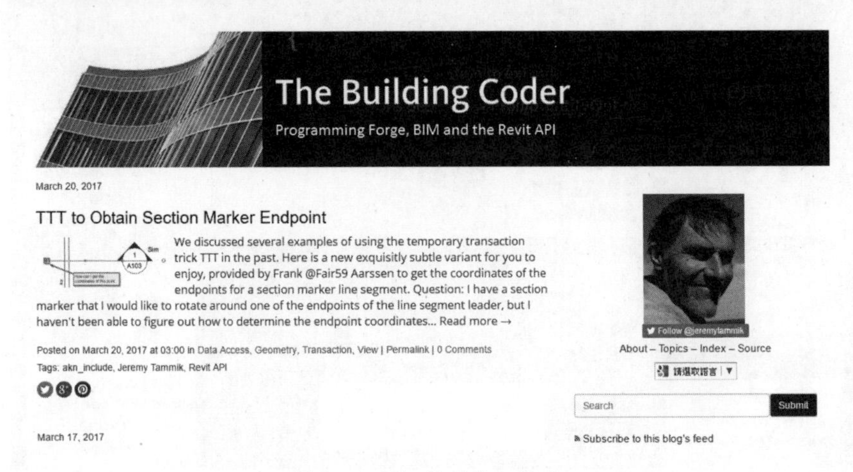

图 5-9 The Building Coder

No. 10 Enjoy Revit®(图 5-10)

网站地址:http://plevit1.blogspot.com/

适用性:基础节点运用,Revit®综合运用

重要性:★★☆☆☆

此博客是初学者的好伙伴,很多基础节点运用的概念与 Code block 的用法。不过只更新至 2015 年春,所以信息有些过时,但不失为初步建立可视化编程概念的好资源。

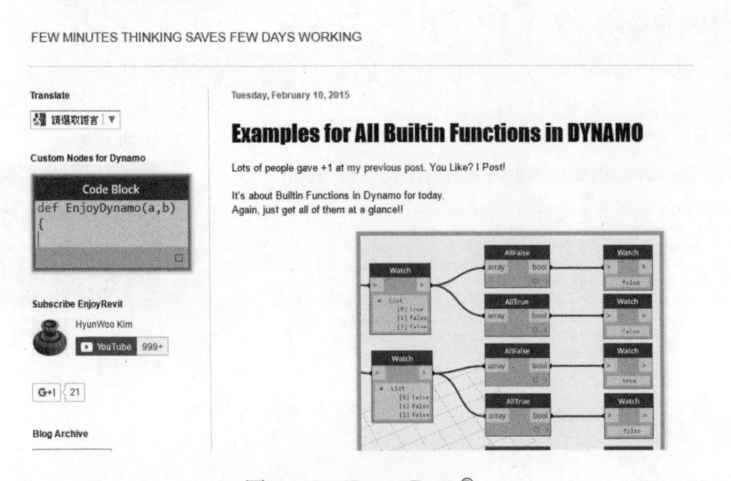

图 5-10 Enjoy Revit®

以上这些是协助作者学习 Dynamo 过程中成长的养分,在此推荐给各位读者。

后　记

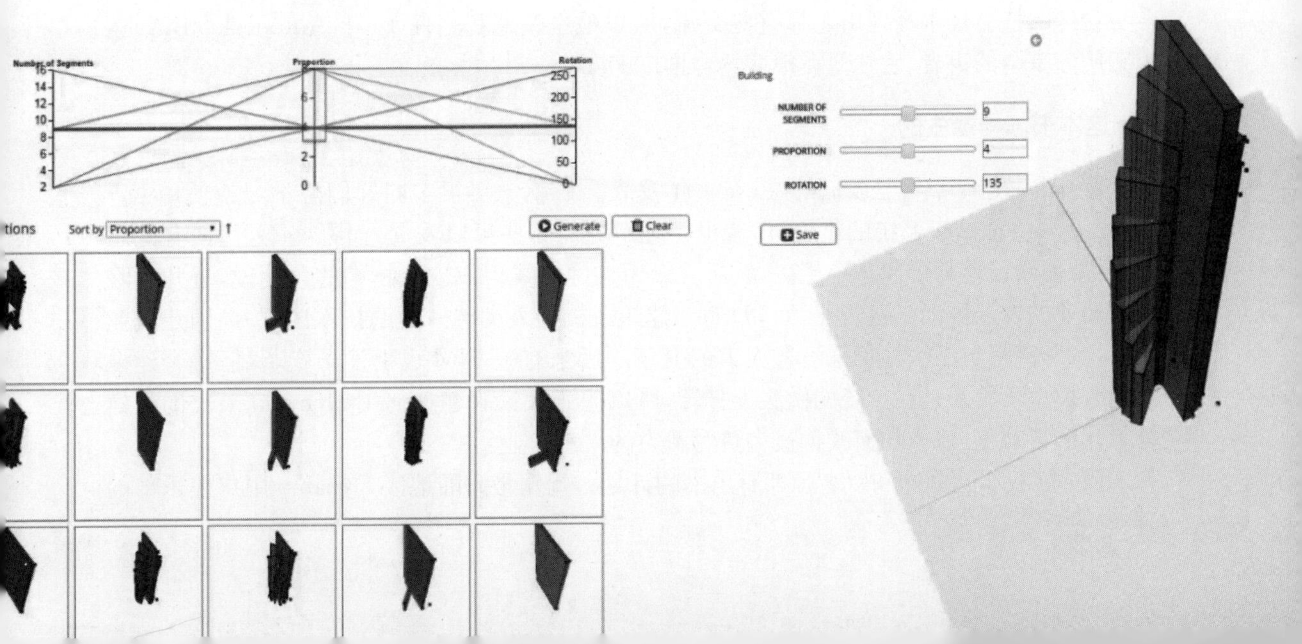

Number of Segments
Proportion
Rotation
Building
NUMBER OF SEGMENTS
9
PROPORTION
4
ROTATION
135
Save
Sort by Proportion
Generate
Clear

一、什么机缘下推动 Dynamo

宋姗：2015 年末，在欧特克中国 AU 大会参加了 Dynamo Workshop，紧接着又在美国 AU 大会上听到了很多国外用户分享 Dynamo 的案例，发现困扰着国内 Revit® 用户的很多头疼的问题都通过 Dynamo 得到了解决，例如异形形体建模、建筑信息的使用、提效的建模小工具的开发等。作为欧特克的一名技术经理，在用户的技术支持过程中，我发现很多 BIM 技术的积极推进单位，在熟练应用 BIM 软件完成了几个试点项目之后，逐步将 BIM 应用于实际生产时，或多或少都遇到了些瓶颈。比如说通过规范项目样板和出图样板，建模效率得到了提高，但提高到一定程度后，就进入了瓶颈阶段；再比如说模型中包含的大量信息如何提取出来使用，如何通过模型信息驱动设计，如何将 BIM 的工作流程推进到方案阶段，等等。Dynamo 确实是解决这些问题，让 BIM 应用者将模型应用向前推进一步的实用工具。从 2016 年开始，我尝试向设计院、施工单位推广 Dynamo，通过欧特克 3.3 BIM 大讲堂进行网络宣贯等方式让更多的工程师了解 Dynamo 的作用，得到了广泛的积极的回应。我想只有真正实用和落地的软件工具才会让这么多的用户感兴趣，并且深入地去研究它，这也是我们编写学习材料的动力。

田宏钧：过去曾经教过几班的 Revit® API，但效果相当差，因为学习难度很高，仅不到 10%的学员能学会，而 Dynamo 课程中，约 30%～40%的学员能学会。大约在 2015 年中，偶然在 Facebook 发现了 Dynamo Design 社团，从那时开始了解我们公司有这么厉害的产品。不过当时 Dynamo 官方网站只有视频教学和 Design Script 说明文件，学习渠道很少。2015 年底中国 AU 大会，由大陆同事介绍，认识了欧特克新加坡研发中心负责 Dynamo 的 Ben，那天晚餐后还和姗姗（宋姗）、葛芬一起邀请 Ben 在外滩江边星巴克讨论 Dynamo 未来的发展一直到店铺打烊，对这个产品有了很多新的理解。当下我就决定邀请 Ben 来台湾上课，大力在台湾地区推广 Dynamo。后面我在台湾地区陆续办了 Dynamo 培训；协助客户解决 Dynamo 关键问题；参加了 2016 年 Dynamo 产品发布会；参加 Dynamo 读书会、案例分享会（我和罗老师讲解了 Dynamo 案例）、全国大专 Dynamo 研习营，等等。我还整理了三份 Dynamo 教材供台湾地区用户学习，推动产品的应用与影响力。

罗嘉祥：我是在 16 年中参与地区性 Dynamo 聚会，陆续有发表些 Dynamo 的运用观念与范例，后来并在自己的博客上发表一篇《BIM 工作者不能不知道 DYNAMO》，因在很多场合与台湾欧特克技术经理田老师有些交流，所以他也邀请我当任 16 年 Autodesk® BIM 运用案例分享会的讲者，后续便在很多场合推广 Dynamo。

二、这本书怎样诞生的

罗：出书这个点子是我起的头，在去年发表会后就觉得很多同好们想学习或使用 Dynamo，但一方面缺乏系统的整理，再者也不理解究竟哪些可以发展，而哪些不可，便有此念头，后来便跟田老师聊起这个想法，然后就靠田老师牵线促成。从技术的角度说，近几年除了制造业的发展推动了建筑业，如 3D 打印建筑或机器人砌砖一类的技术出现，但因建筑业的特性，其流程与工法多年来没有太大的变革。后来有了 BIM 也引发了变革，但整个建模流程或模型运用还是在传统的做法下打转，所以想跟大家聊聊如何用 Dynamo 来辅助建模等工作的自动化，以及如何改善很多费时费力的人工作业。

田：就我所知姗姗和罗老师都有出书的计划。姗姗是大陆地区 Dynamo 用户俱乐部的发起人，也主要负责大陆地区 Dynamo 的推广和技术支持，她跟我提起出官方教材的计划。台湾这边，由于出版社担心台湾地区市场小不愿出版，所以我们通过任耀(欧特克上海的技术经理)联系，共同写作，由同济大学出版社出版。

宋：很早就在网络上看过罗老师写的 Dynamo 应用的博文，很是欣赏。2016 年借由中国 AU 大会成立了 Dynamo 用户俱乐部(简称 AUDC)，很多用户都希望可以有一本中文的官方教程面世，更加系统性地帮助大家学习 Dynamo。于是萌生了编写一本官方教材的想法，也得到了公司的支持。任耀帮我联系了同济大学出版社，刚好这个时候和田宏钧聊起 Dynamo 的推广和社群活动时，田宏钧也告诉我罗老师也在计划编写教材，但苦于出版社的问题，以及繁体中文仅面向于中国台湾地区用户，不能达到他希望的读者范围。能和罗老师共同出版 Dynamo 的教程真的是荣幸又幸运，于是立即通过田宏钧联络到罗老师，由我们三人共同撰写。我负责前面的基础篇，罗老师和田宏钧负责实战篇，我再将所有内容汇总，再做繁体中文到简体中文表达方式的转化，就是各位读者现在所看到的这本书了。

三、选取范例的想法

宋：我这部分主要是介绍基础功能以及常用节点，也是将零基础的读者一步一步引入门，了解 Dynamo 运行原理、界面功能、节点语法等，让各位读者在看完第一、二、三章后，能有足够的基础学习第四章实战应用的课程。我也没有讲解全部的节点，因为很多节点并不那么常用，读者可以自行探索。第三章中主要讲解的节点都是我在各种 Dynamo 培训当中最常用的，也是用户最常提问的节点。相信各位读者学习了这些节点的使用方法后，可以举一反三，将其他节点，包括网络上下载的节点包中的节点都灵活地运用起来。

田：姗姗以节点功能说明为主，罗老师以案例为主，我算是陪衬着增加篇幅，以重要观念说明为主，从我的理解写了三个实际应用案例。

罗：我选取范例是从考虑吃饭的角度出发的，相当于说我们要解决每天吃饭的问题还是节日吃大餐犒劳自己的问题。例如翻模、编号排序、净高检查等都是常常遇到又耗时的工作，这就是所谓的八成处理民生问题。另外也希望在基础与实务上取得一个平衡，所以挑选案例时也考虑了难易度。

四、想对读者说的话

田：师父引进门，修行在个人。一本书里不可能讲遍天下所有的案例，但希望我们能教给大家最重要且基础的观念。

罗：其实这本书的内容也是我们在岗位上反复操作与思考后的产物，也不可能符合每一位读者的需求，进阶运用还是需要大家多想多探索，在实际项目中继续学习。这本书大概就基础到实战多方面向读者介绍 Dynamo 的功用，这世界上每天都有新的 Dynamo 程序与节点出现，也就是有更多新的观念与解决方法诞生，怎样找出难易适中又符合大家需要的倒是比较难的。

宋：掌握 Dynamo 的使用对于每一个 BIM 从业者来说，都好比如虎添翼。我们尽可能地把我们这几年学习的知识和经验写在这本教材里，帮助更多有兴趣的 BIM 相关行业者快速掌握这个软件的技巧。也希望更多的读者可以加入到 Dynamo 用户群落里面，方便大家交流，激发更多灵感与创造力。

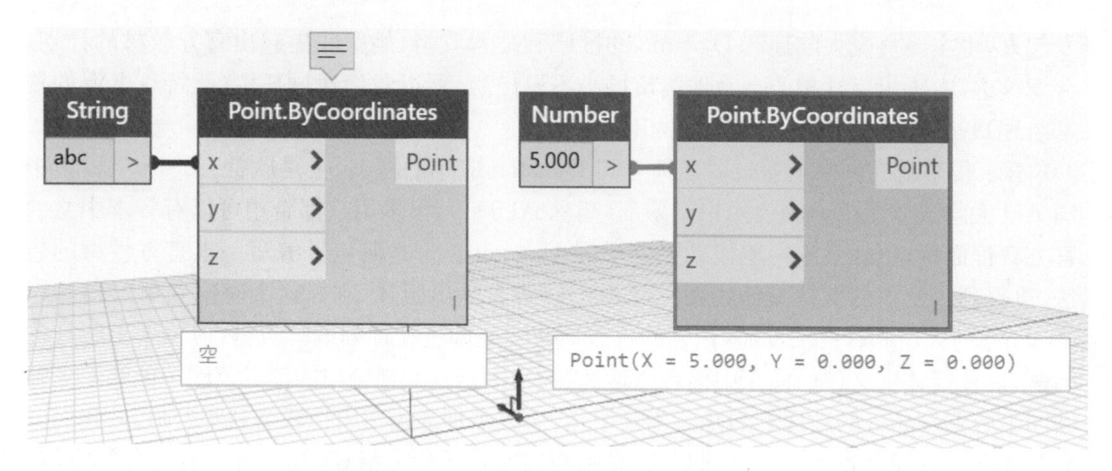

彩图一　图 2-11　节点的不同显示状态(2)

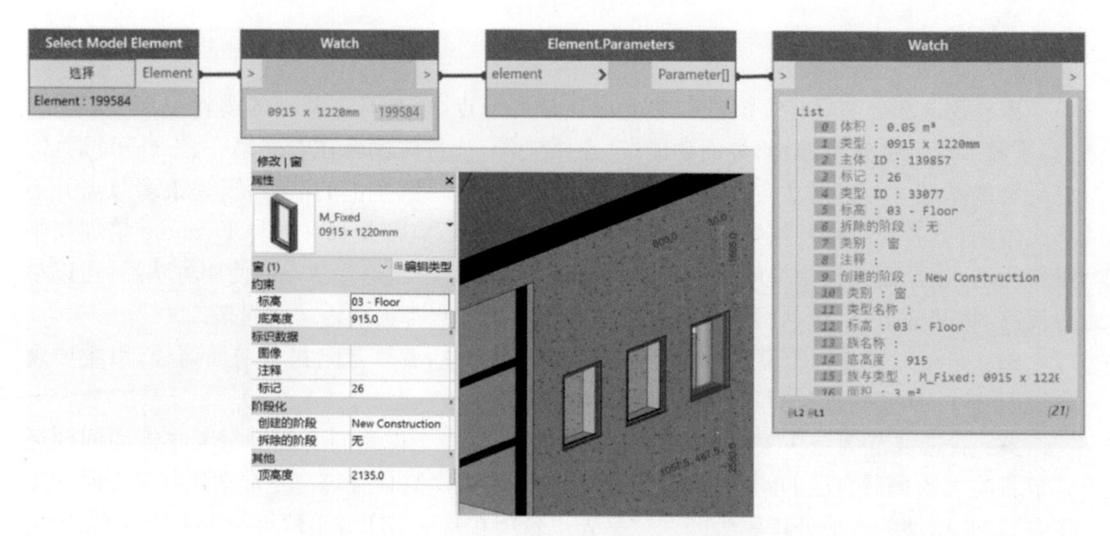

彩图二　图 3-111　选择 Revit®模型中的某一图元

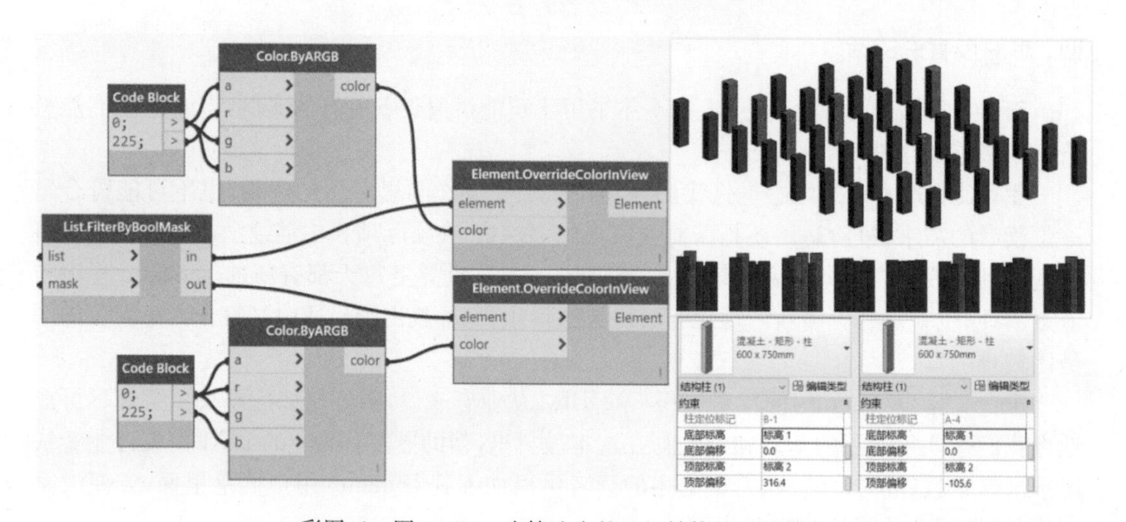

彩图三　图 3-128　为筛选出的两组结构柱赋予颜色

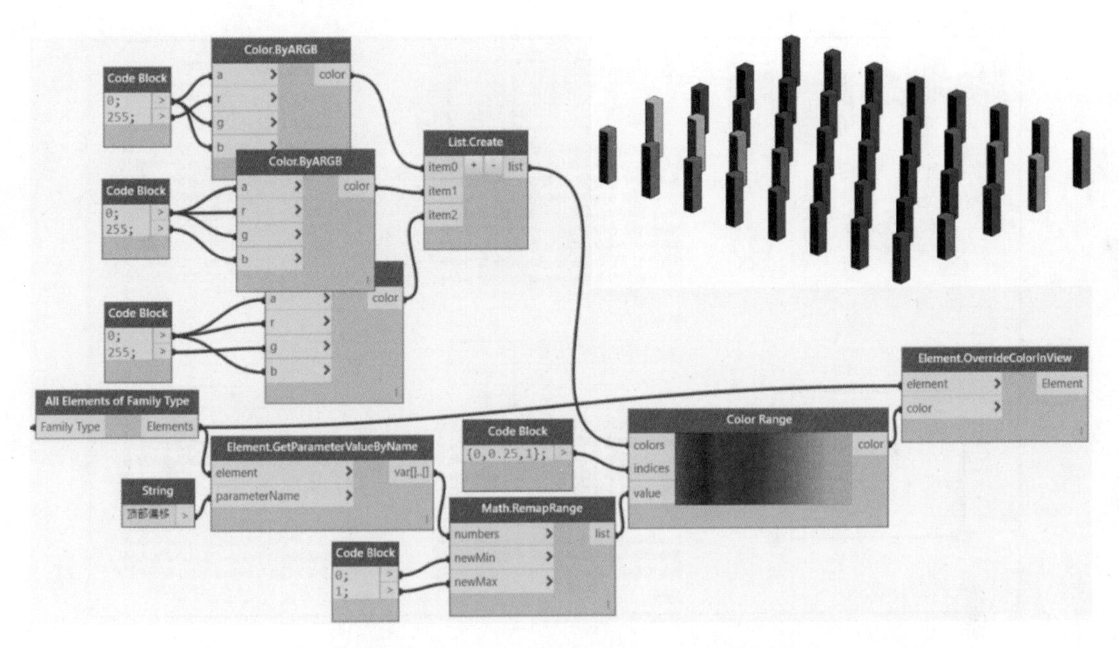

彩图四　图 3-129　按颜色区间为结构柱赋值

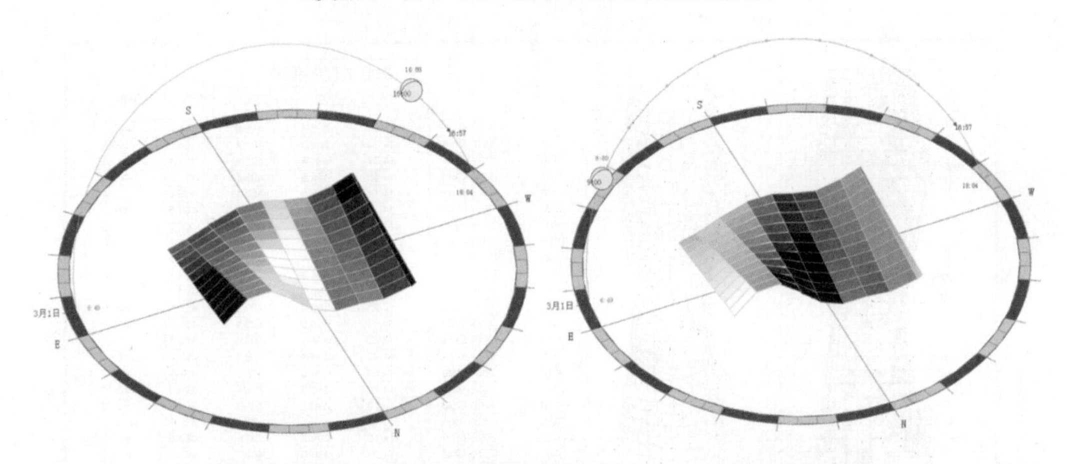

彩图五　图 3-132　按颜色区分满足和不满足日照要求的幕墙嵌板

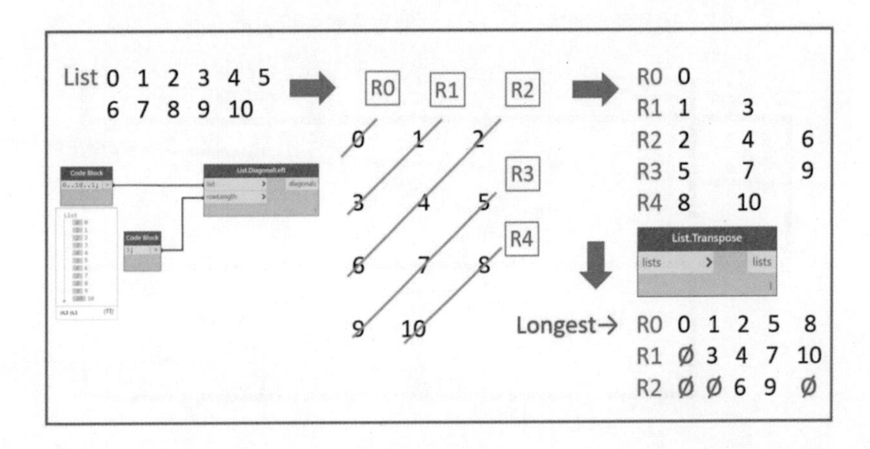

彩图六　图 4-18　“List.DiagonalLeft”+“List.Transpose”

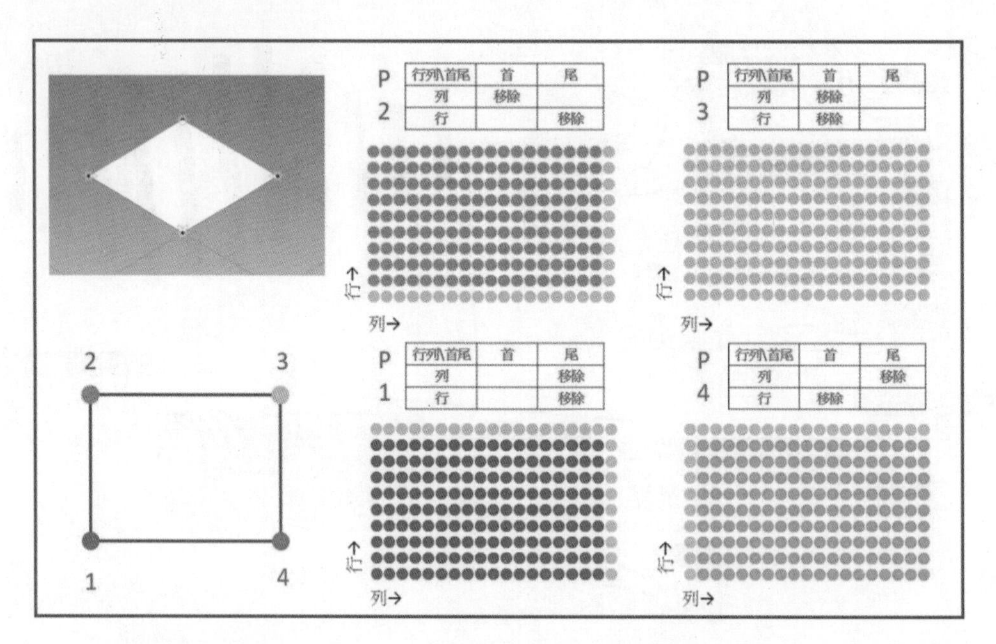

彩图七　图 4-25　嵌板控制点点位二维数组生成思路

幕墙嵌板明细表

标记	颜色	面积/m²	L1/cm	L2/cm	L3/cm	L4/cm
001	玻璃-Blue	14.37	396.3	400.8	404.0	402.1
002	玻璃-Brown	14.34	396.3	401.4	404.0	400.6
003	玻璃-Blue	14.37	396.4	403.5	404.1	401.4
004	玻璃-Gold	14.40	396.5	405.5	404.2	403.5
005	玻璃-Brown	14.14	396.5	406.1	398.8	405.4
006	玻璃-Green	14.71	396.5	405.5	401.3	406.2
007	玻璃-Blue	14.59	396.5	403.9	402.7	405.5
008	玻璃-Green	14.51	396.4	402.5	403.0	403.8
009	玻璃-Green	14.46	396.3	402.9	403.3	402.4
010	玻璃-Brown	14.48	396.3	406.0	403.7	403.0
011	玻璃-Gold	14.40	396.5	408.4	403.7	406.1
012	玻璃-Gold	14.73	396.5	406.2	401.9	408.3
013	玻璃-Green	14.57	396.3	403.1	402.7	405.9
014	玻璃-Green	14.52	396.3	402.5	402.5	402.9
015	玻璃-Brown	14.57	396.4	403.8	402.0	402.4
016	玻璃-Gold	14.68	396.5	405.3	400.7	403.7
017	玻璃-Green	14.72	396.5	405.9	398.0	405.2
018	玻璃-Gold	14.73	396.5	405.1	390.6	405.9
019	玻璃-Brown	14.16	396.5	403.4	392.3	405.1
020	玻璃-Brown	14.18	396.4	401.4	402.5	403.2
021	玻璃-Gold	14.23	396.3	400.7	403.7	401.1
022	玻璃-Gold	14.25	396.3	402.3	403.8	400.6

彩图八　图 4-30　最终成果与幕墙嵌板表单生成

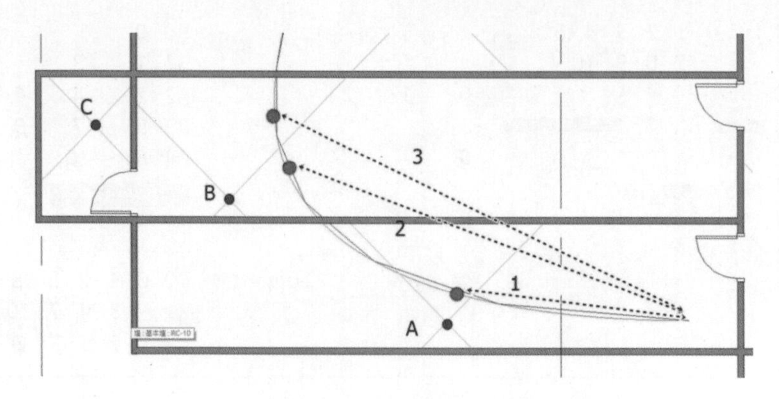

彩图九　图 4-64　ClosestPointTo 排序思路

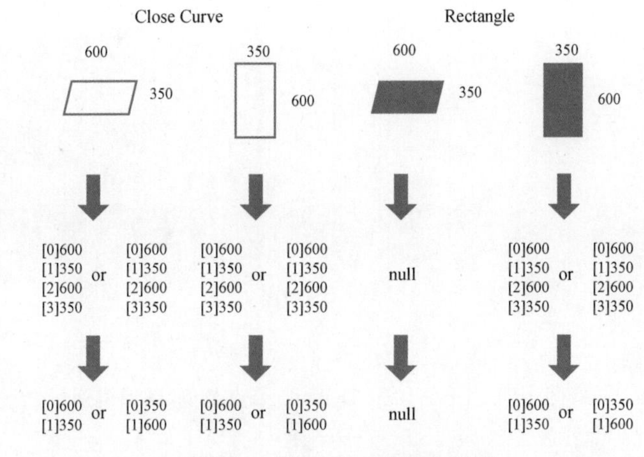

彩图十　图 4-75　线段与矩形

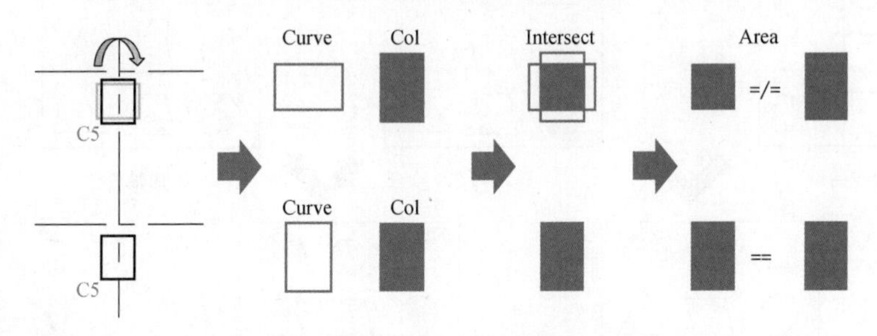

彩图十一　图 4-78　结构柱旋转判别方式

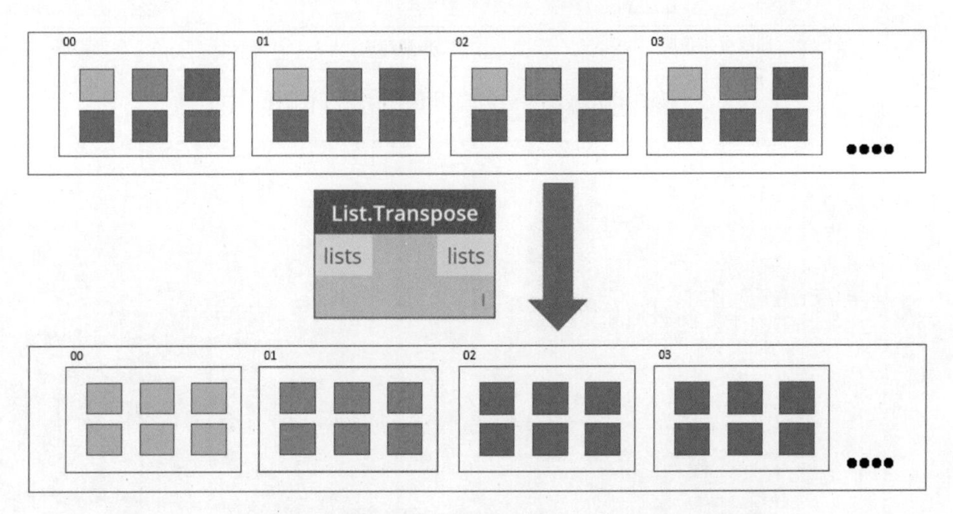

彩图十二　图 4-89　List.Transpose 节点用途示意

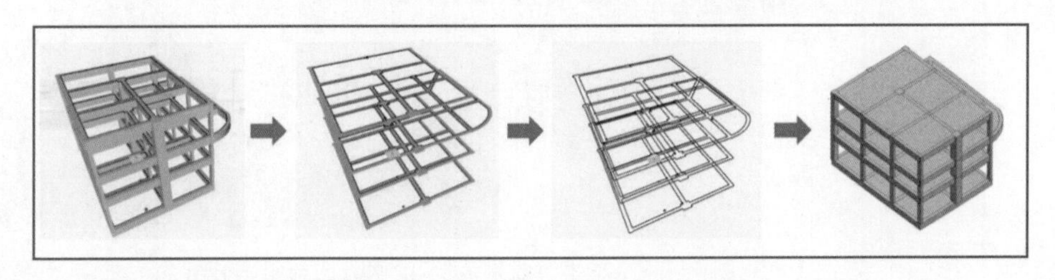

彩图十三　图 4-97　自动创建楼板流程

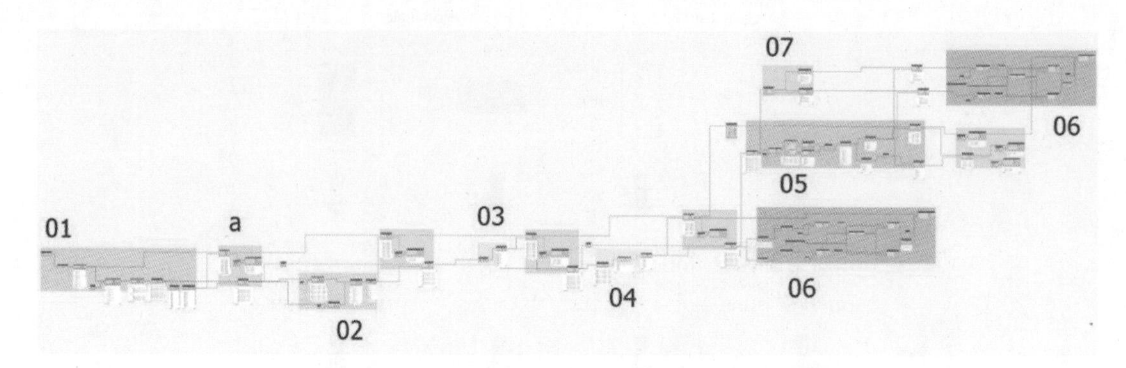

彩图十四　图 4-105　Dynamo 节点范例，图形辨别

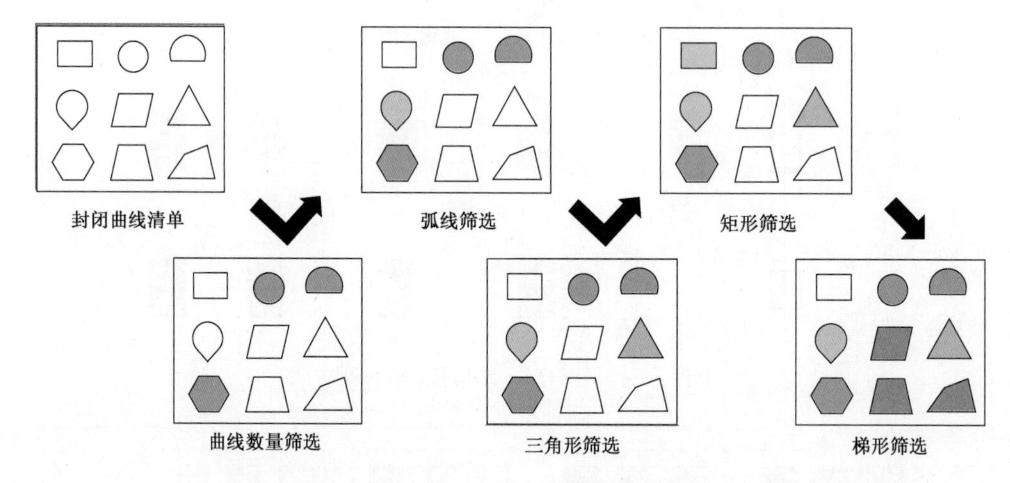

彩图十五　图 4-107　几何图形辨识流程

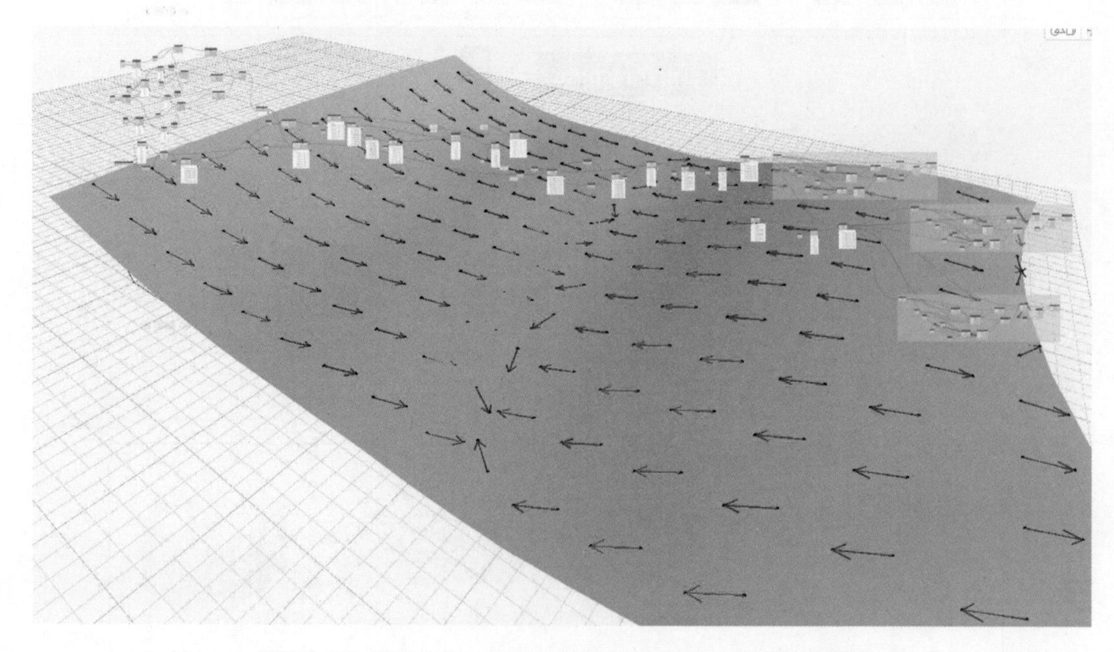

彩图十六　图 4-117　本小节成果范例，泄水方向与斜率分析

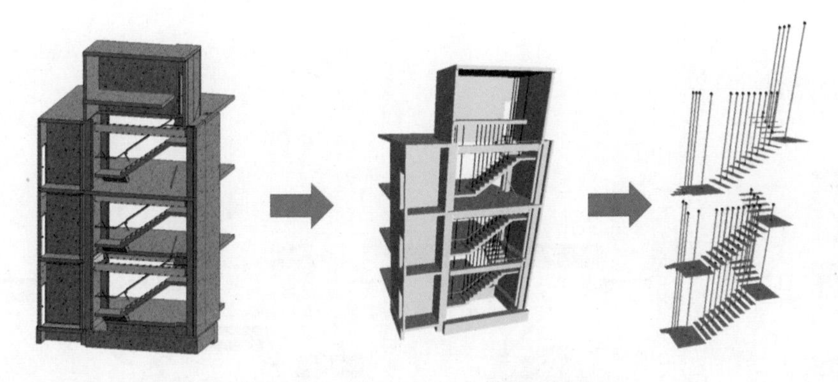

彩图十七　图 4-136　本小节成果范例

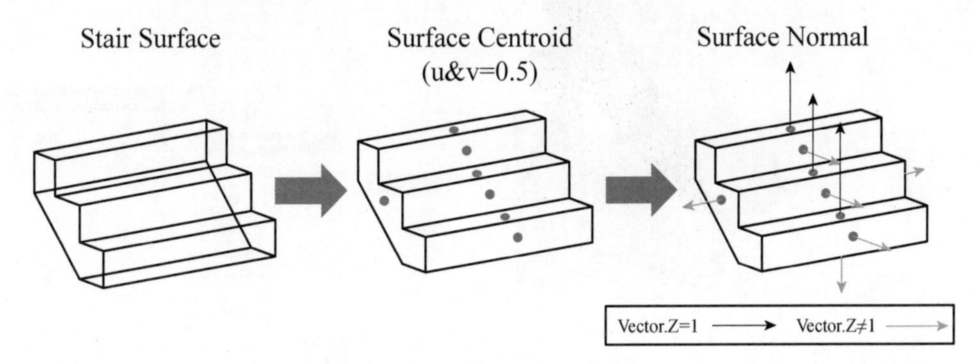

彩图十八　图 4-139　楼梯曲面中心法向量方向说明(图中中心点为假设并非真实位置)

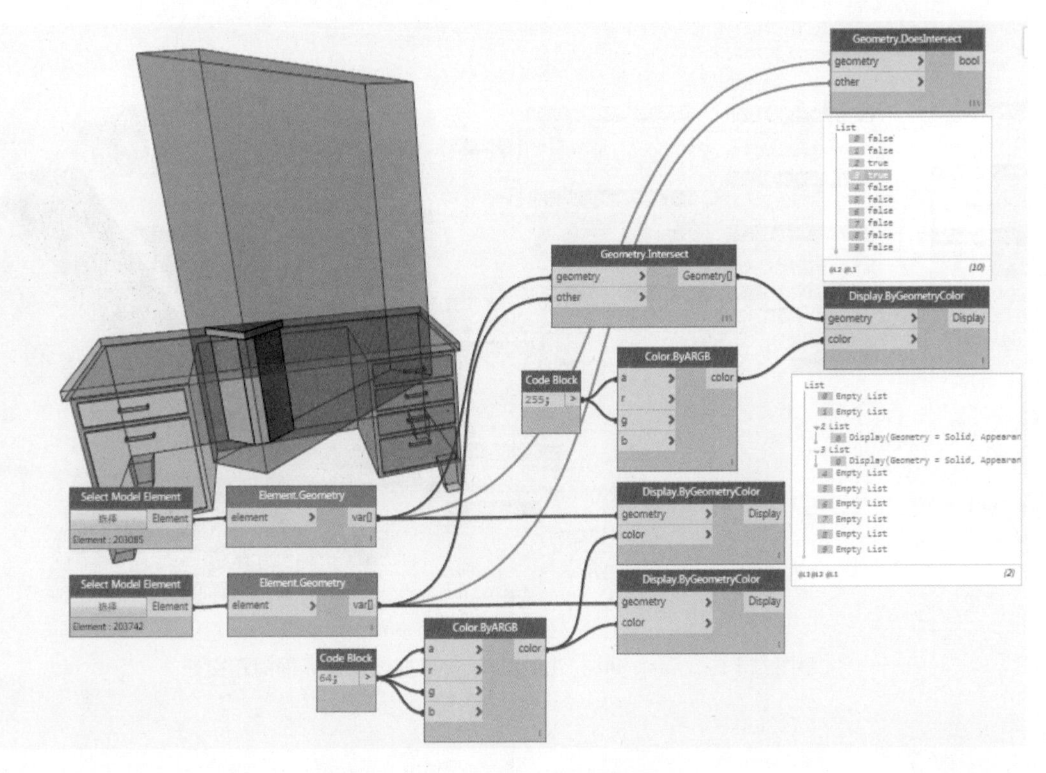

彩图十九　图 4-146　几何图形相交

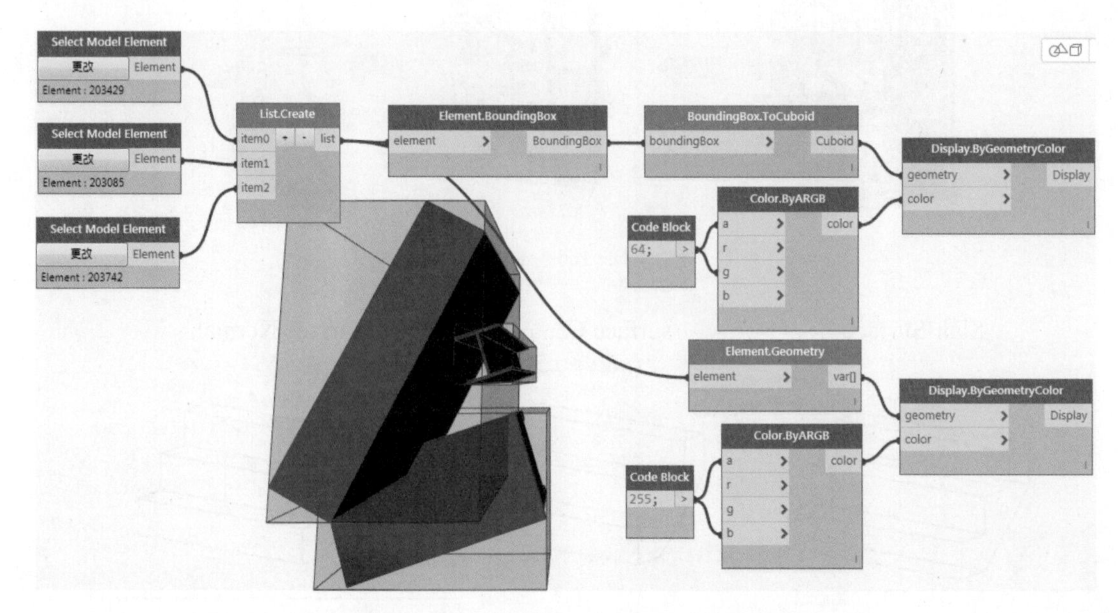

彩图二十　图 4-147　几何图形及其边界框

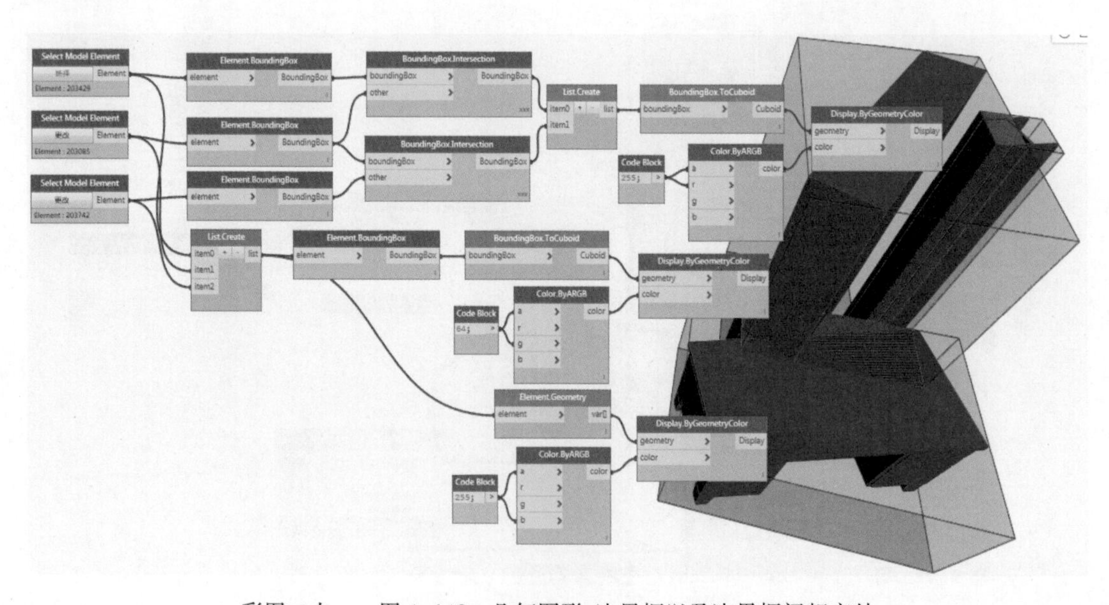

彩图二十一　图 4-148　几何图形、边界框以及边界框间相交处

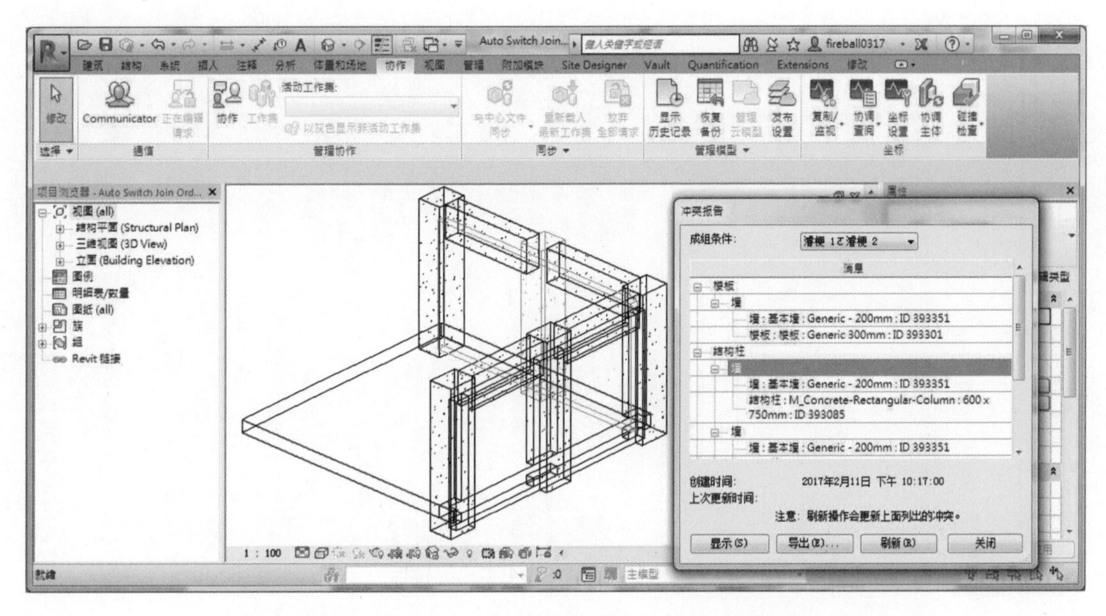

彩图二十二　图 4-150　需批量结构接合并指定连接顺序之项目

主＼次	图元0	图元1	图元2	图元3	图元4	图元5	图元6	图元7	图元8	图元9	图元10	图元11
图元0	O							O		O	O	
图元1		O						O	O	O	O	
图元2			O				O			O		O
图元3				O		O	O			O		O
图元4					O	O			O	O	O	O
图元5				O	O	O	O		O		O	O
图元6			O	O		O	O					O
图元7	O	O						O	O		O	
图元8		O			O	O		O	O		O	O
图元9	O	O	O	O	O	O				O	O	O
图元10	O	O			O	O		O	O	O	O	O
图元11			O	O	O	O	O		O	O	O	O

重复的相交　　自相交

彩图二十三　图 4-155　需做连接及连接顺序判断的执行矩阵

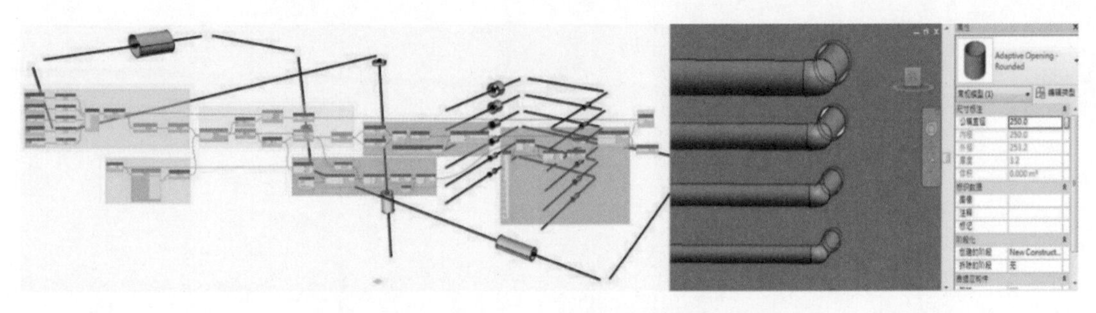

彩图二十四　图 4-203　穿墙套管最终得到的成果